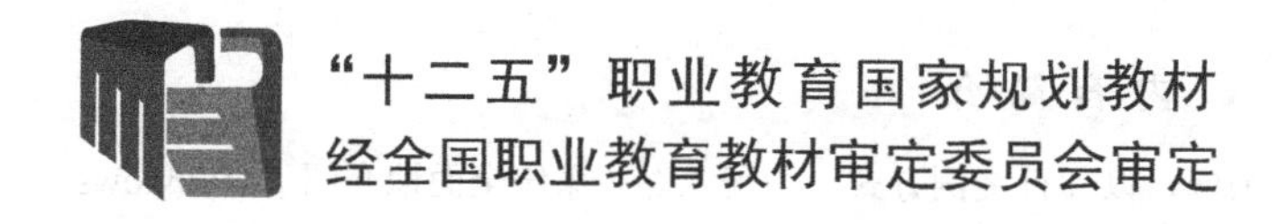

高职高专计算机系列规划教材

Windows Server 2003
系统管理与网络管理

（第2版）

唐　华　曹卓琳　主编

夏　旭　韩　钢　副主编

電子工業出版社
Publishing House of Electronics Industry
北京・BEIJING

内容简介

本书以微软的 Windows Server 2003 为例，以项目案例方式，由浅入深、系统全面地介绍了 Windows Server 2003 的系统管理和网络管理等方面的内容。主要内容包括 Windows Server 2003 的安装、用户和组的管理、域环境的架设及账户管理、NTFS 文件系统和资源共享、磁盘管理、打印管理，以及 DNS、DHCP、Web、FTP 和 VPN 等各类网络服务的配置和管理，还以电子版的方式提供了网络性能监视及优化、安全管理等方面的内容。本书内容丰富、结构清晰，从企业设计与管理网络的角度深入讲解 Windows Server 2003 的概念及实现方法，蕴含了作者丰富的教学、网络设计与管理等实际工程经验。

本书可作为高职高专院校计算机相关专业的网络操作系统教材。

图书在版编目（CIP）数据

Windows Server 2003 系统管理与网络管理/唐华，曹卓琳主编. —2 版. —北京：电子工业出版社，2014.8
高职高专计算机系列规划教材
ISBN 978-7-121-23285-5

Ⅰ.①W… Ⅱ.①唐… ②曹… Ⅲ.①Windows 操作系统－网络服务器－高等职业教育－教材 Ⅳ.①TP316.86

中国版本图书馆 CIP 数据核字（2014）第 107073 号

策划编辑：吕　迈
责任编辑：靳　平
印　　刷：北京盛通商印快线网络科技有限公司
装　　订：北京盛通商印快线网络科技有限公司
出版发行：电子工业出版社
　　　　　北京市海淀区万寿路 173 信箱　邮编　100036
开　　本：787×1 092　1/16　印张：15.75　字数：404 千字
版　　次：2006 年 12 月第 1 版
　　　　　2014 年 8 月第 2 版
印　　次：2019 年 12 月第 6 次印刷
定　　价：37.00 元

凡所购买电子工业出版社图书有缺损问题，请向购买书店调换。若书店售缺，请与本社发行部联系，联系及邮购电话：（010）88254888，88258888。

质量投诉请发邮件至 zlts@phei.com.cn，盗版侵权举报请发邮件至 dbqq@phei.com.cn。

本书咨询联系方式：（010）88254569，QQ1140210769，xuehq@phei.com.cn。

前　言

本书从 Windows Server 2003 构建网络的实际应用和管理的需要出发，介绍了基于 Windows Server 2003 服务器中各种系统管理和网络管理的相关内容。全书根据网络操作系统的特点，从培养学生的角度及高等职业教育的实际情况出发，坚持“理论够用、注重实践”的原则，以应用为目的，以“必需、够用”为度的指导思想来进行编写。

教材的编写主要有如下特点：

- 内容体系合理、紧密结合企业实际需求。

本书精选了 10 个项目案例，每个项目案例包括项目描述、项目知识准备和项目实施三个部分。本教材还根据近几年 IT 的发展情况，增加了以最新发布的 Windows Server 版本为基础的网络操作系统新技术章节，主要介绍虚拟化、云技术、网络存储、PowerShell 等内容。这部分将与 WINS、操作系统的性能监视及优化等内容以电子版的方式提供给有需要的读者。

- 基于工作过程、项目案例丰富。

本教材案例丰富，通过案例阐述 Windows Server 2003 组网技术的基本原理和基本方法，每个案例都与企业环境紧密结合，力求在构建案例中使学生理解和掌握基本技能。

- 语言精炼、叙述严谨。

各知识点概念描述力求准确、清晰、易懂，并在本书第1版的基础上进一步精练语言，使学生易于理解。

- 立体化教材建设。

本教材对应的课程建设了立体化教材资源库，如 PPT 课件、实训讲义、课程在线考试系统等。

- 附录 A 介绍了虚拟机软件 VMware Workstation 的使用，使学生只需使用一台机器即可构建网络环境，便于学生上机实践。
- 附录 B 介绍了一个综合性、设计性的实训案例，可供集中实训的院校参考。

华南师范大学软件学院唐华负责编写项目 5、项目 7，曹卓琳负责编写项目 10，其余项目由湖南安全技术职业学院夏旭负责编写，建东职业技术学院韩钢编写电子版的部分内容。其他参编人员有：丁美荣、苏意玲、梁艳、杜瑛、吴干华、许烁娜、朱小平、龙陈峰、邓惠、王路露、刘青玲。全书由唐华统稿、审定。

需要电子资源的教师请在华信教育资源网（www.hxedu.com.cn）下载，或与本书作者联系（唐华电子邮箱：karma2001@163.com）。

由于编著者的水平有限，教材中难免存在缺点和错误，恳请使用本教材的师生及其他读者朋友提出宝贵的建议和意见（唐华信箱：karma2001@163.com）。

作　者

2014 年 1 月

目　录

项目 1　Windows Server 2003 的安装

【项目情景】

岭南信息技术有限公司是一家专业提供信息化建设的网络技术服务公司。2005 年，岭南信息技术有限公司为岭南中心医院建设了内部局域网络，架设了一台医院信息管理系统服务器，并为客户进行维护，该服务器使用的是 Windows 2000 Server 操作系统。

在一次雷击事故中，由于 UPS 出现故障，导致服务器系统崩溃，无法启动操作系统，作为技术人员，上门检查后发现硬盘出现磁道损坏，需更换新的硬盘。同时，医院的机房管理人员抱怨 Windows 2000 Server 存在一些功能缺陷，难以满足当前工作需要，建议更换硬盘的同时升级服务器的操作系统，那么应该如何进行处理呢？

【项目分析】

（1）可以将操作系统更换为 Windows Server 2003，利用 Windows Server 2003 的新功能来弥补之前 Windows 2000 Server 系统的功能缺陷。

（2）在进行 Windows Server 2003 系统安装之前，应该规划系统的安装方式，由于硬盘已经被损坏，需要更换新的硬盘，因此，采用全新安装 Windows Server 2003 的方式。

【项目目标】

（1）理解 Windows Server 2003 各个版本的特点及相关特性。

（2）熟悉 Windows Server 2003 安装的条件及注意事项。

（3）掌握 Windows Server 2003 的安装过程以及系统的启动和登录。

（4）掌握 Windows Server 2003 的基本工作环境配置方法。

【项目任务】

任务 1　Windows Server 2003 的安装

任务 2　Windows Server 2003 的工作环境配置

1.1　任务 1　Windows Server 2003 的安装

1.1.1　任务知识准备

1．Windows Server 2003 概述

Windows Server 2003 是微软在可靠的 Windows 2000 Server 基础上开发的，安全性、可靠性都很高。

（1）Windows Server 2003 新特性。Windows Server 2003 系统提供了很多比 Windows 2000 Server 系统更优秀的新特性，具体如下。

① IIS6.0。IIS6.0 可以将单个 Web 应用程序或多个站点分隔到一个独立的应用程序池中，该应用程序池与操作系统内核直接通信。当在服务器上提供更多的活动空间时，此功能将增加吞吐量和应用程序的容量，从而降低硬件需求。

② 集成的.NET 框架。Microsoft.NET 框架是用于生成、部署和运行 Web 应用程序、智能客户应用程序以及 XML Web 服务的 Microsoft.NET 连接的软件和技术的编程模型。这些应用程序和标准协议可以在网络上以编程的方式对其功能进行公开。

③ Active Directory 改进。Windows Server 2003 为 Active Directory 提供了许多简洁易用的改进和新增功能，具体包括跨森林信任、重命名域和禁用架构中的属性和类别，以便可以更改其定义的功能。

④ 卷影子副本恢复。作为卷影子副本的一部分，该功能可以使管理员在不中断服务的情况下配置关键数据卷的即时点副本，可使用这些副本进行服务还原或存档。用户可以检索其文档的存档版本，服务器上保存的这些版本是不可见的。

⑤ 命令行管理。Windows Server 2003 系统的命令行结构得到了显著增强，管理员可以利用命令行界面执行大多数的管理任务。

⑥ 安全的无线 LAN（802.1X）。该功能为无线局域网（LAN）提供了安全和性能方面的改进，如访问 LAN 之前的自动密钥管理、用户身份验证和授权，在公共场所使用有线以太网时，它还提供对以太网的访问控制。

⑦ 紧急管理服务。紧急管理服务是一种新增功能，可使 IT 管理员在无法使用服务器时通过网络或其他标准的远程管理工具和机制，执行远程管理和系统恢复任务。

（2）Windows Server 2003 的版本。Windows Server 2003 有以下 4 个不同的版本。

① Windows Server 2003 标准版。Windows Server 2003 标准版是一个可靠的网络操作系统，适用于小型商业环境的网络操作系统，是部门和小型组织针对文件、打印和共同操作需求的理想解决方案。Windows Server 2003 标准版支持文件和打印机共享、提供安全的 Internet 连接以及允许集中化的桌面应用程序部署。

② Windows Server 2003 企业版。Windows Server 2003 企业版非常适合中型到大型企业的服务器，它包含了企业基础架构、实务应用程序和电子商务事务的功能，是各种应用程序、Web 服务和基础结构的理想平台，它具有高度可靠性、高性能和出色的商业价值。

③ Windows Server 2003 数据中心版。Windows Server 2003 数据中心版为数据库、企业资源规划软件、高容量实时事务处理和服务器强化操作创建任务性解决方案提供了一个扎实的基础，是为运行企业和任务所依赖的应用程序而设计的，这些应用程序需要最高的可伸缩性和可用性。

Windows Server 2003 数据中心版是 Microsoft 迄今为止开发的功能最强大的服务器操作系统，支持高达 32 路的 SMP 和 64GB 的 RAM，8 结点群集和负载平衡服务是它的标准功能，可用于支持 64 位处理器和 512GB RAM 的 64 位计算平台。

④ Windows Server 2003 Web 版。Windows Server 2003 Web 版操作系统是 Windows Server 2003 系列中的单一用途版，可用于创建和管理 Web 应用程序、网页和 XML Web Services。

Windows Server 2003 Web 版的主要目的是作为 IIS 6.0 Web 服务器使用。它提供了一个快速开发和部署 XML Web 服务和应用程序的平台，这些服务和应用程序使用 ASP.NET 技术，该技术是.NET 框架的关键部分，便于部署和管理。

以上 4 个版本中，使用较多的是标准版和企业版，由于 Windows Server 2003 标准版不支持部分功能，本书的所有项目将以 Windows Server 2003 中文企业版为蓝本介绍各种系统管理和网络管理功能。

2. Windows Server 2003 安装前准备

在安装 Windows Server 2003 之前，应收集所有必要的信息，好的准备工作有助于安装过程的顺利进行。

（1）系统需求。安装 Windows Server 2003 的计算机必须符合一定的硬件要求，如最低配置 CPU 为 Pentium 133MHz，内存 64MB，硬盘空间 1GB。但为了使 Windows Server 2003 能达到合理的性能要求，建议使用如下配置要求以上的计算机。

CPU：Pentium III 550MHz；

内存：256MB；

硬盘：2GB 剩余磁盘空间。

此外，若要从光盘安装系统，还需要准备一台 CD-ROM 或 DVD 光驱。同时，检查硬件配置是否满足系统要求、是否在 Windows Server 2003 的硬件兼容列表（HCL）中。

（2）选择磁盘分区。在安装 Windows Server 2003 之前，还应决定系统安装的磁盘分区。如果磁盘没有分区，则可以创建一个新的分区，然后将 Windows Server 2003 安装在此磁盘分区中；如果磁盘已经分区，则可以选择某个有足够空间的分区来安装 Windows Server 2003；如果欲安装的分区已经存在其他的操作系统，则可以选择将其覆盖或升级安装 Windows Server 2003。

（3）选择文件系统。任何一个新的磁盘分区都必须先格式化为合适的文件系统后，才可以在其中安装 Windows Server 2003 和存储数据。在新建用来安装 Windows Server 2003 的磁盘分区后，安装程序就会要求用户选择文件系统，以便格式化该磁盘分区。Windows Server 2003 支持 FAT、FAT32 和 NTFS 文件系统，其中 NTFS 文件系统具有较好的性能、系统恢复功能和安全性。建议采用 NTFS 文件系统安装 Windows Server 2003。

（4）备份数据。在安装 Windows Server 2003 之前，首先应该备份要保留的文件。特别是升级安装，为了防止升级的不成功而导致数据丢失，备份尤为重要。

（5）断开 UPS 服务。如果计算机连接有 UPS 设备，那么在运行安装程序之前，应该断开与 UPS 相连的串行电缆。因为 Windows Server 2003 的 Setup 程序将自动检测连接到串行端口的设备，不断开串行电缆会导致检测过程中的问题。

（6）检查引导扇区的病毒。引导扇区的病毒会导致 Windows Server 2003 安装的失败。为了证实引导扇区没有感染病毒，可运行相应 MS-DOS 下的防病毒软件对引导扇区进行病毒检查。

（7）断开网络。如果计算机接入了 Internet，建议在安装 Windows Server 2003 之前断开网络，这样可以确保在安装防病毒软件之前不会受到“冲击波”和“振荡波”等蠕虫的感染。

3. Windows Server 2003 的安装方式

Windows Server 2003 有多种不同的安装方式，在实际应用中通常根据程序所在的位置、原有的操作系统等进行分类。

（1）从 CD-ROM 启动开始全新安装。这种安装方式最为常见，如果计算机上没有安装 Windows Server 2003 以前版本的 Windows 操作系统（如 Windows 2000 Server 等），或者需要将原有的操作系统删除时，一般选用这种安装方式。

（2）无人值守安装。在安装 Windows Server 2003 的过程中，通常要回答 Windows Server 2003 的各种信息，如计算机名、文件系统分区类型等，管理人员不得不在计算机前等待。无人值守安装是事先配置一个应答文件，在文件中保存了安装过程中需要输入的信息，让安装程序从应答文件中读取所需信息，这样管理员就不需要在计算机前等待着输入各种信息。

（3）从网络进行安装。这种安装方式是安装程序不在本地计算机上，事先在网络服务器上把 CD-ROM 共享，或者把 CD-ROM 的 i386 目录复制到服务器上再共享，然后使用共享文件夹下的 winnt32.exe 开始安装。这种方式适合于需要在网络中同时安装多台 Windows Server 2003 的场合。

（4）通过远程安装服务器进行安装。远程安装需要一台远程安装服务器，该服务器进行适当的配置。可以把一台安装好 Windows Server 2003 和各种应用程序，并且做好了各种配置的计算机上的系统做成一个映像文件，把文件放在远程安装服务器（RIS）上，把客户机通过支持 PXE（Pre-boot Execution Environment）的网卡启动，从 RIS 上开始安装。这种方式非常适合于有多台计算机都需要安装 Windows Server 2003，而且这些计算机的硬件配置及应用程序设置都非常相似的场合。

（5）升级安装。如果原来的计算机已经安装了 Windows Server 2003 以前的低级版本操作系统，可以在不破坏以前的各种设置和已经安装好的各种应用程序的前提下对系统进行升级。这样可以大大减少重新配置系统所需的工作，从而减少工作量并保证系统过渡的连续性。

本项目将重点对前两种安装方法进行说明。

1.1.2 任务实施

1．全新安装 Windows Server 2003

目前，大部分的计算机都支持从光盘启动，通过设置 BIOS 支持从 DVD-ROM（或 CD-ROM）启动，便可直接从 Windows Server 2003 安装光盘启动计算机，安装程序将自动运行。

将 Windows Server 2003 安装光盘，或者是将安装文件所在目录（\i386）复制到网络服务器硬盘的目录中，并共享该目录，则可以执行从网络安装。

Windows Server 2003 安装过程包括 3 个阶段：预复制阶段、文本模式阶段和图形用户界面模式阶段。

在预复制阶段期间，所有安装需要的文件都被复制到本地硬盘上的临时目录中。

在文本模式阶段，Setup 安装程序提示有关完成安装所需要的信息。在接受许可证协议后，要指定或创建安装分区，并且选择一个文件系统。所有安装所需要的文件将被从临时目录中复制到目标计算机硬盘上的安装目录中。自定义的 HAL 文件列表可在此阶段安装。

在完成文本模式安装过程后，计算机重新启动，并开始进入图形用户界面安装阶段，在该阶段可以选择要安装的可选组件，允许选择管理员口令。在该阶段，将完成对区域设置、授权模式、日期和时间设置、计算机名称和 Administrator 口令等计算机有关信息的设置，并且安装 Windows Server 2003 网络。

下面介绍从光盘安装 Windows Server 2003 企业版的具体步骤。

（1）在 BIOS 中将计算机设为从光盘引导，将 Windows Server 2003 光盘放入光驱，然后重新启动计算机。若硬盘内已安装了其他操作系统，则屏幕上会出现“Press any key to boot from CD-ROM”的信息，此时立即按任意键，便从光盘启动安装程序。一旦加载了所有驱动程序，并初始化了 Windows Server 2003 执行环境，就会出现如图 1.1 所示的一个欢迎使用安装程序界面。

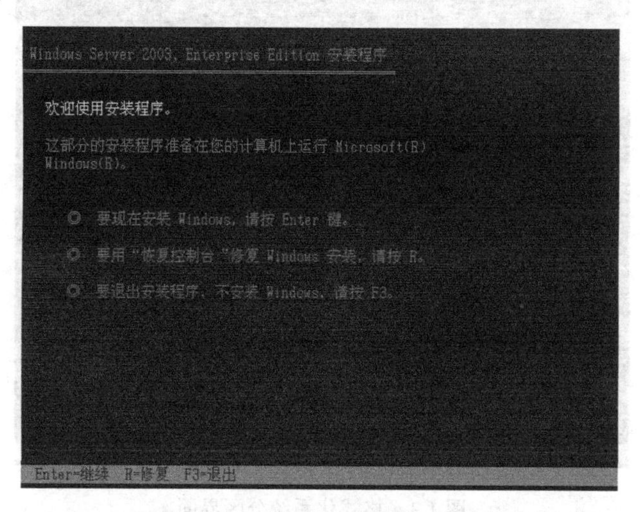

图 1.1　欢迎使用安装程序界面

（2）直接按“Enter”键开始安装全新的 Windows Server 2003，如果要修复原先的安装，按“R”键；要退出安装，按“F3”键。

（3）随后出现 Windows Server 2003“授权协议”屏幕。其中显示了“最终用户许可协议”（End User Licensing Agreement，EULA）的正文。按“F8”键同意 EULA 的条款，然后出现如图 1.2 所示的分区管理界面。

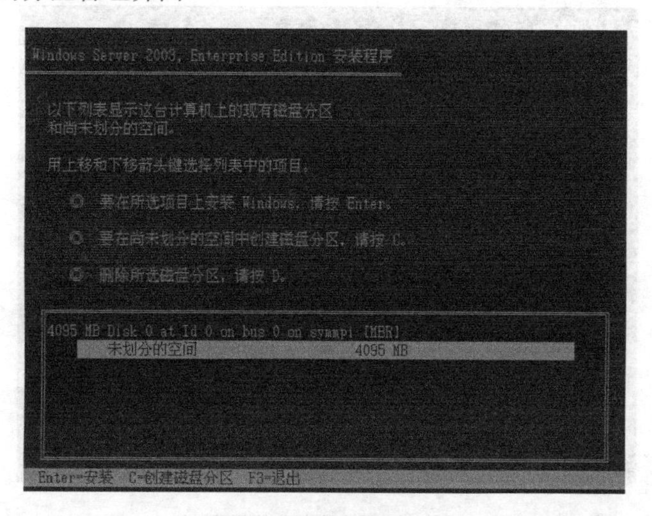

图 1.2　分区管理界面

（4）如果是在一个全新的服务器上安装，显示的驱动器状态就是“未划分的空间”；如果要删除现有的分区，请选定分区名称，然后按“D”键。安装程序随后会显示两个确认屏幕，以便确认分区删除操作。如图 1.2 所示，选定“未划分的空间”，然后用“C”键来创建一个分区。

（5）创建分区后，安装程序会返回分区管理屏幕，选定新建的分区，按“Enter”键将 Windows Server 2003 安装到该分区。

（6）接着选择文件系统的格式，如图 1.3 所示，选择该磁盘文件系统格式，选择“用 NTFS 文件系统格式化磁盘分区”，然后按“Enter”键以便对其格式化。

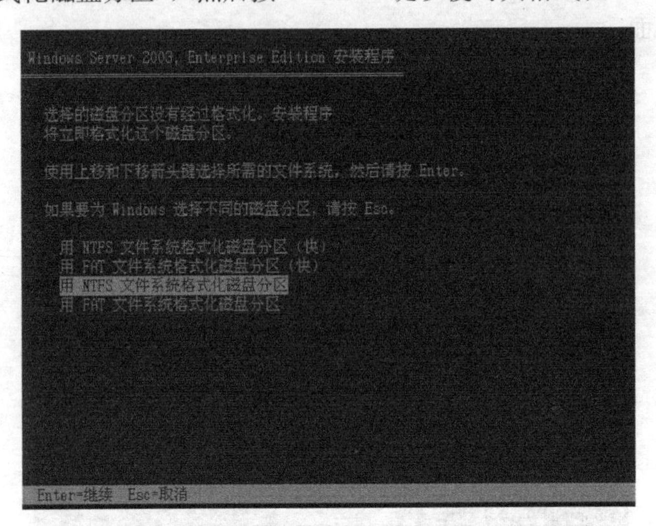

图 1.3　格式化系统分区界面

（7）格式化完成后，安装程序会将安装文件从 CD 复制到新格式化的分区上。文件复制结束后，系统将重新启动，进入图形化安装界面，如图 1.4 所示。

（8）计算机开始自动检测硬件配置，这个过程可能会比较长。当显示“区域和语言选项”对话框时，进行区域和语言设置。对于中文版 Windows Server 2003 而言，可以采用默认值。单击“下一步”按钮，显示“自定义软件”对话框，输入姓名和单位名称。

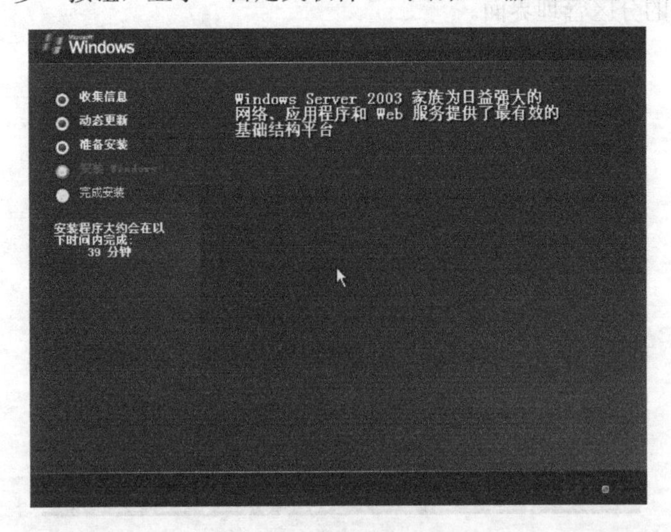

图 1.4　图形化安装界面

（9）单击“下一步”按钮，输入 Windows Server 2003 的安装密钥。单击“下一步”按钮，显示如图 1.5 所示的授权模式界面，选择授权方式。Windows Server 2003 支持两种不同的授权模式，即“每服务器”和“每客户”。对于这两种模式的选择，请读者参考相关帮助文档。

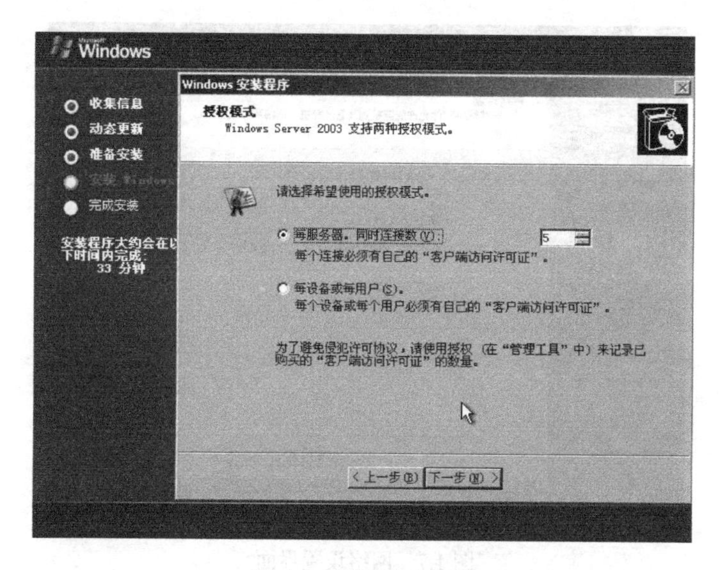

图 1.5　授权模式界面

（10）单击“下一步”按钮，输入计算机名，并设置管理员密码，如图 1.6 所示。Windows Server 2003 对管理员口令要求非常严格。当输入的口令不符合复杂性要求时，会提示用户进行修改。

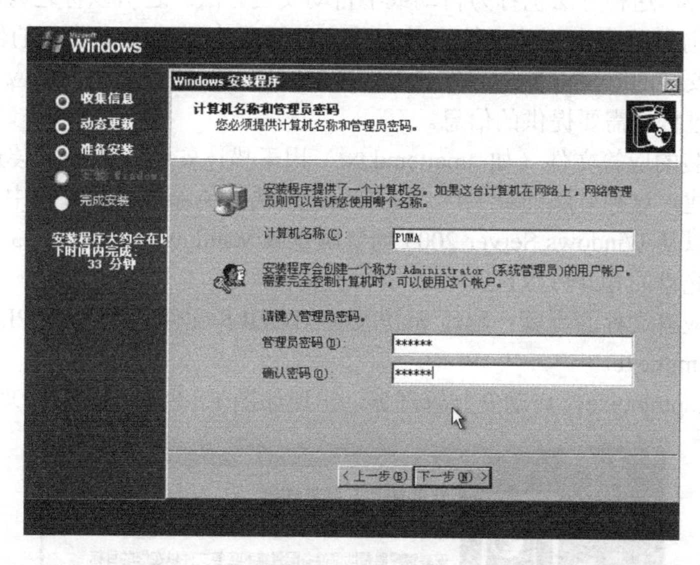

图 1.6　设置计算机名称及管理员密码界面

（11）单击“下一步”按钮，显示“日期和时间设置”对话框，设置系统日期和时间。再次单击“下一步”按钮，系统将安装网络，显示“网络设置”对话框。如果对网络连接没有特殊要求，可以选择“典型设置”单选按钮，如图 1.7 所示。当然也可以安装完成系统后再根据情况配置网络。单击“下一步”按钮，显示“工作组或计算机域”对话框，设置工作组或计算机域。同样可以考虑安装完成 Windows Server 2003 后再配置网络。所以可以采用系统默认值，即“不，此计算机不在网络上，或者在没有域的网络上”单选按钮。

（12）单击“下一步”按钮，安装程序开始从 CD 上复制文件，文件复制完后，会打开“正在执行最后的任务”窗口。在此期间，安装程序要配置用户所安装的服务和组件，然后从磁盘中删除临时安装文件，最后系统自动重新启动计算机，安装完成。

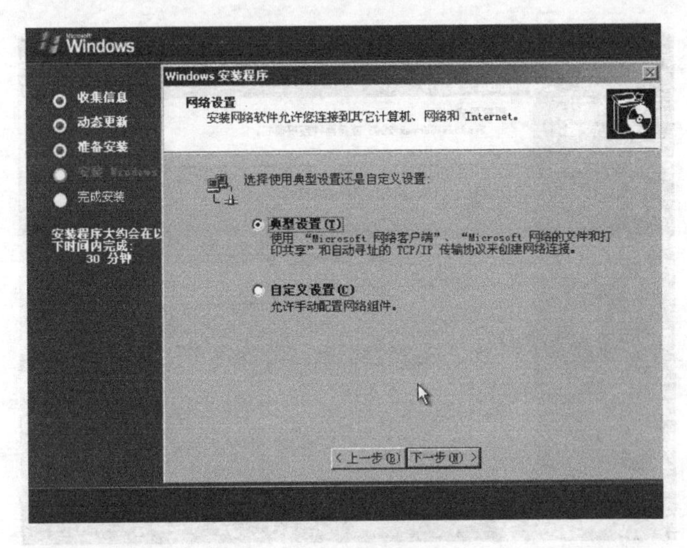

图 1.7　网络设置界面

2．无人参与安装 Windows Server 2003

在企业中，经常需要大批量的安装 Windows Server 2003，这时往往可以通过无人参与的安装方法来实现，这种方法也称为自动或半自动安装方法。之所以称之为半自动安装方法是因为在安装之前需要事先创建应答文件。将安装过程中需要人工输入的信息保存在文件中，然后在开始安装的时候以参数的方式提供给安装程序，安装程序根据应答文件的内容自动配置各种安装过程中需要提供的信息。

无人参与安装的应答文件（如 unattemd.txt）用于描述安装映像的安装过程，可以使用 setupmgr 工具创建。这种方法的最大优点是安装速度快，免除了安装过程中与用户的交互过程。这个工具可以从 Windows Server 2003 的资源包或 Windows Server 2003 的安装光盘中获得，它位于安装光盘的 SUPPORT\TOOLS 文件夹内。

下面是创建应答文件的步骤：解压 SUPPORT\TOOLS 文件夹内的 DEPLOY.CAB 后得到可执行文件 setupmgr.exe。

（1）运行 setupmgr.exe，启动安装管理器，出现如图 1.8 所示的安装管理器向导界面。

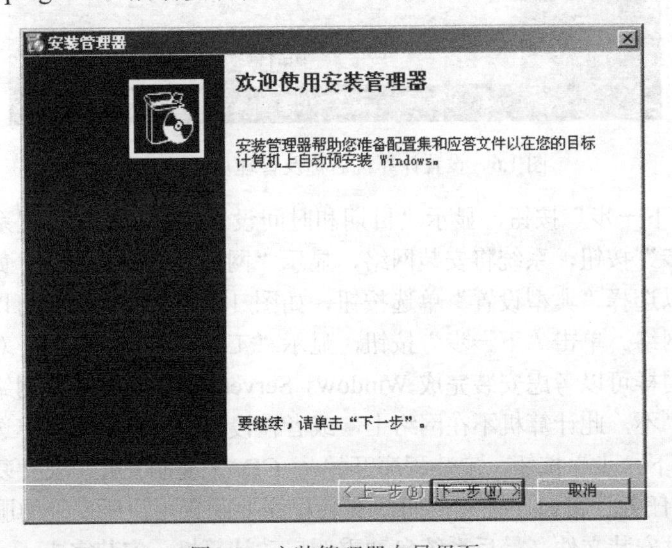

图 1.8　安装管理器向导界面

（2）单击“下一步”按钮，选择“创建新文件”。

（3）单击“下一步”按钮，出现如图 1.9 所示的界面，进行安装类型的选择，“远程安装服务（RIS）”可以远程启动网络上的计算机并帮助安装系统。“Sysprep 安装”可以把已经安装好的 Windows Server 2003 系统快速地复制到另一台计算机上。这里选择“无人参与安装”，单击“下一步”按钮。

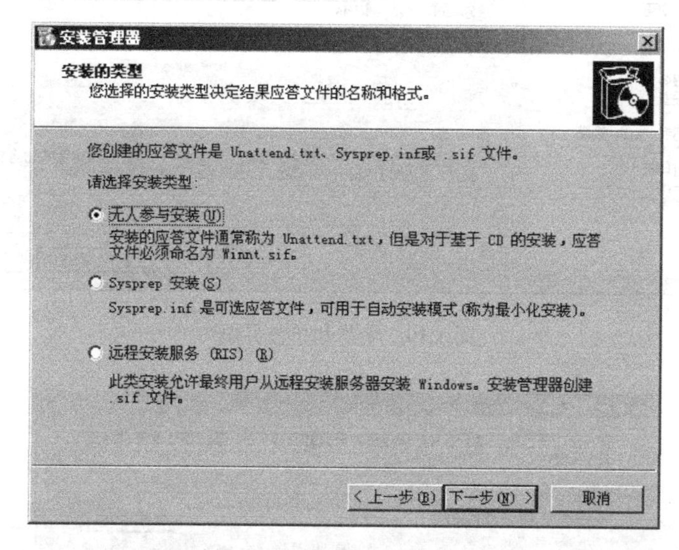

图 1.9　选择安装类型界面

（4）选择 Windows 产品类型，这里选择“Windows Server 2003 Enterprise Edition”，单击“下一步”按钮。

（5）选择用户交互类型。有以下 5 种用户交互类型。

① 用户控制：将应答文件中的数据作为默认值，用户可以修改该值。

② 全部自动：安装程序会自动以应答文件中的数据作为默认值，因此所有的安装对话框都不会显示，用户也无法修改设置值。

③ 隐藏页：安装程序会自动以应答文件中的数据作为设置值。如果一个对话框内的所有数据在应答文件中已经全部创建，那么，安装程序会自动采用，该对话框也不会显示。如果一个对话框内的数据在应答文件中只有部分创建，则会显示对话框，用户可以输入和修改该对话框内的数据。

④ 只读：类似隐藏页。如果一个对话框内的数据在应答文件中只有部分创建，则会显示该对话框，但是已有信息的字段则设置为只读，用户只能在未提供数据的字段内输入。

⑤ 使用 GUI：只有在 GUI 模式下需要回答对话框中的问题，而在文本模式下是自动的。这里选择“全部自动”，单击“下一步”按钮继续。

（6）选择指定 Windows 的安装中源文件所在的位置，这里选择 CD，单击“下一步”按钮继续。

（7）选择“接受许可协议”，单击“下一步”按钮。

（8）在如图 1.10 所示的界面中，输入个人名称与单位名称，单击“下一步”按钮继续。

（9）依次设置“显示设置”、“时区”等所有在安装时所需配置的内容。设置完成后，要求输入应答文件保存路径及名称，如图 1.11 所示。单击“下一步”按钮继续。

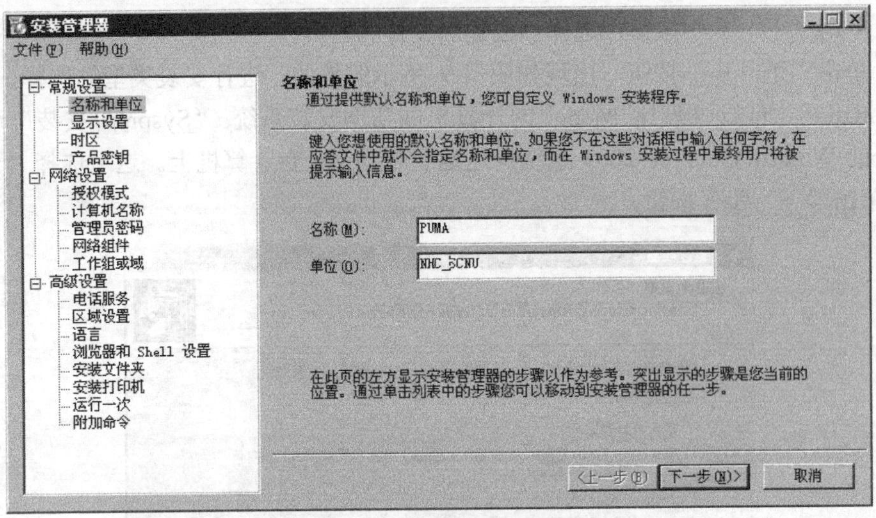

图 1.10　名称和单位界面

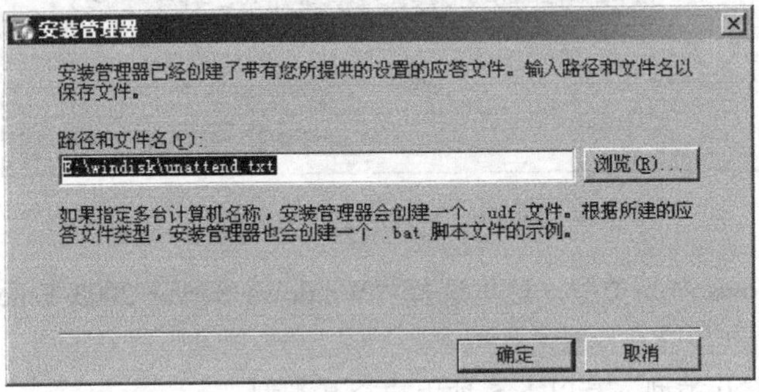

图 1.11　输入保存文件的路径

（10）这时，安装程序会把所需的文件复制到指定的分布共享点。复制完成后，会提示已创建的文件。至此，创建应答过程结束。安装管理器除了创建应答文件 unattend.txt 外，还会创建一个批处理文件 unattend.bat。用户可以直接运行这个批处理文件来自动安装 Windows 操作系统。以下是 unattend.bat 的实例：

```
@rem SetupMgrTag
@echo off
rem
rem 这是由安装管理器生成的示例批处理脚本。
rem 如果此脚本是从它所生成的位置移入，它可能需要修改。
rem
set AnswerFile=.\unattend.txt
set SetupFiles=i:\i386
i:\i386\winnt32 /s:%SetupFiles% /unattend:%AnswerFile%
```

unattend.bat 文件利用 winnt32.exe 程序安装 Windows 操作系统。只要在命令提示符状态下输入 unattend 命令，安装程序会自动完成 Windows Server 2003 系统的安装，无须用户进行干预。

采用以上两种安装方式完成系统安装后，当再次启动计算机，Windows Server 2003 会启动进入“欢迎使用 Windows”窗口，等待用户按下 Ctrl+Alt+Del 组合键开始操作。当用户按下组合键后，会出现如图 1.12 所示的界面，在该界面中输入相应的账户和密码，接着

Windows 会应用个人设置，进入桌面。

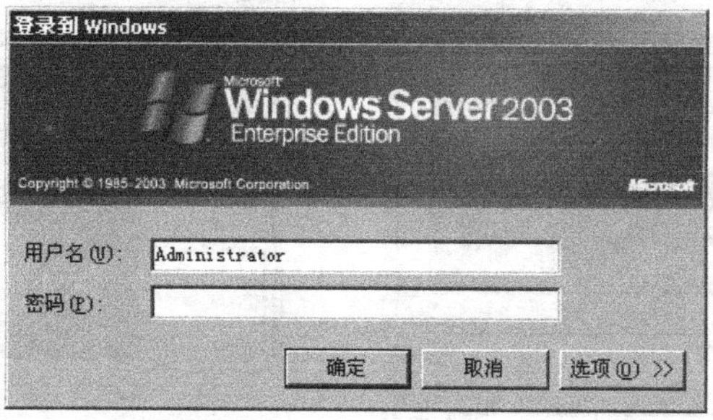

图 1.12　Windows Server 2003 登录界面

1.2　任务 2　Windows Server 2003 的工作环境配置

1.2.1　任务知识准备

与 Windows 2000 Server 等以前版本的服务器操作系统对比，Windows Server 2003 有了较大的改进，安装完成 Windows Server 2003 后，用户需要对工作环境进行初始化配置，主要包括分辨率的设置、经典菜单的设置、计算机名和计算机 IP 地址的更改。

1.2.2　任务实施

1．设置显示分辨率

在“显示属性”对话框中可以集中对各种外观个性化及分辨率和色彩等显示属性进行设置，如设置系统的屏幕分辨率，具体步骤如下。

以本地管理员账户登录到计算机上，依次单击“开始→设置→控制面板→显示”，打开“显示属性”对话框，选择“设置”选项卡，在“屏幕分辨率”处用鼠标将分辨率调整为 1024×768 像素，如图 1.13 所示。

2．设置经典菜单

设置计算机为经典开始菜单，在系统上扩展控制面板并显示管理工具，具体步骤如下。

以本地管理员身份登录到计算机，依次单击“开始→设置→控制面板→任务栏和「开始」菜单”，打开“任务栏和「开始」菜单属性”对话框，选择“「开始」菜单”选项卡，再选择“经典「开始」菜单”，如图 1.14 所示。

单击“自定义”按钮，出现“自定义经典「开始」菜单”对话框，在“高级「开始」菜单选项”列表框中选择“扩展控制面板”和“显示管理工具”，如图 1.15 所示，单击“确定”按钮，返回如图 1.14 所示对话框，最后单击“确定”按钮，完成设置。

3．更改计算机名

更改计算机名称，具体步骤如下。

以本地管理员身份登录到计算机上，依次单击“开始→设置→控制面板→系统”，打开“系统属性”对话框，如图 1.16 所示，显示计算机系统版本及基本硬件信息。

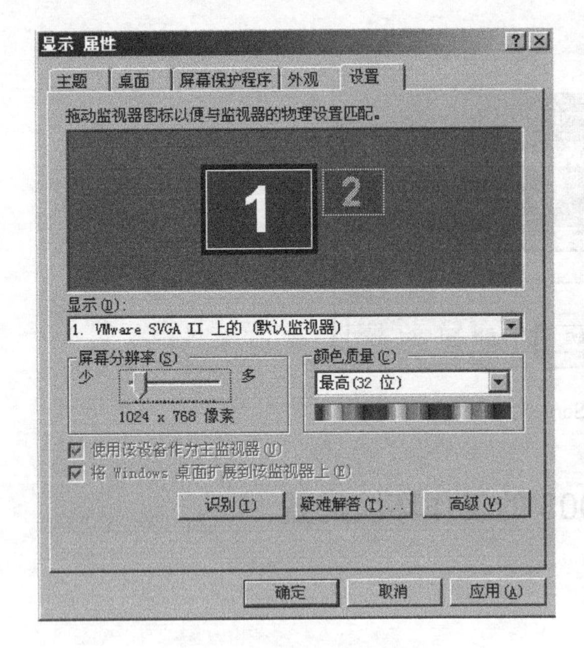

图 1.13　设置屏幕分辨率

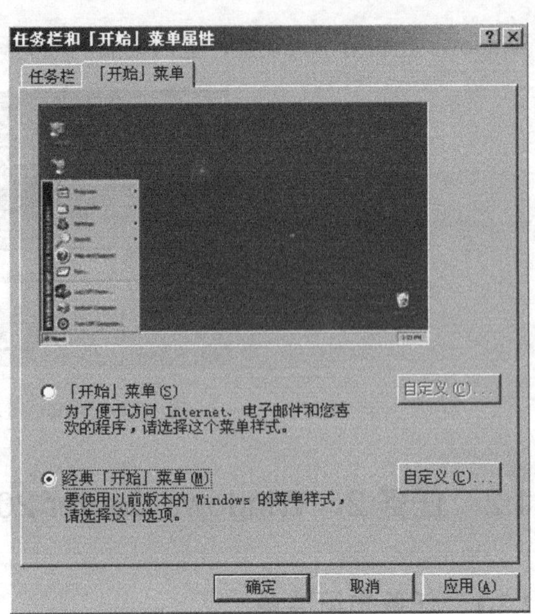

图 1.14　选择经典「开始」菜单

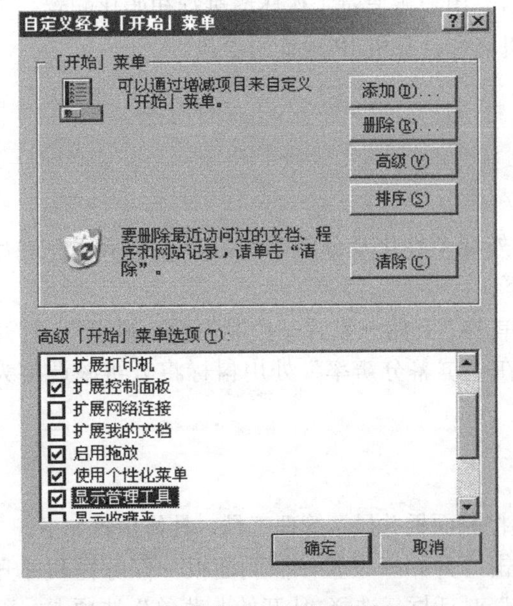

图 1.15　设置高级「开始」菜单选项

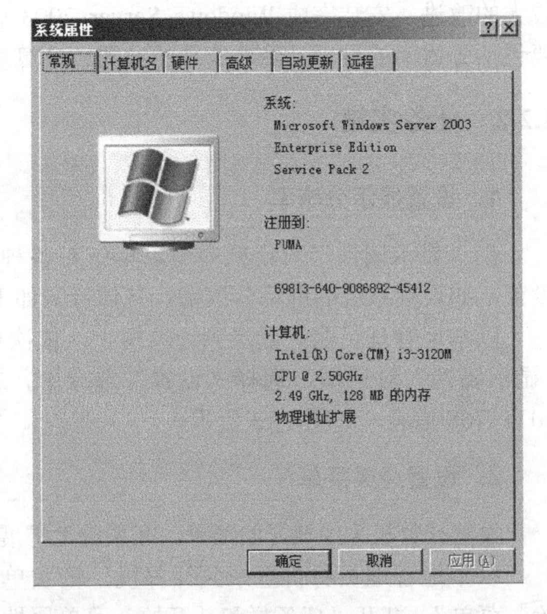

图 1.16　“系统属性”对话框

选择“计算机名”选项卡，如图 1.17 所示，目前该计算机名为 PUMAServer，处于 lingnan.com 域中。

单击“更改”按钮，出现“计算机名称更改”对话框，可以根据需要，在“计算机名”栏中输入新的计算机名以及加入新的域，单击“确定”按钮，返回如图 1.17 所示的对话框。单击“确定”按钮，将提示要更改计算机名必须重新启动计算机。

4. 更改计算机 IP 地址

在日常网络维护工程中，经常需要设置计算机的 IP 地址以方便公司网络内的计算机相互通信，具体步骤如下。

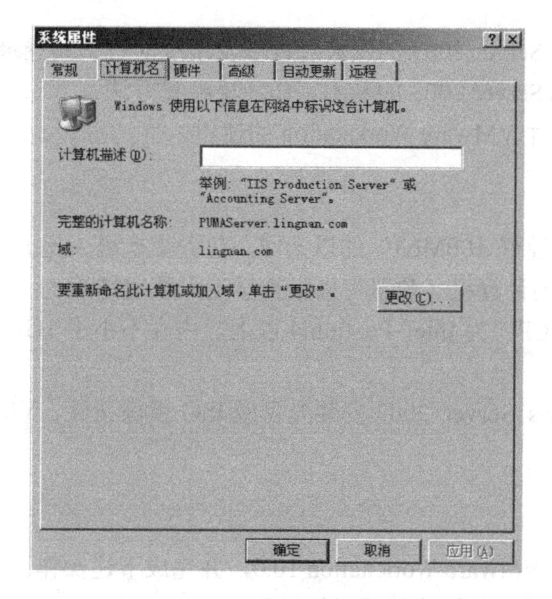

图 1.17 “计算机名”选项卡

以本地管理员身份登录到计算机上，依次单击“开始→设置→控制面板→网络”，打开“网络连接”窗口，如图 1.18 所示，目前该计算机上有一个网络连接。

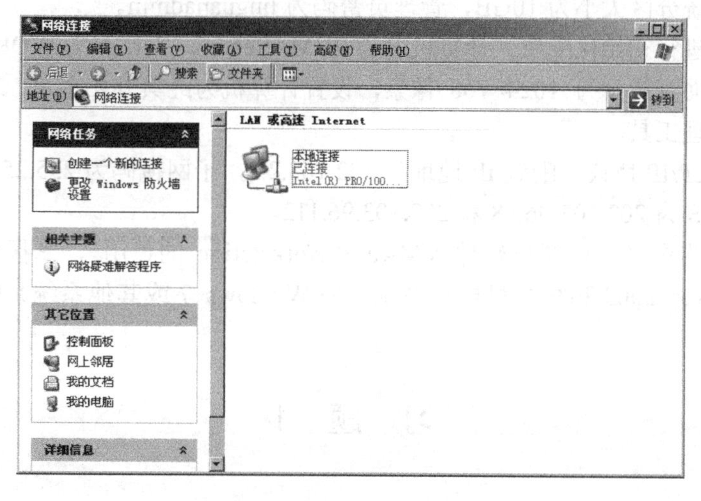

图 1.18 “网络连接”窗口

右键单击“本地连接”，在弹出的菜单中选择“属性”，打开“本地连接属性”对话框，在该对话框中双击“Internet 协议（TCP/IP)”，打开“Internet 协议（TCP/IP）属性”对话框，在该对话框中就可以对 IP 地址、子网掩码、默认网关以及首选 DNS 服务器进行设置，单击“完成”按钮，即可完成设置。

实训 1 安装 Windows Server 2003

1. 实训目标

（1）了解 Windows Server 2003 各种不同的安装方式，能够根据不同的情况，正确地选择不同的方式来安装 Windows Server 2003 操作系统。

（2）掌握 Windows Server 2003 的安装过程以及系统的启动和登录。

（3）掌握 Windows Server 2003 的基本工作环境配置方法。

（4）掌握虚拟机软件 VMware Workstation 的使用。

2．实训准备

（1）网络环境：已建好 100Mbit/s 的以太网，包含交换机、超五类（或五类）UTP 直通线若干、3 台以上数量的计算机（数量可以根据学生人数安排）。

（2）计算机配置：CPU 为 Intel Pentium4 以上，内存不小于 1GB，硬盘剩余空间不小于 20GB。

（3）软件：Windows Server 2003 安装光盘或 ISO 镜像文件、VMware Workstation 10.0 虚拟机软件。

3．实训步骤

安装好虚拟机软件 VMware Workstation 10.0，并完成下述操作。

（1）进入虚拟机软件，选择“新建虚拟机”。

（2）将 Windows Server 2003 光盘插入光驱或使用 IOS 镜像文件，开始全新的 Windows Server 2003 安装。

（3）要求系统分区大小为 10GB，管理员密码为 lingnanadmin。

（4）对系统进行初始化配置，计算机名为 PUMAServer，工作组为 WORKGROUP。

（5）设置桌面分辨率为 1024×768 像素，设置计算机为经典开始菜单，在系统上扩展控制面板并显示管理工具。

（6）设置 TCP/IP 协议，配置 IP 地址为 192.168.2.2，子网掩码为 255.255.255.0，网关为 192.168.2.1，DNS 为 202.103.96.68 和 202.103.96.112。

（7）结合“附录 A　虚拟机软件 VMware Workstation 的使用”，掌握虚拟机中操作系统 Windows Server 2003 和宿主机操作系统（如 Windows 7 或其他系统）的联网方式，并测试。

习　题　1

1．填空题

（1）Windows Server 2003 包含 4 个版本，分别是________、________、________和________。

（2）Windows Server 2003 支持的文件系统包括________、________和________。在实际应用中推荐将 Windows Server 2003 安装在__________ 文件系统分区中。

（3）使用________________可以自动产生无人值守安装的应答文件。

2．选择题

（1）下面______工具可以自动产生无人值守安装的应答文件。

A．Deploy.cab　　　　B．setupmgr.exe

C．sysprep.exe　　　　D．winnt32.exe

（2）在 Windows Server 2003 的安装过程中，为了保证不被网络上的病毒所感染，应该采取的安全措施是______。

A．先安装杀毒软件　　B．采用无人值守的安装方式

C．先断开网络　　D．对计算机进行低级格式化

3．简答题

（1）简述 Windows Server 2003 各个版本的区别。

（2）简述 Windows Server 2003 系统的新特性。

（3）安装 Windows Server 2003 对系统有哪些要求？

项目 2　用户和组的管理

【项目情景】

岭南信息技术有限公司于 2012 年为某上市公司扩建了集团总部的内部局域网，该局域网覆盖了集团的 3 栋办公大楼，包括信息点共计 1 000 余个，并拥有各类服务器约 30 余台。由于公司计算机和用户数量较多，因此，为了方便管理，要根据用户所属的部门类型设置不同的账户和权限，那么如何正确而有效地进行用户和组的管理才能实现这一目的呢？

【项目分析】

（1）为了保证系统资源合理利用，需要局域网中的用户向管理员申请账户，通过账户进入系统，从而方便管理员对特定的用户进行跟踪和管理，控制这些用户对资源的访问。

（2）可以利用组账户帮助管理员简化操作的复杂程度，同一类型的用户可以加入同一个组，从而降低管理的难度。

【项目目标】

（1）熟悉用户账户的创建与管理。

（2）熟悉组账户的创建与管理。

（3）掌握本地安全策略的设置。

【项目任务】

任务 1　用户的创建与管理

任务 2　组账户的创建与管理

任务 3　设置本地安全策略

2.1　任务 1　用户的创建与管理

2.1.1　任务知识准备

1. 用户账户概述

用户账户是计算机的基本安全组件，计算机通过用户账户来辨别用户身份，让有使用权限的人登录计算机，访问本地计算机资源或从网络访问这台计算机的共享资源。指派不同用户不同的权限，可以让用户执行不同的计算机管理任务。所以每台运行 Windows Server 2003 的计算机，都需要用户账户才能登录计算机。在登录过程中，Windows Server 2003 要求用户指定或输入不同的用户名和密码，当计算机比较用户输入的账户和密码与本地安全数据库中的用户信息一致时，才能让用户登录到本地计算机或从网络上获取对资源的访问权限。用户登录时，本地计算机验证用户账户的有效性，如用户提供了正确的用户名和密码，则本地计算机分配给用户一个访问令牌（Access Token），该令牌定义了用户在本地计算机上的访问权限，资源所在的计算机负责对该令牌进行鉴别，以保证用户只能在管理员定义的权限范围内使用本地计算机上的资源。对访问令牌的分配和鉴别是由本地计算机的本地安全权限（LSA）负责的。

Windows Server 2003 支持两种用户账户：域账户和本地账户。域账户可以登录到域上，并获得访问该网络的权限；本地账户则只能登录到一台特定的计算机上，并访问该计算机上的资源。Windows Server 2003 还提供内置用户账户，它用于执行特定的管理任务或使用户能够访问网络资源。

注意：对于域环境的域用户账户将在项目 3 中进行介绍，本项目主要介绍本地计算机的用户和组的管理。

本地用户账户仅允许用户登录并访问创建该账户的计算机。当创建本地用户账户时，Windows Server 2003 仅在计算机位于“%Systemroot%\system32\config”文件夹下的安全数据库（SAM）中创建该账户。

Windows Server 2003 默认只有 Administrator 账户和 Guest 账户。Administrator 账户可以执行计算机管理的所有操作；而 Guest 账户是为临时访问计算机的用户而设置的，但默认是禁用的。

Windows Server 2003 为每个账户提供了名称，如 Admnistrator、Guest 等，这些名称是为了方便用户记忆、输入和使用的。在本地计算机中的用户账户是不允许相同的。而系统内部则使用安全标识符（SID）来识别用户身份，每个用户账户都对应一个唯一的安全标识符，这个安全标识符在用户创建时由系统自动产生。系统指派权利、授权资源访问权限等都需要使用安全标识符。当删除一个用户账户后，重新创建名称相同的账户并不能获得先前账户的权利。用户登录后，可以在命令提示符状态下输入“whoami /logonid”命令查询当前用户账户的安全标识符，如图 2.1 所示。

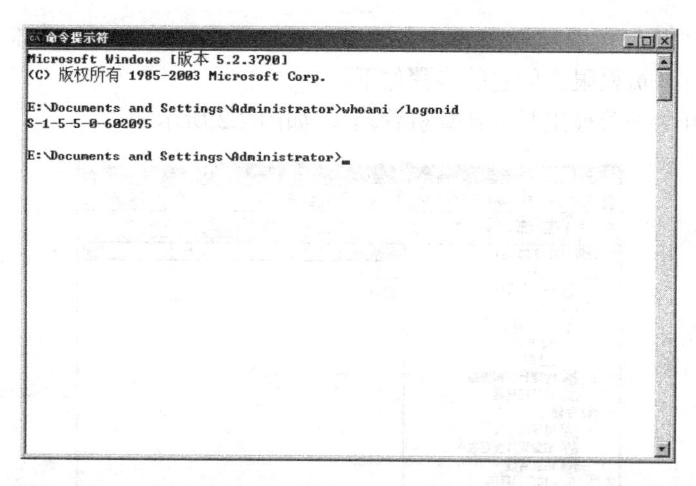

图 2.1　查询当前账户的 SID

2．系统的内置账户 Administrator 和 Guest

Administrator：使用内置 Administrator 账户可以对整台计算机或域配置进行管理，如创建修改用户账户和组、管理安全策略、创建打印机、分配允许用户访问资源的权限等。作为管理员，应该创建一个普通用户账户，在执行非管理任务时使用该用户账户，仅在执行管理任务时才使用 Administrator 账户。Administrator 账户可以更名，但不可以删除。

Guest：一般的临时用户可以使用内置 Guest 账户进行登录并访问资源。在默认情况下，为了保证系统的安全，Guest 账户是禁用的，但在安全性要求不高的网络环境中，可以使用该账户，且通常分配给它一个口令。

3. 用户账户的命名规则

遵循以下的规则和约定可以简化账户创建后的管理工作。

（1）命名约定。

① 账户名必须唯一：本地账户必须在本地计算机上唯一。

② 账户名不能包含的字符：* / \ [ ] : ; | =，+ / < >"。

③ 账户名最长不能超过 20 个字符。

（2）密码原则。

① 一定要给 Administrator 账户指定一个密码，以防止他人随便使用该账户。

② 确定是管理员还是用户拥有密码的控制权。用户可以给每个用户账户指定一个唯一的密码，并防止其他用户对其进行更改，也可以允许用户在第一次登录时输入自己的密码。一般情况下，用户应该可以控制自己的密码。

③ 密码不能太简单，应该不容易让他人猜出。

④ 密码最多可由 128 个字符组成，推荐最小长度为 8 个字符。

⑤ 密码应由大小写字母、数字以及合法的非字母数字的字符混合组成，如“P@ssw0rd”。

2.1.2 任务实施

1. 创建本地用户账户

用户可以用“计算机管理”中的“本地用户和组”管理单元来创建本地用户账户，而且用户必须拥有管理员权限。创建的步骤如下。

（1）打开“开始→管理工具→计算机管理”，如图 2.2 所示。

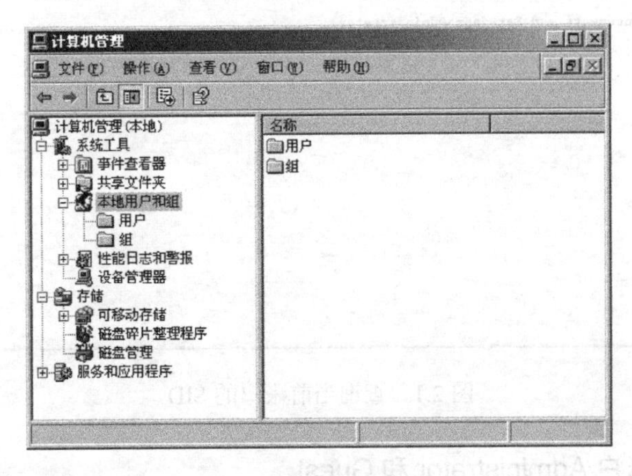

图 2.2　计算机管理界面

（2）在“计算机管理”管理控制台中，展开“本地用户和组”，在“用户”目录上单击鼠标右键，选择“新用户”命令，如图 2.3 所示。

（3）打开“新用户”对话框后，输入用户名、全名和描述，并且输入密码，如图 2.4 所示。可以设置密码选项，包括“用户下次登录时必须更改密码”、“用户不能更改密码”、“密码永不过期”、“账户已禁用”等，设置完成后，单击“创建”按钮新增用户账户，如图 2.4 所示。有关密码选项的描述如表 2.1 所示。创建完用户后，单击“关闭”按钮返回到“计算机管理”控制台。

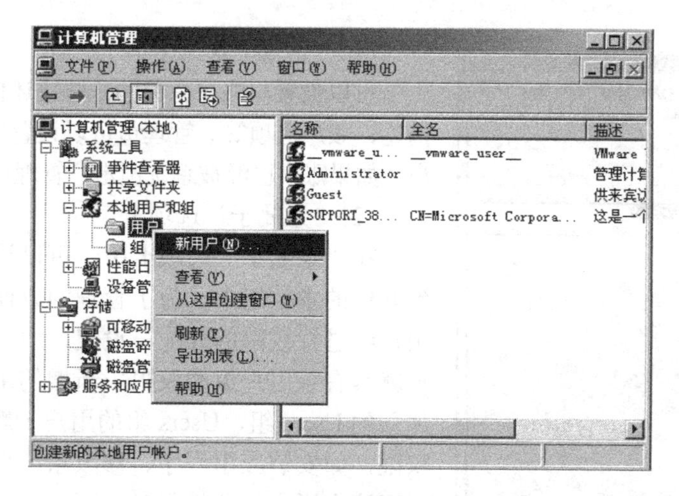

图 2.3　选择“新用户”命令

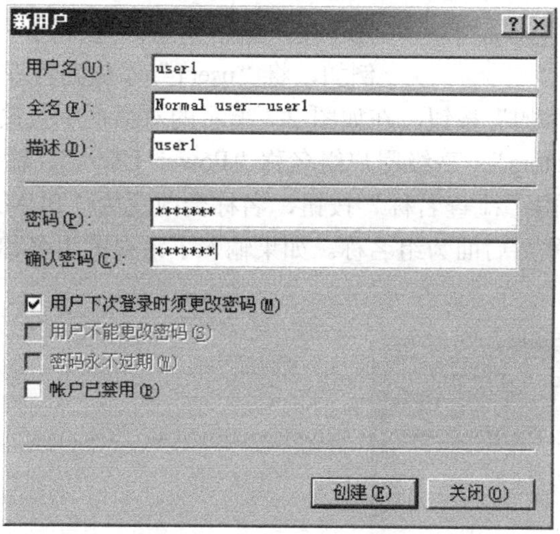

图 2.4　“新增用户”对话框

表 2.1　密码选项的描述

选　项	描　述
密码	要求用户输入密码，系统用“*”显示
确认密码	要求用户再次输入密码以确认输入正确
用户下次登录时必须更改密码	要求用户下次登录时必须修改该密码
用户不能更改密码	不允许用户修改密码，通常用于多个用户共用一个用户账户，如 Guest 等
密码永不过期	密码永久有效，通常用于 Windows Server 2003 的服务账户或应用程序所使用的用户账户
账户已禁用	禁用用户账户

2．设置用户账户的属性

用户账户不只包括用户名和密码等信息，为了管理和使用的方便，一个用户还包括其他的一些属性，如用户隶属的用户组、用户配置文件、用户的拨入权限、终端用户设置等。在“本地用户和组”的右侧栏中，双击一个用户，将显示“user1 属性”对话框，如图 2.5 所示。

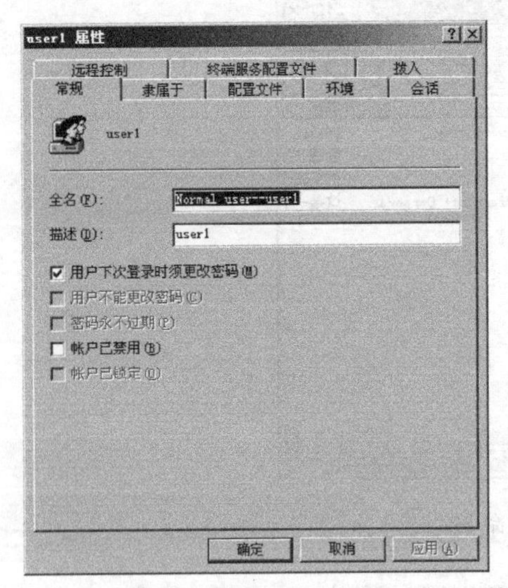

图 2.5 “user1 属性”对话框

（1）“常规”选项卡。

可以设置与账户有关的一些描述信息，包括全名、描述、账户选项等。管理员可以设置密码选项或禁用账户，如果账户已经被系统锁定，管理员可以解除锁定。

（2）“隶属于”选项卡。

在“隶属于”选项卡中，可以设置将该账户加入到其他的本地组中。为了管理的方便，通常都需要对用户组进行权限的分配与设置，用户属于哪个组，用户就具有该用户组的权限。新增的用户账户默认的是加入到 Users 组，Users 组的用户一般不具备一些特殊权限，如安装应用程序、修改系统设置等。所以当要分配这个用户一些权限时，可以将该用户账户加入到其他的组，也可以单击“删除”按钮将用户从一个或几个用户组中删除。“隶属于”选项卡如图 2.6 所示。

例如，将“user1”添加到管理员组的操作步骤如下。

单击图 2.6 中的“添加”按钮，在如图 2.7 所示的对话框中直接输入组的名称，如管理员组的名称“Administrators”、高级用户组名称“Power Users”。输入组名称后，如需要检查名称是否正确，则单击“检查名称”按钮，名称会改变为“PUMA\Administrator”。前面部分表示本地计算机名称，后面为组名称。如果输入了错误的组名称，检查时，系统将提示找不到该名称。

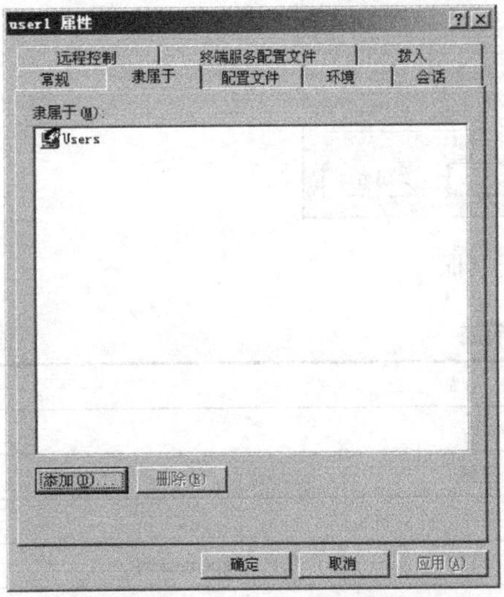

图 2.6 “隶属于”选项卡

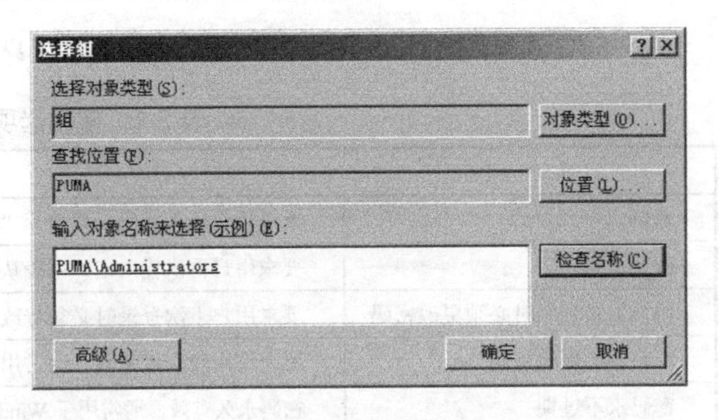

图 2.7 “选择组”对话框

如果不希望手动输入组名称，也可以选择“高级”按钮，再单击“立即查找”按钮，从列表中选择一个或多个组，如图 2.8 所示。

（3）“配置文件”选项卡。

在“配置文件”选项卡可以设置用户账户的配置文件路径、登录脚本和主文件夹路径。本地用户账户的配置文件都保存在本地磁盘“%userprofile%”文件夹中。“配置文件”选项卡如图 2.9 所示。

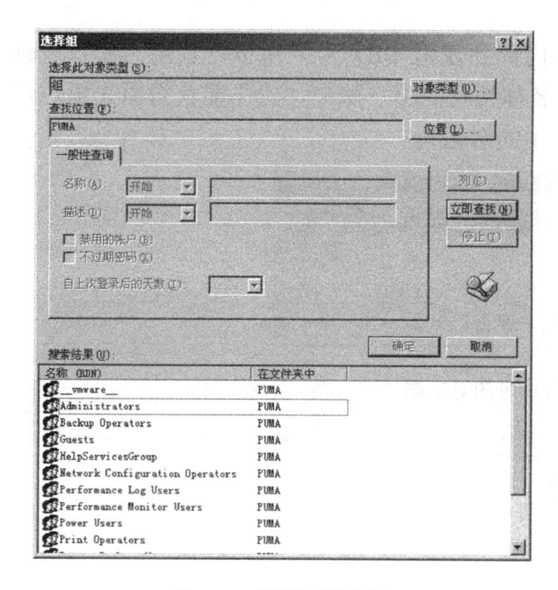

图 2.8　查找可用的组

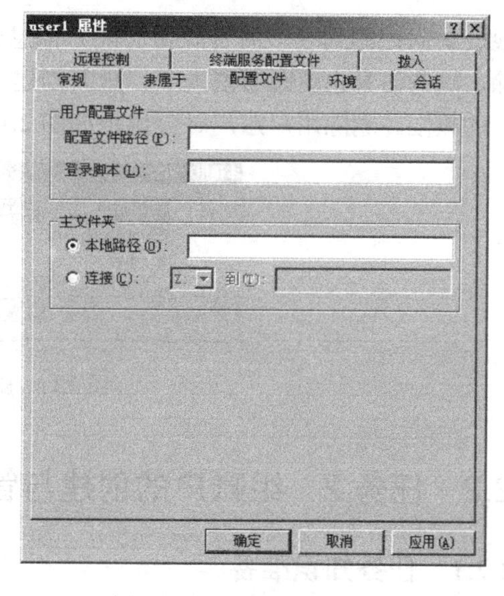

图 2.9　“配置文件”选项卡

用户配置文件是存储当前桌面环境、应用程序设置以及个人数据的文件夹和数据的集合，还包括所有登录到某台计算机上所建立的网络连接。由于用户配置文件提供的桌面环境与用户最近一次登录到该计算机上所用的桌面相同，因此就保持了用户桌面环境及其他设置的一致性。

3. 删除本地用户账户

当用户不再需要使用某个用户账户时，可以将其删除。删除用户账户会导致与该账户有关的所有信息的遗失，所以在删除之前，最好确认其必要性或者考虑用其他的方法，如禁用该账户。许多企业给临时员工设置了 Windows 账户，当临时员工离开企业时将账户禁用，但新来的临时员工需要用该账户时，只需改名即可。

在“计算机管理”控制台中，选择要删除的用户账户，执行删除功能，如图 2.10 所示，但是系统内置账户，如 Administrator、Guest 等无法删除。

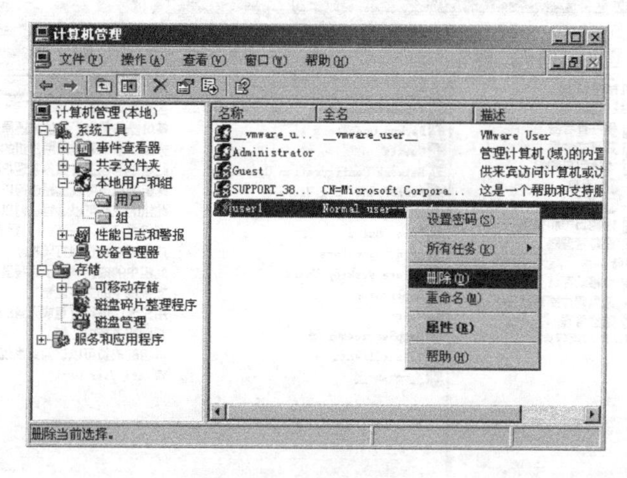

图 2.10　删除用户账户

在任务知识准备部分已经提到，每个用户都有一个名称之外的唯一标识符 SID 号，SID 号在新增账户时由系统自动产生，不同账户的 SID 号不会相同。由于系统在设置用户的权限、访问控制列表中的资源访问能力信息时，内部都使用 SID 号，所以一旦用户账户被删除，这些信息也就跟着消失了。重新创建一个名称相同的用户账户，也不能获得原先用户账户的权限。删除用户账户时会出现如图 2.11 所示的对话框。

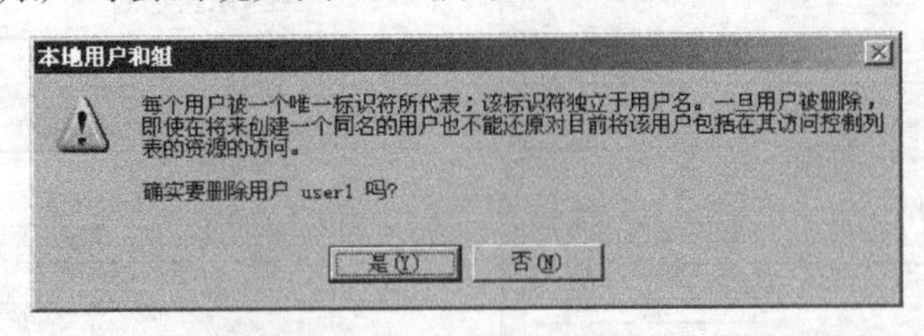

图 2.11　删除账户时的对话框

2.2　任务 2　组账户的创建与管理

2.2.1　任务知识准备

组账户是计算机的基本安全组件，它是用户账户的集合。但是，组账户并不能用于登录计算机，但是可以用于组织用户账户。通过使用组，管理员可以同时向一组用户分配权限，故可简化对用户账户的管理。

组可以用于组织用户账户，让用户继承组的权限。

注意：同一个用户账户可以同时为多个组的成员，这样该用户的权限就是所有组权限的合并。

Windows Server 2003 有几个内置组，在需要的时候，用户还可以创建新组。例如，可以创建一个比 Users 具有更多的权限，但比 Powers Users 具有较少权限的组。为了使某个组的成员有更多或更少的权限，用户也可以定义组的权限和优先级，当重新定义组的权限时，这个组中的所有成员用户将自动更新以响应这些改变。

打开“计算机管理”管理控制台，在“本地用户和组”树中的“组”目录里，可以查看本地内置的所有组账户，如图 2.12 所示。

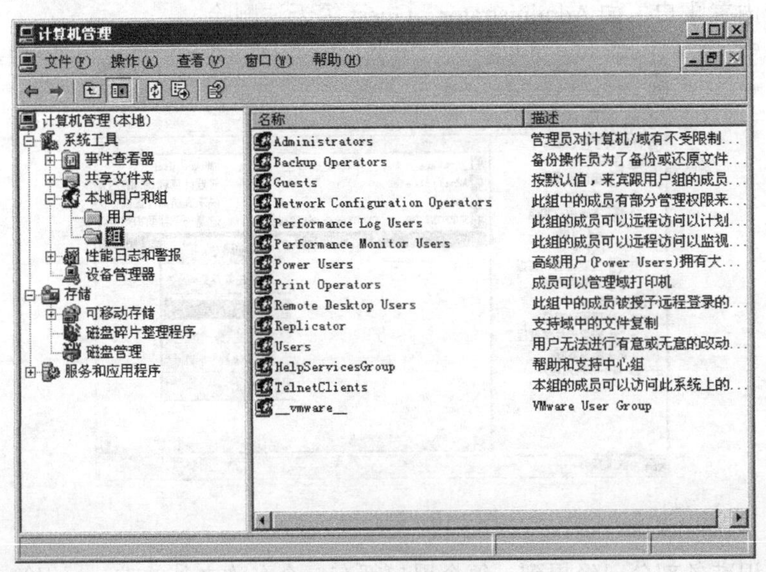

图 2.12　内置组账户

Windows Server 2003 内置的组账户的权限如表 2.2 所示。

表 2.2 Windows Server 2003 内置组的权限

组	描述	默认用户权利
Administrators	该组的成员具有对服务器的完全控制权限，并且可以根据需要向用户指派用户权利和权限。默认成员有 Administrator 账户	从网络访问此计算机；允许本地登录；调整某个进程的内存配额；允许通过终端服务登录；备份文件和目录；更改系统时间；调试程序；从远程系统强制关机；加载和卸载设备驱动程序；管理审核和安全日志；调整系统性能；关闭系统；取得文件或其他对象的所有权
Backup Operators	该组的成员可以备份和还原服务器上的文件，而不考虑保护这些文件的安全设置。这是因为执行备份的权限优先于所有文件的使用权限，但是不能更改文件的安全设置	从网络访问此计算机；允许本地登录；备份文件和目录；忽略遍历检查；还原文件和目录；关闭系统
Guests	该组成员拥有一个在登录时创建的临时配置文件，在注销时，该配置文件将被删除。来宾账户（默认情况下禁用）也是该组的默认成员	没有默认用户权利
Network Configuration Operators	该组成员可以更改 TCP/IP 设置，并更新和发布 TCP/IP 地址。无默认成员	没有默认用户权利
Performance Monitor Users	该组成员可以在本地服务器和远程客户端查看性能计数器，并不需要是 Administrators 或 Performance Log Users 组的成员	没有默认用户权利
Performance Log Users	该组成员可以从本地服务器和远程客户端管理性能计数器、日志和警报，而不用成为 Administrators 组的成员	没有默认用户权利
Power Users	该组成员可以创建用户账户，然后修改并删除所创建的账户。可以创建本地组，然后在已创建的本地组中添加或删除用户，还可以在 Power Users 组、Users 组和 Guests 组中添加或删除用户 此组成员可以创建共享资源并管理所创建的共享资源。但是，不能取得文件的所有权、备份或还原目录、加载或卸载设备驱动程序，或者管理安全性及日志	从网络访问此计算机；允许本地登录；忽略遍历检查；更改系统时间；调整单一进程；关闭系统
Print Operators	该组成员可以管理打印机及打印队列	没有默认用户权利
Remote Desktop Users	该组成员可以远程登录服务器	允许通过终端服务登录
Users	该组成员可以执行一些常见任务，如运行应用程序、使用本地和网络打印机以及锁定服务器等。用户不能共享目录或创建本地打印机。在本地创建的任何用户账户，都可以成为本组的成员	从网络访问此计算机；允许本地登录；忽略遍历检查

系统为这些本地组预先指派了权限，如 Administrators 组对计算机具有完全控制权，具有从网络访问此计算机、可以调整进程的内存配额、允许本地登录等权限。Backup Operators 组可以从网络访问此计算机，允许本地登录、备份文件及目录、备份和还原文件、关闭系统等。

2.2.2 任务实施

1. 创建本地用户组

通常情况下，系统默认的用户组已经能够满足需要，但是这些组常常不能满足特殊安全和灵活性的需要，所以管理员必须根据需要新增一些组。这些组创建之后，就可以像内置组一样，赋予其权限和进行组成员的增加。

从“计算机管理”控制台中展开“本地用户和组”，鼠标右键单击“组”按钮，选择“新建组”命令，如图 2.13 所示。在“新建组”窗口中输入组名和描述，如图 2.14 所示，然后单击“创建”按钮即可完成创建。在图 2.14 中，在创建用户组的同时向组中添加用户，单击“添加”按钮，将显示“选择用户”对话框。Windows Server 2003 的本地组的成员，可以是用户或是其他组，只要在字段中输入成员名称或是使用“高级”选择用户即可，如图 2.15 所示。

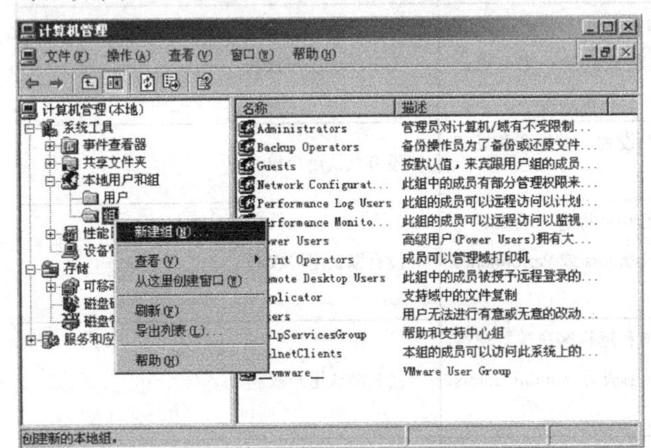

图 2.13 选择“新建组”命令

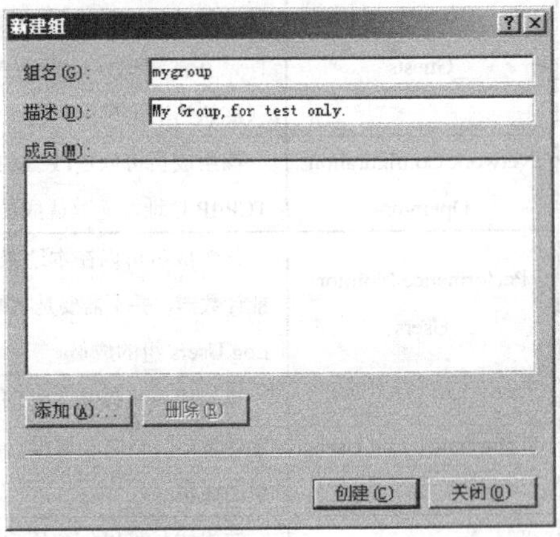

图 2.14 输入组名和描述

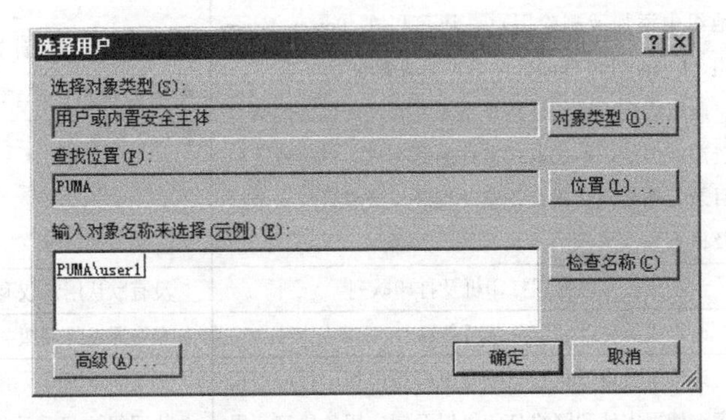

图 2.15 为 Mygroup 组选择用户

2. 删除、重命名本地组及修改本地组成员

当计算机中的组不需要时，系统管理员可以对组执行清除任务。每个组都拥有一个唯一的安全标识符（SID），所以一旦删除了用户组，就不能重新恢复，即使新建一个与被删除组有相同名字和成员的组，也不会与被删除组有相同的特性和特权。在“计算机管理”控制台中选择要删除的组账户，然后执行删除功能，如图 2.16 所示，在弹出的对话框中选择“是”即可。

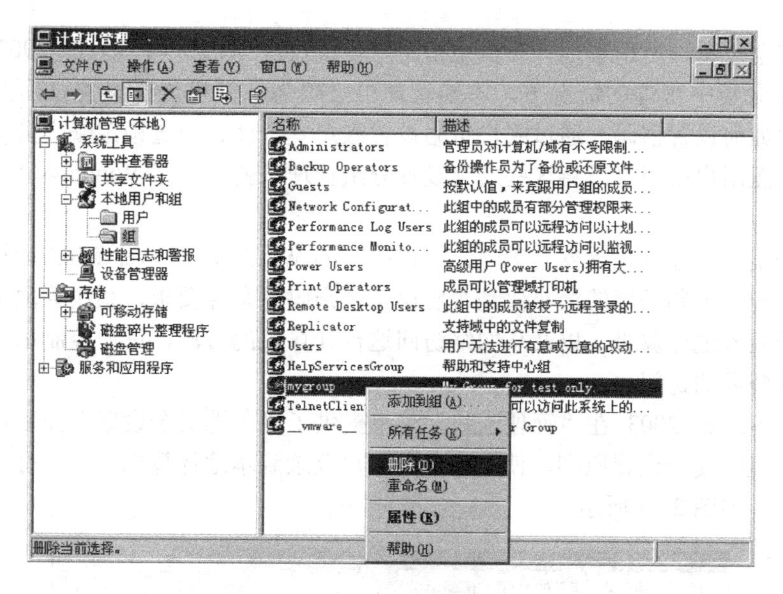

图 2.16　删除操作

但是，管理员只能删除新增的组，不能删除系统内置的组。当管理员删除系统内置组时，系统将拒绝删除操作。若要删除 Administrators 组，出现的对话框如图 2.17 所示。

重命名组的操作与删除组的操作类似，只要在弹出的菜单中选择“重命名”，输入相应的名称即可。要修改本地组成员，只要双击组名称，弹出如图 2.18 所示的对话框。在弹出的对话框中选择成员单击“删除”按钮，即可以删除组成员。如果要添加组成员，单击“添加”按钮，再选择相应用户即可。

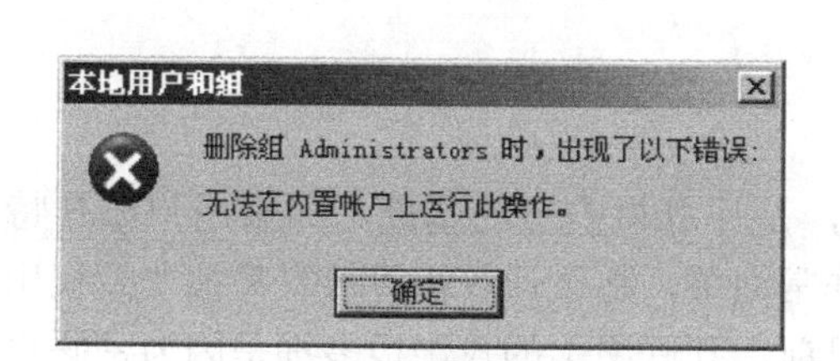

图 2.17　删除 Administrators 组时的错误信息

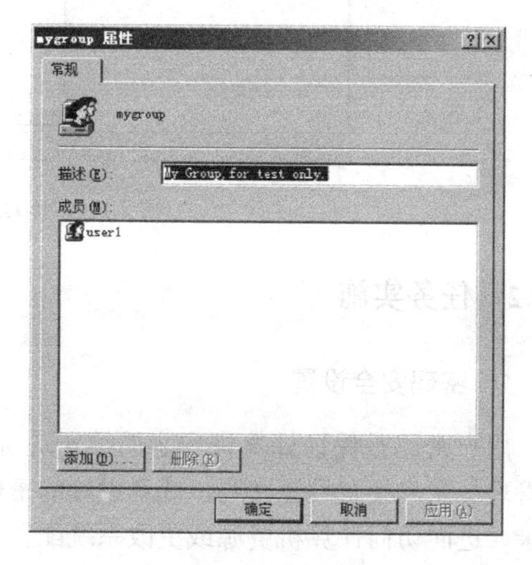

图 2.18　本地组属性

2.3　任务 3　设置本地安全策略

2.3.1　任务知识准备

在 Windows Server 2003 中，为了确保计算机的安全，允许管理员对本地安全进行设置，从而达到提高系统安全性的目的。Windows Server 2003 对登录到本地计算机的用户都定义了一些安全设置。所谓本地计算机是指用户登录执行 Windows Server 2003 的计算机，在没有活动目录集中管理的情况下，本地管理员必须为计算机进行设置以确保其安全。例如，限制用户如何设置密码、通过账户策略设置账户安全性、通过锁定账户策略避免他人登录计算机、指派用户权限等。将这些安全设置分组管理，就组成了 Windows Server 2003 的本地安全策略。

系统管理员可以通过设置安全策略，确保执行的 Windows Server 2003 计算机的安全。例如，判断账户的密码长度的最小值是否应该符合密码复杂性要求，系统管理员可以设置哪些用户允许登录本地计算机，以及从网络访问这台计算机的资源，进而控制用户对本地计算机资源和共享资源的访问。

Windows Server 2003 在“管理工具”菜单提供了“本地安全设置”控制台，可以集中管理本地计算机的安全设置原则，使用管理员账户登录到本地计算机，即可打开“本地安全设置”控制台，如图 2.19 所示。

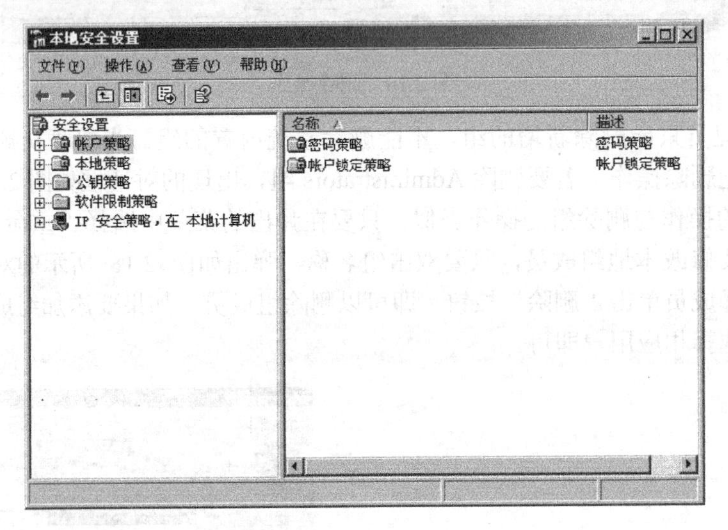

图 2.19 “本地安全设置”控制台

2.3.2 任务实施

1. 密码安全设置

用户密码是保证计算机安全的第一道屏障，是计算机安全的基础。如果用户账户特别是管理员账户没有设置密码，或者设置的密码非常简单，那么计算机将很容易被非授权用户登录，进而访问计算机资源或更改系统配置。目前，互联网上的攻击很多都是因为密码设置过于简单或根本没设置密码造成的，因此应该设置合适的密码和密码设置原则，从而保证系统的安全。

Windows Server 2003 的密码设置原则主要包括以下四项：密码必须符合复杂性要求，密码长度最小值，密码使用期限和强制密码历史等。

（1）密码必须符合复杂性要求。对于工作组环境的 Windows 系统，默认密码没有设置复杂性要求，用户可以使用空密码或简单密码，如“123”、“abc”等，这样黑客很容易通过一些扫描工具得到系统管理员的密码。但是对于域环境的 Windows Server 2003，默认即启用了密码复杂性要求。要使本地计算机启用密码复杂性要求，只要在“本地安全设置”中选择“账户策略”下的“密码策略”，双击右边的“密码必须符合复杂性要求”，选择“已启用”即可，如图 2.20 所示。

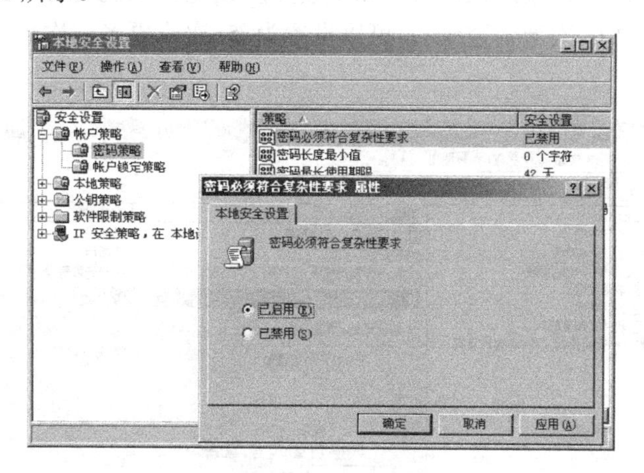

图 2.20 启用密码复杂性要求

启用密码复杂性要求后，则所有用户设置的密码，必须包含字母、数字和标点符号等才能符合要求。例如，密码“ab%&3D59”符合要求，而密码“kadfjks”则不符合要求。

（2）密码长度最小值。默认密码长度最小值为 0 个字符。在设置密码复杂性要求之前，系统允许用户不设置密码。但为了系统的安全，最好设置最小密码长度为 6 或更长的字符，如图 2.21 所示设置的密码最小长度为 8 个字符。

（3）密码使用期限。默认密码最长有效期设置为 42 天，用户账户的密码必须在 42 天之后修改，也就是说密码在 42 天之后会过期。默认密码的最短有效期为 0 天，即用户账户的密码可以立即修改。与前面类似，可以修改默认密码的最长有效期和最短有效期。

（4）强制密码历史。默认强制密码历史为 0 个。如果将强制密码历史改为 3 个，即系统会记住最后 3 个用户设置过的密码，当用户修改密码时，如果为最后 3 个密码之一，系统将拒绝用户的要求。这样可以防止用户重复使用相同的字符来组成密码，强制密码历史设置如图 2.22 所示。

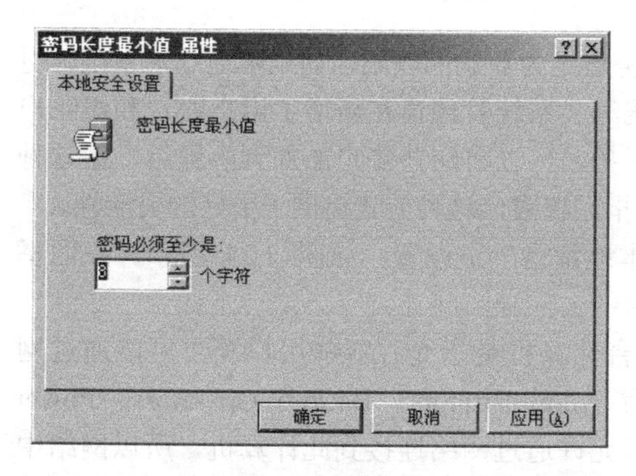

图 2.21 密码最小长度

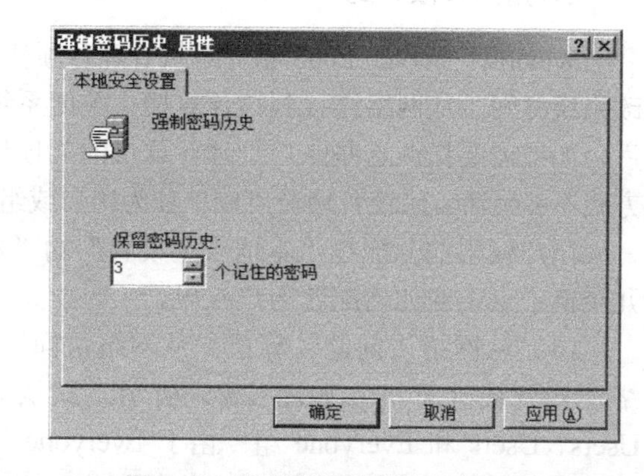

图 2.22 设置强制密码历史为“3”

2．账户锁定策略

Windows Server 2003 在默认情况下，没有对账户锁定进行设定，此时，对黑客的攻击没有任何限制。这样，黑客可以通过自动登录工具和密码猜解字典进行攻击，甚至可以进行暴力模式的攻击。因此，为了保证系统的安全，最好设置账户锁定策略。账户锁定原则包括如下设置：账户锁定阈值、账户锁定时间和重设账户锁定计算机的时间间隔。

账户锁定阈值为“0 次无效登录”，可以设置为 5 次或更多的次数以确保系统安全，如图 2.23 所示。

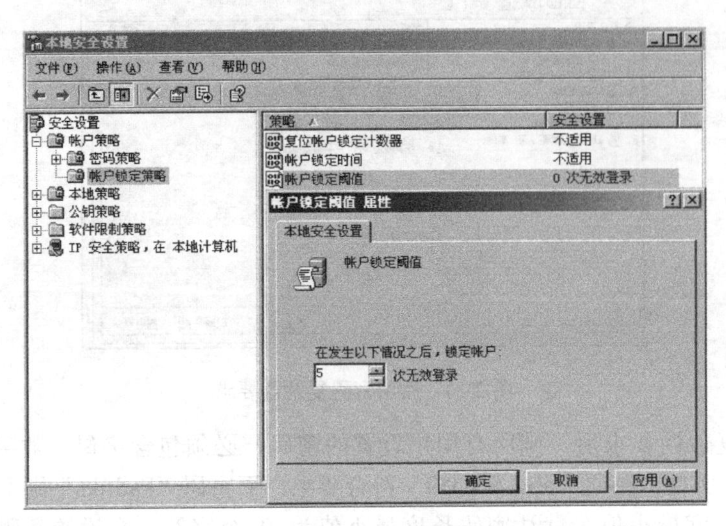

图 2.23　账户锁定阈值

如果账户锁定阈值设置为 0 次，则不可以设置账户锁定时间。在修改账户锁定阈值后，将账户锁定时间设置为 30min，即当账户被系统锁定后，在 30min 之内会自动解锁。账户锁定阈值的设置可以延迟黑客继续尝试登录系统。如果账户锁定时间设定为 0min，则表示账户将被自动锁定，直到系统管理员解除锁定。

复位账户锁定计数器设定在登录尝试失败计数器被复位为 0（即 0 次失败登录尝试）之前，尝试登录失败之后所需的分钟数，有效范围为 1～99 999min 之间。如果定义了账户锁定阈值，则该复位时间必须小于或等于账户锁定时间。

3．用户权限分配

Windows Server 2003 将计算机管理各项任务设定为默认的权限，如从本地登录系统、更改系统时间、从网络连接到该计算机、关闭系统等。系统管理员在新增了用户账户和组账户后，如果需要指派这些账户管理计算机的某项任务，可以将这些账户加入到内置组，但这种方式不够灵活。系统管理员可以单独为用户或组指派权限，这种方式提供了更好的灵活性。

用户权限的分配在“本地安全设置”的“本地策略”下设置，如图 2.24 所示。下面举几个例子来说明如何配置用户权限。

（1）从网络访问此计算机。从网络访问这台计算机是指允许哪些用户及组可以通过网络连接到该计算机，如图 2.25 所示。默认为 Administrators、Backup Operators、Power Users、Users 和 Everyone 组。由于 Everyone 组允许通过网络连接到此计算机，所以网络中的所有用户都默认可以访问这台计算机。从安全角度考虑，建议将 Everyone 组删除，这样网络用户连接到这台计算机时，就会提示输入用户名和密码，而不是直接连接访问。

与该设置相反的是“拒绝从网络访问这台计算机”，该安全设置决定哪些用户被明确禁止通过网络访问计算机。如果某用户账户同时符合此项设置和“从网络访问此计算机”，那么禁止访问优先于允许访问。

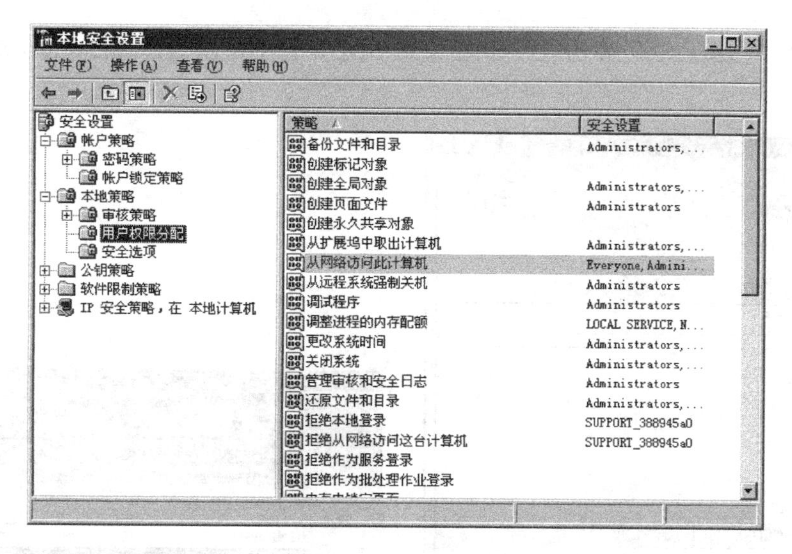

图 2.24 用户权限分配

（2）允许本地登录。允许在本地登录原则设置，决定哪些用户可以交互式地登录此计算机，默认为 Administrators、Backup Operators、Power Users，如图 2.26 所示。另一个安全设置是“拒绝本地登录”，默认用户或组为空。同样，如果某用户既属于“允许在本地登录”又属于“拒绝本地登录”，那么该用户将无法在本地登录计算机。

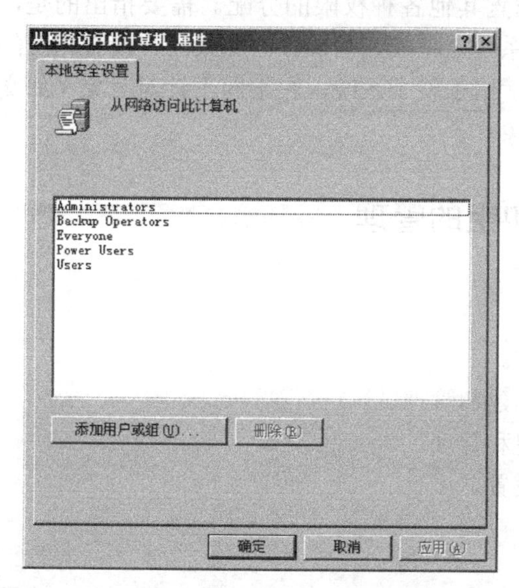

图 2.25 设置从网络访问此计算机

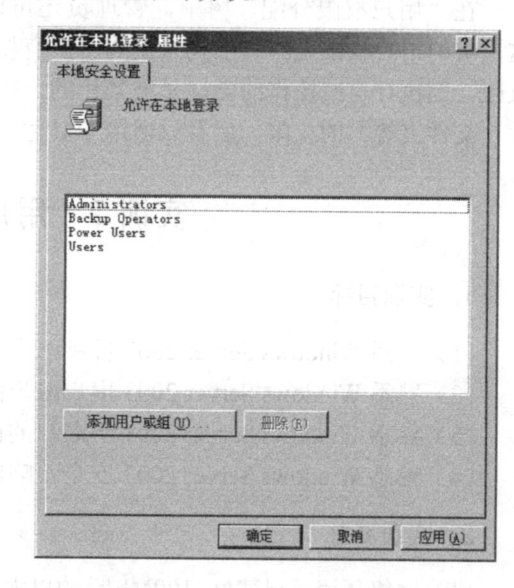

图 2.26 允许在本地登录界面

（3）关闭系统。关闭系统原则设置，决定哪些本地登录计算机的用户可以关闭操作系统。默认能够关闭系统的是 Administrators、Backup Operators 和 Power Users，如图 2.27 所示。

默认 Users 组用户可以从本地登录计算机，但是在“关闭系统”成员列表中，所有 Users 组用户能从本地登录计算机，但是登录后无法关闭计算机。这样可避免普通权限用户误操作导致关闭计算机而影响关键业务系统的正常运行。例如，用属于 Users 组的 user1 用户本地登录到系统，当用户执行“开始 | 关机”功能时，只能使用“注销”功能，而不能使

用“关机”和“重新启动”等功能，如图 2.28 所示，也不可以执行 shutdown.exe 命令关闭计算机。

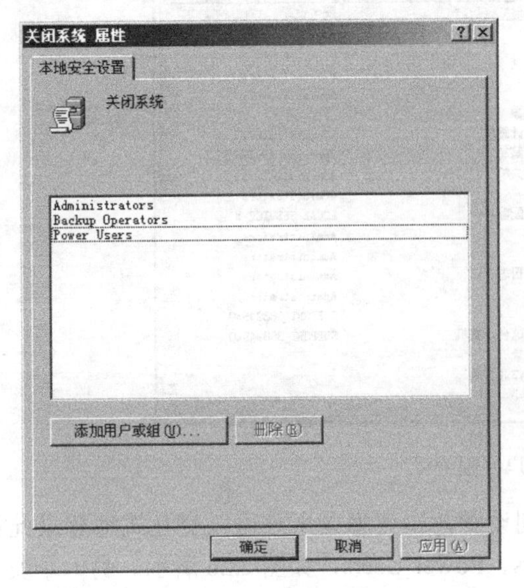

图 2.27　关闭系统界面

图 2.28　关闭 Windows

在“用户权限分配”树中，管理员还可以设置其他各种权限的分配。需要指出的是，这里讲的用户权限是指登录到系统的用户有权在系统上完成某些操作。如果用户没有相应的权限，则执行这些操作的尝试是被禁止的。权限适用于整个系统，它不同于针对对象（如文件、文件夹等）的权限，后者只适用于具体的对象。

实训 2　用户和组的管理

1．实训目标

（1）熟悉 Windows Server 2003 各种账户类型。

（2）熟悉 Windows Server 2003 用户账户的创建和管理。

（3）熟悉 Windows Server 2003 组账户的创建和管理。

（4）熟悉 Windows Server 2003 安全策略的设置。

2．实训准备

（1）网络环境：已建好 100Mb/s 的以太网，包含交换机、超五类（或五类）UTP 直通线若干、2 台以上数量的计算机（数量可以根据学生人数安排）。

（2）计算机配置：CPU 为 Intel Pentium4 以上，内存不小于 1GB，硬盘剩余空间不小于 20GB，并已安装 Windows Server 2003 操作系统，或已安装 VMware Workstation 9 以上版本软件，并且硬盘中有 Windows Server 2003 安装程序。

3．实训步骤

（1）在计算机上创建本地用户 User1、User2 和 User3。

（2）为用户创建密码策略：启用密码复杂性要求、最短密码长度为 8 位等。

（3）更改用户 User3 的密码。

（4）创建 MyGroup 组。

（5）将 User1、User2 和 User3 分别归到 Administrators、Power Users 和 MyGroup 组。

（6）设置 MyGroup 具有关闭系统、本地登录等本地安全策略权限。

（7）测试 User3 的权限。

习　题　2

1. 填空题

（1）Windows Server 2003 支持两种用户账户，分别是 ________和__________。

（2）通过使用_______，管理员可以同时向一组用户分配权限，因此，可以简化对用户账户的管理。

（3）Windows Server 2003 的密码设置原则主要包括四项，分别是________________、______________、______________和_____________。

2. 选择题

（1）下列______账户的名称不是合法账户名。

A．abc+123　　B．windows^book　　C．diction*　　D．abcFHEKLL

（2）下面______账户不是 Windows Server 2003 内置的组账户。

A．Backup Operators　　B．Power Users

C．Remote Desktop Users　　D．Domain Admins

（3）Power Users 组账户的权限不包括______。

A．创建用户账户　　B．创建本地组

C．加载或卸载设备驱动程序　　D．添加或删除用户

3. 简答题

（1）什么是本地用户和本地组？

（2）简述本地用户账户和域用户账户的区别。

（3）什么是本地安全策略？

项目 3　域环境的架设及账户管理

【项目情景】

岭南信息技术有限公司业务发展迅速，公司员工激增，管理员需要对更多的用户进行管理。例如，管理员需要对这些用户的账户、密码等安全策略逐台进行设置；需要为所有的新增计算机安装常用的软件；需要对所有新增计算机的网络配置进行规划、管理和监控。因此，工作量不断增加，同时也容易形成安全隐患，能否有办法减轻管理员的工作量，实现用户账户、软件、网络的统一管理和控制呢？例如，能否实现在一台服务器上对所有的客户机进行 Microsoft Office 办公软件的部署呢？

【项目分析】

（1）在公司内部架设域环境，可以实现账户的集中管理，所有账户均存储在域控制器中，方便对账户进行安全策略的设置。

（2）在公司内部架设域环境，可以实现软件的集中管理，利用组策略分发软件，实现软件的统一部署。

（3）在公司内部架设域环境，实现环境的集中管理，可以根据企业需要统一客户端桌面、IE 等设置。

（4）在公司内部架设域环境，实现对网络的配置、管理和监控。

【项目目标】

（1）理解域和活动目录的含义。

（2）学会架设域环境。

（3）学会利用对域账户进行管理。

（4）学会利用组策略实现对域中用户和计算机的集中管理和控制。

【项目任务】

任务 1　在企业中架设域环境

任务 2　域账户的管理

任务 3　组策略的管理

3.1　任务 1　在企业中架设域环境

3.1.1　任务知识准备

1．活动目录概述

活动目录（Active Directory）是 Windows Server 2003 操作系统提供的一种新的目录服务。所谓目录服务其实就是提供了一种按层次结构组织的信息，然后按名称关联检索信息的服务方式。这种服务提供了一个存储在目录中的各种资源的统一管理视图，从而减轻了企业的管理负担。另外，它还为用户和应用程序提供了对其所包含信息的安全访问。活动目录作为用户、计算机和网络服务相关信息的中心，支持现有的行业标准轻量目录访问协议（Lightweight Directory Access Protocal，LDAP）第3版，使任何兼容LDAP的客户端都能与之相互协作，可访问存储在活动目录中的信息，如Unix、Linux系统等。

Windows Server 2003的活动目录扩展了以前基于Windows的目录服务，还加入了一些全新的特点。它设计成可以在任何规模安装下良好工作，从有几百个对象的单一服务器到成千个服务器的上百万个对象。活动目录加入了很多新的特性，使得在大规模信息的管理中漫游变得很简单。

Windows域（Domain）是基于NT技术构建的Windows系统组成的计算机网络的独立安全范围，是Windows的逻辑管理单位，也就是说一个域就是一系列的用户账户、访问权限和其他的各种资源的集合。活动目录由一个或多个域构成，一个域可以跨越不止一个物理地点。每一个域都有它自己的安全策略和本域与其他域之间的安全关系。当多个域通过信任关系连接起来并且拥有共同的模式、配置和全局目录时，它们就构成了一个域树。多个域树可以连接起来形成一个树林。

下面介绍一些有关活动目录（或域）的重要概念，活动目录的结构如图3.1所示。

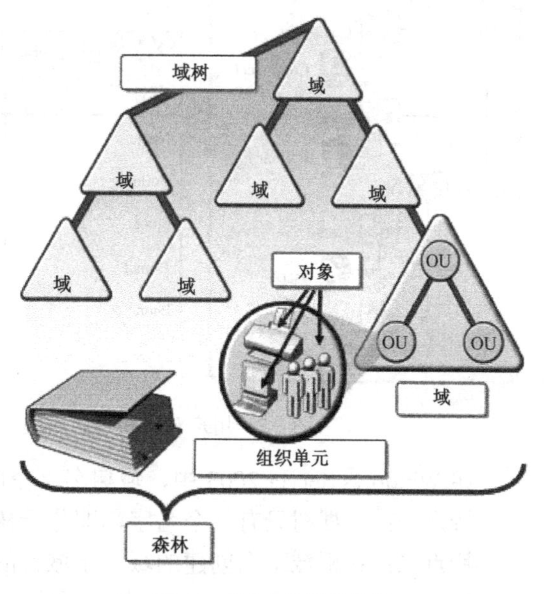

图3.1　活动目录的结构

（1）对象。对象（Object）是对某具体事物的命名，如用户、打印机或应用程序等。属性是对象用来识别主题的描述性数据。一个用户的属性可能包括用户的Name、Email和Phone等，如图3.2所示，是一个用户对象及其属性的表示。

（2）域。域（Domain）是Windows Server 2003活动目录的核心单元，是共享同一活动目录的一组计算机集合。域是安全的边界，在默认的情况下，一个域的管理员只能管理自己的域，一个域的管理员要管理其他的域需要专门的授权。域也是复制单位，一个域可包含多个域控制器，当某个域控制器的活动目录数据库修改以后，会将此修改复制到其他所有域控制器。

（3）组织单元。组织单元（Organizational Unit，OU）是组织、管理一个域内对象的容器，它能包容用户账户、用户组、计算机、打印机和其他的组织单元。很明显，通过组织单元的包容，组织单元具有很清楚的层次结构。使用组织单位可帮助管理员将网络所需的域数量降到最低，组织单位还可以创建缩放到任意规模的管理模型。这种包容结构可以使管理者将组织单元切入到域中来反映出企业的组织结构，同时管理者还可以委派任务与授权。使用组织单位，可以在组织单位中代表逻辑层次结构的域中创建容器，这样就可以根据实际的组织模型管理账户和资源的配置和使用。

（4）树。树（Tree），又称为域树，用来描述对象及容器的分层结构关系。域树是由若干具有共同的模式、配置的域构成的，形成了一个临近的名字空间。在树中的域也是通过信任关系连接起来的。活动目录是一个或更多树的集合。树可以通过两种途径表示，一种是域之间的关系，另一种是域树的名字空间。

一棵 Windows Server 2003 域树就是一个 DNS 名字空间。它有一个唯一的根域并且是一个严格的层次结构，根域下的每个子域都只有一个父域，父域则可以有多个相同级别的子域。因此，根据这种层次结构所创建的名字空间是相邻的。例如，某个域 linite.com 是 sales.linite.com 的父域，sales.linite.com 则是其子域，域树结构，如图 3.3 所示，与该子域同级的子域还可以有 hr.linite.com。任一层次结构中的每一级都能直接与其上一级和下一级（如果存在时）相连。

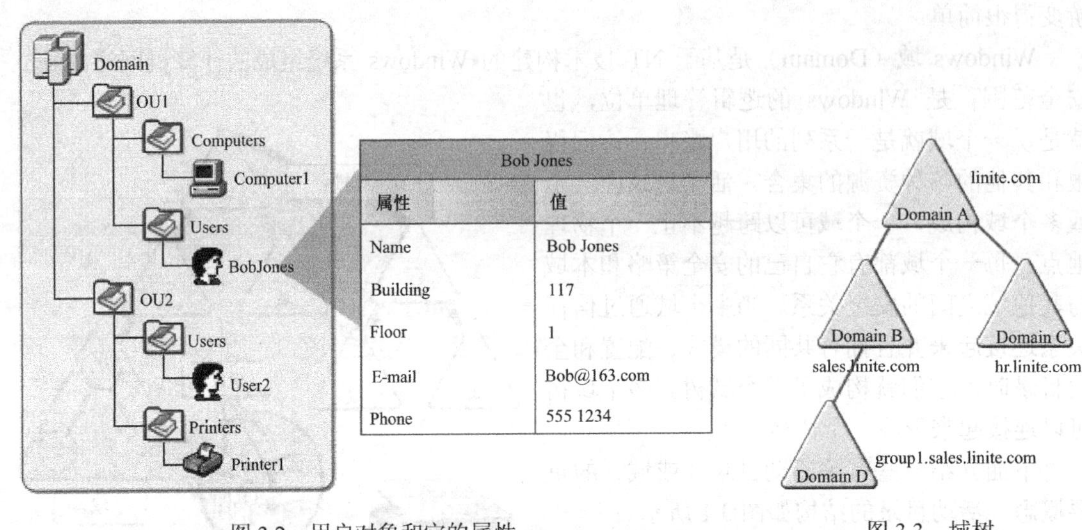

图 3.2　用户对象和它的属性　　　　图 3.3　域树

在 Windows Server 2003 中，域树名字空间具有以下 3 个特点。

特点一：一棵树只有一个名字，即位于树根处的域的 DNS 名字。

特点二：在根域下面创建的域（子域）的名字总是与根域的名字邻接。

特点三：一棵树子域的 DNS 名字反映了该组织机构。

子域可以表示地理上的实体（如美国和欧洲）、组织中的管理实体（如销售部与市场部），或者由组织所指定的范围，具体规划时应视需要而定。

（5）树林。树林（Forest）：树林是一棵或多棵 Windows Server 2003 活动目录树的集合。各树之间地位相当，由双向传递的信任关系相关联。单个域组成一棵单域的树，单棵树组成单树的树林。树林与活动目录是同一个概念，也就是说，一个特定的目录服务实例（包括所有的域、所有的配置和模式信息）中的全部目录分区集合组成一片树林。

在同一片树林中的多棵树并不构成一个邻接的名字空间，而是构成一个基于不同的 DNS 根域名的不邻接的名字空间，但对象的名字仍然可以由同一个活动目录所解析。一片树林就像一个由交叉引用的对象和成员树之间信任关系所组成的集合，位于每个名字空间根域的传递信任提供了对资源的相互访问。

树林中第一个创建的域称为树林根域，它不可以删除、更改或重命名。当用户创建一棵新树时，要指定初始的根域，在第二棵树的根域和树林根域间建立起一种信任关系。因为信任关系是相互的、双向的，第三棵树的根域与第二棵树的根域之间也存在着一个双向的信任关系。

2. Active Directory 的物理结构

活动目录中，物理结构和逻辑结构区别很大，它们彼此独立具有不同的概念。逻辑结构侧重于网络资源的管理，而物理结构则侧重于网络的配置和优化。活动目录的物理结构主要着眼于活动目录信息的复制和用户登录网络时性能的优化。物理结构包括两个重要的概念，分别是域控制器和站点。

（1）域控制器。域控制器是运行 Active Directory 的 Windows Server 2003 服务器。由于在域控制器上，Active Directory 存储了所有的域范围内的账户和策略信息，如系统的安全策略、用户身份验证数据和目录搜索。账户信息可以属于用户、服务和计算机账户。由于有 Active Directory 的存在，域控制器不需要本地安全账户管理器（SAM）。在域中作为服务器的系统可以充当以下两种角色中的任何一种：域控制器或成员服务器。

① 域控制器。一个域可有一个或多个域控制器。通常单个局域网（LAN）的用户可能只需要一个域就能够满足要求。由于一个域比较简单，所以整个域也只要一个域控制器。为了获得高可用性和较强的容错能力，具有多个网络位置的大型网络或组织可能在每个部分都需要一个或多个域控制器。这样的设计使得大型组织的管理非常的烦琐，而 Active Directory 支持域中所有域控制器之间目录数据的多宿主复制，从而可以降低管理的复杂程度，提高管理效率。

管理员可以更新域中任何域控制器上的 Active Directory。由于域控制器为域存储了所有用户账户的信息，管理员在一个域控制器上对域中的信息进行修改后，会自动传递到网络中其他的域控制器中。

② 成员服务器。一个成员服务器是一台运行 Windows Server 2003 的域成员服务器，由于不是域控制器，因此成员服务器不执行用户身份验证并且不存储安全策略信息，这样可以让成员服务器拥有更高的处理能力来处理网络中的其他服务。所以在网络中，通常使用成员服务器作为专用的文件服务器、应用服务器、数据库服务器或者 Web 服务器，专门用于为网络中的用户提供一种或几种服务。由于将身份认证和服务分开，这样可以获得较好的效率。

（2）站点。站点由一个或多个 IP 子网组成，这些子网通过高速网络设备进行连接，通常子网之间的信息传输速度要快速、稳定才能符合站点的需要，否则，应该将它们分别划为不同的站点。站点往往由企业的物理位置分布情况来决定，可以根据站点结构配置活动目录的访问和复制拓扑关系，这样能使网络更有效地连接、复制策略更加合理、用户登录更为快速。

活动目录中的站点和域是两个完全独立的概念，站点是物理的分组，而域则是逻辑的分组，因此，一个站点可以有多个域，多个站点也可以位于同一域中。

如果一个域的域控制器是分布在不同的站点内，而且这些站点之间是低速链接的，由于各个域控制器必须将自己内部的 Active Directory 数据复制到其他的域控制器，因此，必须小心地规划执行复制的时段，也就是尽量设定成在非高峰期执行复制工作，同时，复制的频率也不能太高，以避免复制占用了两个站点之间的链接带宽，从而影响站点之间其他数据的传输效率。

对于同一个站点内的域控制器，由于是通过快速、稳定的网络连接，因此，在复制 Active Directory 数据时，可以有效、快速地复制。Active Directory 会设定让同一个站点内、隶属于同一个域的域控制器之间自动执行复制操作，且其预设的复制频率也比不同站点之间的高。

为了避免占用两个站点之间链接的带宽，影响其他数据的传输效率，位于不同站点的域控制器在执行复制操作时，其所传送的数据会被压缩；而同一个站点内的域控制器之间进行复制时，数据不会被压缩。

3. 活动目录中使用 DNS 的原因

在企业中可以在同一台服务器上部署活动目录和 DNS，客户端计算机使用 DNS 服务就能方便地对域控制器进行定位。由于 DNS 是使用最广泛的定位服务，因此，不仅在 Internet 上，甚至在许多规模较大的企业中，其内部网络也使用 DNS 作为定位服务。

活动目录中最基本的单位是域，通过父域和子域的模式将域组织起来形成树，父域和子域之间是完全双向的信任关系，并且这种信任是可以传递的，其组织结构和 DNS 系统非常类似。在活动目录中，命名策略基本按照 Internet 的标准实现，根据 DNS 和 LDAP3.0 的标准，活动目录中的域和 DNS 系统中的域采用完全一样的命名方式，即活动目录中的域名就是 DNS 的域名。因此，在活动目录中，就可以依赖 DNS 作为定位服务，实现将名称解析为 IP 地址。所以，当使用 Windows Server 2003 构建活动目录时，必须同时安装配置相应的 DNS 服务，无论用户实现 IP 地址解析还是登录验证，都可以利用 DNS 在活动目录中的定位服务器。

如图 3.4 所示，DNS 服务器区域就是和活动目录集成使用的。

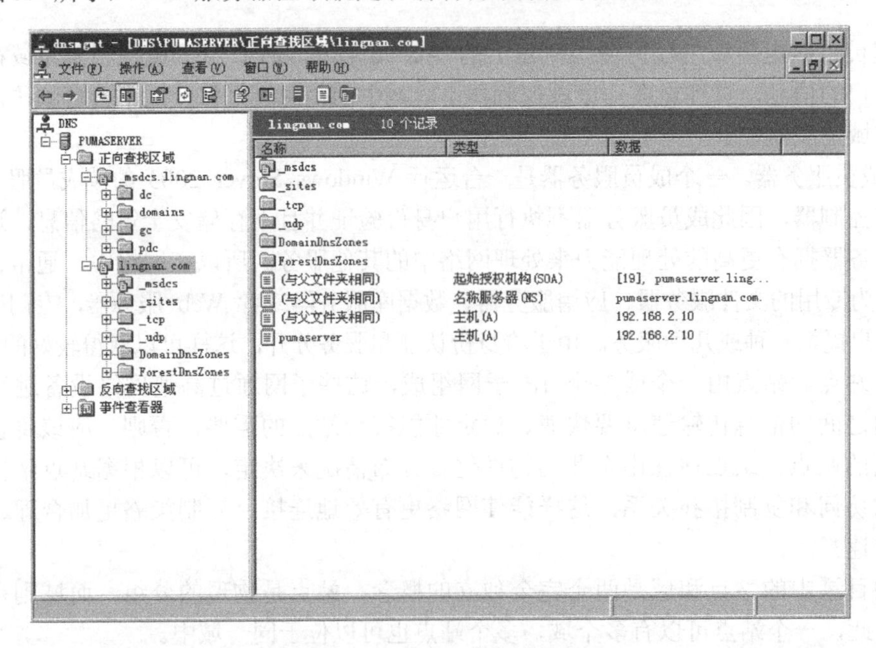

图 3.4　DNS 服务器上的资源记录

Windows Server 2003 支持动态 DNS，运行活动目录服务的机器可以动态地更新 DNS 表。在实现 DNS 时，对标准的 DNS 进行了扩展，DNS 表中增加了一种新的称为 SRV 的记录类型，它指向活动目录的域控制器。DNS 是由一系列解释请求（RFCS）标准组成的开放的协议，并在 Internet 上广泛使用。目前，DNS 已经成为网络技术中统一的标准化规范。

4. 活动目录与 DNS 的结合

活动目录和 DNS 的结合主要通过以下 3 种途径。

（1）活动目录域和 DNS 域使用一样的层次结构。虽然两者的功能和目的不同，一个组织的 DNS 名字空间和活动目录空间可以采用同样的结构。

（2）DNS 区域可以存储在活动目录中。如果使用 Windows Server 2003 系统的 DNS 服务，那么主域可以存储在活动目录中为其他活动目录域控制器提供复制服务，并且为 DNS

服务提供增强的安全措施。

（3）活动目录客户使用 DNS 定位域控制器。对于一个特定的域，为了定位域控制器，活动目录客户向其设定的 DNS 服务器请求资源记录。当一个公司使用 Windows Server 2003 作为网络操作系统时，活动目录被认为是注册的法定 DNS 名字根域下的一个或多个层次结构的域。

3.1.2 任务实施

1. 任务实施拓扑结构

图 3.5 所示为在企业中实现域环境的拓扑图。

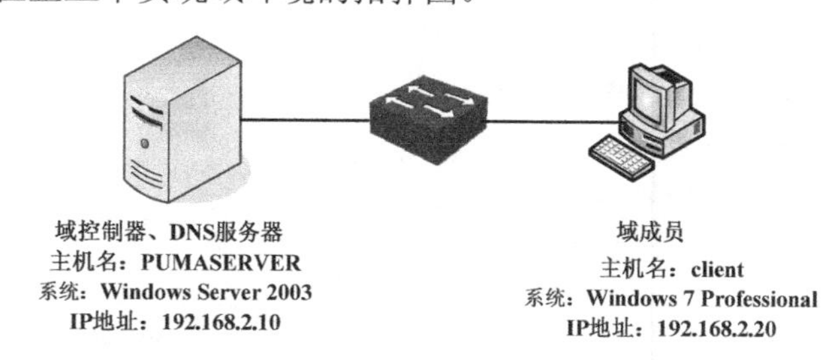

图 3.5　在企业中实现域环境拓扑图

注意：如果是使用虚拟机进行实验，域控制器和域成员在配置网卡时，均设置为桥接模式。

2. 安装 DNS 服务

在安装活动目录之前，需要先安装 DNS 服务，具体步骤如下。

（1）打开“Windows 组件向导”对话框。以本地管理员账户登录到需要安装活动目录的计算机上，将 Windows Server 2003 企业版安装盘放入光驱中，然后单击“开始→设置→控制面板→添加或删除程序”，打开“添加或删除程序”对话框，在该对话框中单击“添加/删除 Windows 组件”，可以打开如图 3.6 所示的“Windows 组件向导”对话框。

（2）选择 DNS 服务。双击“网络服务”选项，打开如图 3.7 所示的“网络服务”对话框，在该对话框中勾选“域名系统（DNS）”选项，对话框下方会显示 DNS 服务的描述信息及安装所需磁盘空间容量，单击“确定”按钮，返回到“Windows 组件向导”对话框，单击“下一步”按钮，将开始安装 DNS 服务。

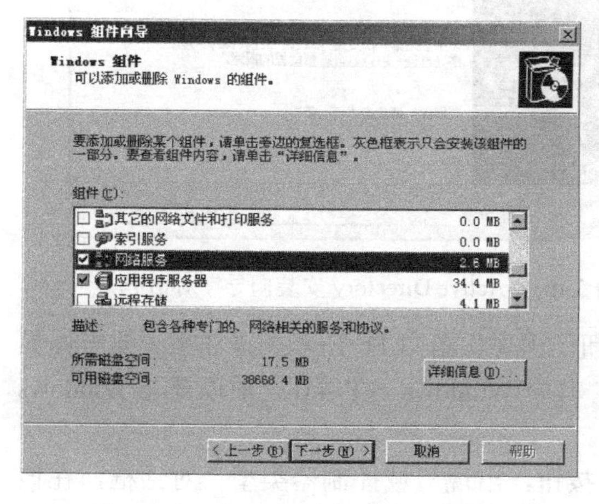

图 3.6　“Windows 组件向导”对话框

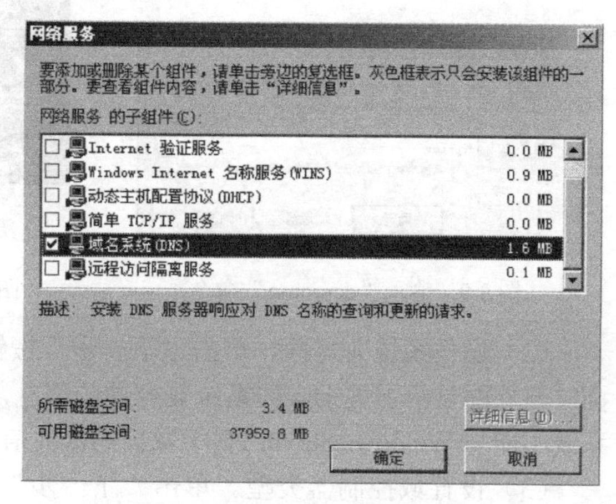

图 3.7　选择 DNS 服务

（3）验证 DNS 服务安装。安装完 DNS 服务后，单击“开始→程序→管理工具→DNS”，可以打开如图 3.8 所示的 DNS 控制台，目前在该 DNS 控制台中没有任何区域。

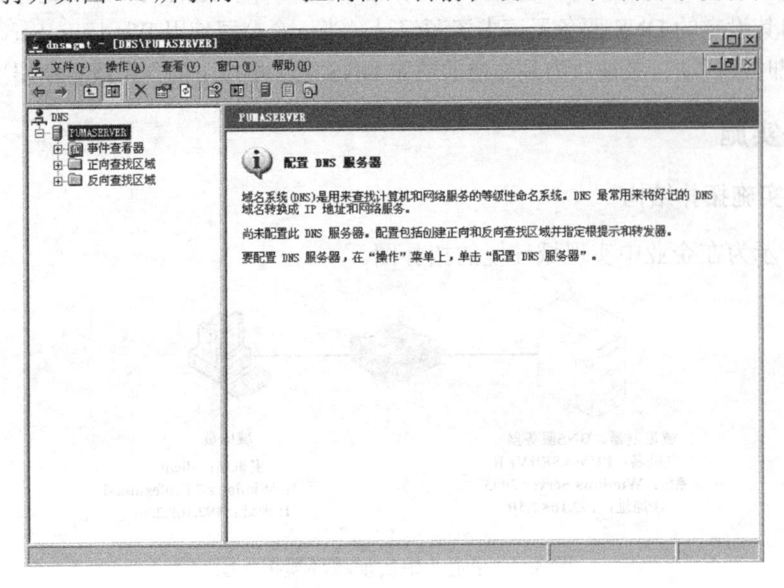

图 3.8　DNS 控制台

3. 安装活动目录

可使用命令“dcpromo”打开“Active Directory 向导”安装活动目录，具体步骤如下。

（1）打开“Active Directory 安装”对话框。以本地管理员账户登录到需要安装活动目录的计算机上，单击“开始→运行”，打开如图 3.9 所示的对话框，在“打开”的栏目中输入“dcpromo”命令，单击“确定”按钮，可以打开如图 3.10 所示的“Active Directory 安装向导”对话框。

图 3.9　输入“dcpromo”命令

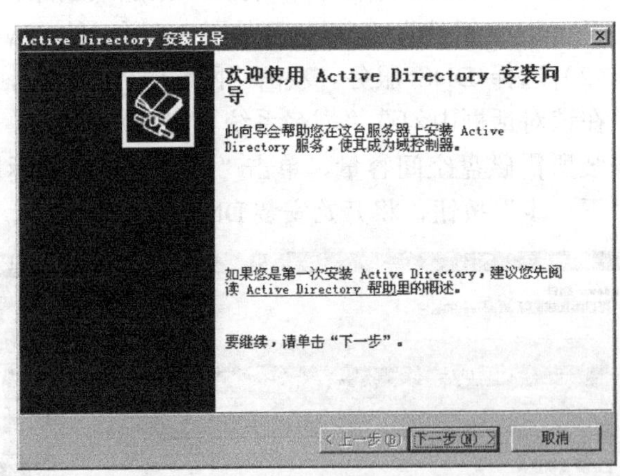

图 3.10　“Active Directory 安装向导”对话框

（2）操作系统兼容性。单击“下一步”按钮，出现如图 3.11 所示的操作系统兼容性界面，该界面显示了关于操作系统兼容性的信息，其中 Windows NT 4.0 之前以及非 Windows 系统不能与 Windows Server 2003 域控制器通信。

（3）设置域控制器类型。单击“下一步”按钮，出现“域控制器类型”对话框，在该对话框中可以设置计算机是新域的域控制器还是已存在的域的额外域控制器，此处选择“新域的域控制器”，如图 3.12 所示。

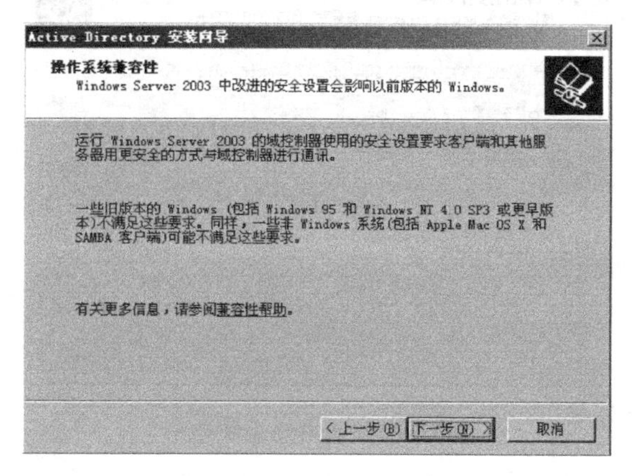

图 3.11　操作系统兼容性界面

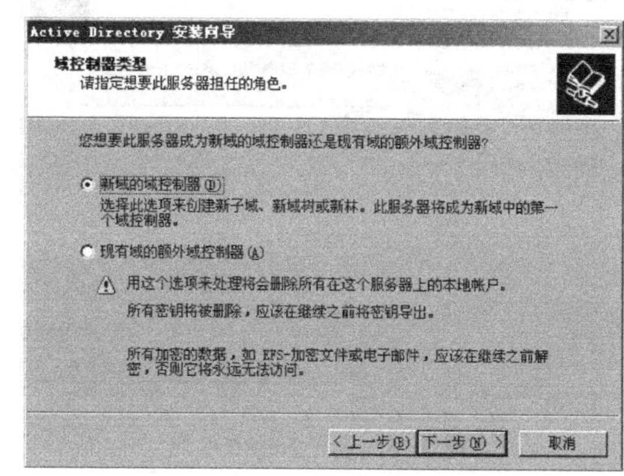

图 3.12　设置域控制器类型

（4）创建新域。单击“下一步”按钮，出现创建一个新域界面，在该对话框中可以创建一个新林中的域、在现有域树中的子域或在现有的林中的域树，此处选择“在新林中的域”，如图 3.13 所示。

（5）设置域名。单击“下一步”按钮，出现新的域名界面，在该界面中可指定新域的域名，在“新域的 DNS 全名（F）”栏目中输入新域的 DNS 全名为“lingnan.com”，如图 3.14 所示。

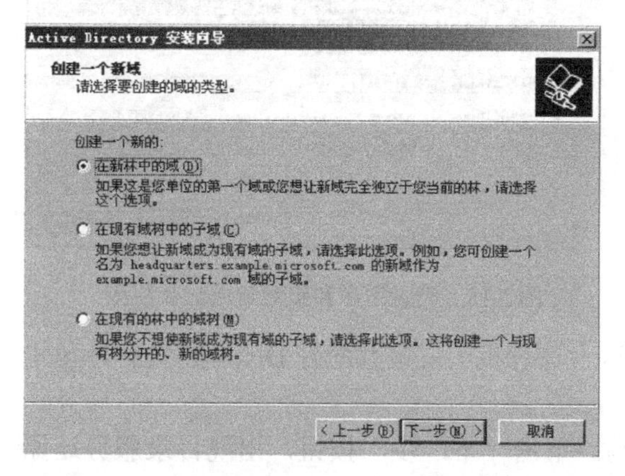

图 3.13　创建一个新域

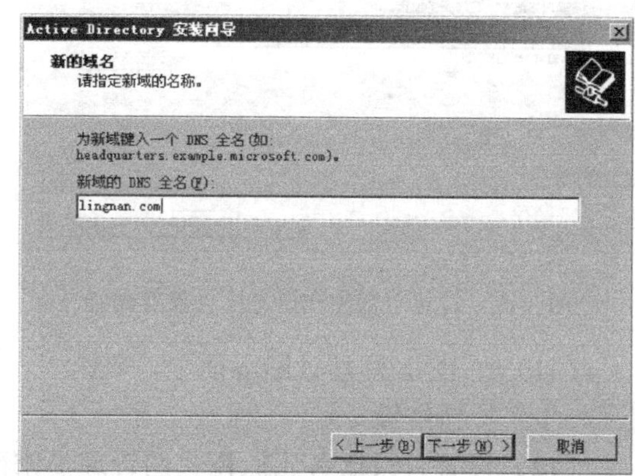

图 3.14　设置域名

（6）设置 NetBIOS 名。单击“下一步”按钮，出现 NetBIOS 域名界面，在该界面中可以指定新域的 NetBIOS 名，在“域 NetBIOS 名（D）”栏目中默认显示的是“LINGNAN”，如图 3.15 所示。

（7）设置数据库和日志文件保存路径。单击“下一步”按钮，出现数据库和日志文件文件夹界面，在该界面中可指定活动目录数据库和日志文件的存储位置，此处选择默认位置“C:\WINDOWS\NTDS”，如图 3.16 所示。

（8）设置共享系统卷。单击“下一步”按钮，出现共享的系统卷界面，在该界面中可指定 SYSVOL 文件夹的存储位置，该文件夹必须存放在 NTFS 文件系统的卷上，此处选择默认位置即可，如图 3.17 所示。

（9）单击“下一步”按钮，出现 DNS 注册诊断界面，单击“在这台计算机上安装并配置 DNS 服务器”，单击“下一步”按钮继续。

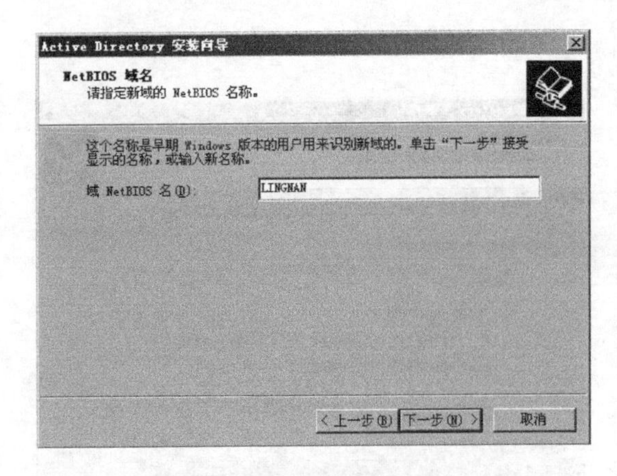

图 3.15　设置 NetBIOS 名

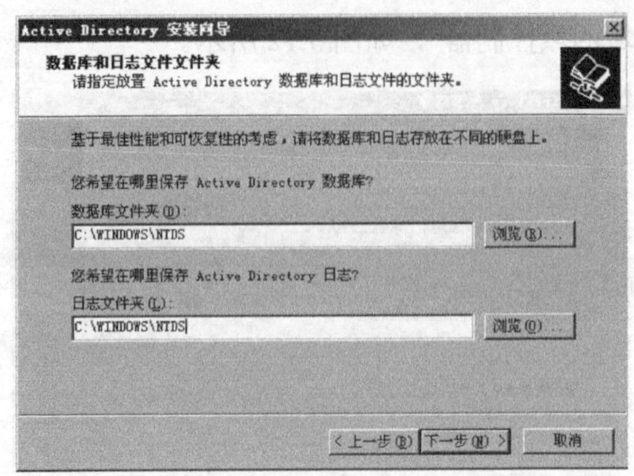

图 3.16　设置共享系统卷

（10）设置用户和组对象的默认权限。单击“下一步”按钮，出现权限界面，在该界面中可以选择用户和组对象的默认权限，此处选择“只与 Windows 2000 或 Windows Server 2003 操作系统兼容的权限（E）”选项，如图 3.18 所示。

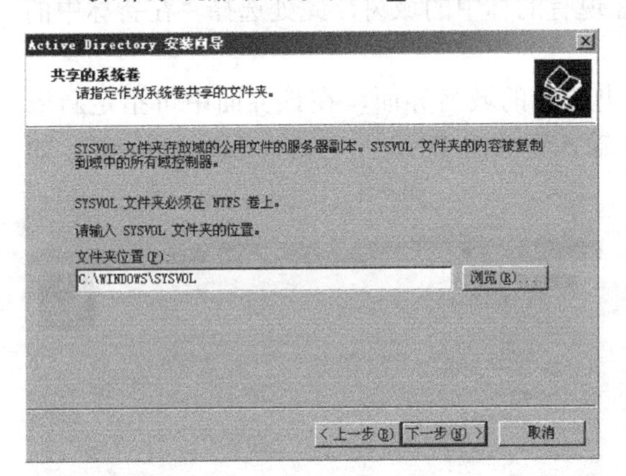

图 3.17　设置数据库和日志文件保存路径

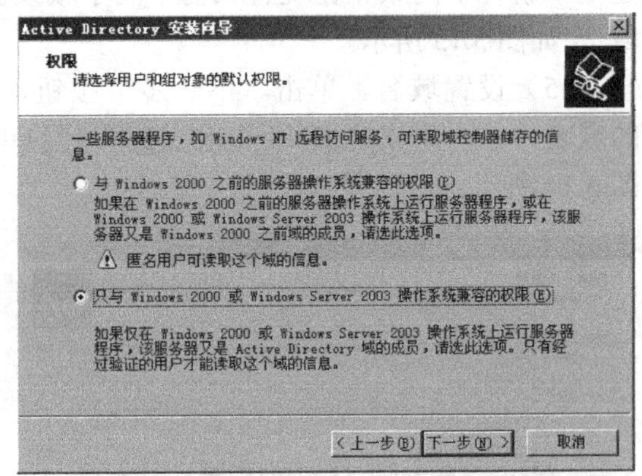

图 3.18　设置用户和组对象的默认权限

（11）在 DNS 注册诊断界面上，单击“在这台计算机上安装并配置 DNS 服务器”，单击“下一步”按钮继续。

（12）设置目录服务还原模式的管理员密码。单击“下一步”按钮，出现目录服务还原模式的管理员密码界面，在该界面中可以指定在目录服务还原模式下所需的密码，如图 3.19 所示。

（13）安装活动目录。单击“下一步”按钮，出现摘要界面，该界面中显示了前面步骤设置的相关信息，如图 3.20 所示。

确认摘要中的信息没有错误后，单击“下一步”按钮，即开始安装活动目录，过程如图 3.21 所示。

整个安装过程大概需要几分钟时间，安装完成后会出现如图 3.22 所示的正在完成 Active Directory 安装向导界面，说明活动目录安装成功。

单击“完成”按钮，出现如图 3.23 所示的界面，活动目录安装成功后必须重启计算机才会生效，单击“立即重新启动”按钮，重新启动计算机。

（14）登录到域控制器。重新启动计算机后，该计算机将以域控制器的角色出现在网络中，登录界面如图 3.24 所示，单击“选项”按钮，出现如图 3.25 所示的登录界面，从“登录到”的下拉列表框中选择“LINGNAN”，输入用户名和密码登录到域控制器上，原来的本地用户账户现在都已经升级为域用户账户。

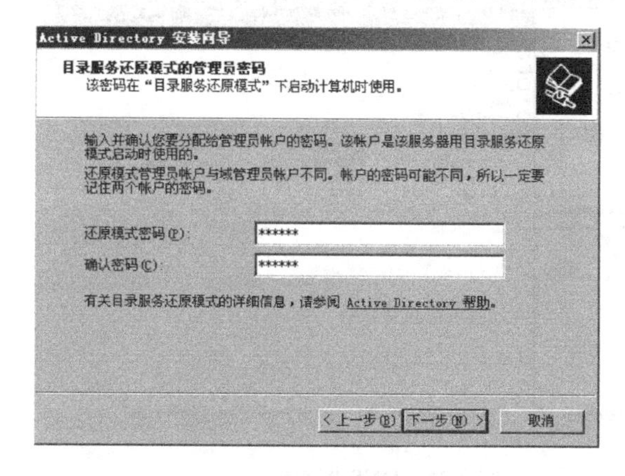

图 3.19　设置目录服务还原模式的管理员密码

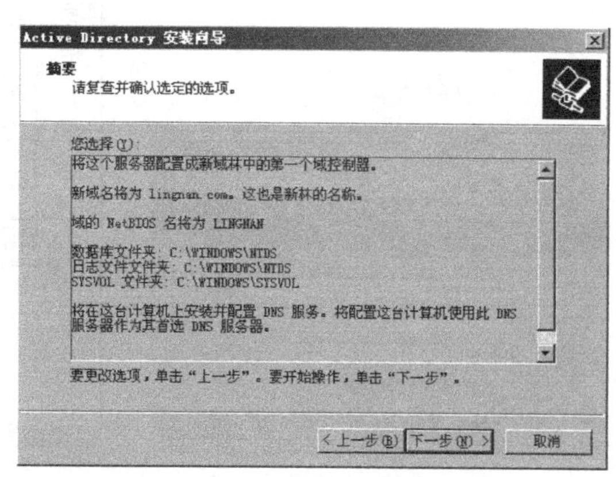

图 3.20　活动目录安装的摘要信息

图 3.21　开始安装活动目录

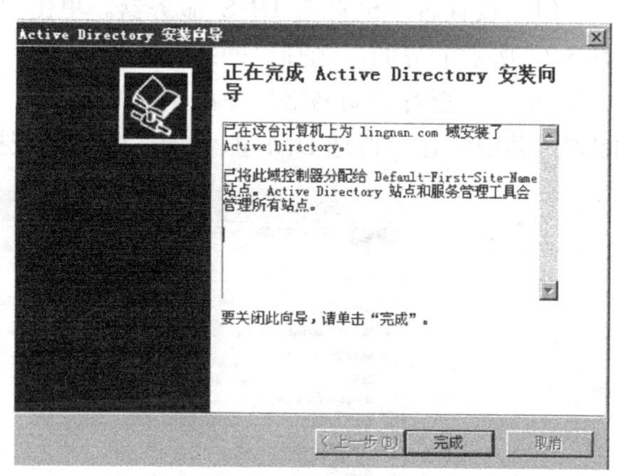

图 3.22　活动目录安装完成

图 3.23　重新启动计算机

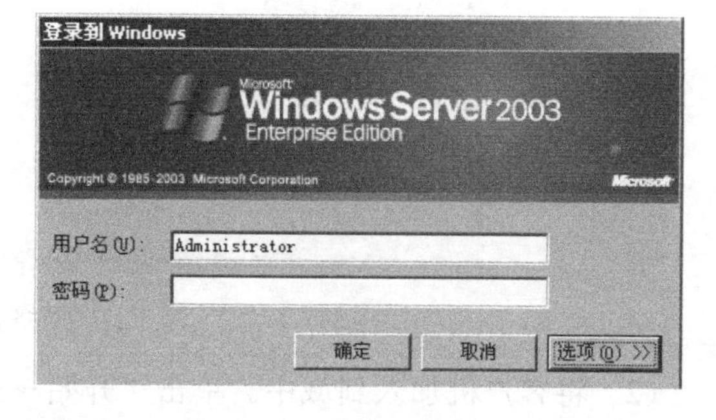

图 3.24　登录界面

单击“开始→程序→管理工具→DNS”，打开如图 3.26 所示的 DNS 控制台，可以看到该控制台内已经添加了信息，并且存在区域“lingnan.com”。

4．将客户机加入域环境

域控制器创建完成后，可以将其他计算机加入到域，这里以操作系统为 Windows 7 的客户机为例进行说明，具体步骤如下。

图 3.25　登录到域控制器界面

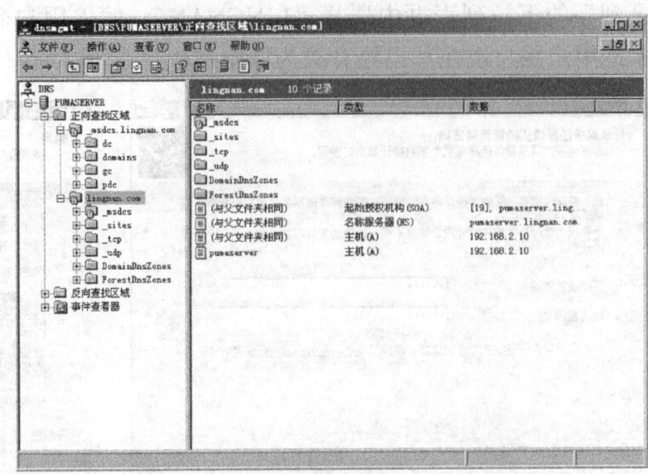

图 3.26　DNS 控制台

（1）设置客户机首选 DNS 服务器。单击“开始→控制面板→网络和 Internet”，打开如图 3.27 所示的界面，选择“网络和共享中心”，在弹出的对话框中选择“查看网络状态和任务”，单击“查看活动网络”中的“本地连接”，打开如图 3.28 所示的界面，进行 IP 地址的配置，其中，在“首选 DNS 服务器”中输入域控制器的 IP 地址“192.168.2.10”。

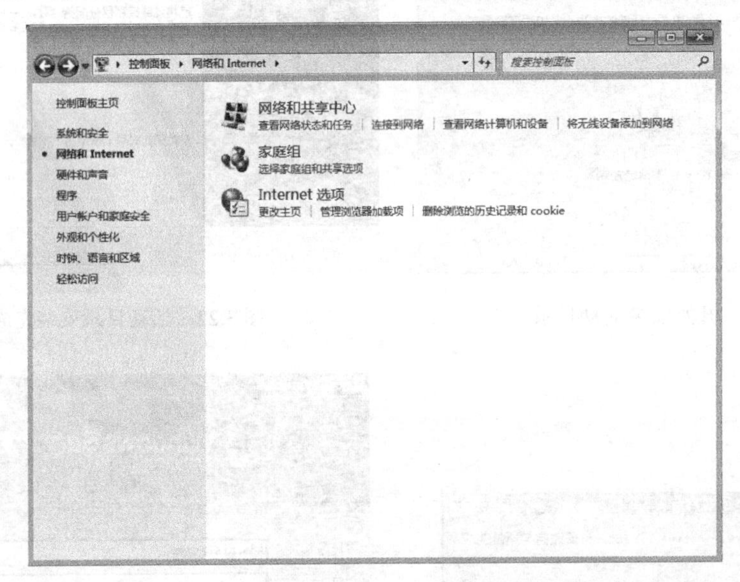

图 3.27　网络和 Internet

（2）将客户机加入到域中。单击“开始→控制面板→系统和安全→系统”，在“查看有关计算机的基本信息”对话框中选择“计算机名称、域和工作组设置”中的“更改设置”，打开“系统属性”对话框，如图 3.29 所示，可以看到计算机当前已经加入到工作组“WORKGROUP”中。

单击“更改”按钮，打开“计算机名/域更改”对话框，在“隶属于”区域中选择“域”选项，并在其栏目中输入需要加入的域名“lingnan.com”，如图 3.30 所示。

单击“确定”按钮，出现“计算机名/域更改”对话框，在该对话框中可以指定将该计算机加入域的账户和密码，如图 3.31 所示。

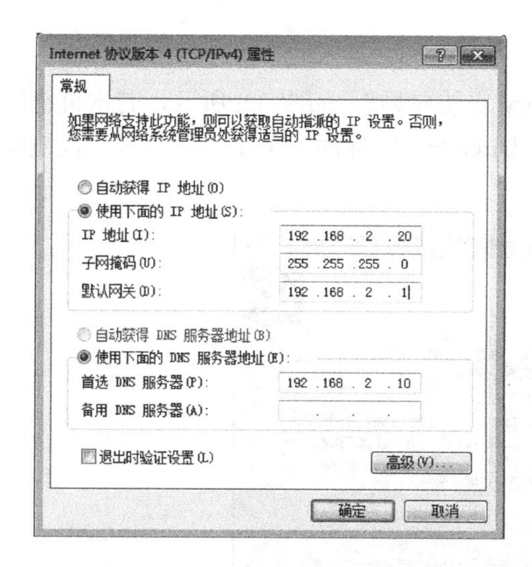

图 3.28　设置首选 DNS 服务器

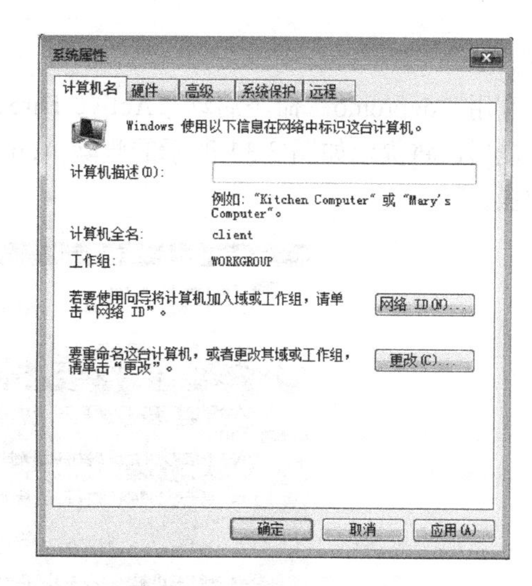

图 3.29　“系统属性”对话框

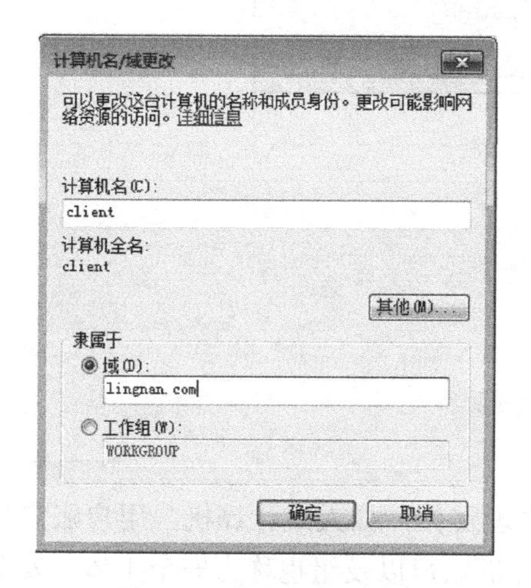

图 3.30　客户机加入域

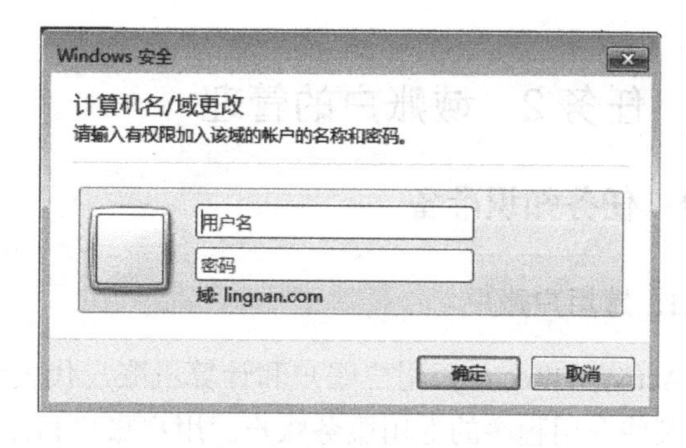

图 3.31　输入加入域的账户和密码

单击“确定”按钮，身份验证成功后出现如图 3.32 所示的界面，显示该计算机已经加入到域中。

单击“确定”按钮，出现如图 3.33 所示的界面，单击“确定”按钮重新启动该计算机就可以完成加入域的操作。

图 3.32　欢迎加入域

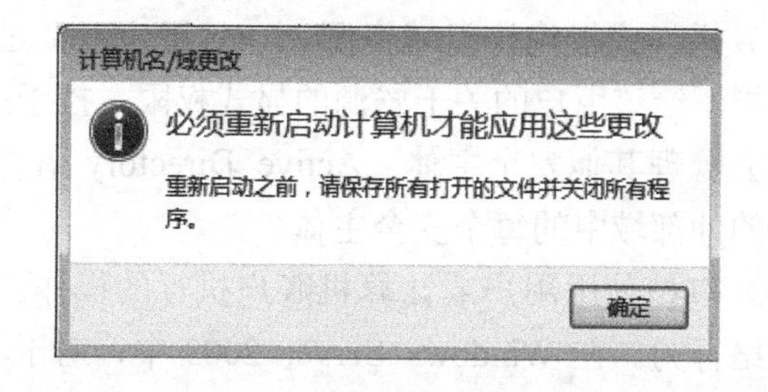

图 3.33　重新启动计算机

5. 删除域控制器

实际应用中，有时候要更改域控制器的角色，因此，必须删除域控制器，其操作步骤如下。

利用“dcpromo”命令启动“Active Directory 安装向导”，如图 3.9 所示，若本机已经是域控制器，将提示如图 3.34 所示的删除 Active Directory 的界面，单击“下一步”按钮即可完成操作。

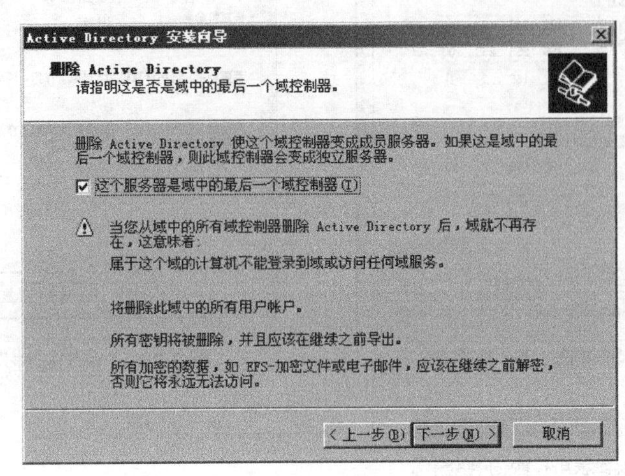

图 3.34　删除域控制器

3.2　任务 2　域账户的管理

3.2.1　任务知识准备

1. 域用户账户

Active Directory 用户账户和计算机账户代表物理实体，如人或计算机。用户账户也可用做某些应用程序的专用服务账户。用户账户和计算机账户以及组也称为安全主体。安全主体是被自动指派了安全标识符（SID）的目录对象。用户或计算机账户在系统中可以用于以下几个方面。

（1）验证用户或计算机的身份。用户账户使用户能够利用经域验证后的标识登录到计算机和域。登录到网络的每个用户应有自己的唯一账户和密码。在高安全等级的网络中，要避免多个用户共享同一个账户登录，确保每个账户都是只有唯一的使用人。

（2）授权或拒绝访问域资源。一旦用户已经过身份验证，则用该账户登录的用户就可以根据指派给该用户的关于资源的显式权限，授予或拒绝该用户访问域资源。

（3）管理其他安全主体。Active Directory 在本地域中创建外部安全主体对象，用以表示信任的外部域中的每个安全主体。

（4）审核使用用户或计算机账户执行的操作。审核有助于监视账户的安全性，了解账户的网络行为。在 Windows Server 2003 中，对于不同的应用场合，又有不同类型的实体。这些账户各有什么特色，能完成什么任务，下面将分别进行讨论。

① Active Directory 用户账户。在 Active Directory 中，每个用户账户都有一个用户登录名、一个 Windows 2000 以前版本的用户登录名和一个用户主要名称后缀。在创建用户账户时，管理员输入登录名并选择用户主要名称。在 Active Directory 中创建每个计算机账户都

有一个相对可分辨名称、一个以前版本计算机名（安全账户管理器的账户名）、一个主 DNS 后缀、DNS 主机名和服务主要名称。管理员在创建计算机账户时输入该计算机的名称，这台计算机的名称用做 LDAP 相对可分辨名称。Active Directory 中以前版本的名称使用相对可分辨名称的前 15 个字节，管理员可以随时更改以前版本的名称。主 DNS 后缀默认为该计算机所加入域的完整 DNS 名称。DNS 主机名由相对可分辨名称和主 DNS 后缀的前 15 个字符构成。例如，加入到 hunau.local 域的计算机的 DNS 主机名以及带有相对可分辨名称 CN= pumaclient 计算机的 DNS 主机名是 pumaclient.hunau.local。

用户主要名称是由用户登录名、@号和用户主要名称后缀组合而成的。但是要注意的是，不要在用户登录名或用户主要名称中加入@号。因为 Active Directory 在创建用户主要名称时自动添加此符号，包含多个@号的用户主要名称是无效的。用户主要名称的第二部分，称作用户主要名称后缀，标识了用户账户所在的域。这个用户主要名称可以是 DNS 域名或树林中任何域的 DNS 名称，也可以是由管理员创建并只用于登录的备用名称。这个备用的用户主要名称后缀不需要是有效的 DNS 名称。

在 Active Directory 中，默认的用户主要名称后缀是域树中根域的 DNS 名。通常情况下，此名称可能是在 Internet 上注册为企业的域名。本项目的例子并没有使用标准的域名，而是使用 hunau.local，但在实际的应用中可以使用其注册的域名，如 hunau.net。使用备用域名作为用户主要名称后缀可以提供附加的登录安全性，并简化用于登录到树林中另一个域的名称。例如，某单位使用由部门和区域组成的深层域树，则域名可能会很长。对于该域中的用户，默认的用户主要名称可能是 client.hunau.local，该域中用户默认的登录名可能是 user@client.hunau.local。创建主要名称后缀 hunau，让同一用户使用更简单的登录名 user@hunau.local 即可登录。

在 Active Directory 用户和计算机中的“Users”容器中有 3 个内置用户账户：Administrator、Guest 和 HelpAssistant。创建域时将自动创建这些内置的用户账户，每个内置账户均有不同的权利和权限组合。Administrator 账户对域具有最高等级的权利和权限，是内置的管理账户，而 Guest 账户只有极其有限的权利和权限。如表 3.1 所示，列出了 Windows Server 2003 域控制器上的默认用户账户和特性。

表 3.1　Windows Server 2003 域控制器上的默认用户账户和特性

默认用户账户	特　性
Administrator 账户	Administrator 账户是使用“Active Directory 安装向导”设置新域时创建的第一个账户。该账户具有对域的完全控制权，可以为其他域用户指派用户权利和访问控制权限。该账户是系统的管理账户，具有最高权限，因此必须为此账户设置强密码 Administrator 账户是 AD 中 Administrators、Domain Admins 等几个默认组的默认成员。虽然无法从 Administrators 组中删除此账户，但是可以重命名或禁用此账户。当它被禁用时，仍然可用于在安全模式下访问域控制器
Guest 账户	Guest 账户是为该域中没有实际账户的人临时使用的内置账户，没有为其设置密码。尽管可以像设置任何用户账户一样设置来宾账户的权利和权限，但默认情况下，Guest 账户是被禁用的，它是内置 Guests 组和 Domain Guests 全局组的成员，它允许用户登录到域

② 保护 Active Directory 用户账户。内置账户的权利和权限不是由网络管理员来修改或禁用的，但是恶意用户或程序就可以通过使用 Administrator 或 Guest 身份非法登录到域中，进而使用这些权利。为了提高系统的安全性，最佳安全操作是重命名或禁用这些内置的账

户。由于重命名的用户账户保留其安全标识符（SID），因此也保留其他所有属性，如描述、密码、组成员身份、用户配置文件、账户信息以及分配的任何权限和用户权利。为了获得用户身份验证和授权的安全性，可以通过"Active Directory 用户和计算机"为加入网络的每个用户创建单独的用户账户。然后将每个用户账户（包括 Administrator 和 Guest 账户）添加到组中以控制指派给该账户的权利和权限。使用适合网络的账户和组，将确保登录到网络上的用户可被识别出来，并且该用户只能访问允许的资源。

通过要求强密码并实施账户锁定策略，有利于防御攻击者对域的攻击。强密码减少了对密码的智能猜测以及词典攻击的风险。账户锁定策略降低了攻击者通过重复的登录尝试来破坏域的可能性。因为账户锁定策略能够确定在禁用用户账户之前允许该用户进行失败登录尝试的次数。

③ Active Directory 账户配置选项。每个 Active Directory 用户账户有多个账户选项，这些选项能够确定如何在网上对持有特殊用户账户进行登录的人员实施身份验证。可以使用多个选项来精细控制用户的上网行为，表 3.2 列出了为用户账户配置的密码设置和特定的安全信息。

表 3.2　为用户账户配置的密码设置和特定的安令信息

账户选项	作　用
用户下次登录时须更改密码	强制用户下次登录网络时更改密码。若希望该用户成为唯一知道密码的人时，使用该选项
用户不能更改密码	阻止用户更改密码 若希望保留对用户账户（如临时账户）的控制权时，使用该选项
密码永不过期	防止用户密码过期 建议"服务"账户应启用该选项，并且使用强密码
用可还原的加密来存储密码	允许用户从 Apple 计算机登录 Windows 网络 如果用户不是从 Apple 计算机登录，则不应使用该选项
账户已禁用	防止用户使用选定的账户登录。通常管理员可以将禁用的账户用做公用用户账户的模板
交互式登录必须使用智能卡	要求用户拥有智能卡来交互地登录网络 用户必须具有连接到其计算机的智能卡读取器和智能卡的有效个人标识号（PIN）。当选择该选项时，用户账户的密码将被自动设置为随机的且复杂的值，并设置"密码永不过期"选项
信任可用于委派的账户	允许在该账户下运行的服务代表网络中的其他用户账户执行操作。对于运行在受信任委派的用户账户下的服务，可以模拟客户端以获取运行该服务的计算机或其他计算机上的资源的访问权 在使用"委派"选项卡来配置委派设置时，仅对具有已指派 SPN 的账户才显示"委派"选项卡
敏感账户不能被委派	允许对用户账户进行控制，如来宾账户或临时账户 如果该账户不能被其他用户账户指派为委派，就可以使用该选项
此账户需要使用 DES 加密类型	提供对数据加密标准（DES）的支持 DES 支持多级加密，包括 MPPE 标准（40 位）、MPPE 标准（56 位）、MPPE 强加密（128 位）、IPSec DES（40 位）、IPSec 56 位 DES 以及 IPSec Triple DES（3DES）

④ 计算机账户。加入到域中且运行 Windows 2000 或 Windows NT 的计算机均具有计算机账户。与用户账户类似，计算机账户提供了一种验证和审核计算机访问网络以及域资源的方法。连接到网络上的每一台计算机都应有唯一计算机账户，也可使用"Active Directory 用户和计算机"创建计算机账户。

2. 域用户组账户

组是用户和计算机账户、联系人以及其他可作为单个单元管理的集合，属于特定组的用户和计算机称为组成员。使用组可同时为多个账户指派一组公共的权限和权利，而不用单独为每个账户指派权限和权利，这样可简化管理。组既可以基于目录，也可以在特定的计算机上。Active Directory 中的组是驻留在域和组织单位容器对象中的目录对象。Active Directory 在安装时提供了一系列默认的组，它也允许后期根据实际需要创建组。要灵活地控制域中的组和成员，可以通过管理员来管理。

通过对 Active Directory 中的组进行管理，可以实现如下功能。

（1）简化管理，即为组而不是为个别用户指派共享资源的权限。这样可将相同的资源访问权限指派给该组的所有成员。

（2）委派管理，即使用组策略为某个组指派一次用户权限，然后向该组中添加需要拥有与该组相同权限的成员。组具有特定的作用域和类型，组的作用域决定了组在域或树林中的应用范围；组的类型决定了该组是用于从共享资源指派权限（对于安全组），还是只能用做电子邮件通信组列表。这些组被称为特殊标识，用于根据环境在不同时间代表不同用户，例如，Everyone 组代表当前所有网络用户，包括来自其他域的来宾和用户。

由于 Windows 提供的组管理功能强大，所以要管理好系统的用户账户，充分利用组功能是非常简捷的方法。了解下列组相关的基本概念对管理好系统是非常重要的。

（1）组作用域

组都有一个作用域，用来确定在域树或林中该组的应用范围。有三种组作用域：通用组、全局组和本地域组。

① 通用组的成员包括域树或林中任何域中的其他组和账户，而且可在该域树或林中的任何域中指派权限。

② 全局组的成员包括只在其中定义该组域中的其他组和账户，而且可在林中的任何域中指派权限。

③ 本地域组的成员可包括 Windows Server 2003、Windows 2000 或 Windows NT 域中的其他组和账户，而且只能在域内指派权限，如表 3.3 所示。

表 3.3　不同组作用域的行为

通用作用域	全局作用域	本地域作用域
通用组的成员可包括来自任何域的账户、全局组和通用组	Windows Server 2003 中全局组的成员可包括来自相同域的账户或全局组	本地域组的成员可包括来自任何域的账户、全局组或通用组，以及来自相同域的本地域组
组可被添加到其他组并在任何域中指派权限	组可被添加到其他组并且可在任何域中指派权限	组可被添加到其他本地域组并且仅在相同域中指派权限
组可转换为本地域作用域。只要组中没有其他通用组作为其成员，就可以转换为全局作用域	只要组不是具有全局作用域的任何其他组的成员，就可以转换为通用作用域	只要组不把具有本地域作用域的其他组作为其成员，就可转换为通用作用域

（2）何时使用具有本地域作用域的组。具有本地域作用域的组将帮助管理员定义和管理对单个域内资源的访问。这些组可将以下组或账户作为它的成员。

① 具有全局作用域的组。

② 具有通用作用域的组。

③ 账户。

④ 具有本地域作用域的其他组。

⑤ 上述任何组或账户的混合体。

例如，使 5 个用户访问特定的打印机，可在打印机权限列表中添加全部 5 个用户。如果管理员希望这 5 个用户都能访问新的打印机，则需要再次在新打印机的权限列表中指定全部 5 个账户，但这样的管理将使管理员的工作非常烦琐。如果采用简单的规划，可通过创建具有本地域作用域的组并指派给其访问打印机的权限来简化常规的管理任务。将 5 个用户账户放在具有全局作用域的组中，并且将该组添加到有本地域作用域的组。当希望 5 个用户访问新打印机时，可将访问新打印机的权限指派给有本地域作用域的组，具有全局作用域的组的成员自动接受对新打印机的访问。

（3）何时使用具有全局作用域的组。使用具有全局作用域的组管理需要每天维护的目录对象，如用户和计算机账户。因为有全局作用域的组不在自身的域之外复制，所以具有全局作用域的组中的账户可以频繁更改，而不需要对全局编录进行复制以免增加额外通信量。虽然权利和权限只在指派它们的域内有效，但是通过在相应的域中统一应用具有全局作用域的组，可以合并对具有类似用途的账户引用。这将简化不同域之间的管理，并使之更加合理化。例如，在具有两个域 Zhilan 和 Fengze 的网络中，如果 Zhilan 域中有一个称做 ZL 的具有全局作用域的组，则 Fengze 域中也应有一个称为 FZ 的组，则可以在指定复制到全局编录的域目录对象的权限时，使用全局组或通用组，而不是本地域组。

（4）何时使用具有通用作用域的组。使用具有通用作用域的组来合并跨越不同域的组。为此，应将账户添加到具有全局作用域的组，并且将这些组嵌套在具有通用作用域的组内。使用该策略，对具有全局作用域的组中的任何成员身份的更改都不影响具有通用作用域的组。

例如，在具有 Zhilan 和 Fengze 这两个域的网络中，在每个域中都有一个名为 Studentman 全局作用域的组，创建名为 Studentman 且具有通用作用域的组，可以将两个 Studentman 组 Zhilan\Studentman 和 Fengze\Studentman 作为它的成员，这样就可在域的任何地方使用通用作用域 Studentman 组。对个别 Studentman 组的成员身份所做的任何更改都不会引起通用作用域 Studentman 组的复制。具有通用作用域的组成员身份不应频繁更改，因为对这些组成员身份的任何更改都将引起整个组的成员身份复制到树林中的每个全局编录中。

（5）组类型。组可用于将用户账户、计算机账户和其他组账户收集到可管理的单元中。使用组而不是单独的用户可简化网络的维护和管理。

Active Directory 中有两种组类型：通信组和安全组。可以使用通信组创建电子邮件通信组列表，使用安全组给共享资源指派权限。

① 通信组。只有在电子邮件应用程序（如 Exchange）中，才能使用通信组将电子邮件发送给一组用户。如果需要组来控制对共享资源的访问，则需创建安全组。

② 安全组。安全组提供了一种有效的方式来指派对网络上资源的访问权。使用安全组，可以将用户权利指派到 Active Directory 中的安全组，可以对安全组指派用户权利以确定该组的哪些成员可以在处理域（或林）、作用域内工作。在安装 Active Directory 时系统会自动将用户权利指派给某些安全组，以帮助管理员定义域中人员的管理角色。

可以使用组策略将用户权利指派给安全组来帮助委派特定任务。在委派的任务时，应谨慎处理，因为在安全组上指派太多权利的未经培训的用户有可能对网络产生重大损害。

（6）给安全组指派访问资源的权限。用户权利和权限要区分开，对共享资源的权限将指派给安全组。权限决定了可以访问该资源的用户以及访问的级别，如完全控制。系统将自动指派在域对象上设置的某些权限，以允许对默认安全组（如 Account Operators 组或

Domain Admins 组）进行多级别的访问。为资源（文件共享、打印机等）指派权限时，管理员应将权限指派给安全组而非个别用户。权限可一次分配给这个组，而不是多次分配给单独的用户。添加到组的每个账户将接受在 Active Directory 中指派给该组的权利以及在资源上为该组定义的权限。

（7）默认组。默认组是系统在创建 Active Directory 域时自动创建的安全组。使用这些预定义的组可以方便管理员控制对共享资源的访问，并委派特定域范围的管理角色。许多默认组被自动指派一组用户权限，授权组中的成员执行域中的特定操作，如登录到本地系统、备份文件和文件夹。例如，Backup Operators 组的成员有权对域中的所有域控制器执行备份操作，当管理员将用户添加到该组中时，用户将接受指派给该组的所有用户权限以及指派给该组的共享资源的所有权限。Windows Server 2003 内置组的权限如表 2.2 所示。

3.2.2 任务实施

关于对域中的用户和组的基本操作和权限的指定是作为 Windows Server 2003 管理员必须要掌握的日常工作技巧，因此，熟练掌握相关的概念和操作是非常必要的。

本任务以岭南信息技术有限公司的市场部、技术部和人力资源部为例进行说明，其中，市场部又根据业务的对象不同划分为医院分部、学校分部和政府分部；技术部根据不同的技术类型划分为计算机技术分部、网络技术分部以及电子技术分部；人力资源部则以性别为标准划分为两个安全组，分别是男性分组和女性分组。

1．组账户的创建

Windows Server 2003 中的组是可包含用户、联系人、计算机和其他组的 Active Directory 或本机对象。通过使用组可以管理用户和计算机对 Active Directory 对象及其属性、网络共享位置、文件、目录、打印机列队等共享资源的访问，也可以进行筛选器组策略设置、创建电子邮件通信组等。

（1）单击“开始”按钮，选择“所有程序”，再选择“管理工具”，然后单击“Active Directory 用户和计算机”。

（2）单击“lingnan.com”旁边的“+”号将其展开。单击“lingnan.com”本身，显示如图 3.35 所示的对话框。

（3）在图 3.35 的左窗格中，右键单击“lingnan.com”，选择“新建”，然后单击“组织单位”。

（4）在名称框中输入“market”（市场部），然后单击“确定”按钮。

（5）重复步骤（3）和（4），以创建“technology”（技术部）和“HR”（人力资源部）组织单位（OU）。

（6）在图 3.36 所示的左窗格中单击“market”，此时将在右窗格中显示其内容（此过程开始时它是空的）。

（7）鼠标右键单击“market”，选择“新建”，然后单击“组织单位”。

（8）输入“hospital”（医院），单击“确定”按钮。

（9）重复步骤（7）和（8），在“market”中创建“school”（学校）和“goverment”（政府）组织单位（OU）。完成后，组织单位（OU）结构应与如图 3.36 所示一样。

（10）使用同样的方法，在“technology”组织单位（OU）中创建“computer”（计算机）、“network”（网络）和“electronic”（电子）。

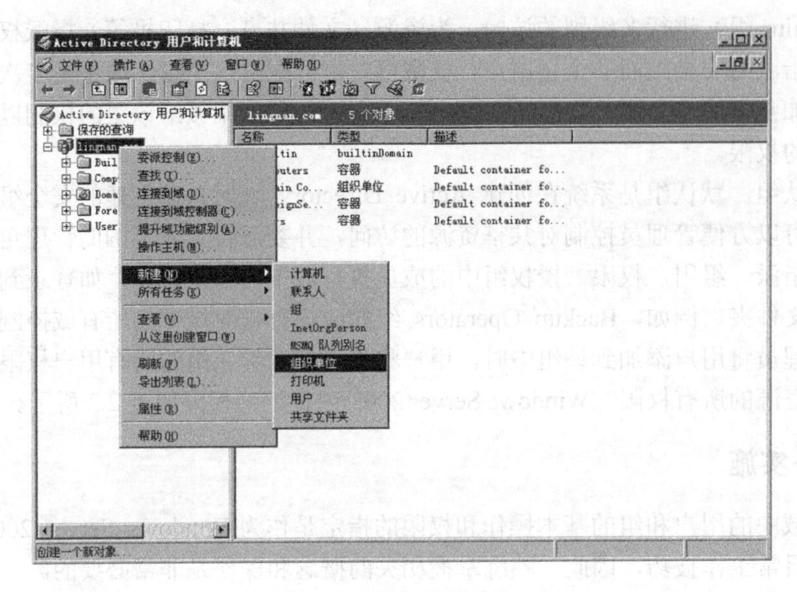

图 3.35 添加组织单位

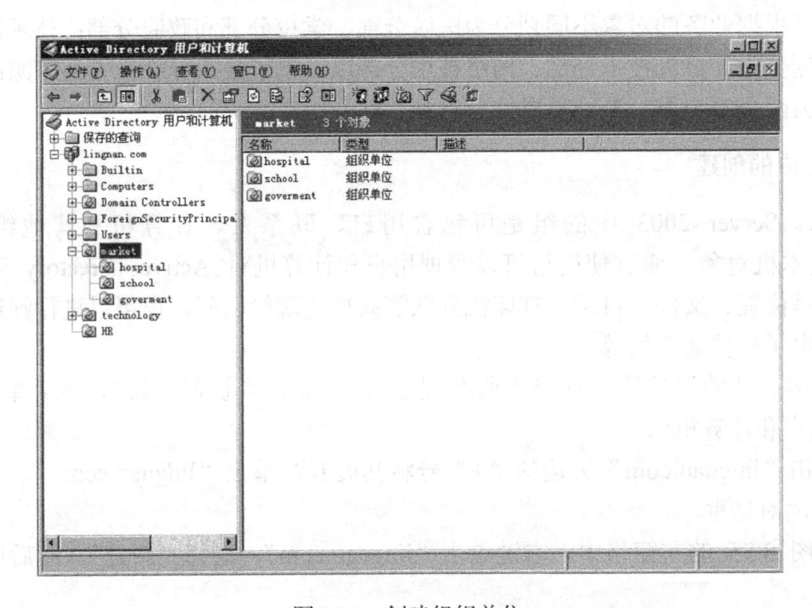

图 3.36 创建组织单位

（11）鼠标右键单击“HR”，选择“新建”，然后单击“组”创建两个安全组。要添加的两个组是“male”（男性）和“female”（女性）。每个组的设置应该是“全局”和“安全”。单击“确定”按钮，分别创建每个组。完成所有步骤后，最终的组织单位（OU）结构应与如图 3.37 所示的一样。

2．用户账户的创建

创建用户账户，下面的操作将在市场部的医院类别中创建用户。

（1）在左窗格中，右键单击“hospital”，选择“新建”，然后单击“用户”。

（2）输入“zhang”作为“姓”，输入“san”作为“名”（注意在“姓名”框中将自动显示全名），如图 3.38 所示。

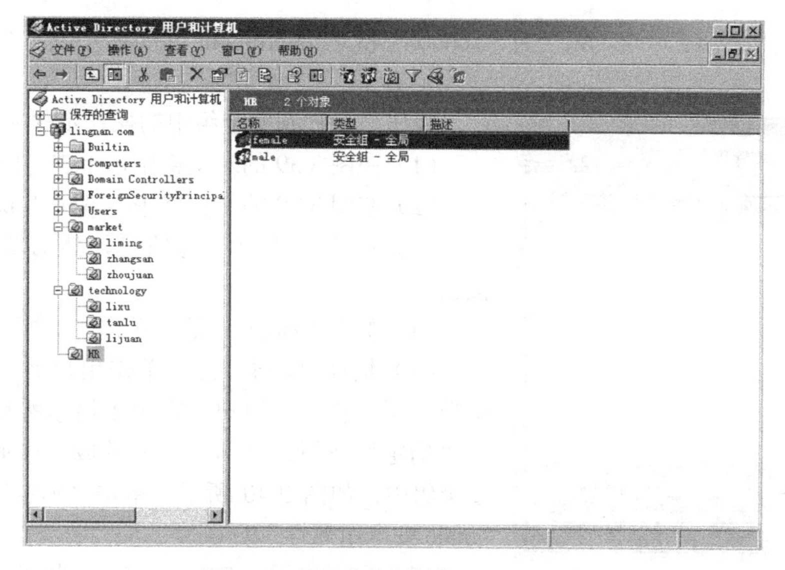

图 3.37　最终的组织单位（OU）结构

（3）输入“zhangsan”作为“用户登录名”，窗口如图 3.38 所示。

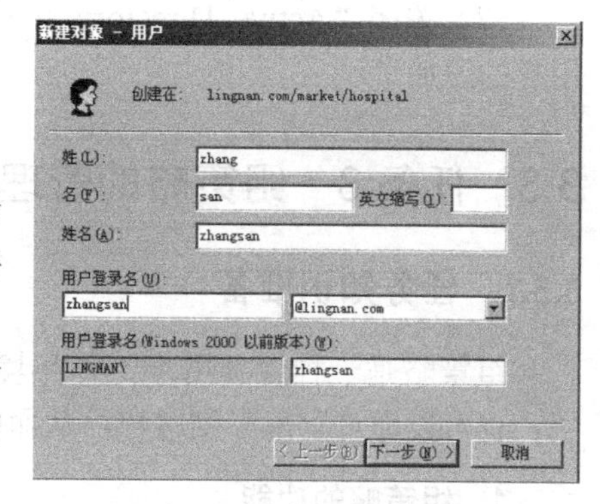

图 3.38　添加用户

（4）单击“下一步”按钮。

（5）在“密码”和“确认密码”中，输入“zs2013%?”，然后单击“下一步”按钮继续。注意此处的密码根据默认的安全策略必须包括字母、数字和符号，否则将无法正常配置。

注意：默认情况下，Windows Server 2003 要求所有新创建的用户使用复杂密码，可通过组策略禁用密码复杂性要求。

（6）单击“完成”按钮，得到如图 3.39 所示界面，显示 zhangsan 用户创建成功。

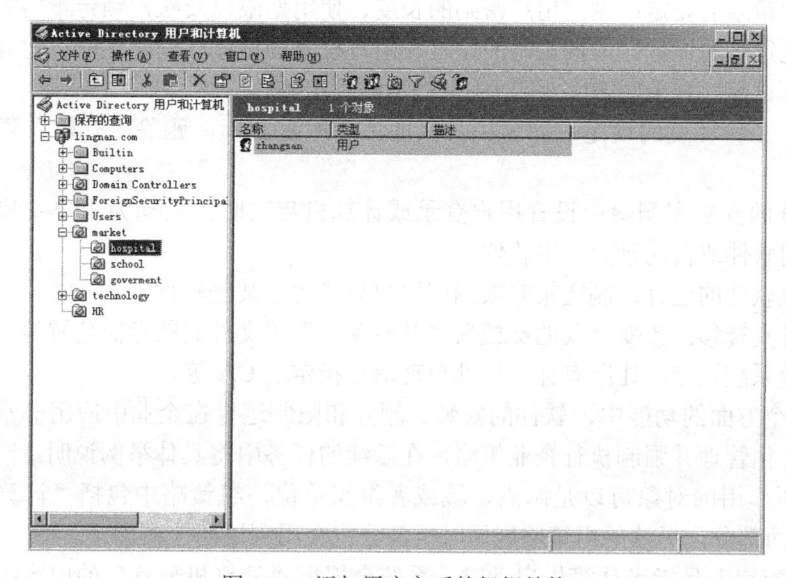

图 3.39　添加用户之后的组织结构

（7）重复步骤（2）～（6），为“school”和“government”的组织单位（OU）添加多个不同的账户。

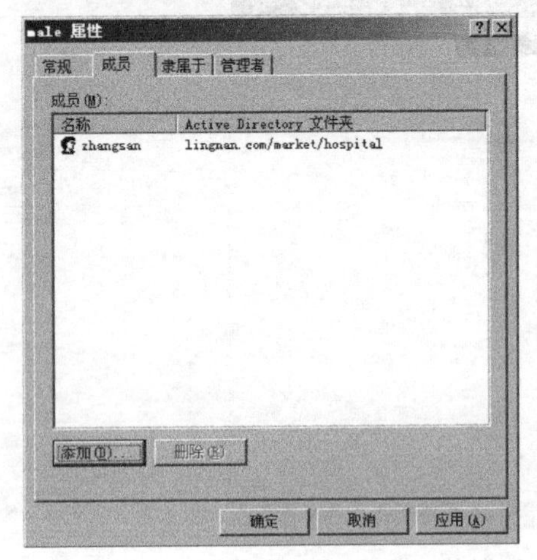

图 3.40 为 male 安全组成员添加成员

将用户添加到安全组中的操作步骤如下。

（1）在图 3.39 的左窗格中，单击“HR”。

（2）在图 3.39 的右窗格中，双击“male”组。

（3）单击“成员”选项卡，然后单击“添加”按钮。

（4）单击“高级”，然后单击“立即查找”。

（5）按住“Ctrl”键并单击用户名，从下面部分中选择所有相应的用户。在突出显示所有成员后，单击“确定”按钮，将需要加入的成员添加到“male”安全组中，如图 3.40 所示。单击“确定”按钮，关闭“male 安全组属性”页。

（6）重复步骤（2）～（5），为 female 组添加成员。

（7）关闭“Active Directory 用户和计算机”管理单元。至此，完成了计算机的组织和用户的添加。

3.3 任务 3 组策略的管理

3.3.1 任务知识准备

组策略是一种管理用户工作环境的技术，利用组策略可以确保用户拥有所需的工作环境，也可以通过它来限制用户，从而减轻管理员的工作负担。

1．组策略的功能

组策略的功能主要包括以下 8 个方面。

（1）账户策略的设定：设定用户密码的长度、使用期限以及账户锁定策略等。

（2）本地策略的设定：审核策略的设定、用户权限的指派、安全性的设定等。

（3）脚本设定：登录/注销、启动/关机脚本的设定等。

（4）用户工作环境的设定：隐藏用户桌面上的所有图标，删除“开始”菜单中的“运行”等功能。

（5）软件的安装和删除：设置用户登录或计算机启动时，自动为用户安装应用软件、自动修复应用软件或自动删除应用软件。

（6）限制软件的运行：制定策略限制域用户只能运行某些软件。

（7）文件夹转移：改变“我的文档”、“开始菜单”等文件夹的存储位置等。

（8）其他系统设定：让所有计算机都自动信任指定的 CA 等。

以上 8 个方面的功能中，软件的安装、删除和限制运行在企业中应用非常广泛，有利于企业的集中化管理并强制执行企业策略，在后续的任务中将具体举例说明。

组策略所作用的对象可以是站点、域或者组织单位，组策略中包括“计算机配置”和“用户配置”两部分，后续的组策略应用时机部分将会用到这两个概念。

“计算机配置”是指当计算机启动时，系统会根据“计算机配置”的内容配置计算机的工作环境。例如，如果对域 lingnan.com 配置了组策略，那么此组策略内的“计算机配置”就会被应用到该域内的所有计算机。

“用户配置”是指当用户登录时，系统会根据“用户配置”的内容来配置用户的工作环境。例如，如果对“市场部”OU 设定了组策略，那么此组策略内的“用户配置”就会被应用到此 OU 内的所有用户。

此外，也可以针对每一台计算机配置“本地计算机策略”，这种策略只会应用到本地计算机以及在此计算机登录的所有用户。

2．组策略对象

组策略是通过“组策略对象（GPO）” 进行设定的，只要将 GPO 链接到指定的站、域或 OU，该 GPO 内的设定值就会影响到该站点、域或 OU 内的所有计算机和用户。

（1）内建的 GPO

系统已有两个内建的 GPO，如表 3.4 所示。

表 3.4　内建的 GPO

内建的 GPO 名称	作　用
Default Domain Policy	此 GPO 已经被链接到域，因此，它的设定值会被应用到整个域内的所有用户和计算机
Default Domain Controller Policy	此 GPO 已经被链接到 Domain Controllers OU，因此它的设定值会被应用到域控制器组织单位内的所有用户和计算机。在域控制器组织单位内，系统只默认扮演域控制器的计算机账户

可以通过依次单击“开始→管理工具→Active Directory 用户和计算机→右键单击 Domain Controllers→属性→组策略”的方法来验证 Default Domain Controller Policy 这个 GPO 是否被链接到 Domain Controllers，如图 3.41 所示。

采用同样的方法，也可以依次单击“开始→管理工具→Active Directory 用户和计算机→右键单击 lingnan.com→属性→组策略”的方法来验证 Default Domain Policy 这个 GPO 是否被链接到整个域。

特别提醒：在未彻底了解组策略以前，请暂时不要随意更改 Default Domain Policy 和 Default Domain Controller Policy 的 GPO 设置，以免引起系统的不正常运行。

（2）GPO 的内容

GPO 的内容被分为 GPC 和 GPT 两个部分，并分别存储在不同的位置。其中，GPC 被存储在 Active Directory 数据库内，它记载此 GPO 的属性和版本等数据信息。域控制器可以利用这些版本信息来判断所安装的 GPO 是否为最新版本，以便作为是否需要从其他域控制器复制最小 GPO 的依据。GPT 是用来存储 GPO 的配置值和相关文件，它是一个文件夹，被建立在域控制器的“%systemroot%\SYSVOL\sysvol\域名称\Policies”文件夹内。系统利用 GPO 的 GUID 作为 GPT 的文件夹名称。

3．组策略的应用时机

当对站点、域或 OU 的 GPO 配置值进行了修改之后，这些配置值并不会马上对站点、域或 OU 内的用户和计算机有效，而是必须等它们被应用到用户或计算机后才能生效。因此，要了解这些 GPO 配置值何时会应用到用户和计算机上。实际上，这个要看是“计算机配置”还是“用户配置”而定。

（1）“计算机配置”的应用时机。对于“计算机配置”，域内的计算机会在以下情况下应用 GPO 内的计算机配置。

① 计算机开机时自动启用。

② 即使计算机不重启开机，系统仍然会每隔一段时间自动启用。

③ 手动启用。依次单击“开始→运行”，在弹出的对话框中输入以下命令：

gpupdate /target:computer /force

完成后，可依次单击“开始→管理工具→事件查看器→应用程序”，然后双击图 3.42 中来源为“SceCli”的事件，检查是否已经成功启用。

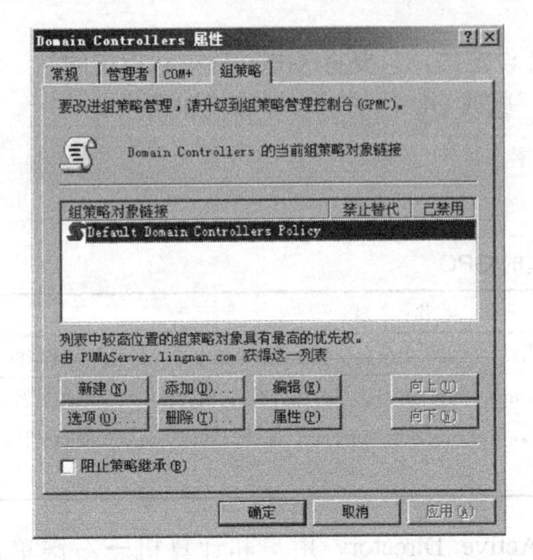

图 3.41　验证 Default Domain Controller Policy

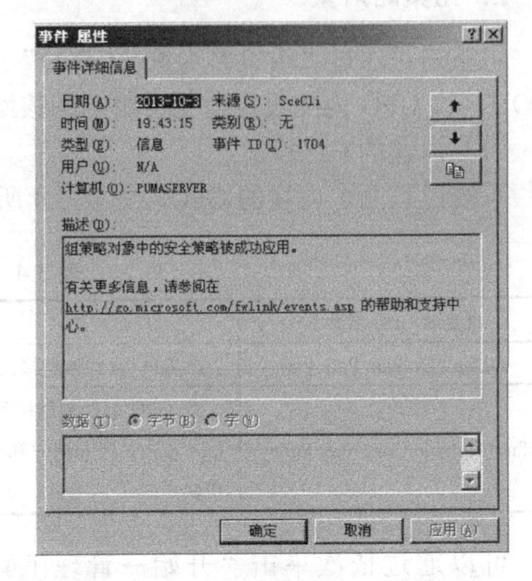

图 3.42　检查组策略是否启用

（2）“用户配置”的应用时机。对于“用户配置”，域内的用户会在以下情况下应用 GPO 内的用户配置。

① 用户登录时自动启用。

② 即使用户不注销、登录，系统默认每隔 90～120min 自动启用，而且不论策略配置值是否有变化，系统仍然会每隔 16h 自动启用一次。

③ 手动启动。依次单击“开始→运行”，在弹出的对话框中输入以下命令：

gpupdate /target:user /force

检查是否已经成功启用的方法和前述的“计算机配置”方法相同。

实际上，在应用中更多的情况会使用 gpupdate /force 命令强制执行，该命令包含了上述两种情况。

3.3.2　任务实施

本任务所使用的拓扑结构与任务 1 的拓扑结构一致，如图 3.5 所示，其中，客户端的操作系统为 Windows 7 或 Windows 8，在下述两个实验中，分别使用两种不同的客户端操作系统进行说明。

1．利用组策略使客户端设置统一的桌面墙纸

本任务的目的是利用组策略对岭南信息技术有限公司的市场部所有用户进行设置，使所有用户均设置相同的桌面墙纸，具体步骤如下。

（1）打开组策略设置对话框，添加新的组策略。依次单击“开始→管理工具→Active Directory用户和计算机”，鼠标右键单击“market”，在出现的菜单中选择属性，弹出“market 属性”对话框，如图 3.43 所示，选择“组策略”，在下面的按钮中选择“新建”，可以新建一条组策略，将其命名为“使用相同桌面”。

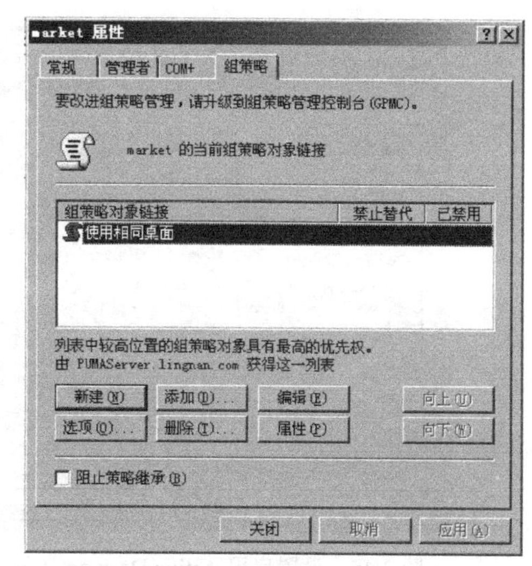

图 3.43 “market 属性”对话框

（2）编辑组策略。选择“使用相同桌面”组策略，单击“编辑”按钮，弹出如图 3.44 所示组策略编辑器界面。依次单击“用户配置→管理模版→桌面→Active Desktop”，在右边栏目中选择“启用 Active Desktop”，在弹出的对话框中，选择“已启用”，如图 3.45 所示，然后在下方选择“Active Desktop 墙纸”，在弹出的对话框中，也选择“已启用”，在下方的墙纸名称中输入墙纸所在的地址，这里以默认文件夹中的 power.jpg 图片为例，假设所有客户端都使用 power.jpg 图片作为桌面，选择“墙纸样式”为平铺，如图 3.46 所示。设置完毕后关闭组策略编辑器，在“market 属性”对话框中单击“确定”按钮，完成全部设置。

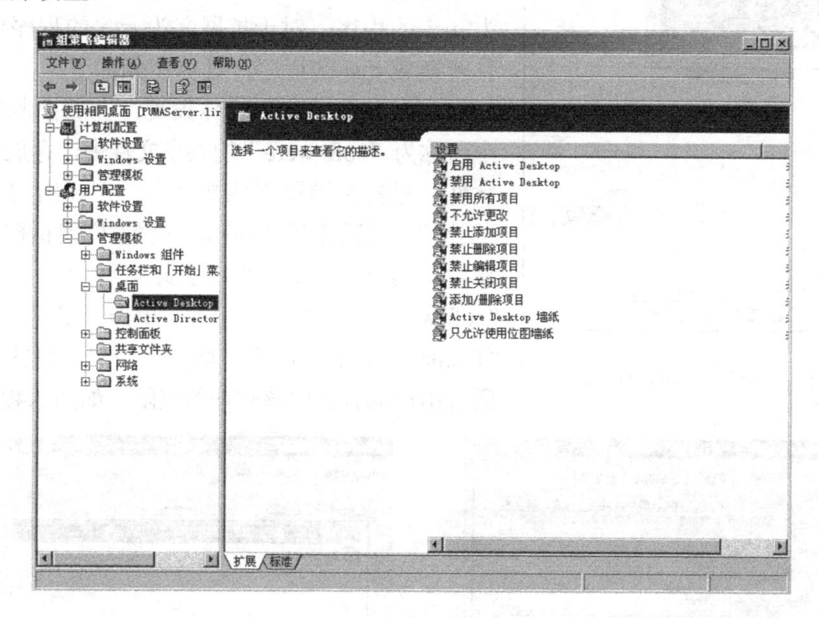

图 3.44 组策略编辑器界面

（3）启用组策略。依次单击“开始→运行”，在弹出的对话框中输入 gpupdate/target:user /force 或 gpupdate /force 命令手动启用组策略。

注意：为了保证组策略能正确地应用到客户端，有时候需要多次运行该命令。

（4）客户端验证。在客户端计算机上（Windows 7 系统）以市场部的 zhangsan 账户登录，可以发现桌面已经改变为 power.jpg 样式图片，在桌面鼠标右键单击属性，在弹出的“显示属性”对话框中选择“显示”，可以得到如图 3.47 所示对话框，此时，所有背景均为灰色，用户无法更改。

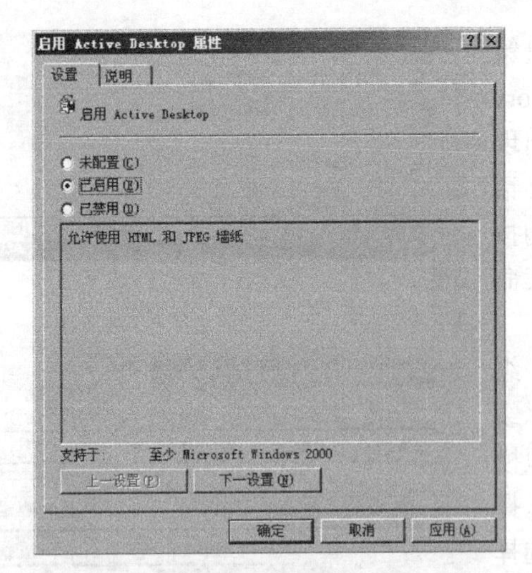

图 3.45　设置启用 Active Desktop 属性

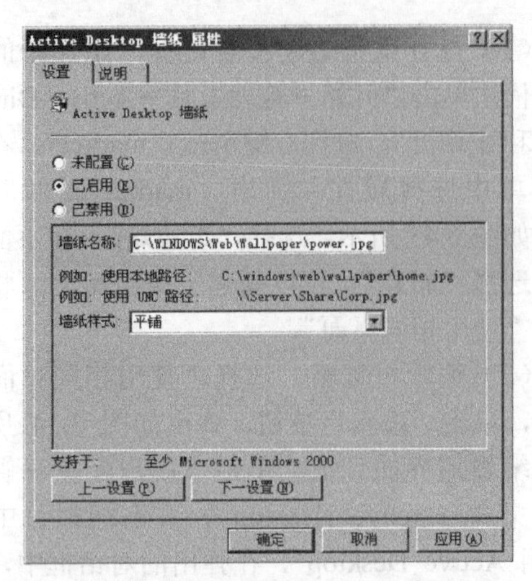

图 3.46　设置 Active Desktop 墙纸属性

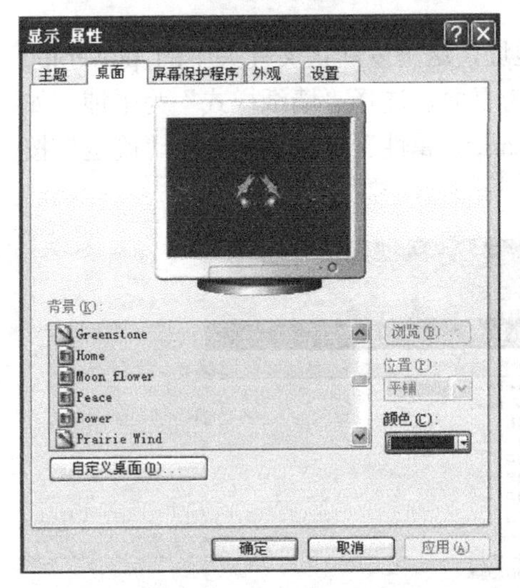

图 3.47　客户端桌面属性

2. 利用组策略部署和分发 Microsoft Office 软件

本任务的目的是利用组策略为岭南信息技术有限公司的所有用户分发 Microsoft Office 安装程序。

注意：组策略的软件分发功能只支持扩展名为.msi 的程序，对于扩展名为.exe 的程序要先利用工具转换成.msi 的程序，具体步骤如下。

（1）需要分发的软件设置。在域控制器上新建一个名称为“soft ware”的共享文件夹，存放需要分发的软件，鼠标右键单击该文件夹，在弹出的菜单中选择“属性”，可以打开“soft ware 属性”对话框，选择“共享”选项卡，选择“共享此文件夹”，共享名设为“soft ware”，如图 3.48 所示。单击“权限”按钮，添加“Domain Users”用户，增加该用户的目的是让域内的所有用户拥有读取该软件的权限，如图 3.49 所示。

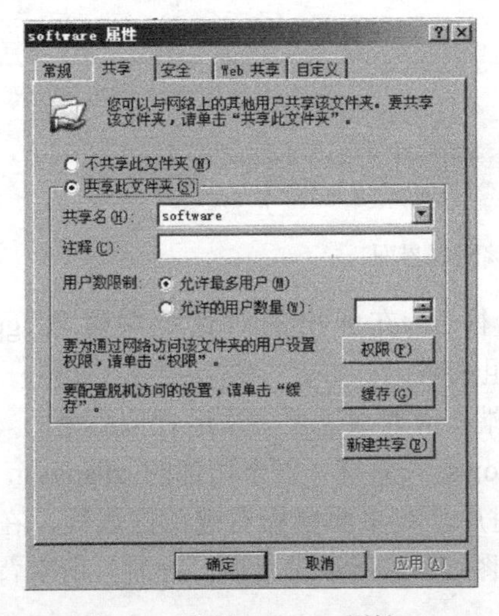

图 3.48　设置 software 属性

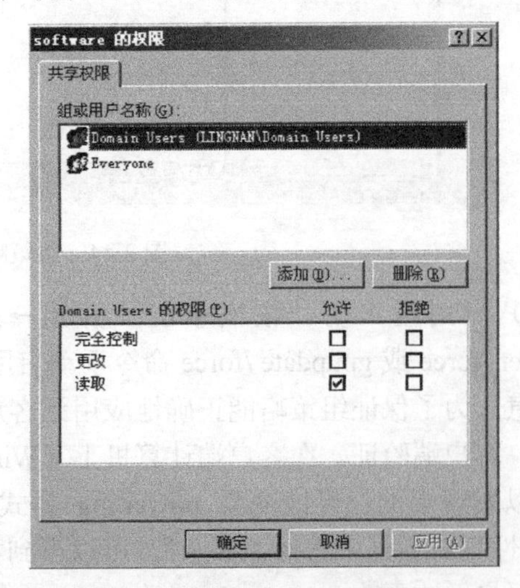

图 3.49　设置 software 的权限

（2）组策略的设置。依次单击“开始→管理工具→Active Directory 用户和计算机”，鼠标右键单击 lingnan.com 域的名称，在弹出的菜单中选择“属性”，选择“组策略”选项卡，单击“新建”按钮，创建一条名为“office 软件分发”的新组策略，得到如图 3.50 所示的对话框。

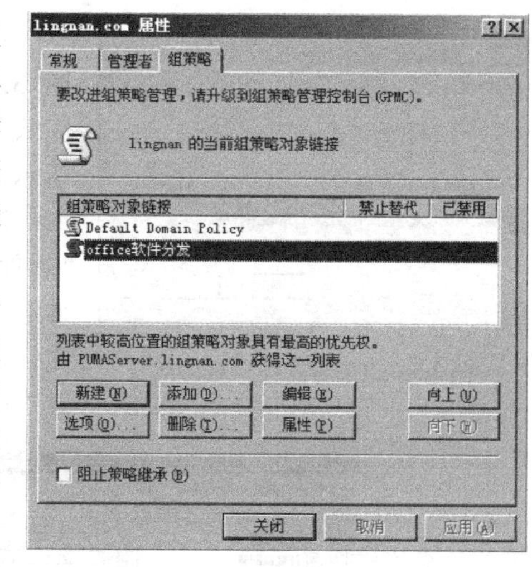

图 3.50　新建组策略

在图 3.50 所示的对话框中，选择“office 软件分发”组策略，单击“编辑”按钮，可以打开“组策略编辑器”窗口，在该窗口中，依次单击“用户配置→软件设置→软件安装”，鼠标右键单击“软件安装”，在弹出的菜单中依次选择“新建→程序包”，如图 3.51 所示。

在弹出的“打开”对话框中，通过进入网上邻居选择“software”共享文件夹中的 office.msi 文件（注意一定要是网络路径而不能是本地路径），如图 3.52 所示。

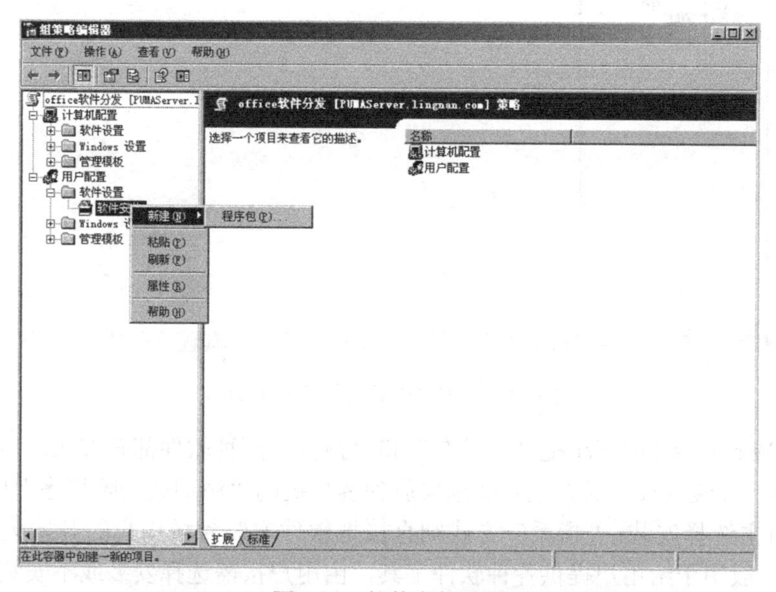

图 3.51　软件安装设置

图 3.52　选择共享文件

单击“打开”按钮，弹出“部署软件”对话框，如图 3.53 所示，选择“已指派”，单击“确定”按钮，完成组策略的设置，完成后的组策略编辑器如图 3.54 所示。

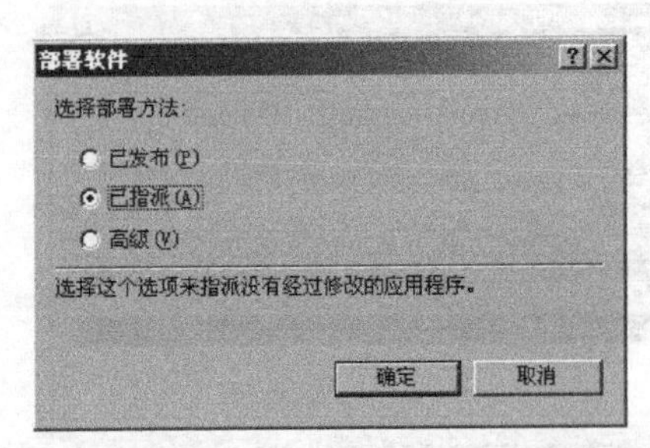

图 3.53 “部署软件”对话框

注意 1：在“计算机配置”和“用户配置”中都有“软件安装”选项，均可以用于域内的软件部署，如果软件要部署到域中的计算机，就在“计算机配置”中定义，如果软件要部署给域中的用户，则应该在“用户配置”中定义，一般根据实际情况进行选择。

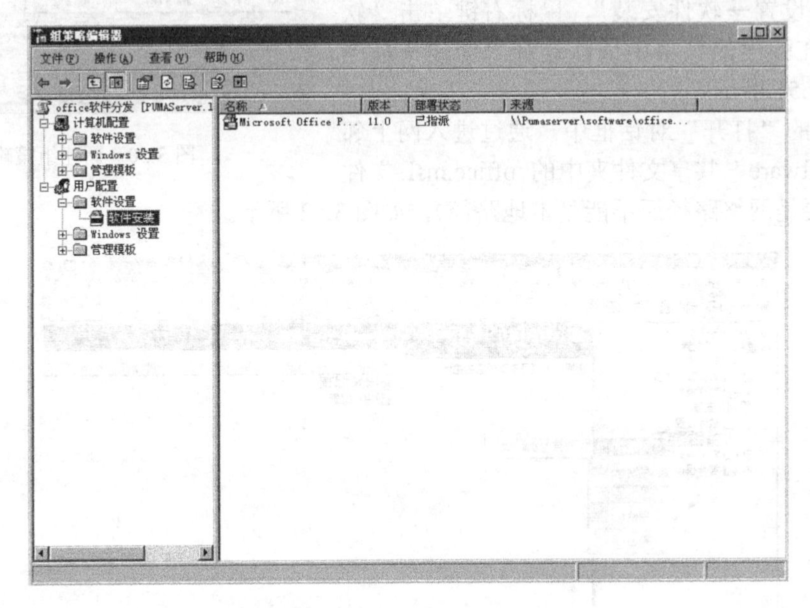

图 3.54 设置完成后的组策略编辑器

注意 2：Windows Installer 提供“发布”和“指派”两种软件部署方式。“发布”方式不自动为域内客户安装软件，而是把安装选项放到客户机的“添加或删除程序”中，供用户在需要的时候自主选择安装；“指派”方式则直接把软件安装到域用户的开始菜单程序组中。“发布”方式一般用于给用户提供各种软件工具，由用户按需选择安装或不安装；“指派”方式可用于软件的强制安装使用，用户无权自行卸载软件。本例是使用“指派”的方式。

（3）启用组策略。依次单击“开始→运行”，在弹出的对话框中输入 gpupdate/target:user/force 或 gpupdate /force 命令手动启用组策略。由于使用了只能在登录时运行的用户策略，因此会弹出如图 3.55 所示对话框，提示是否可以注销，用键盘输入“y”，此时，域控制器将重新启动。

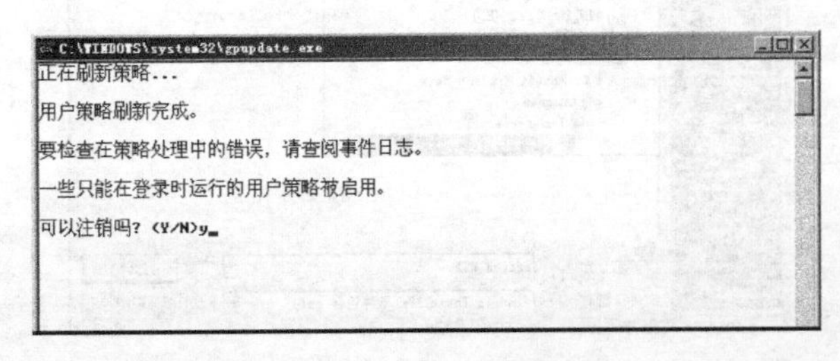

图 3.55 启用组策略

（4）客户端验证。在客户端计算机上（Windows 7 系统）以市场部的 liming 账户登录，依次选择“开始→所有程序”，可以得到如图 3.56 所示界面，显示 office 软件已经分发到客户端。

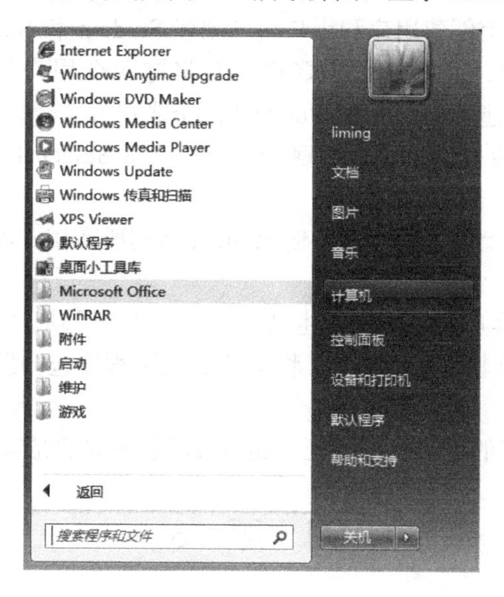

图 3.56　显示 office 软件已经分发到客户端

实训 3　安装和管理 Windows Server 2003 的活动目录

1．实训目标

（1）掌握利用 Windows Server 2003 架设域环境的方法。

（2）掌握 Windows Server 2003 域环境中账户的管理方法。

（3）掌握 Windows Server 2003 域环境中组策略的设置和使用方法。

2．实训准备

（1）网络环境：已建好 100Mb/s 的以太网，包含交换机、超五类（或五类）UTP 直通线若干、2 台以上数量的计算机（数量可以根据学生人数安排）。

（2）服务端计算机配置：CPU 为 Intel Pentium4 以上，内存不小于 1GB，硬盘剩余空间不小于 20GB，并已安装 Windows Server 2003 操作系统，或已安装 VMware Workstation 9 以上版本软件，并且硬盘中有 Windows Server 2003、Windows XP 和 Windows 7 安装程序。

（3）客户端计算机配置：CPU 为 Intel Pentium4 以上，内存不小于 1GB，硬盘剩余空间不小于 20GB，并已安装 Windows XP 或 Windows 7 操作系统，或已安装 VMware Workstation 9 以上版本软件，并且硬盘中有 Windows XP 和 Windows 7 安装程序。

3．实训步骤

局域网中包括一个域控制器和若干个客户机，分别在域控制器和客户机上按如下步骤进行配置。

约定域控制器名称为 server，客户机名称为 client。

（1）为 server 服务器安装 DNS 服务，安装目录服务，配置 IP 地址为 192.168.1.1，域名为 lingnan.com。

（2）为 client 客户端配置 IP 地址为 192.168.1.2，并配置首选 DNS 为 192.168.1.1，通过设置使该客户机加入域。

（3）在 server 服务器上创建用户和用户组（创建 Student 和 Studentman 两个组，然后再创建 Student1 和 Student2 两个域用户账户，并将这两个用户加入到 Student 组中。在 Studnetman 组中也分别创建 Stuman1 和 Stuman2 两个账户）。

（4）分别给 Student 和 Studentman 组赋予权限，测试 Student1 和 Stuman2 是否具有相应的权限。

（5）在 server 服务器上设置组策略，使 Student 组的所有用户不能修改 IP 地址，并使用相同的桌面墙纸。

（6）在 Student 组的客户机上验证上述组策略设置是否成功。

（7）在 server 服务器上设置组策略，将 office 安装程序包分发给 Studentman 组的所有用户。

（8）在 Studentman 组的客户机上验证上述组策略设置是否成功。

习 题 3

1．填空题

（1）在 Windows Server 2003 系统中安装活动目录的命令是__________。

（2）Windows Server 2003 活动目录的物理结构包括________和_______两部分。

（3）Windows Server 2003 域控制器上的默认用户账户有__________和___________。

（4）Windows Server 2003 系统内建的组策略对象分别是__________和___________。

（5）在进行组策略配置时，该组策略何时会应用到用户和计算机上，应该根据________和________而定。

2．选择题

（1）使用______命令，可以手动启动计算机配置的组策略。

A．gpupdate /target:user /force　　B．net start gpupdate

C．gpupdate /target:computer /force　　D．net stop gpupdate

（2）活动目录和以下______服务的关系密不可分，并可使用该服务器来定位各种资源。

A．DHCP　　B．FTP　　C．DNS　　D．HTTP

（3）活动目录安装完成后，管理工具中没有增加下述______菜单。

A．Active Directory 用户和计算机　　B．Active Directory 站点和服务

C．Active Directory 管理　　D．Active Directory 信任关系

3．简答题

（1）什么是 Windows 的活动目录？它有什么特点？

（2）什么是域控制器？什么是成员服务器？它们二者之间有什么区别？

（3）活动目录和 DNS 有什么关系？

（4）什么是组？Windows Server 2003 有哪几种类型的组？

（5）组策略的功能是什么？如果想使域中所有计算机都对某软件进行升级操作，应该如何实现？

项目 4　文件系统管理及资源共享

【项目情景】

岭南信息技术有限公司通过业务的不断开拓，规模不断增大，公司员工人数激增，由于公司并未架设专用的文件服务器，因此，公司的各种信息数据管理非常不方便，有时候员工之间采用相互共享文件夹的方式共享数据，但是由于文件访问权限设置不当，极易造成文件误删除等问题，那么有没有更好的方法来对这些数据进行管理呢？在工作过程中，当共享文件进行更新后，如何让员工同步获得更新后的文件？共享资源更新后，是否还能有办法找回以前共享的原始文件，或者找回被意外删除的共享文件呢？

【项目分析】

（1）Windows Server 2003 的 NTFS 文件系统可以提供相当多的数据管理功能，如权限的设置、文件系统的压缩和加密等。

（2）通过架设文件服务器，可以实现资源的共享，为了保证共享资源的安全性，需要根据公司员工所在岗位的特点给予不同的权限设置。

（3）共享文件经常需要更新，公司员工可以通过设置脱机文件夹的方式来获取更新的共享文件。

（4）Windows Server 2003 所拥有的卷影副本服务可以帮助公司员工获得共享资源中的原始文件或者被临时修改、意外删除的文件。

【项目目标】

（1）熟悉 NTFS 管理数据的功能。

（2）理解共享文件夹、脱机文件夹、卷影副本和分布式文件系统的概念。

（3）学会对共享文件夹进行添加和管理。

（4）学会脱机文件夹、卷影副本的服务器端和客户端的配置方法。

【项目任务】

任务 1　利用 NTFS 管理数据

任务 2　共享文件夹的添加、管理

任务 3　脱机文件夹的服务器端和客户端配置

任务 4　卷影副本的服务器端和客户端配置

4.1　任务 1　利用 NTFS 管理数据

4.1.1　任务知识准备

任何操作系统最显而易见的部分就是文件系统，Windows Server 2003 所使用的 NTFS 文件类型为文件系统的安全方面提供了强大的功能。

1. NTFS 文件系统

Windows Server 2003 推荐使用 NTFS 文件系统，它提供了传统 FAT 和 FAT32 文件系统

所没有的全面的性能、可靠性和兼容性。它支持文件系统故障恢复，尤其是大存储媒体、长文件名。NTFS 文件系统的设计目标就是用来在很大的硬盘上能够很快地执行，例如，读/写和搜索标准文件的操作，甚至包括像文件系统恢复这样的高级操作。

NTFS 文件系统包括了公司环境中文件服务器和高端个人计算机所需的安全特性，NTFS 文件系统还支持对于关键数据完整性十分重要的数据访问控制和私有权限。除了可以赋予 Windows Server 2003 计算机中的共享文件夹特定权限外，NTFS 文件和文件夹无论共享与否都可以赋予权限。NTFS 是 Windows Server 2003 中唯一允许为单个文件指定权限的文件系统。

Windows Server 2003 采用的是 NTFS5.0 文件系统，它使用户不但可以方便快捷地操作和管理计算机，同时也可享受到 NTFS 所带来的系统安全性。NTFS 5.0 的特点主要体现在以下几个方面。

（1）NTFS 可以支持的分区容量可以达到 2TB，远大于 FAT32 文件系统的 32GB。

（2）NTFS 是一个可恢复的文件系统。

（3）NTFS 支持对分区、文件夹和文件的压缩。

（4）NTFS 采用了更小的簇，可以更有效率地管理磁盘空间。

（5）在 NTFS 分区上，可以为共享资源、文件夹以及文件设置访问许可权限。许可的设置包括两方面的内容：一是允许哪些组或用户对文件夹、文件和共享资源进行访问；二是获得访问许可的组或用户可以进行什么级别的访问。访问许可权限的设置不但适用于本地计算机的用户，同样也应用于通过网络的共享文件夹对文件进行访问的网络用户。

（6）在 Windows Server 2003 的 NTFS 文件系统下可以进行磁盘配额管理。

（7）NTFS 使用一个“变更”日志来跟踪记录文件所发生的变更。

注意：只有在 NTFS 文件系统中用户才可以使用诸如“活动目录”和基于域的安全策略等重要特性。

NTFS 的主要弱点是它只能被 Windows NT/2000/XP 以及 Windows Server 2003 所识别，虽然它可以读取 FAT 和 FAT32 文件系统中的文件，但其文件却不能被 FAT 和 FAT32 文件系统所存取，因此如果使用双重启动配置，则可能无法从计算机上的另一个操作系统访问 NTFS 分区上的文件。所以，如果要使用双重启动配置，FAT32 或者 FAT 文件系统将是更适合的选择。

2. NTFS 权限的类型

网络中最重要的是安全，安全中最重要的是权限。在网络中，网络管理员首先要面对的就是权限的分配问题，一旦权限设置不当会引起难以预计的严重后果。权限决定了用户可以访问的数据和资源，也决定了用户所享受的服务。

NTFS 权限可以实现高度的本地安全性，通过对用户赋予 NTFS 权限可以有效地控制用户对文件和文件夹的访问。NTFS 分区上的每一个文件和文件夹都有一个列表，称为 ACL（Access Control List，访问控制列表），该列表记录了每一用户和组对该资源的访问权限。NTFS 权限可以针对所有的文件、文件夹、注册表键值、打印机和动态目录对象进行权限的设置。

利用 NTFS 权限，可以控制用户账户和组对文件夹和个别文件的访问。NTFS 权限只适用于 NTFS 磁盘分区，NTFS 权限的类型主要包括两大类，分别是文件夹权限和文件权限，以下分别进行说明。

（1）NTFS 文件夹权限。可以通过授权文件夹权限，控制文件夹以及包含在该文件夹中的所有文件及子文件夹的访问，表 4.1 列出了可以授予标准 NTFS 文件夹权限及该权限可以访问的类型。

表 4.1　标准 NTFS 文件夹权限

NTFS 文件夹权限	允许访问类型
修改	修改和删除文件夹，执行“写入”权限和“读取和运行”权限的动作
读取和运行	遍历文件夹，执行“读取”权限和“列出文件夹内容”权限的动作
列出文件夹目录	查看文件夹中的文件和文件夹的名称
读取	查看文件夹中的文件和文件夹，查看文件夹属性，拥有人和权限
写入	在文件夹内创建新的文件和文件夹，修改文件夹属性，查看文件夹的拥有人和权限
完全控制	除了拥有所有 NTFS 文件夹的权限外，还拥有“更改权限”和“取得所有权”权限
特殊权限	其他不常用的权限，如删除权限的权限

（2）NTFS 文件权限。可以通过授权文件权限，控制对文件的访问。表 4.2 列出了可以授予的标准 NTFS 文件权限及该权限可以访问的类型。

表 4.2　标准 NTFS 文件权限

NTFS 文件权限	允许访问类型
修改	修改和删除文件，执行“写入”权限和“读取和运行”权限的动作
读取和运行	运行应用程序，执行“读取”权限的动作
读取	覆盖写入文件，修改文件属性，查看文件拥有人和权限
写入	读文件，查看文件属性，拥有人和权限
完全控制	除了拥有所有 NTFS 文件的权限外，还拥有“更改权限”和“取得所有权”权限
特殊权限	其他不常用的权限，如删除权限的权限

Windows Server 2003 中的 NTFS 权限为控制系统中的资源提供了非常丰富的方法。如果用户在访问和使用所需要的、位于动态目录结构中的数据或对象方面遇到了问题，可以检查许可权限的层级，从而找到问题所在。

3. NTFS 权限的应用规则

如果用户同时属于多个组，它们分别对某个资源拥有不同的使用权限，则该用户对该资源的有效权限是什么呢？关于甄别 NTFS 的有效权限，存在如下规则和优先权。

（1）权限的累加性。如果一个用户同时在两个组或者多个组内，而各个组对同一个文件有不同的权限，那么用户对该文件有什么权限呢？简单地说，当一个用户属于多个组时，这个用户会得到各个组的累加权限，一旦有一个组的相应权限被拒绝，此用户的此权限也会被拒绝。以下进行举例说明。

假设有一个用户 Bob，如果 Bob 属于 A 和 B 两个组，A 组对某文件有读取权限，B 组对此文件有写入权限，Bob 自己对此文件有修改权限，那么 Bob 对此文件的最终权限为“读取+写入+修改”。

假设 Bob 对文件有写入权限，A 组对此文件有读取权限，但是 B 组对此文件为拒绝读取权限，那么 Bob 对此文件只有写入权限。如果 Bob 对此文件只有写入权限，但是没有读取权限，此时 Bob 写入权限有效吗？答案很明显，Bob 对此文件的写入权限无效，因为无法读取是不可能写入的，就好像连门都进不去，是无法把家具搬进去的。

（2）权限的继承。继承就是指新建的文件或者文件夹会自动继承上一级目录或者驱动器的 NTFS 权限，但是从上一级继承下来的权限是不能直接修改的，只能在此基础上添加其他权限。也就是不能把权限上的钩去掉，只能添加新的钩。灰色的框为继承的权限，是不能直接修改的，白色的框是可以添加的权限。当然这并不是绝对的，例如，用户是管理员，就可以把这个继承下来的权限进行修改，或者让文件不再继承上一级目录和驱动器的 NTFS 权限。

（3）文件权限超越文件夹权限。NTFS 的文件权限超越 NTFS 的文件夹权限。例如，某个用户对某个文件有“修改”的权限，那么即使他对于包含该文件的文件夹只有“读取”的权限，他仍然可以修改该文件。

（4）移动和复制操作对权限继承性的影响。移动和复制操作对权限继承性的影响主要体现在以下几个方面。

① 在同一个分区内移动文件或文件夹时，此文件和文件夹会保留在原位置的一切 NTFS 权限；在不同的 NTFS 分区之间移动文件或文件夹时，文件或文件夹会继承目的分区中文件夹的权限。

② 在同一个 NTFS 分区内复制文件或文件夹时，文件或文件夹将继承目的位置中的文件夹的权限；在不同 NTFS 分区之间复制文件或文件夹时，文件或文件夹将继承目的位置中文件夹的权限。

③ 当从 NTFS 分区向 FAT 分区中复制或移动文件和文件夹都将导致文件和文件夹的权限丢失。

（5）共享权限和 NTFS 权限的组合权限。NTFS 权限和共享权限都会影响用户获取网上资源的能力。共享权限只对共享文件夹的安全性加以控制，即只控制来自网络的访问，但也适合于 FAT 和 FAT32 文件系统；NTFS 权限则对所有文件和文件夹加以安全控制，无论访问来自本地还是网络，但它只适用于 NTFS 文件系统。当共享权限和 NTFS 权限冲突时，以两者中最严格的权限设定为准。

关于 Windows 系统共享问题最大的困扰是：NTFS 和共享权限都会影响用户访问网络资源的能力。需要强调的是在 Windows XP、Windows Server 2003 以及后续的 Windows 版本中，系统所默认的共享权限都是只读，这样通过网络访问 NTFS 所能获得的权限受到了限制。

共享权限只对通过网络访问的用户有效，所以有时需要和 NTFS 权限配合（如果分区是 FAT/FAT32 文件系统，则不需要考虑）才能严格控制用户的访问。当一个共享文件夹设置了共享权限和 NTFS 权限后，就要受到两种权限的控制。

如果希望用户能够完全控制共享文件夹，首先要在共享权限中添加此用户（组），并设置完全控制的权限，然后在 NTFS 权限设置中添加此用户（组），并设置完全控制权限。只有两个地方都设置了完全控制权限，才能最终拥有完全控制权限。

当用户从网络访问一个存储在 NTFS 文件系统上的共享文件夹时会受到两种权限的约束，而有效权限是最严格的权限（也就是两种权限的交集）。而当用户从本地计算机直接访问文件夹的时候，不受共享权限的约束，只受 NTFS 权限的约束。

这里同样也要考虑到两个权限的冲突问题。例如，共享权限为只读，NTFS 权限是写入，那么最终权限是完全拒绝，这是因为这两个权限的组合权限是两个权限的交集。

4.1.2 任务实施

1. NTFS 权限的设置

对于一个 NTFS 分区上的文件夹或文件，以鼠标右键单击，在弹出菜单中选择“属性”命令，在随后出现的“属性”对话框中单击“安全”标签，可以在如图 4.2 所示的选项卡上进行 NTFS 权限设置。

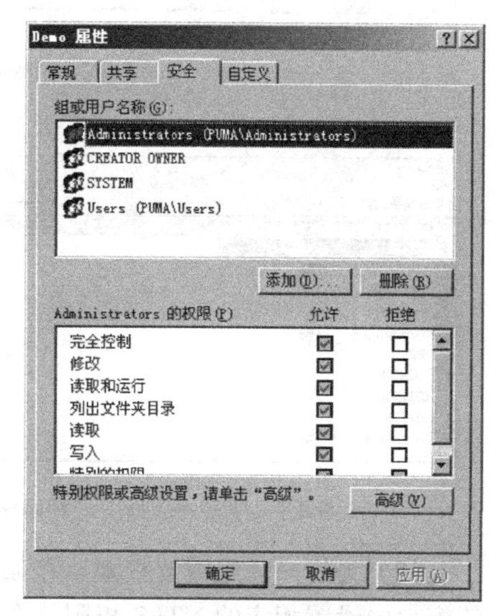

图 4.1 设置“安全”选项卡

进行 NTFS 权限设置实际上就是设置“谁”有“什么”权限，如图 4.1 所示的选项卡上端的窗口和按钮用于选取用户和组账户，解决“谁”的问题；下端的窗口和按钮用于为上面窗口中选中的用户或组设置相应的权限，解决“什么”的问题。

（1）添加/删除用户和组。单击“添加”按钮后将出现如图 4.2 所示的对话框，在这个对话框中可以直接在文本框中输入用户、账户名称。如图 4.2（a）所示，再单击“检查名称”按钮对该名称进行核实，如图 4.2（b）所示。

如果希望以选取的方式添加用户和组账户名称，可以单击“高级”按钮，在如图 4.3 所示的对话框中单击“对象类型”按钮缩小搜索账户类型的范围，然后单击“位置”按钮指定搜索账户的位置，然后单击“立即查找”按钮。

为了进一步缩小查找范围，也可以在“一般性查询”选项卡中根据账户名称和描述做出进一步的搜索设置。在默认状态下，搜索结果部分将显示账户的名称、电子邮件、描述和位置（在文件夹中）等信息，如果希望显示更多的信息，可以单击“列”按钮，为“搜索结果”窗口添加需要的列。

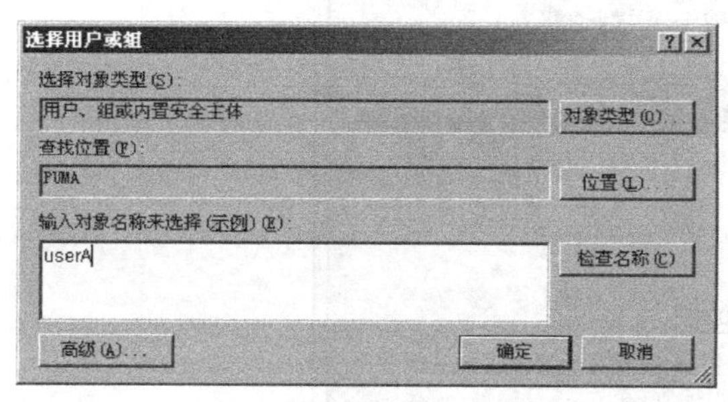

（a）直接输入名称

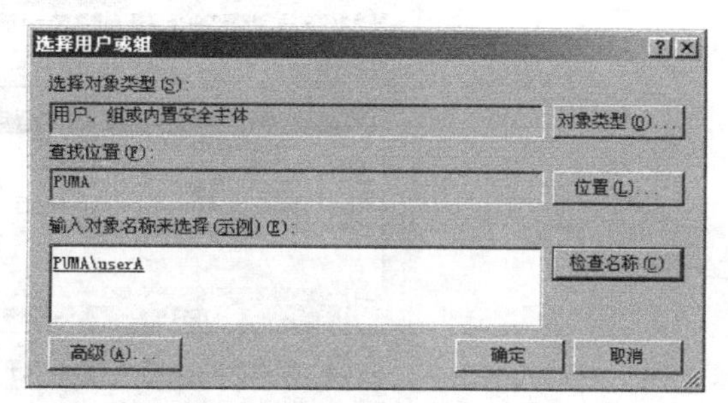

（b）核实所输入的名称

图 4.2 输入名称并核实

在“搜索结果”窗口中以鼠标选取账户时，可以按住 Shift 键连续选取或者按住 Ctrl 键间隔选取多个账户，最后单击“确定”按钮，返回如图 4.3 所示的对话框，再次单击“确定”按钮完成账户选取操作。

此时，在“属性”对话框的“安全”选项卡上端的窗口中已经可以看到新添加的用户和组，如图 4.4 所示。

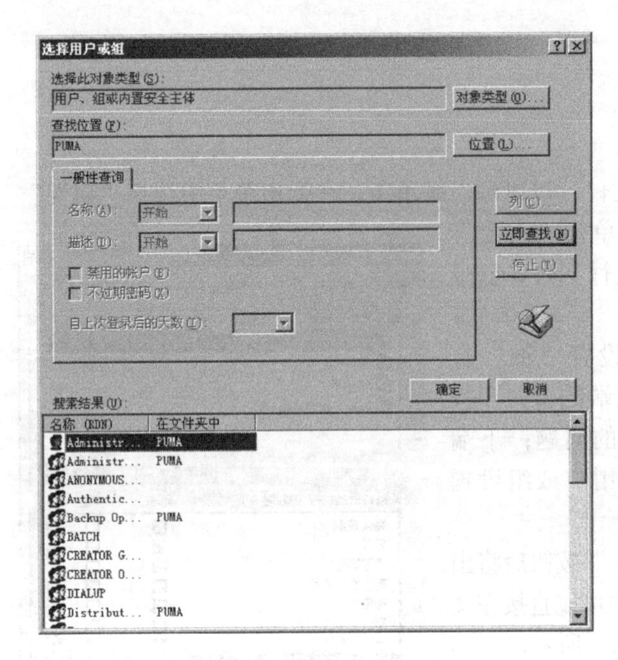

图 4.3 搜索并选择用户和组账户

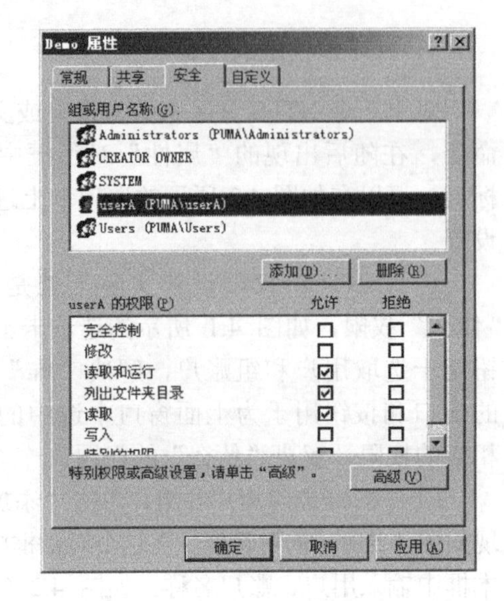

图 4.4 新添加的用户和组账户名称

（2）为用户和组设置权限。在如图 4.5 所示的对话框上端选取一个账户，就可以在下端的窗口中设置相应的 NTFS 权限。在这个对话框中看到的都是 NTFS 标准权限，对于每一种标准权限都可以设置“允许”或“拒绝”两种访问权限，而每一个选项都可以被选取（有钩）、不选取（无钩）或者不可编辑（灰色状态的钩选项）。这种不可编辑的选项继承了该用户或组对该文件或文件夹所在上一级文件夹的 NTFS 权限。

如果需要进一步设置 NTFS 权限，可以单击“高级”按钮，在如图 4.5 所示的对话框中进行设置。

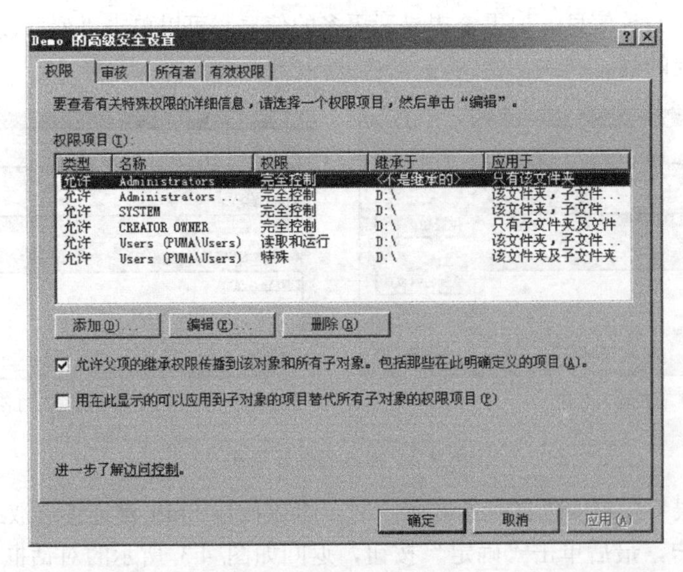

图 4.5 高级安全设置

假设：系统除了管理员用户 administrator 外，还有两个用户 userA 和 userB，以及相对应的文件夹 A 和 B。如何让文件夹 A 只能被 userA 读取，而不能被 userB 读取呢？

该问题在日常生活中经常遇到，FAT 和 FAT32 文件系统几乎无法做到，但是在 NTFS 特性中可以做到。最简单的方法，就是在文件夹 A 的安全设置中添加 userA 的完全控制权限即可。

2．加密文件系统（EFS）

加密文件系统（EFS）是 Windows 2000、Windows XP Professional（Windows XP Home 不支持 EFS）和 Windows Server 2003 的 NTFS 文件系统的一个组件。EFS 采用高级的标准加密算法实现透明的文件加密和解密，任何不拥有合适密钥的个人或者程序都不能读取加密数据。即便是物理上拥有驻留加密文件的计算机，加密文件仍然受到保护，甚至是有权访问计算机及其文件系统的用户，也无法读取这些数据。

Windows Server 2003 操作系统中包含的加密文件系统（EFS）是以公钥加密为基础的，并利用了 Windows Server 2003 中的 CryptoAPI 体系结构。每个文件都是使用随机生成的文件加密密钥进行加密的，此密钥独立于用户的公钥/私钥对。文件加密可使用任何对称加密算法。在 Windows Server 2003 操作系统中的 EFS 版本使用数据加密标准 X 或 DESX（北美地区为 128 位，北美地区以外为 40 位）作为加密算法。无论是本地驱动器中存储的文件还是远程文件服务器中存储的文件，都可以使用 EFS 进行加密和解密。

正如设置其他属性（如只读、压缩或隐藏）一样，通过为文件夹和文件设置加密属性，可以对文件夹或文件进行加密和解密。如果加密一个文件夹，则在加密文件夹中创建的所有文件和子文件夹都自动加密，推荐在文件夹级别上加密。

在使用加密文件和文件夹时，必须遵循以下原则。

（1）只有 NTFS 卷上的文件或文件夹才能被加密。

（2）对于不能加密压缩的文件或文件夹，如果用户加密某个压缩文件或文件夹，则该文件或文件夹会被解压。

（3）如果将加密的文件复制或移动到非 NTFS 格式的卷上，则该文件会被解密。

（4）如果将非加密文件移动到加密文件夹中，则这些文件将在新文件夹中自动加密。然而，反向操作则不能自动解密文件，文件必须明确解密。

（5）无法加密标记为“系统”属性的文件，并且位于“%systemroot%”目录结构中的文件也无法加密。

（6）加密文件夹或文件不能防止删除或列出文件或目录。具有合适权限的人员可以删除或列出已加密文件夹或文件。因此，建议结合 NTFS 权限使用 EFS。

（7）在允许进行远程加密的远程计算机上可以加密或解密文件及文件夹。然而，如果通过网络打开已加密文件，通过此过程在网络上传输的数据并未加密，必须使用诸如 SSL/TLS（安全套接字层/传输层安全性）或 Internet 协议安全性（IPSec）等协议通过有线加密数据。

假设李明是公司的网络管理员，其登录名为“liming”，公司有一台服务器可供公司所有员工访问，尽管已经在多数文件夹上配置了 NTFS 权限来限制未授权用户查看文件，但李明仍希望能使“d:\secret”文件夹达到最高级别的安全性，即保证只有此文件夹的所有者——李明（即 liming 用户）本人可读，其他用户即使有完全控制权限（如 Administrator），也无法访问该文件夹，具体设置方法如下。

（1）选择需要加密的“d:\secret”文件夹，鼠标右键单击该文件夹，单击“属性”按钮。在弹出的属性对话框中单击“高级”，如图 4.6 所示。

（2）在弹出的高级属性对话框中，选择“加密内容以保护数据”，然后单击“确定”。

（3）出现“确认属性更改”对话框，如图 4.7 所示。选择“仅将更改应用于该文件夹”，系统将只对文件夹加密，里面的内容并没经过加密，但是在其中创建的文件或文件夹将被加密。选择“将更改应用于该文件夹、子文件夹和文件”，文件夹内部的所有内容被加密。

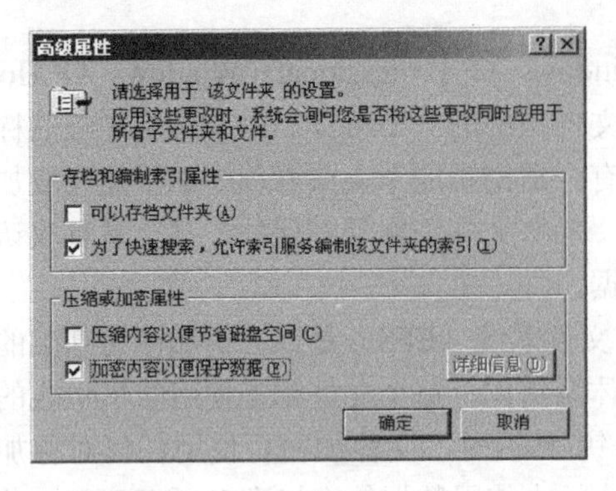

图 4.6 “高级属性”对话框

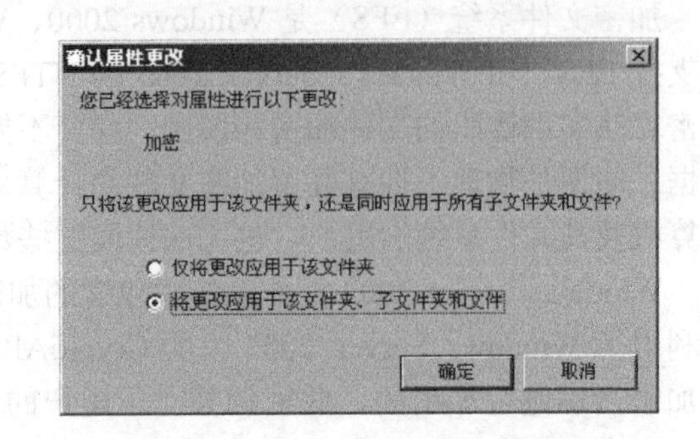

图 4.7 “确认属性更改”对话框

（4）单击“确定”按钮，文件夹颜色改变，完成加密。

注意：加密和压缩属性不可同时选择，即加密操作和压缩操作互斥。

（5）若以 Administrator 的身份登录，试图打开上述“d:\secret”文件夹中的文件，将会弹出对话框，显示“拒绝访问”。此时注销 Administrator，以用户“liming”身份登录，则可以正常打开该文件夹中的文件。

（6）为了防止密钥丢失后无法打开加密后的文件夹，通常需要对密钥进行备份，具体操作方法是：依次单击“开始→运行”，在弹出的对话框中输入“certmgr.msc”，点击确定，然后在弹出的控制台中依次单击“当前用户→个人→证书”，如图 4.8 所示，在右边的窗口可以看到所使用的用户名为“liming”的证书，鼠标右键单击该证书，在弹出的菜单中选择“所有任务→导出”，可以打开“证书导出向导”，单击“下一步”按钮，打开“导出私钥”对话框，如图 4.9 所示，单击“下一步”按钮，打开“导出文件格式”对话框，选择“个人信息交换”中的“启用加强保护”，然后继续进行导出操作，会提示输入导入证书时需要的密码以及导出的文件名称和位置，直到完成导出操作。

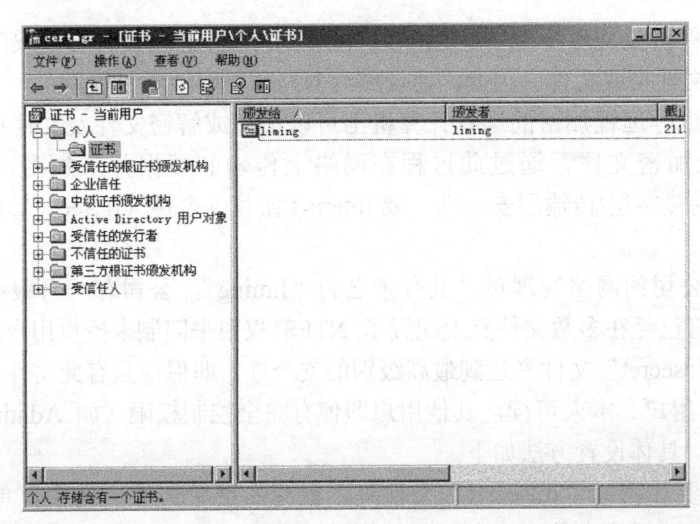

图 4.8 导出证书

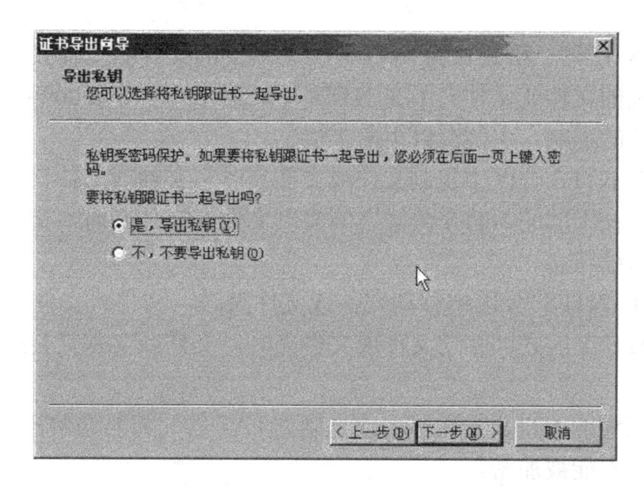

图 4.9　导出私钥

3. NTFS 压缩

Windows Server 2003 的数据压缩功能是 NTFS 文件系统的内置功能，该功能可以对单个文件、整个目录或卷上的整个目录树进行压缩。NTFS 压缩只能在用户数据上执行，而不能在文件系统源数据上执行。NTFS 文件系统的压缩过程和解压缩过程对于用户而言是完全透明的，用户只要将数据应用压缩功能即可。当用户或应用程序使用压缩过的数据时，操作系统会自动在后台对数据进行解压缩，无须用户干预。利用这项功能，可以节省一定的硬盘使用空间。压缩文件或文件夹的步骤如下。

（1）打开“我的电脑”，双击驱动器或文件夹，鼠标右键单击要压缩的文件或文件夹，然后单击“属性”按钮，可以看到“常规”选项卡，如图 4.10 所示。

（2）在“常规”选项卡中，单击“高级”按钮，选中“压缩内容以便节省磁盘空间”复选框，然后单击“确定”按钮，如图 4.11 所示。

（3）在“高级属性”对话框中，单击“确定”按钮，在“确认属性更改”中选择需要的选项，如图 4.12 所示。

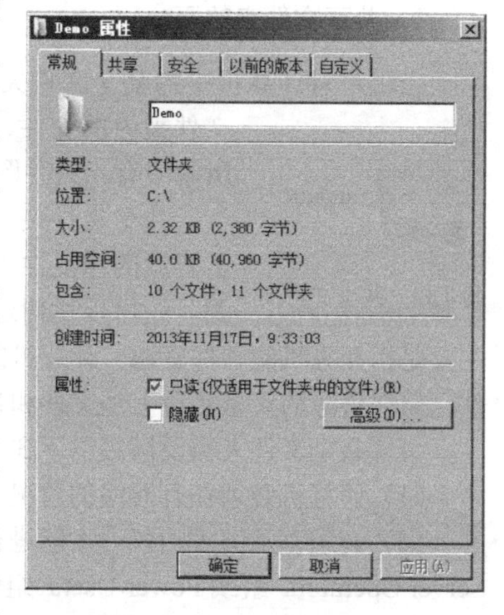

图 4.10　设置“常规”选项卡

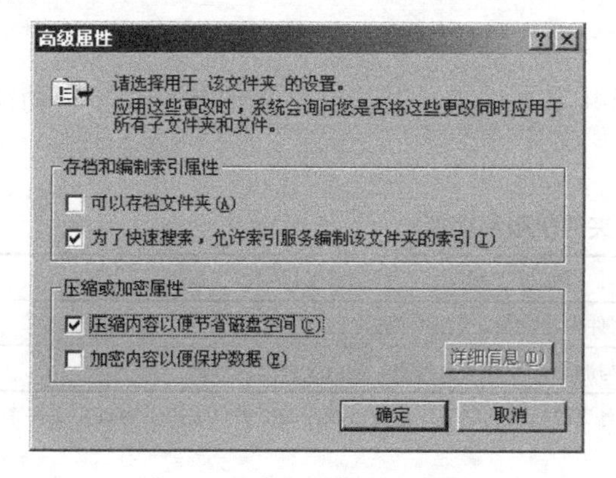

图 4.11　“高级属性”对话框

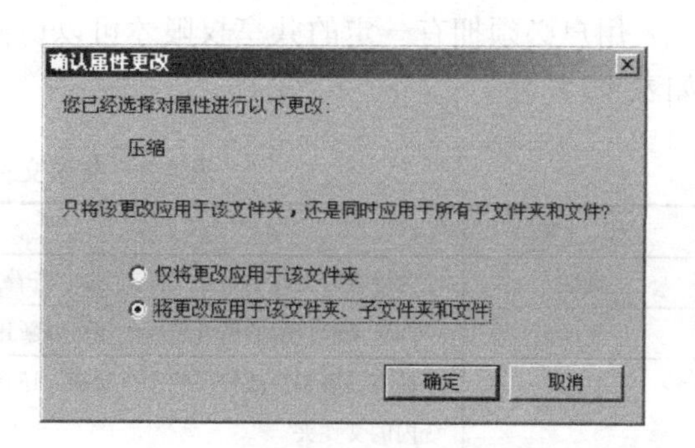

图 4.12　“确认属性更改”对话框

可以使用 NTFS 压缩已格式化为 NTFS 驱动器上的文件和文件夹。如果没有出现“高级”按钮，说明所选的文件或文件夹不在 NTFS 驱动器上。在 Windows Server 2003 中压缩对于移动和复制文件的影响，主要有以下两类情况。

（1）当在同一个 NTFS 分区中复制文件或文件夹时，文件或文件夹会继承目标位置的文件夹的压缩状态；当在不同的 NTFS 分区之间复制文件或文件夹时，文件或文件夹会继承目标位置的文件夹的压缩状态。

（2）当在同一个 NTFS 分区中移动文件或文件夹时，文件或文件夹会保留原有压缩状态；当在不同的 NTFS 分区之间移动文件或文件夹时，文件或文件夹会继承目标位置的文件夹的压缩状态。

注意：任何被压缩的 NTFS 文件移动或复制到 FAT 卷时将自动解压。此外，使用 NTFS 压缩的文件和文件夹不能被加密。

4.2 任务 2 共享文件夹的添加、管理

4.2.1 任务知识准备

1．共享文件夹的概念

当用户将计算机中的某个文件夹设为“共享文件夹”后，用户就可以通过网络访问该文件夹内的文件、子文件夹等数据（需要获得适当的权限），如图 4.13 所示中有一只手图形的 userA 就是一个共享文件夹。

userA

图 4.13 共享文件夹

共享文件夹的设置极大地方便了用户，也有效地利用了资源，节省了资源的重复性浪费。通过计算机网络，不仅可以使用近距离的网络资源，还可以访问远程网络上的资源。利用共享文件夹来进行共享的资源主要是指计算机的软件资源。计算机的软件资源是指程序和数据，在网络中表现为目录和文件，软件资源的共享实质上是文件和目录的共享。

设置共享文件夹需要满足以下 3 个条件。

（1）计算机必须在有网络的情况下才能进行共享文件夹的操作，否则不能设置共享。

（2）必须有足够大的权力才能进行共享操作，即登录的用户必须是 Administrators 组、Server Operators 组或 Power Users 组成员才能进行共享操作。

（3）当“Server”服务没有启动时，不能进行共享操作。

2．共享文件夹的权限

用户必须拥有一定的共享权限才可以访问共享文件夹，共享文件夹的共享权限和功能如表 4.3 所示。

表 4.3 共享文件夹的权限和功能

权　限	功　能
读取	可以查看文件名与子文件夹名，查看文件内的数据、运行、程序
更改	拥有读取权限的所有功能，还可以新建与删除文件和子文件夹、更改文件夹内数据
完全控制	拥有读取和更改权限的所有功能，还具有更改权限的能力，但更改权限的能力只适用于 NTFS 文件系统内的文件夹

共享文件夹权限只对通过网络访问此共享文件夹的用户有效，本地登录用户不受此权限的限制，因此，为了提高资源的安全性，还应该设置相应的 NTFS 权限。在任务 1 的 NTFS 权限应用规则中已经对 NTFS 权限和共享文件夹权限的组合权限做了说明，总的来说，其原则就是以两者中最严格的权限设定为准。

注意：当共享文件夹被复制到另一位置后，原文件夹的共享状态不会受到影响，复制产生的新文件夹不会具备原有的共享设置。当共享文件夹被移动到另一位置时，系统将提示移动后的文件夹将失去原有的共享设置。

4.2.2 任务实施

1. 设置共享文件夹

在 Windows Server 2003 网络中，常见的设置共享文件夹的方法包括以下四种。

（1）利用“共享文件夹向导”创建共享文件夹。在 Windows Server 2003 中，可以通过“共享文件夹向导”设置共享文件夹。

① 打开“开始”菜单，选择“程序→管理工具→计算机管理”命令后，打开计算机管理界面，然后单击“共享文件夹→共享”子结点，打开如图 4.14 所示界面。

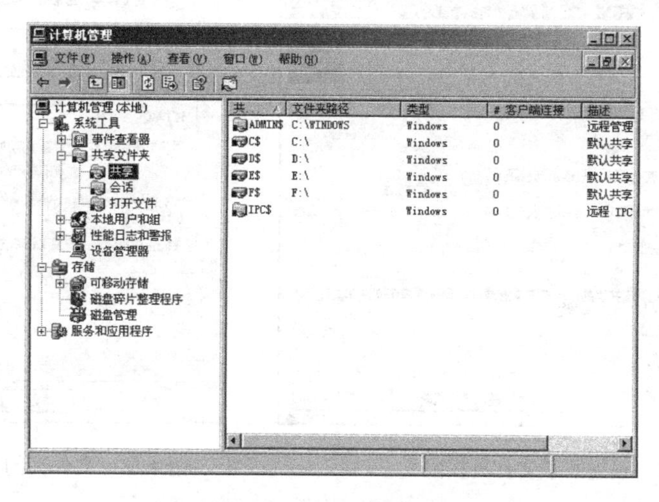

图 4.14 计算机管理界面

② 在界面的右边显示出了计算机中所有共享文件夹的信息。如果要建立新的共享文件夹，可通过选择主菜单“操作”中的“新建共享”子菜单，或者在左侧窗口用鼠标右击“共享”子结点，选择“新建共享”，打开“共享文件夹向导”，单击“下一步”按钮，打开如图 4.15 所示，输入要共享的文件夹路径。

③ 单击“下一步”按钮，打开如图 4.16 所示界面。输入共享名称、共享描述，在共享描述中输入对该资源的描述性信息，以方便用户了解其内容。

④ 单击“下一步”按钮，打开如图 4.17 所示界面，用户可以根据自己的需要设置网络用户的访问权限。或者选择“自定义”来定义网络用户的访问权限。

⑤ 单击“完成”按钮，即完成共享文件夹的设置。

（2）在“我的电脑”或“资源管理器”中创建共享文件夹。在“我的电脑”或“资源管理器”中，选择要设置为共享的文件夹，鼠标右键激活快捷菜单，将“共享和安全”菜单项选中后，打开如图 4.18 所示界面，下面各选项将由灰色转为可编辑状态，同时该文件夹名作为默认的共享名称自动填写到“共享名”后的文本框中。

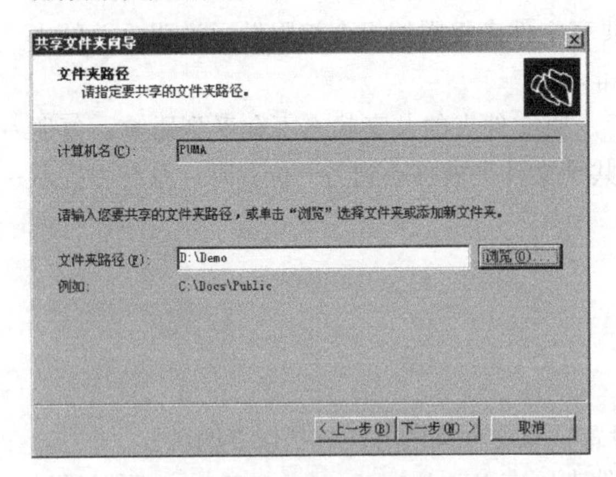

图 4.15　文件夹路径界面

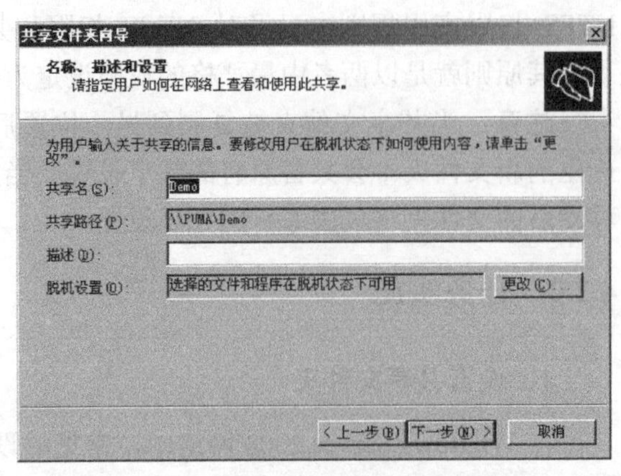

图 4.16　名称、描述和设置界面

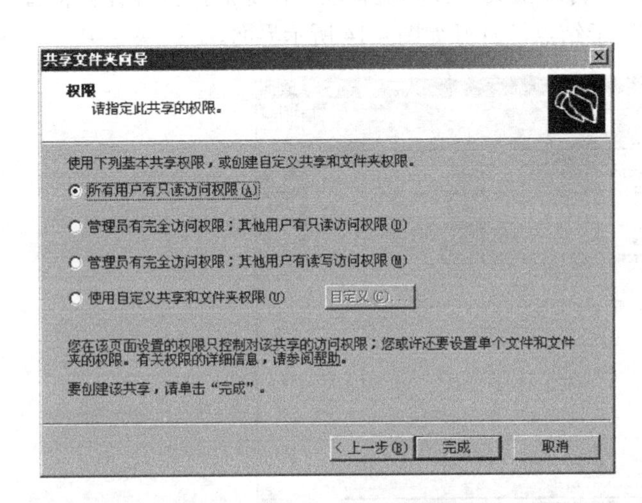

图 4.17　设置共享文件夹权限

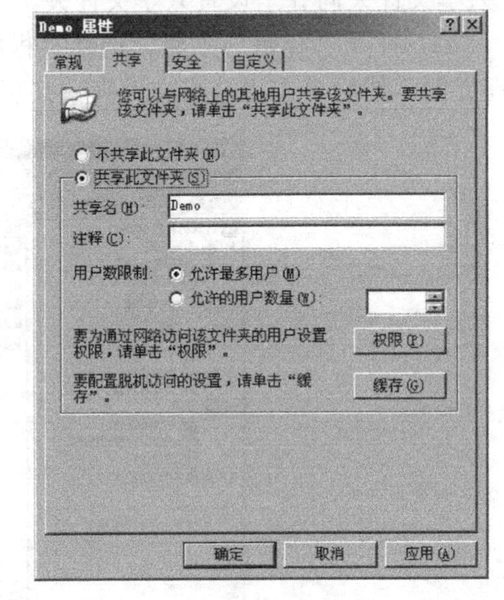

图 4.18　文件夹的“共享”选项卡

① 共享名和描述：可以将“共享名”设置为希望的共享名称，并在“描述”部分为该共享文件夹进行简单的注释加以说明。

② 用户数限制：默认状态下，并不限制通过网络同时访问共享文件夹的用户数量，即设置为“最多用户”，根据需要可以选择“允许的用户数量”单选按钮，并在其后设置具体数值加以限制。

③ 权限：单击“权限”按钮后将出现如图 4.19 所示界面，对共享权限加以设置。通过“添加”和“删除”两个按钮可以增加或减少用户或组账户，单击并选取一个用户或组名称，则可以在如图 4.19 所示的窗口进行相应的共享权限设置。设置完成后单击“确定”按钮即可。

④ 缓存：实际上就是“脱机设置”，单击该按钮可以设置脱机文件夹，具体设置方法将在任务 3 中详细介绍。

在完成共享文件夹的各种相关设置后，单击“确定”按钮，该文件夹图标将被自动添加手形标志，如图 4.20 所示。

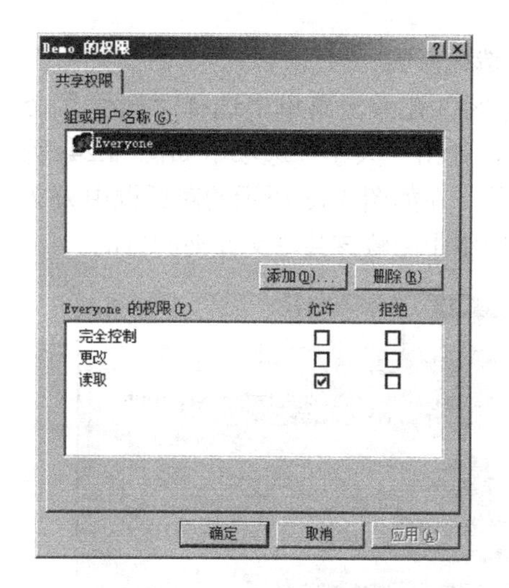

图 4.19　设置共享权限

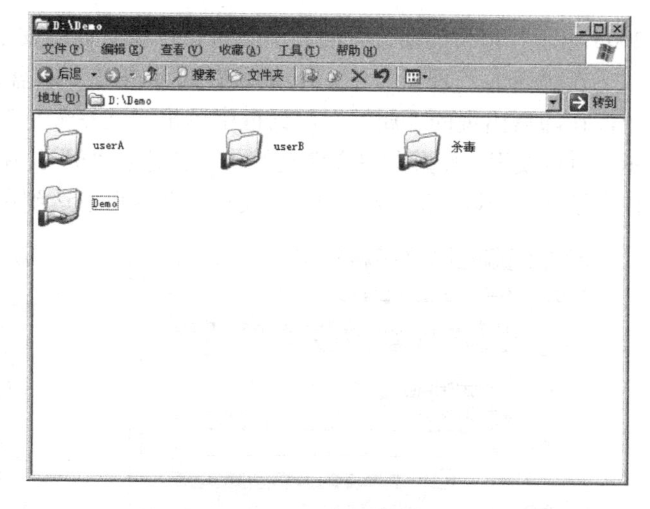

图 4.20　共享文件夹图标

（3）一个文件夹的多个共享。当需要一个文件夹以多个共享文件夹的形式出现在网络中时，可以为共享文件夹添加共享。在“资源管理器”中用鼠标右键单击一个共享文件夹，在弹出菜单中选择“属性”命令，并在随后出现的对话框中单击“共享”标签，弹出“共享”选项卡，如图 4.21 所示。与图 4.18 所示的选项卡不同，该选项卡中增加了“新建共享”按钮，单击该按钮将出现如图 4.22 所示界面。

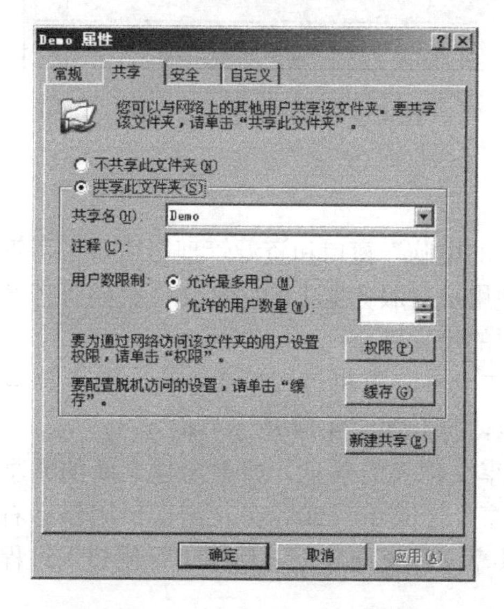

图 4.21　为共享文件夹添加共享名

图 4.22　新建共享界面

在该对话框中除了可以设置新的共享名外还可以为其设置相应的描述、访问用户数量限制和共享权限。设置完成后，单击“确定”按钮回到“共享”选项卡，如图 4.23 所示，此时单击“共享名”后的下拉列表可以看到多个“共享名”。选择不同的共享名，可以在下面设置对应于该共享名的用户数量限制和访问权限。

（4）隐藏共享文件夹。有时一个文件夹需要共享于网络中，但是出于安全因素等方面的考虑，又不希望这个文件夹被人们从网络中看到，这就需要以隐藏方式共享文件夹。事实上，Windows Server 2003 内有许多系统自动建立的隐藏共享文件夹，如每个磁盘分区都被默认设置为隐藏共享文件夹。不过不必担心，这些隐藏的磁盘分区共享是 Windows Server

2003出于管理目的而设置的，不会对系统和文件的安全造成影响。

在“资源管理器”中，以鼠标右键单击一个磁盘分区并在弹出菜单中选择“属性”命令，在随后出现的“属性”对话框中单击“共享”标签，弹出“共享”选项卡如图4.24所示。可以发现，隐藏共享文件夹的共享名是以“$”结尾的。在如图4.18所示的对话框中为文件夹设置一个以“$”结尾的共享文件夹名就可以达到在网络中隐藏该共享文件夹的目的。

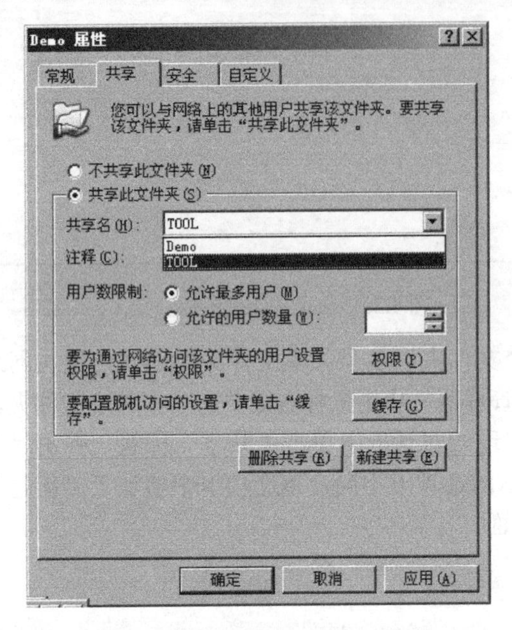

图4.23 同一个文件夹的多个共享

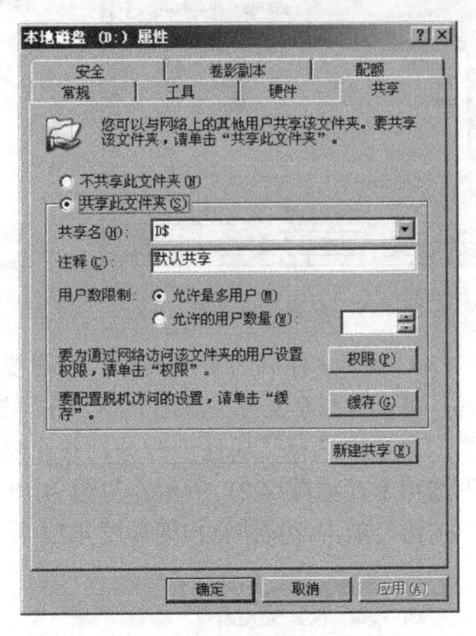

图4.24 隐藏的磁盘分区共享

2．管理共享文件夹

在Windows Server 2003服务器中，通过“我的电脑”窗口和资源管理器窗口都可管理共享文件夹，但是功能强大的计算机管理工具，使用户对服务器上的共享文件夹的管理变得更加容易和集中。要管理共享文件夹，请参照下面的步骤操作：

（1）打开“开始”菜单，选择“程序→管理工具→计算机管理”命令后，打开计算机管理界面，然后单击“共享文件夹→共享”子结点，打开如图4.14所示界面。

（2）在界面的右边显示出了计算机中所有共享文件夹的信息。如果要建立新的共享文件夹，可通过选择主菜单“操作”中的“新建共享”子菜单，或者在左侧窗口用鼠标右击“共享”子结点，选择“新建共享”，即可打开“共享文件夹向导”对话框进行创建，过程同上面讲述的一样，不再细述。

（3）如果用户要停止某个文件夹的共享，在详细资料窗口中用鼠标右击该选项，从弹出的快捷菜单中选择“停止会话”命令，出现确认信息框之后，单击“确定”按钮即可停止对该文件夹的共享。

（4）如果用户要查看和修改某个文件夹的共享属性，可在详细资料窗口中右击该文件夹，从弹出的快捷菜单中选择“属性”命令，打开该共享文件夹的属性对话框，如图4.25所示。

（5）在“常规”选项卡中，要设定用户数量，在“用户限制”选项区域中，选择“允许”按钮，并使微调器的值为要设定的用户数；设置缓存，单击“脱机设置”按钮，打开“脱机设置”对话框来进行设置。

（6）单击“共享权限”选项卡，如图4.26所示。在“名称”列表框中的Everyone是指所有的网络用户，一般不宜设置太高的权限，或者删除。如果不想删除 Everyone，在“名称”列表框中选择它，然后禁用“允许”下面的“完全控制”和“更改”两个复选框，只启用“读取”复选框。

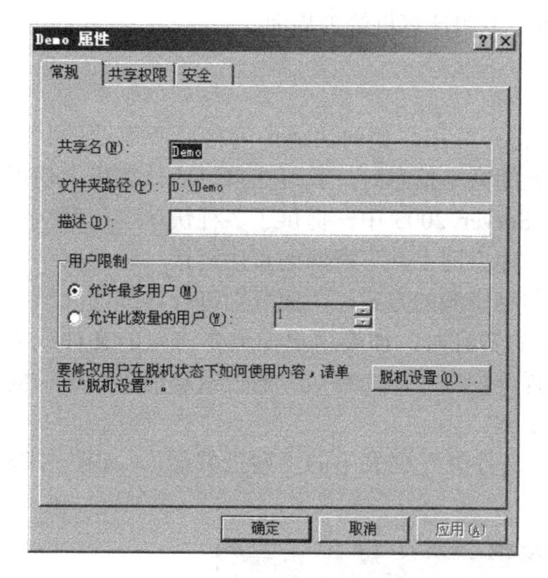

图 4.25　查看和修改共享属性

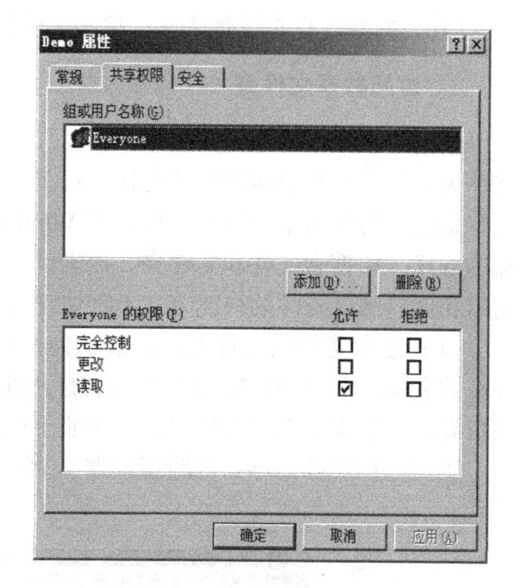

图 4.26　设置共享权限

（7）如果用户允许某个用户使用该共享资源，可将它们添加到列表框中，并进行共享权限设置。要添加用户，单击“添加”按钮，打开“选择用户、计算机或组”对话框进行添加。

（8）网络用户被添加后，可根据情况设置它们的权限。

（9）如果用户不希望某一用户访问该共享资源，可删除该用户。要删除共享资源的网络用户，可在“名称”列表框中选择该用户，单击“删除”按钮即可。

（10）单击“安全”选项卡，如图 4.27 所示。在该选项卡中，用户可设置共享文件的安全性。需要注意的是，共享权限仅适合网络用户，而安全设置不仅适合网络用户，而且适合本机登录用户。

（11）通过“添加”和“删除”按钮可添加和删除用户，并可在“权限”文本框中通过启用和禁用复选框来设置用户权限，方法与共享权限设置一样。

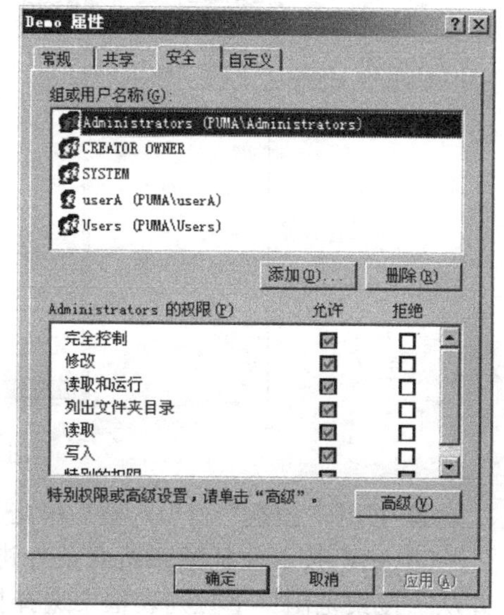

图 4.27　设置安全属性

（12）如果要设置该共享文件或文件夹的高级安全属性，可单击“高级”按钮，打开该共享文件夹的高级安全设置对话框，进行设置。

（13）在访问控制设置对话框中，管理员可添加、删除、查看及编辑权限项目和审核项目，并可查看和修改共享文件的所有者。高级安全属性设置完毕后，单击“确定”按钮返回到属性对话框，然后再单击“确定”按钮即可完成共享文件夹属性的查看和修改。

（14）在控制台目录树中，单击“会话”子结点，右边的详细资料窗口中就会列出所有访问服务器共享资源的用户和该用户所使用的计算机、类型和打开的文件。

（15）在控制台目录树中，单击“共享文件夹”子结点，右边的详细资料窗口中就会列出服务器中有别于其他网络用户打开的文件，并列出该文件的访问者、类型和打开模式等内容。

（16）共享文件夹管理完毕，单击关闭按钮，关闭计算机管理界面。

3．访问共享文件夹

学习了在网络中创建共享文件夹后，下面将介绍用户如何快速访问自己所需要的共享文件夹。当用户知道网络中某台计算机上有需要的共享信息时，就可在自己的计算机上使用这些资源，与使用本地资源一样。在 Windows Server 2003 中，提供了多种快速访问网络资源的方式，如搜索文件和文件夹、搜索计算机、建立网上共享资源的直接链接、映射网络驱动器和创建网络资源的快捷方式五种快速使用共享资源的方式，下面分别进行详细的介绍。

（1）搜索文件或文件夹。需要访问网络上的资源时，如果用户知道要访问的文件或文件夹的名称，并且知道它们在网络中的大致位置，使用“网上邻居”的搜索功能可快速访问该资源。要搜索文件或文件夹，可参照下面的步骤。

① 打开“Windows 资源管理器”，单击“文件夹”列表中的“网上邻居”，如图 4.28 所示。

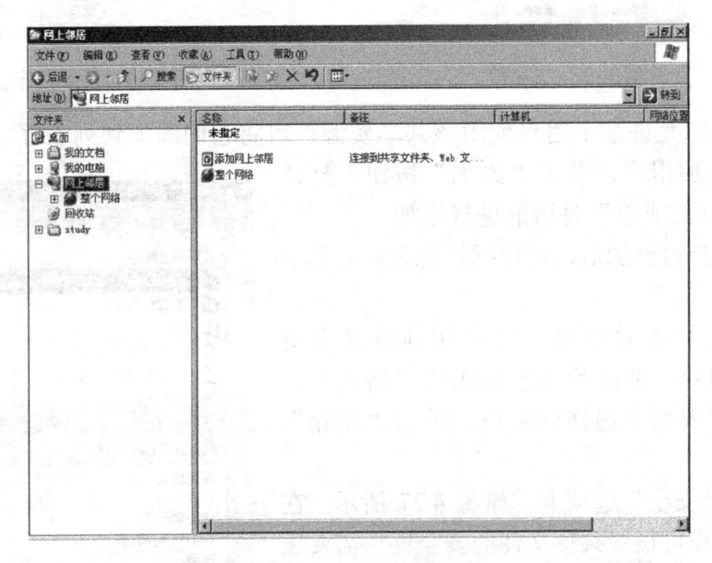

图 4.28 网上邻居界面

② 打开“搜索”窗口，然后单击“搜索此计算机的文件”链接，如图 4.29 所示。

③ 在“按下面任意或所有条件进行搜索”文本框中输入要搜索的文件或文件夹名，并从“搜索范围”下拉列表框中选择搜索范围，然后单击“搜索”按钮，就可进行查找，如图 4.30 所示。

（2）搜索计算机。当用户要访问某个计算机时，如果知道该计算机的名称，可直接利用“网上邻居”的搜索功能在整个网络中进行搜索，而不必根据它的位置连续进行查找，节约了对计算机的访问时间。要搜索计算机，可参照下面的步骤操作。

① 在“网上邻居”窗口中，打开“搜索”窗口，在“您在查找哪台计算机”文本框中输入要搜索的计算机名，如“PUMA”，输入完之后，单击“搜索”按钮，系统会将搜索到的计算机列在右边窗口中，如图 4.31 所示。

② 双击搜索到的计算机，即可访问该计算机上的共享资源。

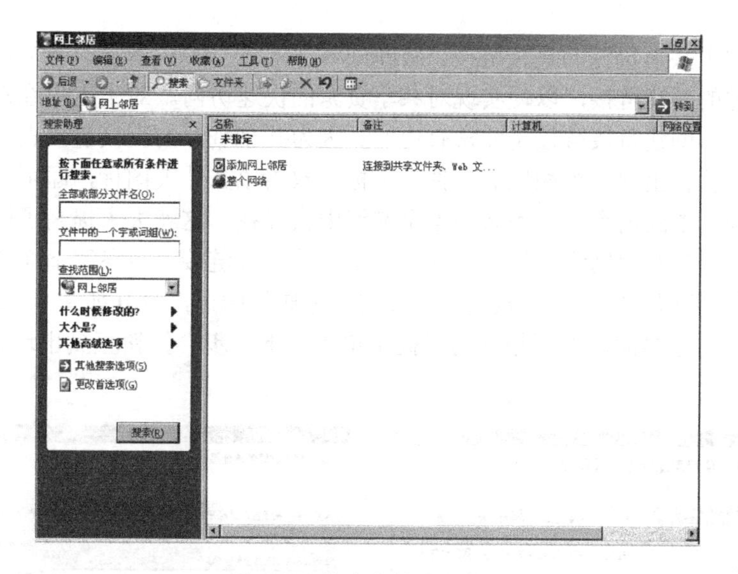

图 4.29　搜索文件或文件夹

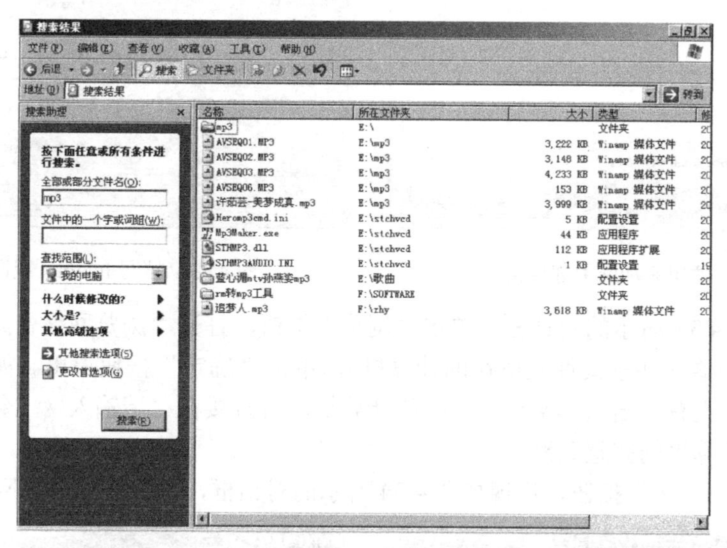

图 4.30　显示搜索结果

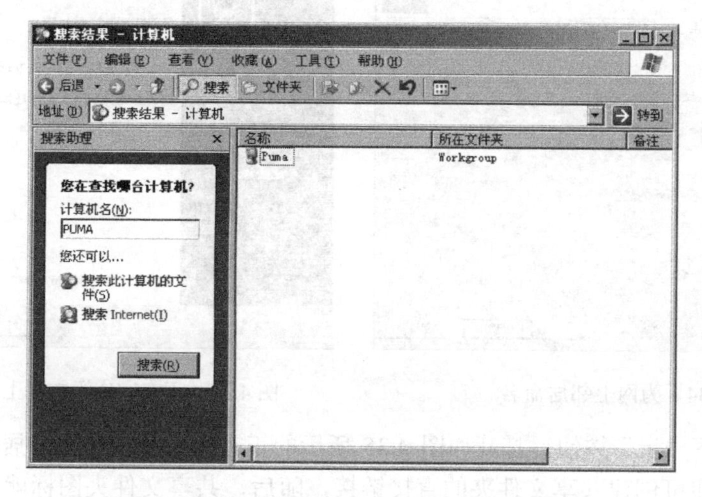

图 4.31　搜索计算机名为“Puma”的计算机

（3）建立网上共享资源的直接链接。Windows Server 2003 增强的网络功能，允许用户建立与共享资源的直接链接，以便实现对共享资源的快速访问。对于用户经常需要访问的共享文件或文件夹，创建直接链接是非常有用的。因为共享资源的直接链接查好之后，在“网络邻居”窗口中就会出现一个相应的文件夹图标，双击该文件夹图标，即可打开链接的文件或文件夹，访问其中的内容，而不必在整个网络中去寻找，这就大大提高了用户访问网络资源的速度，方便用户利用网络资源。建立网上资源的直接链接，可参照下面的步骤操作。

① 在“网上邻居”窗口中，双击“添加网上邻居”图标，打开如图 4.32 所示的欢迎使用添加网上邻居向导界面，然后根据向导提示单击“下一步”按钮直到出现如图 4.33 所示的对话框。

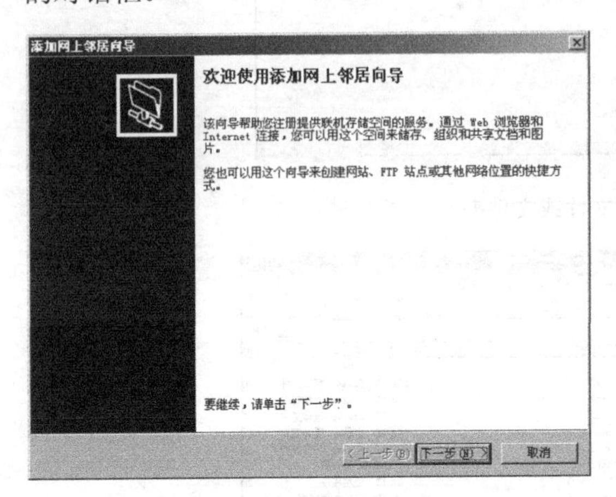

图 4.32　欢迎使用添加网上邻居向导界面

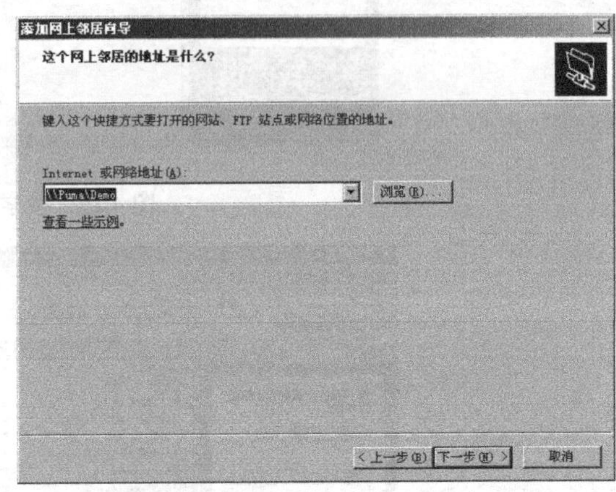

图 4.33　填写 Internet 或网络地址

② 在如图 4.33 所示的对话框中单击“浏览”按钮，打开“浏览网络资源”对话框，从中选择一个服务器（共享文件夹所在的计算机），单击“确定”按钮退出。如果“浏览网络资源”对话框中没有列出共享文件夹所在的计算机，可直接在“请输入网上邻居的位置”文本框中输入该计算机的完整名称。

③ 单击“下一步”按钮，出现如图 4.34 所示的对话框，可以在此为该网上邻居命名。

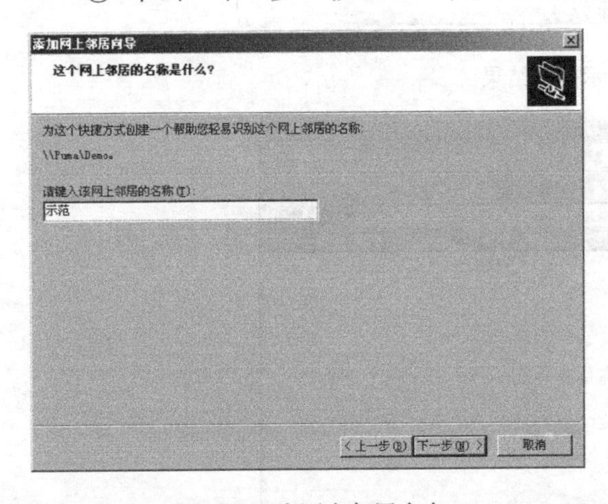

图 4.34　为网上邻居命名

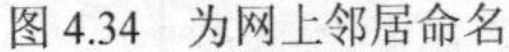

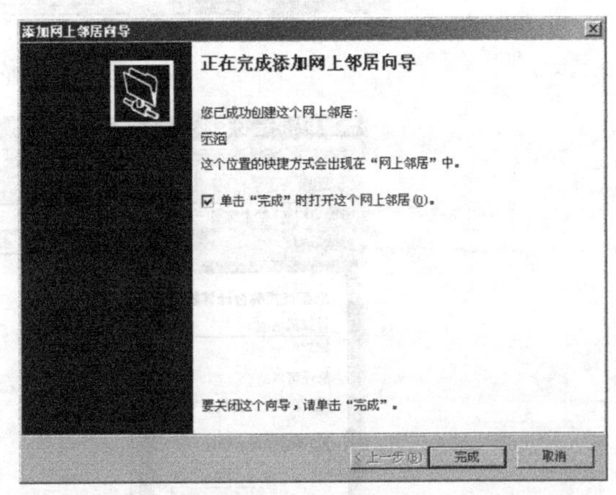

图 4.35　正在完成添加网上邻居向导界面

④ 单击“下一步”按钮，打开如图 4.35 所示的正在完成添加网上邻居向导界面，单击“完成”按钮，即可创建共享文件夹的直接链接，随后，共享文件夹图标就出现在“网上邻

居”窗口中。

（4）映射网络驱动器。若用户在网上共享资源时，需要频繁访问网上的某个共享文件夹，可为它设置一个逻辑驱动器号——网络驱动器。网络驱动器设置好之后，就会出现在“我的电脑”窗口和“资源管理器”窗口中，双击网络驱动器的图标，即可直接访问该驱动器下的文件或文件夹。映射网络驱动器与创建共享资源的直接链接的作用相似，不同的是映射的网络驱动器放在“我的电脑”窗口和“资源管理器”窗口中，而共享资源的直接链接放在“网上邻居”窗口中。另外，创建共享资源的链接适合所有的共享文件夹，而映射网络驱动器只适合网上共享的驱动器，即其他计算机上的共享硬盘。要映射网络驱动器，可参照下面的步骤操作。

① 在“网上邻居”窗口中找到需要映射网络驱动器的文件夹。

② 鼠标右击需要经常访问的共享文件夹，从弹出快捷菜单中选择“映射网络驱动器”选项，如图 4.36 所示。

③ 打开如图 4.37 所示的对话框后，在“驱动器”下拉列表框中选择一种要显示的驱动器符号。

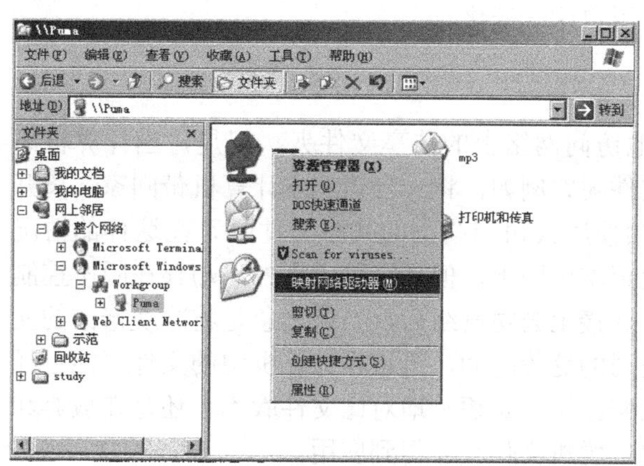
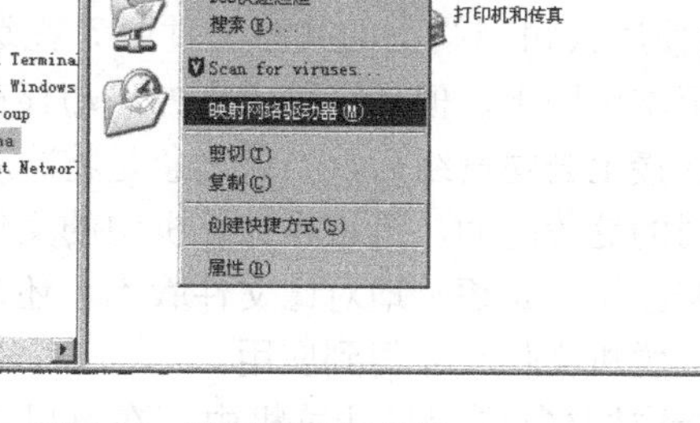

图 4.36　映射网络驱动器

图 4.37　选择网络驱动器号

④ 单击“完成”按钮，就可映射网络驱动器。被映射的网络驱动器将出现在 Windows 资源管理器的“我的电脑”窗口中。在“我的电脑”窗口中双击代表共享文件夹的网络驱动器的图标，即可直接访问该驱动器下的文件和文件夹。

⑤ 需要断开网络驱动器时，只需选择 Windows 资源管理器中“工具”菜单下的“断开网络驱动器”，然后选取要断开连接的网络驱动器，并单击“确定”按钮即可。

（5）创建网络资源的快捷方式。在使用个人计算机时，经常通过桌面创建快捷方式实现程序的快速打开和数据的快速访问。在使用网络资源时，用户也可为某一访问特别频繁的共享资源创建快捷方式，以便在桌面上快速访问该网络资源。要创建网络资源的快捷方式，可参照下面的步骤操作。

① 在“网上邻居”窗口中，查找到需要创建快捷方式的网络资源。例如，需要创建快捷方式的网络资源是“PUMA”计算机上的“G”文件夹下的“文件备份”，在网络中找到它。

② 用鼠标右击“文件备份”文件夹，从弹出快捷菜单中选择“发送到→桌面快捷方式”命令。

③ 快捷方式创建好之后，图标就会出现在用户的桌面上，鼠标双击它就可直接访问该快捷方式所链接的文件夹。

注意：在“网上邻居”窗口中，鼠标右击要创建快捷方式的文件夹，弹出快捷菜单后，如果用户选择“创建快捷方式”命令，会出现一个“快捷方式”对话框，提示用户不能在当前位置创建快捷方式。是否把快捷方式放在桌面上，单击“确定”按钮也可完成网络资源快捷方式的创建。

4.3 任务 3 脱机文件夹的服务器端和客户端配置

4.3.1 任务知识准备

1. 脱机文件的概念

脱机文件是指即使未与网络连接，也可以继续使用网络文件和程序。如果断开与网络的连接或移除便携式计算机，指定为可以脱机使用的共享网络资源的视图与先前连接到网络时的情形完全相同。也就是说，用户可以像往常一样继续工作，用户对这些文件和文件夹的访问权限与先前连接到网络时相同。当连接状态变化时，脱机文件图标将出现在通知区域中，通知区域中会显示一个提示气球，通知用户这一变化。

2. 脱机文件夹的作用

当计算机在网络上时，可以随时方便地访问网络上的共享文件夹。但是，当计算机离开网络后，如何继续使用一些必要的网络文件呢？例如，将一台笔记本计算机带回家，离开公司网络后这台笔记本计算机如何才能继续使用公司网络上的共享文件呢？在这样的情况下，最直接的方法是将需要的文件复制到笔记本电脑上，但是这种常用方法却存在版本控制的问题：当笔记本计算机被再次带回公司，连接上公司网络后，当务之急是将昨晚修改的文档更新到原位置。但是笔记本计算机离开公司的这段时间，笔记本计算机中的文件可能已经被修改，网络上的共享文件也可能被其他人修改了。是逐一地对比文件版本，还是在放弃和保留之间权衡呢？正是为了满足这样的需要，脱机文件夹才得到应用。

进行脱机文件夹设置后，脱机文件将自动被复制到用户计算机中，在可以访问共享文件的情况下，仍然使用网络上的共享文件；在网络上的共享文件不可及的情况下，则使用已经复制到用户计算机上的文件。当用户计算机可以重新连接到网络上的共享文件时，可以根据预先的设置，对文件进行同步设置。

4.3.2 任务实施

1. 任务实施拓扑结构

本次任务根据图 4.38 的拓扑结构进行部署，共享文件夹存储在服务器端 server 机器上，公司员工通过客户端 Client 的机器，利用脱机文件夹对共享文件进行访问。

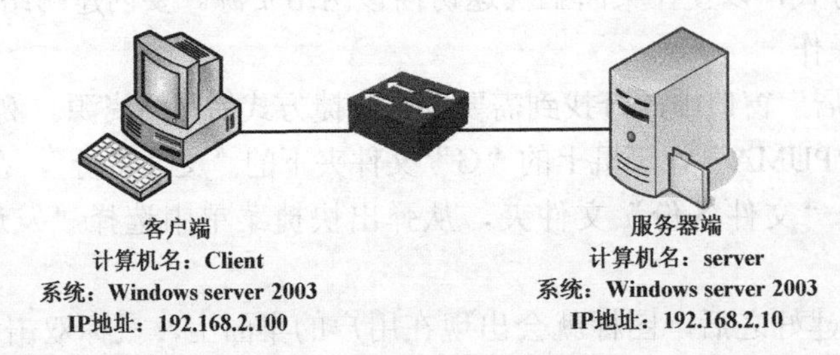

图 4.38 任务实施拓扑图

任务实施包括两个部分：在服务器端对共享文件夹进行脱机设置和在客户端启用脱机文件夹的设置，以下分别进行说明。

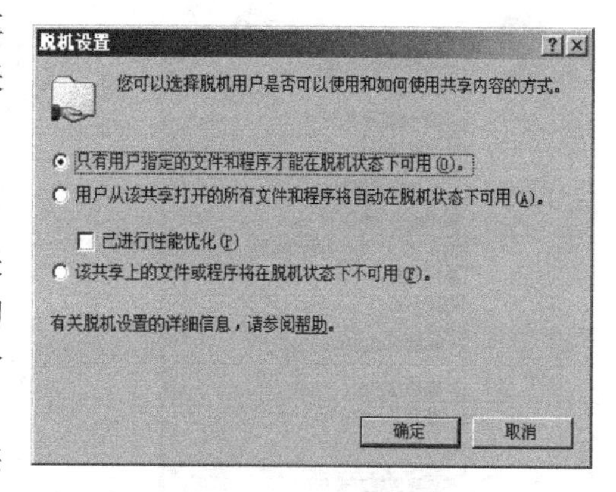

图 4.39　脱机文件夹的服务器端设置

2．服务器端脱机文件夹设置

需要进行脱机文件夹设置的前提是该文件夹本身为共享文件夹。在服务器端 server 机器上的“Windows 资源管理器”中，用鼠标右键单击一个共享文件夹，在弹出菜单中选择“属性”命令，在随后出现的对话框中打开如图 4.21 所示的“共享”选项卡，单击“缓存”按钮将出现如图 4.39 所示的对话框。根据需要在该对话框中进行相应的网络端设置，分为如下 3 种情况。

（1）只有用户指定的文件和程序才能在脱机状态下可用。用户需要预先从自己的计算机（客户端）指定需要脱机使用的文件和程序，未被指定的文件和程序将无法脱机使用。

（2）用户从该共享打开的所有文件和程序将自动在脱机状态下可用。文件和程序能否被脱机使用决定于脱机前是否从客户端被访问过，如果曾访问过则自动在脱机状态下可用，否则在脱机状态下不可用。

（3）该共享上的文件或程序将在脱机状态下不可用。禁用脱机文件夹。

3．客户端脱机文件夹设置

对于客户端 Client 机器上必须进行启用脱机文件夹的设置才可以使用脱机文件夹的功能，操作步骤如下。

（1）启用脱机文件功能。客户端 Client 机器上的设置要从启用脱机文件夹功能开始，在“Windows 资源管理器”中选择“工具”菜单下的“文件夹选项”命令，在随后出现的对话框中单击“脱机文件”标签，弹出“脱机文件”选项卡，如图 4.40 所示。

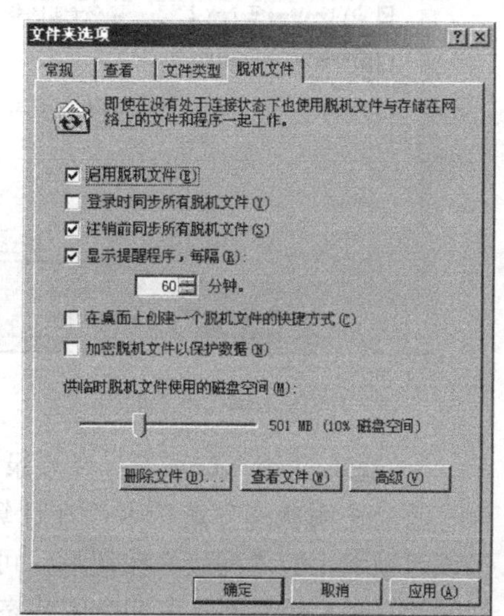

图 4.40　客户端脱机文件夹设置

选中“启用脱机文件”是设置脱机文件夹的第一步，随即下面的各选项将由灰色变化为可编辑状态；然后选择同步所有脱机文件的时间、是否加密脱机文件以及设置供脱机文件使用的磁盘空间。

（2）指定脱机使用的文件和程序。客户端需要对服务器端的 Demo 共享文件夹进行脱机文件夹操作，在确定服务器端已经完成了脱机文件夹设置后，就可以在“网上邻居”中找到 Demo 共享文件夹，用鼠标右键单击该文件夹并在弹出菜单中选择“允许脱机使用”命令，如图 4.41 所示。

当 Demo 共享文件夹被设置为“允许脱机使用”后，文件将执行同步操作，如图 4.42 所示。操作完成后，Demo 共享文件夹的文件夹图标左下角会出现一个双箭头的特殊标记，如图 4.43 所示。

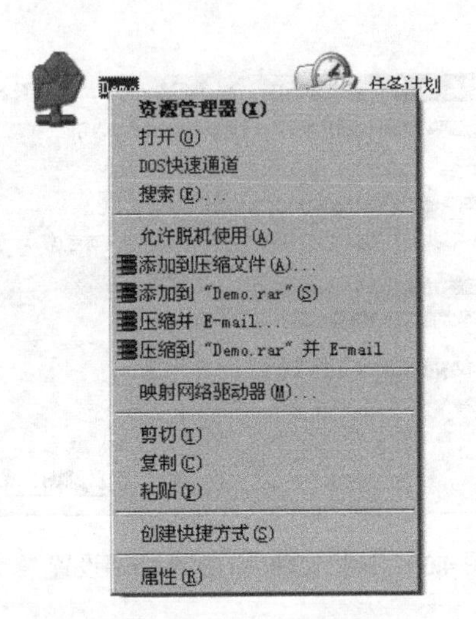

图 4.41　在客户端将文件指定为脱机状态可用

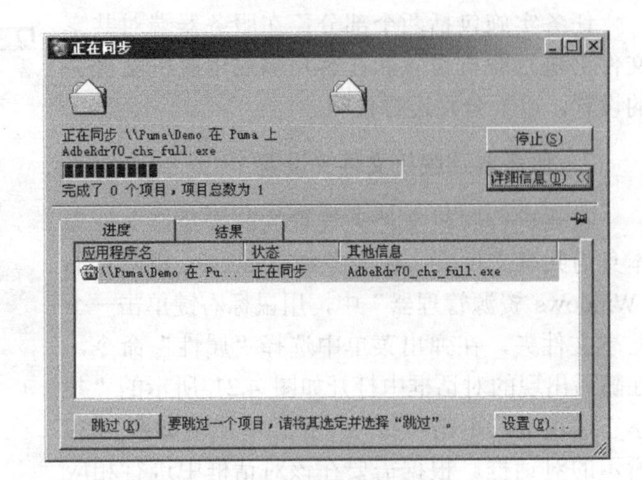

图 4.42　脱机文件同步

在处于脱机状态下，用户可以继续使用相应的文件和程序，但实际上使用的是复制到本地计算机的缓存版本。

图 4.43　允许被脱机使用的文件图标

（3）脱机文件的手工同步。用鼠标右键单击“资源管理器”中“工具”菜单下的“同步”命令后，将出现如图 4.44 所示的对话框，单击“同步”按钮即可。

（4）脱机文件的自动同步。在如图 4.44 所示的对话框中，单击“同步”按钮，将出现“同步设置”对话框，如图 4.45 所示。

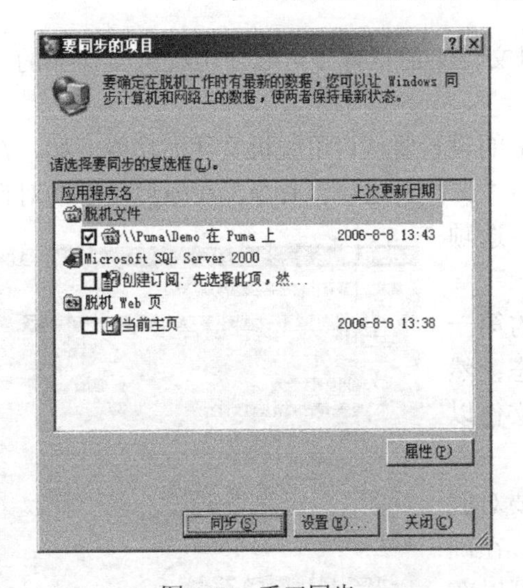

图 4.44　手工同步

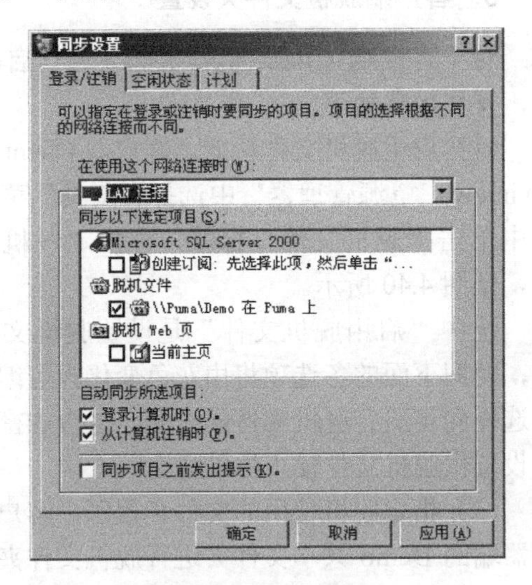

图 4.45　自动同步设置

① 登录/注销”选项卡：在登录、注销时，对选定的文件或程序进行自动同步。

②“空闲状态”选项卡：在计算机处于空闲状态下达到设定时间时进行自动同步，单击该选项卡上的“高级”按钮后，可以在如图 4.46 所示的对话框中指定启动自动同步所依据的计算机空闲时间长度和空闲状态下的同步周期。

③“计划”选项卡：根据预先设定的同步计划进行自动同步。单击该选项卡上的“添加”按钮后，将出现“同步计划向导”，在该向导的帮助下制定同步计划。在如图 4.47 所示的对话框中制定同步项目，时除选取计划的同步项目外，还可以设置计算机在同步开始前自

动连接尚未连接的目标计算机；然后，设置同步计划的时间和周期；最后，为该计划命名并完成同步计划设置。

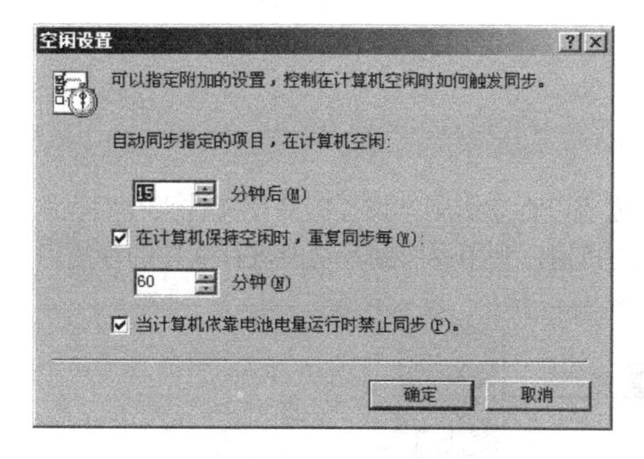

图 4.46　空闲时间和同步周期设置

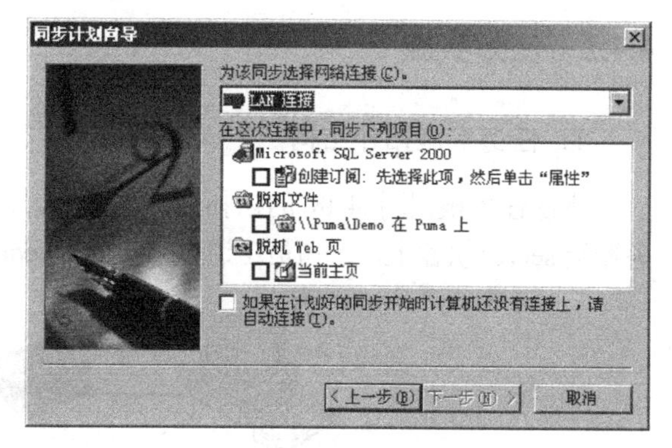

图 4.47　指定计划同步项目

4.4　任务 4　卷影副本的服务器端和客户端配置

4.4.1　任务知识准备

在 Windows Server 2003操作系统上新增了一个被称为“卷影副本”服务（Volume Shadow Copy Service，VSCS）的文件恢复机制，该机制用来帮助用户预防偶然性的数据丢失事件，它能够以事先计划的时间间隔为存储在共享文件夹中的文件或文件夹创建“卷影副本（Shadow Copies of Shared Folders)”。本部分将使用户了解卷影副本的作用，清楚卷影副本的工作原理，并掌握它的设置与使用方法。

1. 卷影副本的概念

在计算机使用中，错误操作带来的损失已经非常惊人。人们通常会遇到一个文件修改或删除后感到后悔的情形，在 Windows Server 2003 中的卷影副本可以在相当程度上解决该问题。当用户对某些共享资源进行删除或修改后，可以利用自动创建的“卷影副本”进行还原，以减少可能发生的数据丢失现象。

卷影副本功能是以事先计划的时间间隔为存储在共享文件夹中的文件创建备份，并且可以将文件恢复成任意一次备份时的版本。卷影副本的恢复行为可以在客户端进行，有效地提高数据还原的效率，不需要每次都麻烦管理员进行操作，用户也可以随时进行与自己数据相关的还原操作。

2. 卷影副本的工作原理

卷影副本的工作原理是：将共享文件夹中的所有文件复制到卷影副本的存储区域中，当共享文件夹中的文件被错误删除或修改后，卷影副本存储区域中的文件还可以恢复以前的文件。卷影副本实际上是在某个特定时间点，复制文件或文件夹的先前版本。

建议用户维护一个按周进行的备份操作，将所有数据重新备份一次，备份过的文件将被标记为“已备份过”；在此同时，维护一个按日进行的差异备份计划，备份那些每天修改过的文件。应用这种组合计划进行数据备份更加便于管理，而且能够有效保证数据的可恢复性。

注意：第一，卷影副本内的文件为只读，而且最多只能存储 64 个卷影副本，超过 64 个卷影副本后继续添加卷影副本将覆盖最早的卷影副本，而且被覆盖的早期卷影副本无法恢复；第二，进行卷影副本操作的共享文件夹所在分区必须为 NTFS 格式；第三，必须在域环境下才能实现。

4.4.2 任务实施

1. 任务实施拓扑结构

本次任务根据图 4.48 的拓扑结构进行部署，需要进行卷影副本设置的共享文件夹存储在服务器端 server 机器上，公司员工通过客户端 Client 的机器，利用卷影副本功能进行文件的恢复。

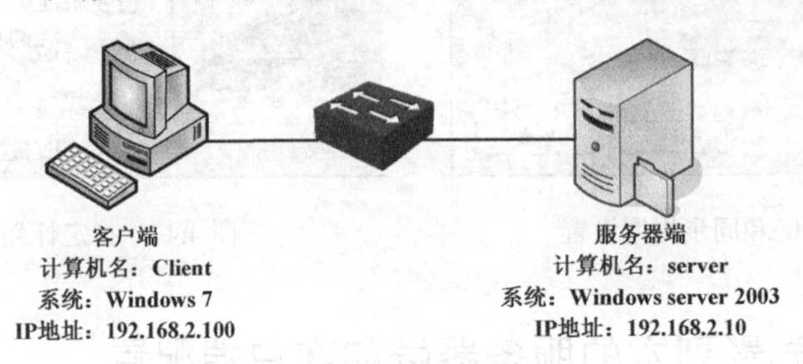

图 4.48 任务实施拓扑图

任务实施的目的是为服务器端 C 盘根目录下的 Demo 共享文件夹创建副本，客户端可以在该共享文件夹的文件内容发生变化后恢复到以前的状态。

2. 服务器端卷影副本设置

（1）建立需要获得卷影副本的共享文件夹。在服务器端 C 盘根目录下创建 Demo 共享文件夹，并在文件夹中新建 test.txt 文本文件。

（2）为服务器端的 C 盘创建卷影副本。右键单击 C 盘，在弹出的菜单中选择“属性”，打开“本地磁盘 C 属性”对话框，选择“卷影副本”选项卡，如图 4.49 所示。

单击“启用”按钮，弹出如图 4.50 所示的“启用卷影复制”对话框。单击“是”，可以得到如图 4.51 所示的对话框，表明对 C 盘已经开始卷影副本操作。

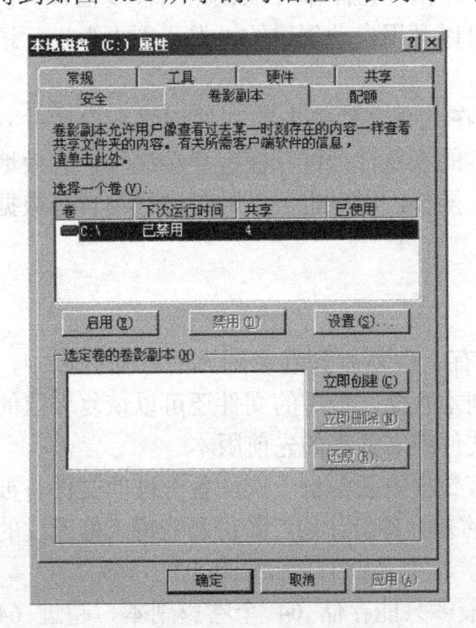

图 4.49 卷影副本选项卡

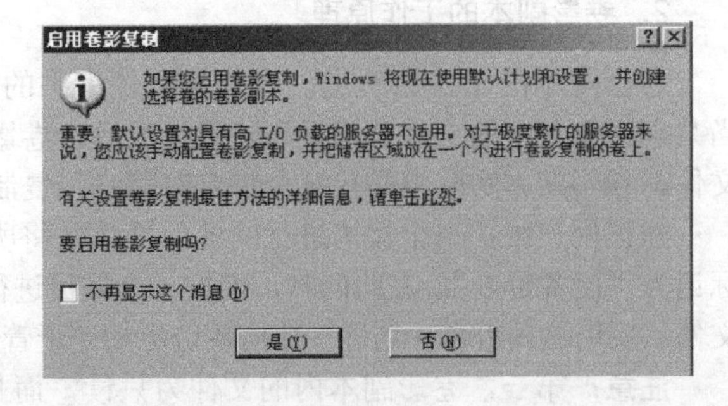

图 4.50 “启动卷影复制”对话框

在实际应用中，可以根据需要创建副本。例如，根据不同的时间创建卷影副本，并保存到指定的位置，具体操作方法是：在图 4.51 所示的对话框中，单击“设置”按钮，弹出如图 4.52 所示的对话框，可以在“存储区域”中选择副本存储的位置（这里由于仅存在 C 盘，因此呈现灰色），可以限制所存储副本的大小，单击“计划”，弹出如图 4.53 所示的对话框，可以在该对话框中对创建副本的时间进行设置，这里选择默认的设置即可。

完成以上全部设置后，卷影副本设置完毕，即已经为卷影副本存储区的文件创建副本（这里是指为 C 盘根目录下的 Demo 共享文件夹创建副本）。为了方便后续的验证，此时，对 Demo 共享文件中的 test.txt 文件进行编辑并保存后退出。

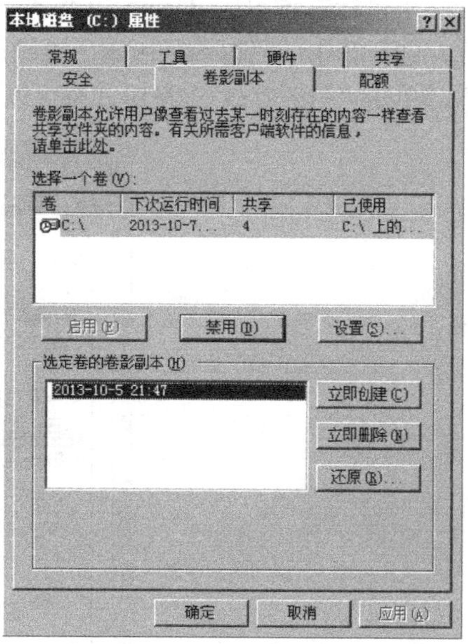

图 4.51　开始卷影副本操作

3．客户端验证

在客户端的 Client 计算机上，依次打开“开始→所有程序→运行”，在弹出的对话框中输入“\\192.168.2.10”，如图 4.54 所示，访问服务器上的共享文件夹 Demo。

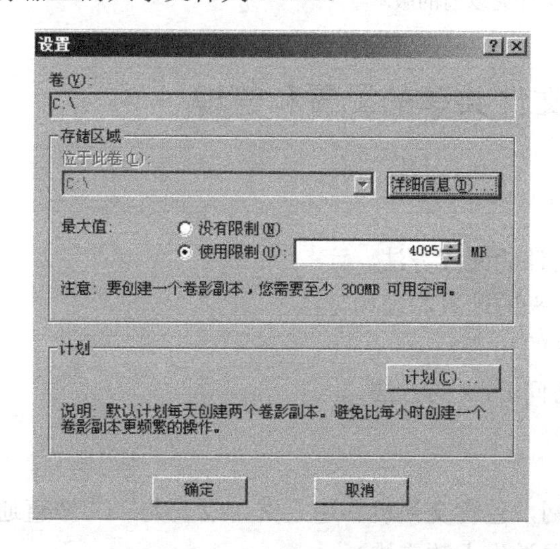

图 4.52　设置卷影副本

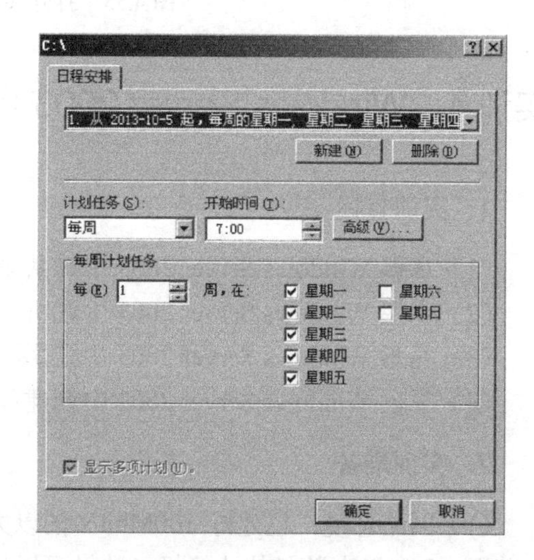

图 4.53　计划卷影副本

图 4.54　访问服务器共享文件夹

用鼠标右键单击 Demo 文件夹，在弹出的菜单中选择“属性”，打开 Demo 属性对话框，选择其中的“以前的版本”选项卡，如图 4.55 所示，此时，可以看到 Demo 文件的副本，单击“打开（O）”按钮，就可以得到 test.txt 文件编辑前的原文件。

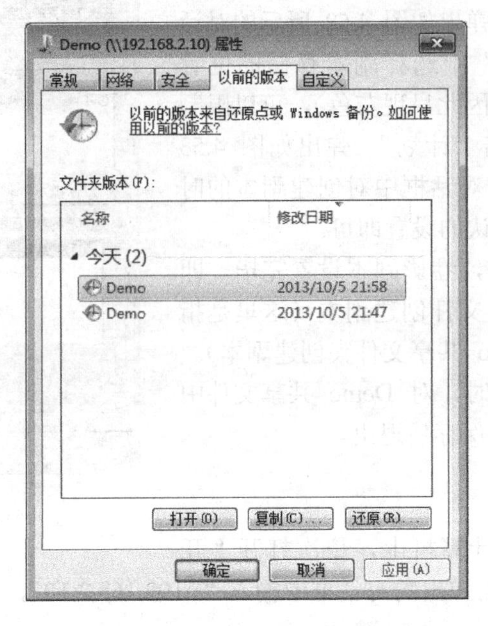

图 4.55　打开共享文件夹以前的版本

实训 4　Windows Server 2003 中文件共享的配置和管理

1．实训目标

（1）掌握 Windows Server 2003 中对共享文件的配置方法。

（2）掌握 Windows Server 2003 中脱机文件夹的配置和使用方法。

（3）熟悉 Windows Server 2003 中卷影副本的功能。

（4）掌握 Windows Server 2003 中创建和访问 DFS 的方法。

2．实训准备

（1）网络环境：已建好 100Mbit/s 的以太网，包含交换机、超五类（或五类）UTP 直通线若干、2 台以上数量的计算机（数量可以根据学生人数安排）。

（2）服务器端计算机配置：CPU 为 Intel Pentium4 以上，内存不小于 1GB，硬盘剩余空间不小于 20GB，并已安装 Windows Server 2003 操作系统，或已安装 VMWARE Workstation 9 以上版本软件，并且硬盘中有 Windows Server 2003 和 Windows XP 安装程序。

（3）客户端计算机配置：CPU 为 Intel Pentium4 以上，内存不小于 1GB，硬盘剩余空间不小于 20GB，并已安装 Windows XP 操作系统，或已安装 VMWARE Workstation 9 以上版本软件，并且硬盘中有 Windows Server 2003 和 Windows XP 安装程序。

3．实训步骤

局域网中一部分计算机作为服务器端，另一部分作为客户端，分别在服务器端和客户端按照如下步骤进行配置。

（1）在服务器端 server（server 为计算机名，后同）计算机的本地磁盘驱动器（分区格式为 NTFS）上新建一个文件夹 ShareTest，并将其设为共享文件夹。

（2）根据需要，为共享文件夹 ShareTest 进行访问权限设置。

（3）在客户端计算机上，利用任务 1 中访问共享文件夹的方法对 ShareTest 进行访问，同时，对共享文件夹的访问权限进行验证。

（4）在 server 计算机上，将共享文件夹 ShareTest 设置为可以脱机访问。

（5）在客户端计算机上，利用任务 2 中访问脱机文件夹的方法对 ShareTest 进行访问。

（6）为 server 计算机上的共享文件夹 ShareTest 中添加一个 word 文档或者修改其中任意一个文件的内容。

（7）在客户端计算机上打开脱机文件夹 ShareTest，验证文件夹中的文件是否已经发生变化。

（8）在 server 计算机上的 D 根目录下启用卷影副本功能，设置存储限制为 100M，并设置卷影副本的计划从当前时间开始，每周日 18:00 这个时间点，自动添加一个卷影副本，将 ShareTest 共享文件夹中的内容复制到卷影副本的存储区中备用。

（9）利用项目 3 中创建域的方法建立名称为 student.com 的域控制器，在该计算机上建立共享文件夹 Public。

习　题　4

1. 填空题

（1）NTFS 有 6 个基本的权限，分别是：完全控制、_________、__________、列出文件夹目录、___________、____________。

（2）EFS 只能对_______卷上的文件或文件夹进行加密操作。

（3）共享文件夹有三种权限，分别是__________、__________和___________。

2. 选择题

（1）在采取 NTFS 文件系统的 Windows Server 2003 中，对一文件夹先后进行如下的设置：先设置为读取，后又设置为写入，再设置为完全控制，则最后该文件夹的权限类型是______。

A．读取　　B．写入　　C．读取、写入　　D．完全控制

（2）某文件夹可读意味着下面______情况。

A．在该文件夹内建立文件

B．从该文件夹中删除文件

C．可以从一个文件夹转到另一个文件夹

D．可以查看该文件夹内的文件

（3）卷影副本内的文件为只读文件，那么最多只能存储______个卷影副本呢。

注意：超过这个数目的卷影副本后，继续添加卷影副本将覆盖最早的卷影副本，而且

被覆盖的早期卷影副本无法恢复。

A. 16 B. 32 C. 64 D. 128

3. 简答题

（1）NTFS 文件系统有什么特点？

（2）复制和移动对共享权限有什么影响？

（3）什么是卷影副本？卷影副本有何作用？

项目 5 磁盘管理

【项目情景】

岭南信息技术有限公司是专业的信息化方案提供商，这几天接到客户爱联科技公司的业务需求，随着公司业务的增长和人员的增加，原有的文件服务已明显不能满足需求。例如，文件的访问速度变慢，磁盘空间越来越少以至于无法安装或升级一些应用程序。另外，数据的安全性也是客户日益担心的问题。那么，岭南信息技术有限公司应该如何给客户提出合理的建议呢？

【项目分析】

（1）客户决定购置一批高性能的服务器，并需要对新买的服务器制定磁盘管理的解决方案，同时对旧的服务器进行磁盘检查和性能分析。

（2）为了保证磁盘的合理使用，可以对磁盘进行分区管理，合理划分各个磁盘的大小。

（3）可以利用动态磁盘划分卷的方式动态调整磁盘空间的大小。

（4）利用 RAID-1 卷和 RAID-5 卷保护磁盘数据。

（5）可以用磁盘配额功能来保护系统的安全。

【项目目标】

（1）熟悉静态磁盘的划分和管理。

（2）熟悉动态磁盘的划分和管理。

（3）掌握 RAID-1 卷和 RAID-5 卷的创建。

（4）掌握磁盘配额的实现。

【项目任务】

任务 1　静态磁盘管理

任务 2　动态磁盘管理

任务 3　RAID-1 卷和 RAID-5 卷的管理

任务 4　实现磁盘配额功能

5.1 任务 1 静态磁盘管理

5.1.1 任务知识准备

1. 磁盘管理概述

Windows Server 2003 为用户提供了灵活、强大的磁盘管理方式，系统集成了许多磁盘管理方面的新特征和新功能。用户在使用磁盘管理程序之前，必须先了解系统中各项功能及特征，才能更有效地对磁盘进行管理和配置，从而进一步提高计算机的性能。Windows Server 2003 磁盘管理的新功能和新特征包括以下几点。

（1）简化的任务和直观的用户界面。磁盘管理程序易于使用，可通过鼠标右键菜单完成许多复杂的磁盘管理工作。

（2）基本和动态磁盘存储。基本磁盘与以前的 Windows 操作系统兼容，包括主磁盘分区和扩展磁盘分区，扩展磁盘分区可以包含多个逻辑驱动器。动态磁盘比基本磁盘提供更多的功能，如可以创建具有容错能力的 RAID–1 卷和 RAID–5 卷等。

（3）装入驱动器。Windows Server 2003 允许将本地 NTFS 卷上的任何空文件夹连接或装入本地驱动器。这样用户可以根据任务环境和系统使用情况，更加灵活地管理数据的存放问题，并且安装的磁盘驱动器不占用 26 个驱动器号。

（4）本地和远程磁盘管理功能。通过 Windows Server 2003 的磁盘管理工具，用户可以远程管理 Windows XP Professional 和 Windows Server 2003 的磁盘系统。

（5）支持存储区域网络（SAN）。Windows Server 2003 Enterprise Edition 和 Windows Server 2003 Datacenter Edition 支持存储区域网络。为了使 SAN 具有良好的互操作性，新磁盘上的卷加入到系统时，不默认自动装入和分配驱动器符。

（6）从命令行管理磁盘。使用 DISKPART 命令，可以执行与磁盘相关的任务，而不必使用图形界面的"磁盘管理"；可以创建自动执行任务的脚本，如创建卷或将基本磁盘转化为动态磁盘。

在 Windows Server 2003 中，磁盘管理任务可以通过磁盘管理 MMC 控制台来完成，它可完成以下功能。

（1）创建和删除磁盘分区。

（2）创建和删除扩展磁盘分区中的逻辑分区。

（3）指定或修改磁盘驱动器、CD–ROM 设备的驱动器号及路径。

（4）基本盘和动态盘的转换。

（5）创建和删除映射卷。

（6）创建和删除 RAID–5 卷。

2. 基本磁盘简介

基本磁盘主要包含主磁盘分区、扩展磁盘分区和逻辑驱动器的物理磁盘，它们都是以分区方式组织和管理磁盘空间。基本磁盘可包含最多 4 个主磁盘分区，或者 3 个主磁盘分区附加 1 个扩展磁盘分区，而在扩展磁盘分区中可包含多个逻辑驱动器，如图 5.1 所示，整个硬盘被划分为一个主分区和一个扩展分区，其中 C 盘是主盘分区，在扩展分区中又划分了逻辑盘：D 盘、E 盘和 F 盘。

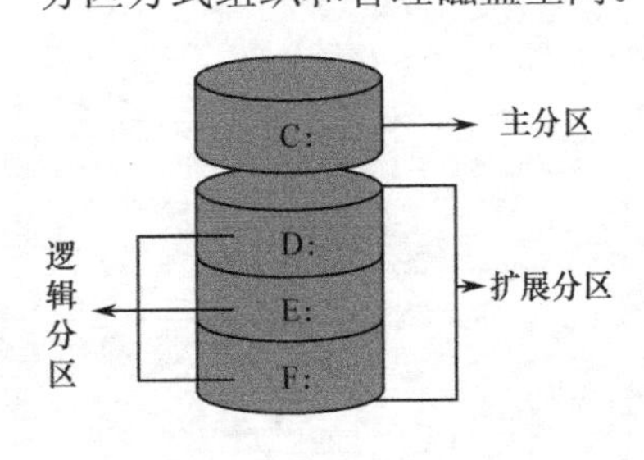

图 5.1　磁盘分区示意图

在使用基本磁盘之前一般要使用 FDISK、PQMAGIC 等工具对磁盘进行分区。

（1）主磁盘分区。主磁盘分区是物理磁盘的一部分，它像物理上独立的磁盘那样工作。主磁盘分区通常用于启动操作系统。一个物理磁盘上最多可创建 4 个主磁盘分区，或者 3 个主磁盘分区和 1 个有多个逻辑驱动器的扩展分区。可以在不同的主分区安装不同的操作系统，以实现多系统引导。

（2）扩展磁盘分区。扩展磁盘分区是相对于主磁盘分区而言的一种分区类型。一个硬盘可将除主磁盘区外的所有磁盘空间划为扩展磁盘分区。在扩展磁盘分区中可以创建一个或多个逻辑驱动器。

（3）逻辑驱动器。逻辑驱动器是在扩展磁盘分区中创建的分区。逻辑驱动器类似于主磁盘分区，只是每个磁盘最多只能有 4 个主磁盘分区，而在每个磁盘上创建的逻辑驱动器的数目不受限制。逻辑驱动器可以被格式化并被指派驱动器号。

5.1.2 任务实施

基本磁盘管理的主要任务是查看分区情况，并根据实际需要添加、删除、格式化分区，指派、更改或删除驱动器号，将分区标记为活动分区等。下面介绍利用磁盘管理工具对基本磁盘进行管理。

在 Windows Server 2003 中，使用 DISKPART 命令可以有效地管理复杂的磁盘系统。DISKPART 命令的运行界面如图 5.2 所示。

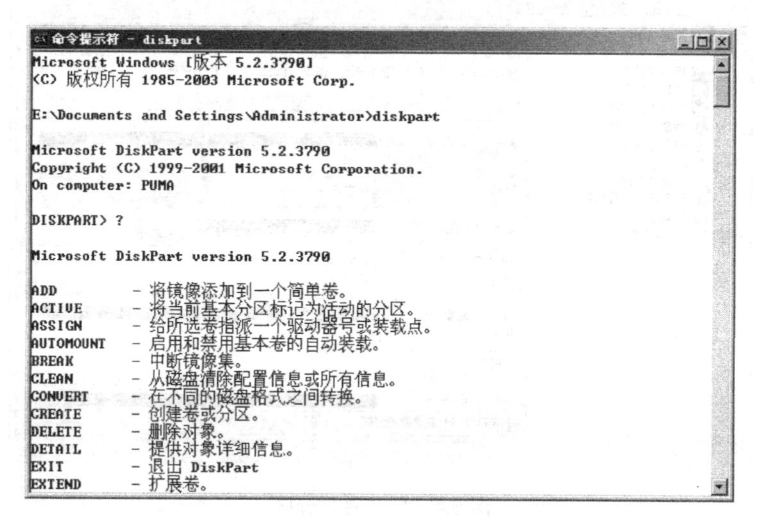

图 5.2　DISKPART 命令的运行界面

如果不熟悉命令的方式，可以使用图形化界面的磁盘管理工具，这里将介绍使用“计算机管理”控制台来完成常见的磁盘管理任务。

选择“开始→管理工具→计算机管理”命令，可以打开“计算机管理”窗口，展开左侧窗口中的“存储”树，单击“磁盘管理”按钮，在右侧窗口中将显示计算机的磁盘信息，如图 5.3 所示。

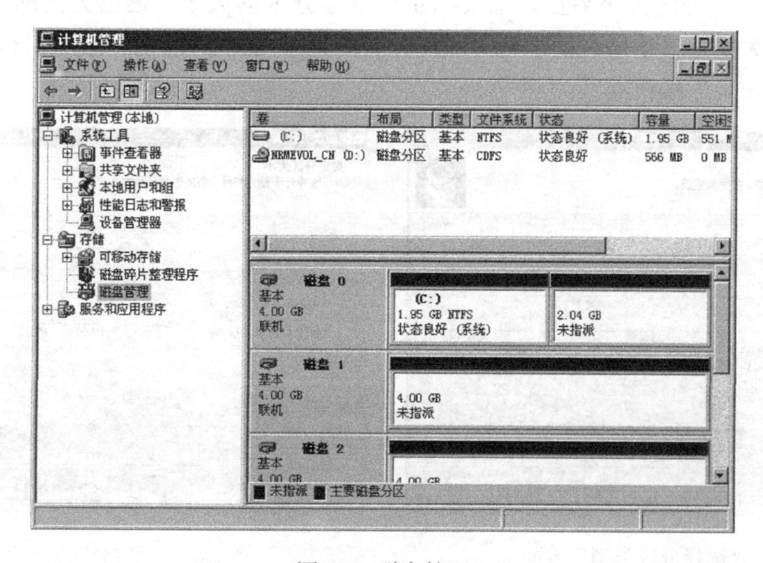

图 5.3　磁盘管理

1. 创建分区

创建分区主要有以下 6 个步骤。

（1）要在可用的磁盘空间上创建主磁盘分区，可以在磁盘“未指派”的可用空间上单击鼠标右键，在弹出的快捷菜单中选择“新建磁盘分区”命令，如图 5.4 所示，打开“新建磁盘分区向导”。

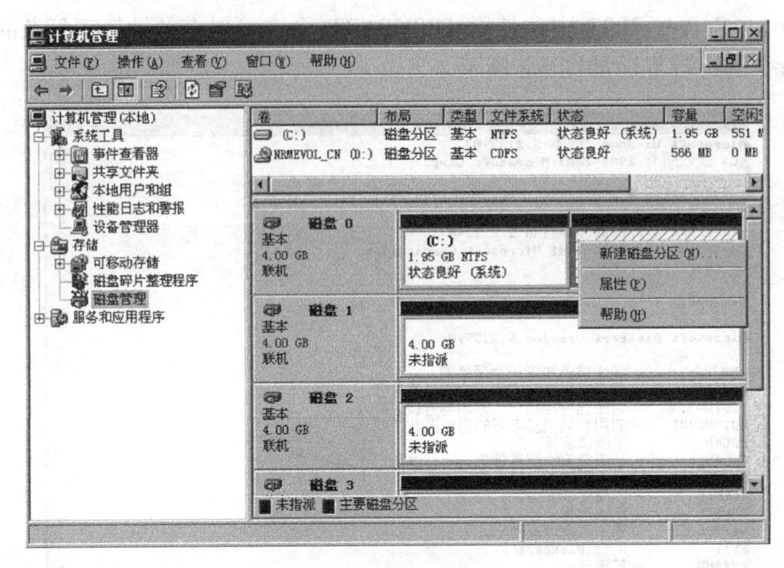

图 5.4　新建磁盘分区

（2）单击“下一步”按钮，打开选择分区类型界面，如图 5.5 所示。基本磁盘包含了主磁盘分区、扩展磁盘分区以及逻辑驱动器对应的物理磁盘。如果基本磁盘中原来只有一个主磁盘分区，则显示可供选择的“主磁盘分区”、“扩展磁盘分区”两个单选按钮；如果没有分区则只显示“主磁盘分区”单选按钮，其余单选按钮显示为灰色不可选择状态。这里选择“主磁盘分区”，单击“下一步”按钮。

（3）打开指定分区大小界面，需要指定该磁盘分区的大小。磁盘分区的大小介于磁盘可用空间的最大值和最小值之间。基本磁盘分区的大小指定后不允许重新设置，如图 5.6 所示，单击“下一步”按钮继续。

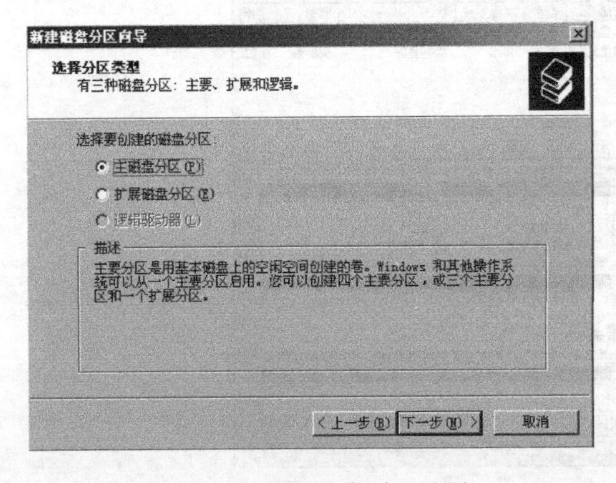

图 5.5 “选择分区类型”界面

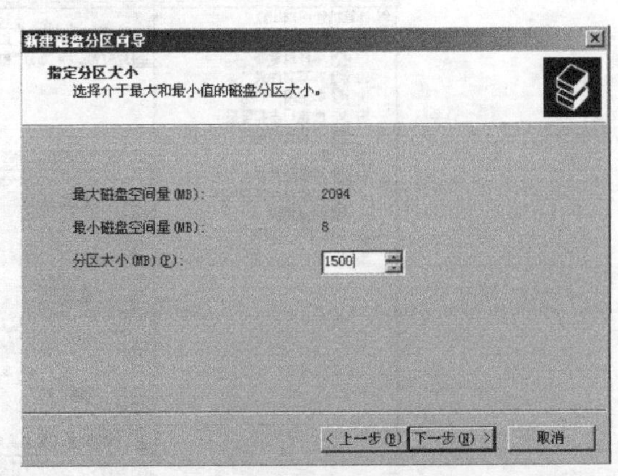

图 5.6 “指定分区大小”界面

（4）打开“指派驱动器号和路径”界面，如图 5.7 所示。磁盘分区可以指定驱动器号，也可以指定磁盘驱动器中的路径。如果用户不希望磁盘分区使用任何驱动器号或磁盘路径，也可以不用指定。默认的驱动器号为一个英文字母，这里指定为“E”盘。单击“下一步”按钮继续。

（5）打开“格式化分区”界面，用户可以设置是否执行格式化分区，磁盘驱动器必须格式化后才能使用。可以设置格式化卷所用的文件系统、分配单位大小、卷标、执行快速格式化、启用文件和文件夹压缩等选项，如图 5.8 所示。

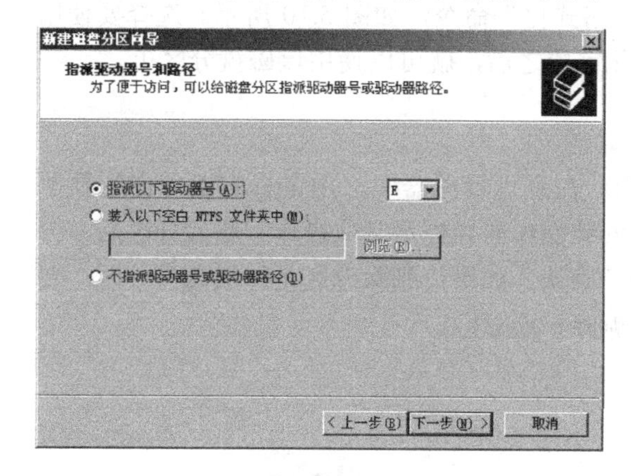

图 5.7 “指派驱动器号和路径”界面

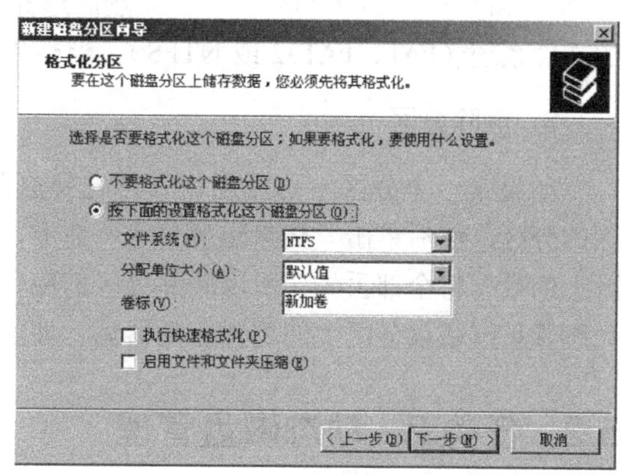

图 5.8 “格式化分区”界面

（6）系统将显示所创建的分区信息。单击“完成”按钮，完成磁盘分区向导。“新加卷（E:）”为新建的主磁盘分区，如图 5.9 所示。

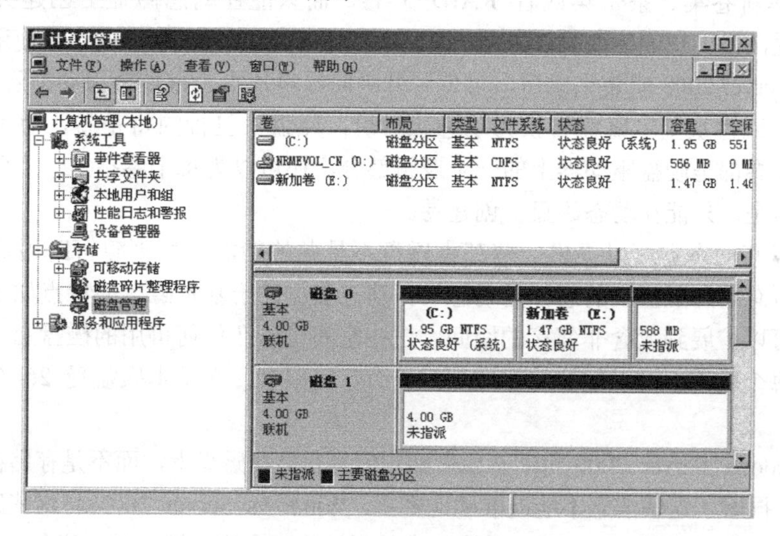

图 5.9 显示所创建的分区信息

在主磁盘分区创建后，如果要把分区标记为活动分区，可以用鼠标右键单击该分区，选择“将磁盘分区标记为活动的”，创建扩展磁盘。

创建扩展分区的步骤与创建主磁盘分区的步骤类似，只是在“选择分区类型”对话框中选择“扩展磁盘分区”即可，其余步骤参照主磁盘分区的创建。操作系统不能直接访问扩展磁盘分区，必须在其中创建逻辑驱动器才能使用。

逻辑驱动器的创建方式与创建组磁盘分区的方式类似。用鼠标右键单击要创建逻辑驱

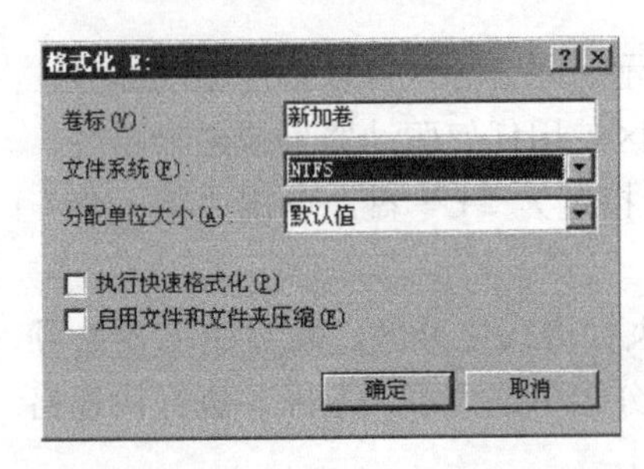

图 5.10　格式化分区

动器的扩展磁盘分区，在快捷菜单中选择“新建磁盘驱动器”命令，其余步骤类似。

2. 格式化分区

磁盘分区只有格式化后才能使用，在创建分区时就可以选择是否格式化分区。用户还可以在任何时候对分区进行格式化，用鼠标右键单击需要格式化的驱动器，然后选择“格式化”命令，如图 5.10 所示。选择要使用的文件系统（FAT、FAT32 或 NTFS）。当格式化完成之后，就可以使用该磁盘分区了。

3. 删除分区

如果某一个分区不再使用，可以选择删除。在磁盘管理器中，用鼠标右键单击需要删除的分区，然后单击“删除磁盘分区”命令，安装操作向导提示完成操作。删除分区后，分区上的数据将全部丢失，所以删除分区前应仔细确认。如果待删除分区是扩展磁盘分区，要先删除扩展磁盘分区上的逻辑驱动器后，才能删除扩展分区。

5.2　任务 2　动态磁盘管理

5.2.1　任务知识准备

在安装 Windows Server 2003 时，硬盘将自动初始化为基本磁盘。但是，不能在基本磁盘分区中创建新卷集、条带集或者 RAID-5 卷，而只能在动态磁盘上创建类似的磁盘配置。也就是说，如果想创建 RAID-0 卷、RAID-1 卷或 RAID-5 卷，就必须使用动态磁盘。在 Windows Server 2003 安装完成后，可使用升级向导将基本磁盘转换为动态磁盘。

在将一个磁盘从基本磁盘转换为动态磁盘后，磁盘上包含的将是卷，而不再是磁盘分区。其中每个卷都是硬盘驱动器上的一个逻辑部分，还可以为每个卷指定一个驱动器字母或者挂接点。但是，只能在动态磁盘上创建卷。

动态磁盘和动态卷可以提供一些基本磁盘不具备的功能，如创建可跨磁盘的卷和容错能力的卷。所有动态磁盘上的卷都是动态卷。动态磁盘优于基本磁盘的特点如下。

（1）卷可以扩展到包含非邻接的空间，这些空间可以在任何可用的磁盘上。

（2）对每个磁盘上可以创建的卷的数目没有任何限制，而基本磁盘受 26 个英文字母的限制。

（3）Windows Server 2003 将动态磁盘配置信息存储在磁盘上，而不是存储在注册表中或者其他位置。同时，这些信息不能被准确地更新。Windows Server 2003 将这些磁盘配置信息复制到所有其他动态磁盘中。因此，单个磁盘的损坏将不会影响访问其他磁盘上的数据。

一个硬盘既可以是基本的磁盘，也可以是动态的磁盘，但不能二者兼是，因为在同一磁盘上不能组合多种存储类型。如果计算机有多个硬盘，就可以将各个硬盘分别配置为基本盘或动态盘。

卷是动态磁盘管理中一个非常重要的概念，卷相当于基本磁盘的分区，是 Windows Server 2003 的数据储存单元，基本磁盘和动态磁盘的对应关系如表 5.1 所示。Windows Server 2003 支持五种类型的动态卷，即简单卷、跨区卷、带区卷、镜像卷（RAID-1 卷）和

RAID-5 卷。其中，镜像卷和 RAID-5 卷是容错卷，将在 5.3 节专门介绍。

表 5.1 基本磁盘与动态磁盘的对应关系

基本磁盘	动态磁盘	基本磁盘	动态磁盘
分区	卷	扩展磁盘分区	卷和未分配空间
活动分区	活动卷	逻辑驱动器	简单卷
系统和启动分区	系统和启动卷		

1. 简单卷

简单卷由单个物理磁盘上的磁盘空间组成，它可以由磁盘上的单个区域或连接在一起的相同磁盘上的多个区域组成。可以在同一磁盘中扩展简单卷或把简单卷扩展到其他磁盘。如果跨多个磁盘扩展简单卷，则该卷就是跨区卷。

只能在动态磁盘上创建简单卷。简单卷不能包含分区或逻辑驱动器，也不能由 Windows Server 2003 以外的其他 Windows 操作系统访问。

如果想在创建简单卷后增加它的容量，则可通过磁盘上剩余的未分配空间来扩展这个卷。要扩展一个简单卷，则该卷必须使用 Windows Server 2003 中所用的 NTFS 版本格式化。不能扩展基本磁盘上的空间作为以前分区的简单卷，可将简单卷扩展到同一计算机的其他磁盘的区域中。当将简单卷扩展到一个或多个其他磁盘时，会变为一个跨区卷。在扩展跨区卷之后，如果不删除整个跨区卷就不能将它的任何部分删除。要注意的是跨区卷不能是镜像卷或带区卷。

2. 带区卷

带区卷是由两个或多个磁盘中的空余空间组成的卷（最多 32 块磁盘），向带区卷中写入数据时，数据被分割成 64KB 的数据块，然后同时向阵列中的每一块磁盘写入不同的数据块。这个过程显著提高了磁盘效率和性能，但是，带区卷不提供容错性。

3. 跨区卷

跨区卷可以将来自两个或者更多磁盘（最多为 32 块硬盘）的剩余磁盘空间组成为一个卷。与带区卷不同的是，将数据写入跨区卷时，首先填满第一个磁盘上的剩余部分，然后再将数据写入下一个磁盘，依次类推。虽然利用跨区卷可以快速增加卷的容量，但是跨区卷既不能提高对磁盘数据的读取性能，也不提供任何容错功能。当跨区卷中的某个磁盘出现故障时，存储在该磁盘上的所有数据将全部丢失。

5.2.2 任务实施

1. 基本磁盘转换为动态磁盘

Windows Server 2003 安装完成后默认的磁盘类型是基本磁盘，要将基本磁盘转换为动态磁盘的步骤如下。

（1）选择“开始→管理工具→计算机管理”命令，打开“计算机管理”窗口，单击左侧窗格中的“磁盘管理”按钮，在右侧窗格中显示计算机的磁盘信息，如图 5.3 所示。

（2）在磁盘管理器中，用鼠标右键单击待转换的基本磁盘，在弹出的快捷菜单中选择“升级到动态磁盘”命令，如图 5.11 所示。

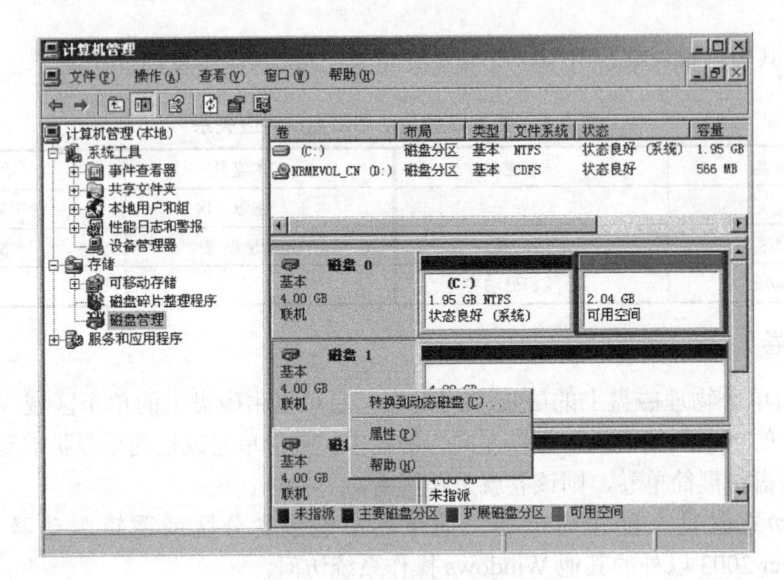

图 5.11 将“磁盘 1”转换到动态磁盘

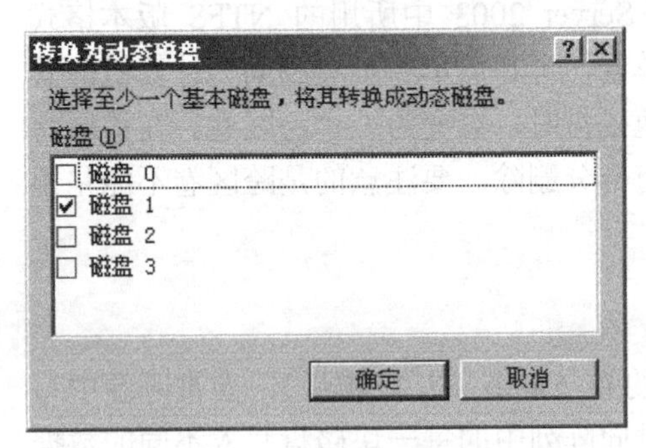

图 5.12 选择要转换的磁盘

（3）弹出“转换为动态磁盘”对话框，选中欲转换的磁盘，然后单击“确定”按钮，完成转换，如图 5.12 所示。

如果待转换的基本磁盘上有分区存在，并安装有其他可启动的操作系统，转换前系统会警告提示“如果将这些磁盘转换为动态磁盘，您将无法从这些磁盘上的卷启动其他已安装的操作系统”。如果选择“是”按钮，系统提示欲转换磁盘上的文件系统将被强制卸下，要求用户对该操作进一步确认。转换完成后，会提示重新启动操作系统。

在转换为动态磁盘时，应该注意以下几个方面的问题。

① 必须以管理员或管理组成员的身份登录才能完成该过程。如果计算机与网络连接，则网络策略设置也有可能妨碍转换。

② 将基本磁盘转换为动态磁盘后，不能将动态卷改回到基本分区。这时，唯一的方法是必须删除磁盘上的所有动态卷，然后使用“还原为基本磁盘”命令。

③ 在转换磁盘之前，应该先关闭在磁盘上运行的程序。

④ 为保证转换成功，任何要转换的磁盘都必须至少包含 1MB 的未分配空间。在磁盘上创建分区或卷时，“磁盘管理”工具将自动保留这个空间。但是，带有其他操作系统创建的分区或卷的磁盘可能就没有这个空间。

⑤ 扇区容量超过 512B 的磁盘，不能从基本磁盘升级为动态磁盘。

⑥ 一旦升级完成，动态磁盘就不能包含分区或逻辑驱动器，也不能被非 Windows Server 2003 的其他操作系统所访问。

2. 动态磁盘转换为基本磁盘

在动态磁盘转换为基本磁盘时，首先要进行删除卷的操作。如果不删除动态磁盘上的所有的卷，转换操作将不能执行。

在“磁盘管理器”中，用鼠标右键单击需要转换成基本磁盘的动态磁盘上的每个卷，在每个卷对应的快捷菜单中，单击“删除卷”命令。在所有卷被删除之后，用鼠标右键单击该磁盘，在快捷菜单中单击“转化成基本磁盘”命令，如图 5.13 所示。根据向导提示完成操作，动态磁盘转换为基本磁盘后，原磁盘上的数据将全部丢失并且不能恢复。

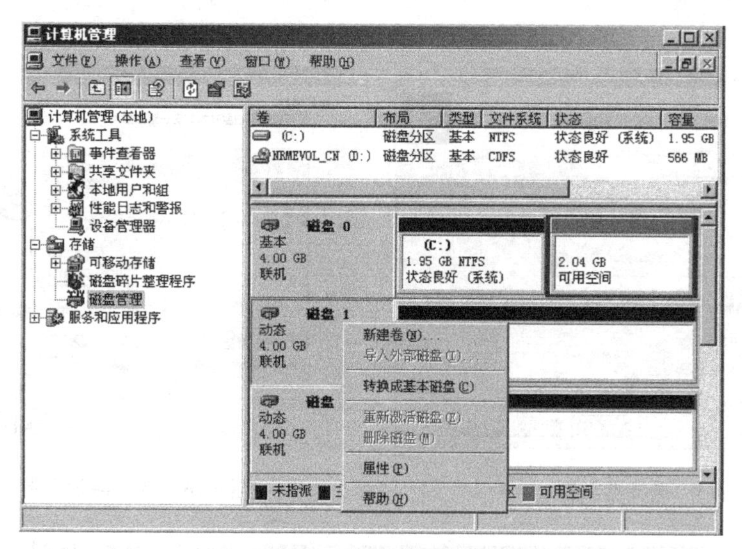

图 5.13　动态盘转换为基本磁盘

3. 简单卷的创建

要创建简单卷，可以按下列步骤进行。

（1）在“磁盘管理器”中，用鼠标右键单击要创建简单卷的动态磁盘上的未分配空间，在弹出的快捷菜单中选择“新建卷”命令，如图 5.14 所示。

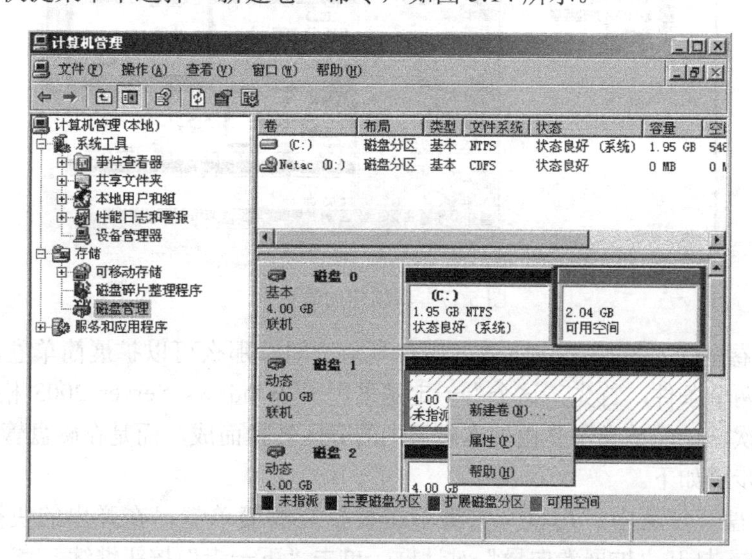

图 5.14　新建简单卷

（2）弹出“新建卷向导”对话框，选择“简单”，如图 5.15 所示，单击“下一步”按钮继续。

（3）在选择磁盘界面中选择创建新简单卷的动态磁盘并确定卷容量大小，这里选择在磁盘 1 上创建 1 000MB，如图 5.16 所示。

（4）单击“下一步”按钮，弹出“指派驱动器号和路径”对话框，这里指派为“E:”盘。指派完驱动器号和路径后，与新建分区步骤类似，确认是否将卷进行格式化，选择文件系统格式，完成新建卷向导。新创建的简单卷如图 5.17 所示，“新加卷（E:）”就是新创建的简单卷。

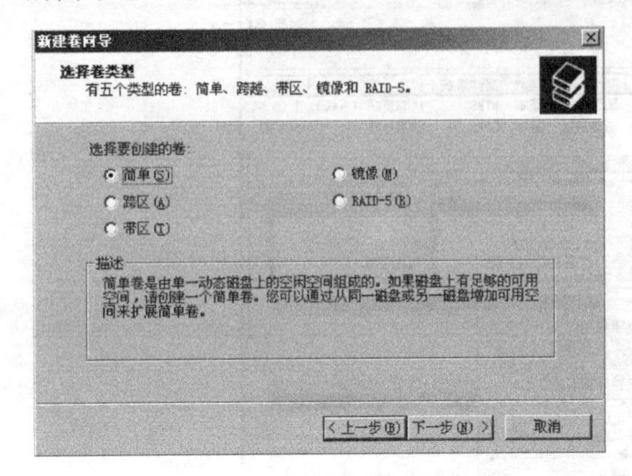

图 5.15　选择卷类型

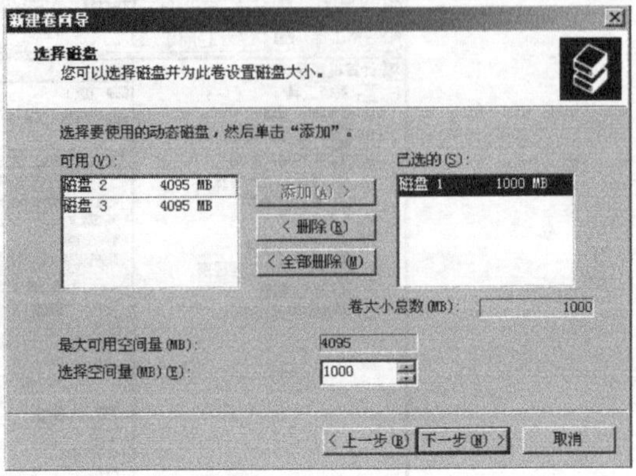

图 5.16　选择磁盘和卷空间量

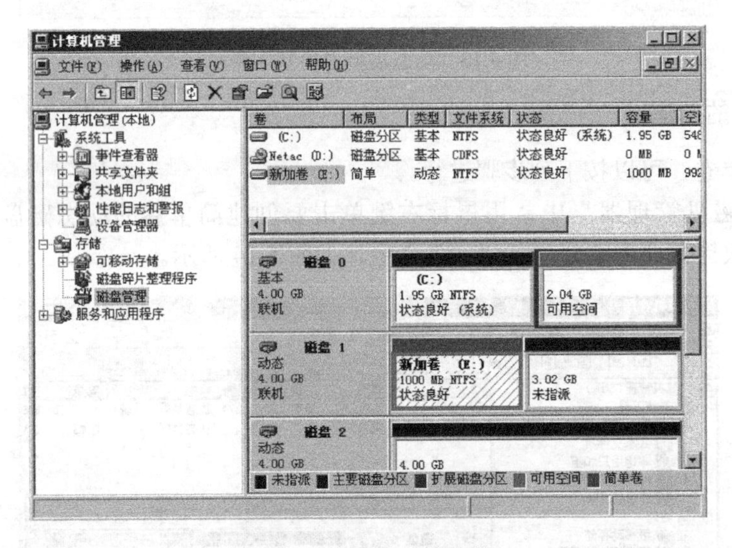

图 5.17　新创建的简单卷

如果简单卷空间不够用了，而磁盘还有剩余空间，那么可以扩展简单卷。简单卷能被扩展应该满足两个条件：首先，这个卷一定是采用了 Windows Server 2003 格式化的 NTFS 文件系统；其次，该简单卷不是由基本磁盘中的分区转换而成，而是在磁盘管理中新建的。扩展简单卷的步骤如下。

（1）在磁盘管理器中，用鼠标右键单击要扩展的简单卷，在弹出的快捷菜单中选择“扩展卷”命令，打开“扩展卷向导”对话框。单击“下一步”按钮继续。

（2）选择与简单卷在同一磁盘上的空间，确定需扩展的容量，如图 5.18 所示，需要扩展 500MB，单击“下一步”按钮。

（3）完成扩展卷向导，扩展后的“新加卷（E:）”如图 5.19 所示。总容量由原来的 1 000MB 变为了 1 500MB，实现了容量的扩展。

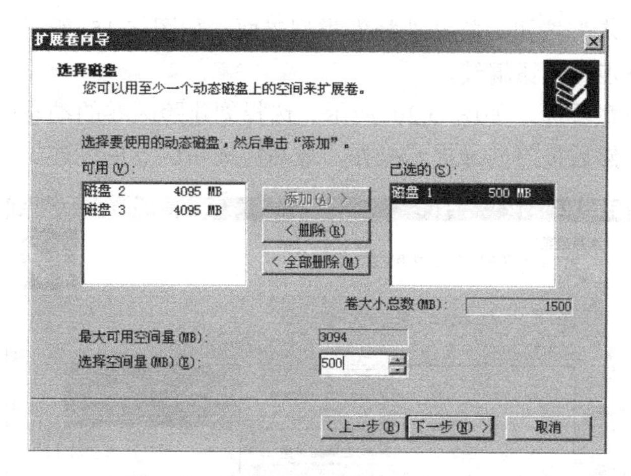

图 5.18　选择待扩展的磁盘和扩展容量

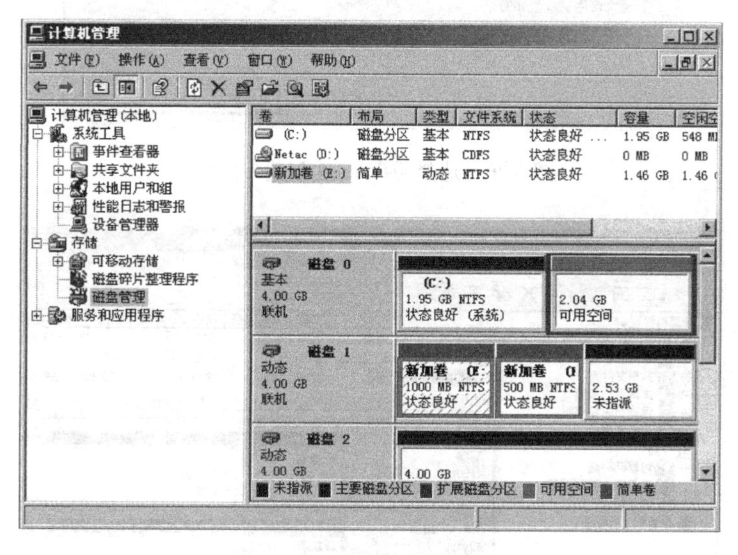

图 5.19　扩展后的简单卷

4．带区卷的创建

带区卷是将两个或者更多磁盘（最多为 32 块硬盘）的可用空间组成为一个逻辑卷，从而可以在多个磁盘上分布数据。带区卷使用 RAID–0 卷。

在向带区卷写入数据时，数据被分割为 64KB 的块，并均衡地同时对所有磁盘进行写数据操作。当创建带区卷时，最好使用同一厂商、相同大小、相同型号的磁盘，以达到最好性能。由于带区卷可以同时对所有磁盘进行写数据操作，从而在所有 Windows 磁盘管理策略中的性能是最好的。

虽然带区卷可以有效地提高磁盘的读取性能，但是它并不能被扩展或镜像，也不能提供容错功能，任何一块硬盘的损坏都会导致全部数据的丢失。

带区卷的创建与简单卷创建的方法类似，下面将选择在 3 个动态磁盘上创建带区卷，每个磁盘上使用 100MB，创建后共有 300MB 的磁盘空间。

（1）在“磁盘管理器”中，用鼠标右键单击需要创建带区卷的动态磁盘的未分配空间，在弹出的快捷菜单中选择“新建卷”命令，如图 5.14 所示，打开“新建卷向导”。

（2）单击“下一步”按钮，打开选择卷类型界面，如图 5.15 所示。选择创建的类型为“带区”。单击“下一步”按钮继续。

（3）打开选择磁盘界面，如图 5.20 所示。选择创建跨区卷的动态磁盘，并指定动态磁盘上的卷容量大小，然后按照向导提示操作，最后完成带区卷的创建，如图 5.21 所示。

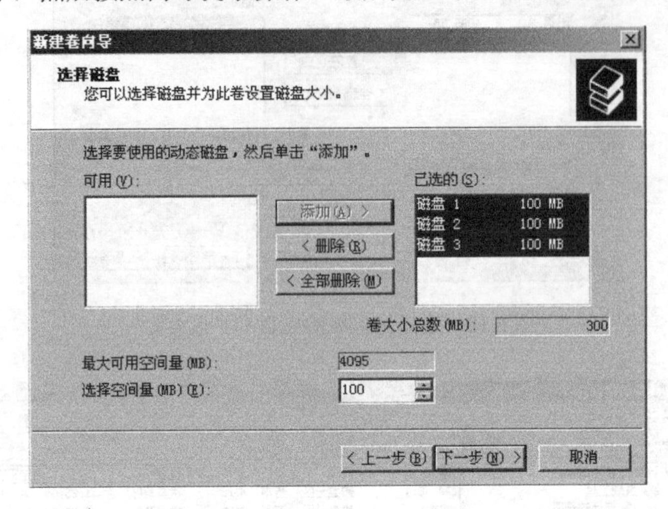

图 5.20　选择磁盘 1～3 创建带区卷

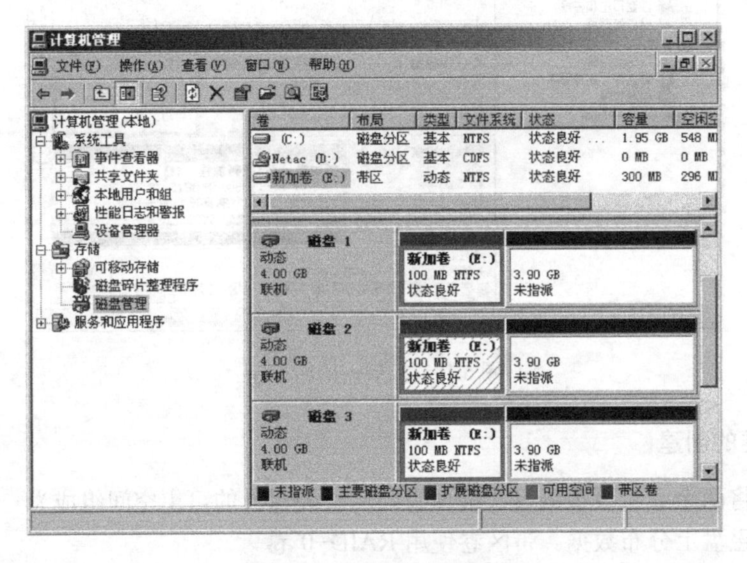

图 5.21　新创建的带区卷

5．跨区卷的创建

跨区卷的创建步骤如下。

（1）在“磁盘管理器”中，用鼠标右键单击需要创建跨区卷的动态磁盘的未分配空间，在弹出的快捷菜单中选择“新建卷”命令，如图 5.14 所示，打开“新建卷向导”。

（2）单击“下一步”按钮，打开选择卷类型界面，如图 5.15 所示。选择创建的类型为“跨区”。单击“下一步”按钮继续。

（3）打开选择磁盘界面。选择创建跨区卷的动态磁盘，并指定动态磁盘上的卷容量大小，然后按照向导提示操作，最后完成带区卷的创建。这里选择在磁盘 1 上创建 1 000MB，在磁盘 2 上创建 500MB，总共 1 500MB，如图 5.22 所示。

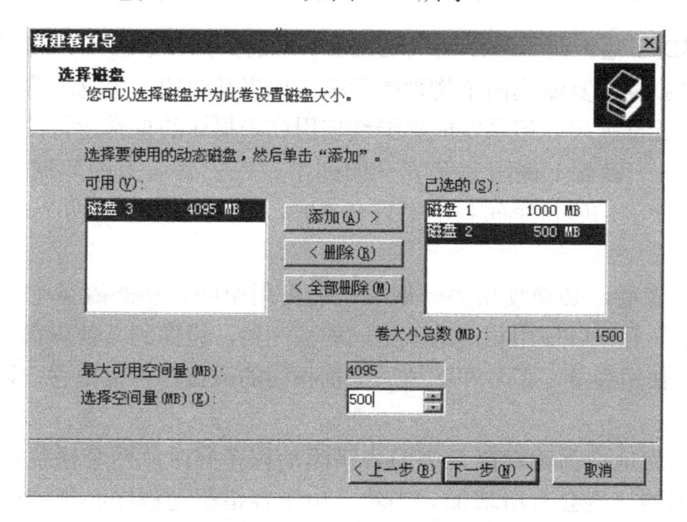

图 5.22 跨区卷的磁盘及容量选择

（4）创建好的跨区卷如图 5.23 所示。如果在扩展简单卷时选择了与简单卷不在同一动态磁盘上的空间，并确定扩展卷的空间量，那么，扩展完成后，原来的简单卷就成为了一个新的跨区卷。跨区卷也可以使用类似扩展简单卷的方法扩展卷的容量。

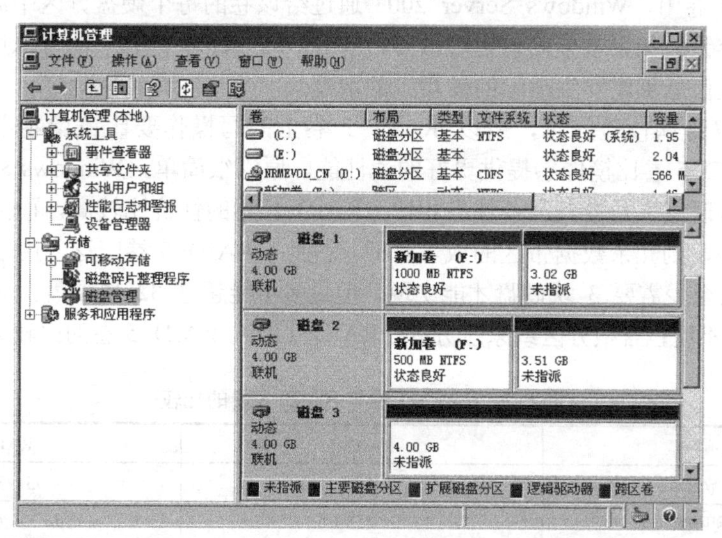

图 5.23 创建好的跨区卷

5.3 任务 3 RAID-1 卷和 RAID-5 卷的管理

5.3.1 任务知识准备

RAID（Redundant Array of Inexpensive Disks，廉价磁盘冗余阵列）是一种把多块物理硬盘按不同的方式组合起来形成一个逻辑硬盘组，从而提供比单个硬盘具有更高的存储性能的数据冗余技术。组成磁盘阵列的不同方式称为 RAID 级别。Windows Server 2003 内嵌了软件的 RAID-0 卷、RAID-1 卷和 RAID-5 卷。

1. 镜像卷（RAID-1 卷）

镜像卷（RAID-1 卷）是一种在两块磁盘上实现的数据冗余技术。利用 RAID-1 卷，可以将用户的相同数据同时复制到两个物理磁盘中。如果其中的一个物理磁盘出现故障，虽然该磁盘上的数据将无法使用，但系统能够继续使用尚未损坏的正常运转的磁盘，进行数据的读/写操作，通过另一磁盘上保留完全冗余的副本，保护磁盘上的数据免受介质故障的影响。由此可见，镜像卷的磁盘空间利用率只有 50%（即每组数据有两个成员），所以镜像卷的成本相对较高。

要创建一个镜像卷，必须使用另一磁盘上的可用空间。动态磁盘中现有的任何卷（包括系统卷和引导卷）都可以使用相同的或不同的控制器，镜像到其他磁盘上容量相同或更大的另一个卷。最好使用容量、型号和制造厂家都相同的磁盘作为镜像卷，以避免可能产生的兼容性问题。

镜像卷可以大大地增强读性能，因为容错驱动程序同时从两个磁盘成员中同时读取数据，所以读取数据的速度会有所增加。当然，由于容错驱动程序必须同时向两个成员写数据，所以它的写性能会略有降低。镜像卷可包含任何分区（包括启动分区或系统分区），但是镜像卷中的两个硬盘都必须是 Windows Server 2003 动态磁盘。

2. RAID-5 卷

在 RAID-5 卷中，Windows Server 2003 通过给该卷的每个硬盘分区中添加奇偶校验信息带区来实现容错。如果某个硬盘出现故障，Windows Server 2003 便可以用其余硬盘上的数据和奇偶校验信息重建发生故障的硬盘上的数据。

由于要计算奇偶校验信息，所以 RAID-5 卷上的写操作要比镜像卷上的写操作慢一些。但是，RAID-5 卷比镜像卷提供更好的读性能。原因很简单，Windows Server 2003 可以从多个磁盘上同时读取数据。与镜像卷相比，RAID-5 卷的性价比较高，而且 RAID-5 卷中的硬盘数量越多，则冗余数据带区的成本越低。因此，RAID-5 卷广泛应用于存储环境。

RAID-5 卷至少需要 3 块硬盘才能实现，但最多不能超过 32 块硬盘。与 RAID-1 卷不同，RAID-5 卷不能包含根分区或系统分区。RAID-1 卷与 RAID-5 卷的比较如表 5.2 所示。

表 5.2　RAID-1 卷与 RAID-5 卷的比较

比较项目	RAID-1	RAID-5
硬盘数量	2 块	3～32 块
硬盘利用率	1/2	$(n-1)/n$（n 为硬盘数量）
写性能	较好	适中
读性能	较好	优异
占用系统内存	较少	较大
能否保护系统或启动分区	能	不能
每 MB 的成本	较高	较低

5.3.2　任务实施

RAID-1 卷和 RAID-5 卷的创建过程类似，这里只介绍 RAID-5 卷的实现过程，RAID-1 卷的实现由读者自己完成。

RAID-5 卷的创建步骤如下。

（1）在“磁盘管理器”中，用鼠标右键单击需要创建跨区卷的动态磁盘的未分配空间，在弹出的快捷菜单中选择“新建卷”命令，如图 5.14 所示，打开“新建卷向导”。

（2）单击“下一步”按钮打开选择卷类型界面，如图 5.15 所示。选择创建的类型为“RAID−5”，单击“下一步”按钮继续。

（3）打开选择磁盘界面，如图 5.24 所示。选择创建 RAID−5 卷的动态磁盘。这里选择在“磁盘 1～磁盘 3”上每个磁盘使用 1 000MB 创建 RAID−5 卷，这样，卷大小总数（即有效存储容量）为 3 000MB×（3−1）÷3=2 000MB，其中 3 为磁盘的数量。

（4）单击“下一步”按钮，为该 RAID−5 卷分配驱动器号，便于管理和访问。

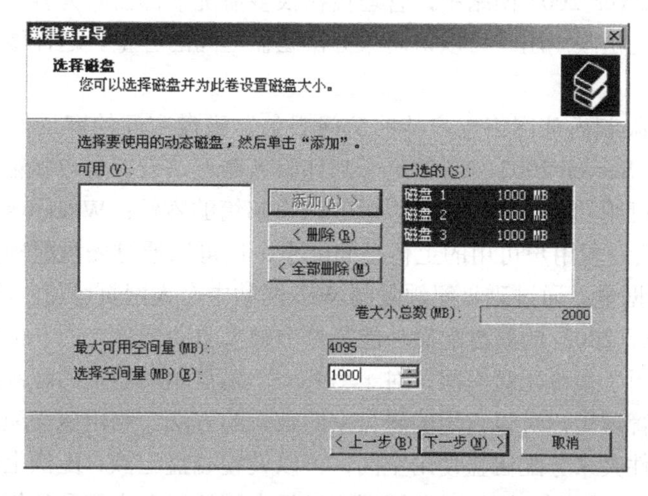

图 5.24　选择创建 RAID−5 卷的磁盘及容量

（5）单击“下一步”按钮，显示“卷区格式化”页面。选择默认的“按下面提供的信息格式化这个卷”单选按钮，并采用默认的 NTFS 文件系统和分配单位大小。可以为该 RAID−5 卷指定一个卷标，如“RAID−5”。

（6）单击“下一步”按钮，完成卷的创建。新创建的 RAID−5 卷如图 5.25 所示。

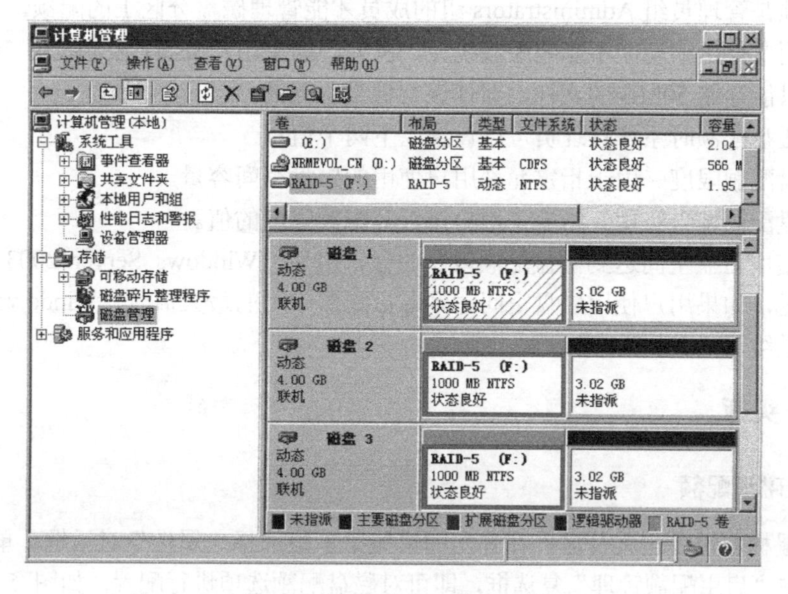

图 5.25　新创建的 RAID−5 卷

在 RAID-1 卷和 RAID-5 卷中，一个磁盘损坏不会造成数据的丢失。但是，在 RAID-5 卷中，如果有两块或更多的磁盘损坏，将会造成数据的丢失。读者可以自行测试 RAID-1 卷和 RAID-5 卷的容错功能，这里不再赘述。

5.4 任务 4 实现磁盘配额功能

5.4.1 任务知识准备

在 Windows Server 2003 网络中，管理员在很多情况下都需要为客户端指定可以访问的磁盘空间配额，也就是限制用户可以访问服务器磁盘空间的容量。这样做的目的是避免个别用户滥用磁盘空间。

磁盘配额除了限制内部网络用户能够访问服务器磁盘空间的容量外，还有其他一些用途。例如，Widows Server 2003 内置的电子邮件服务器无法设置用户邮箱的容量，那么可以通过限制每个用户可用的磁盘空间容量以限制用户邮箱的容量；Windows Server 2003 内置的 FTP 服务器无法设置用户可用的上传空间大小，也可以通过磁盘配额限制，限定用户能够上传到 FTP 的数据量；通过磁盘配额限制 Web 网站中个人网页可使用的磁盘空间。

Windows Server 2003 的磁盘配额功能是每个磁盘驱动器独立的，也就是说，用户在一个磁盘驱动器上使用了多少磁盘空间，对于另外一个磁盘驱动器上的配额限制并无影响。磁盘配额提供了一种管理用户可以占用的磁盘空间数量的方法。利用磁盘配额，可以根据用户所拥有的文件和文件夹来分配磁盘使用空间；可以设置磁盘配额、配额上限，以及对所有用户或者单个用户的配额限制；还可以监视用户已经占用的磁盘空间和他们的配额剩余量，当用户安装应用程序时，将文件指定存放到启用配额限制的磁盘中时，应用程序检测到的可用容量不是磁盘的最大可用容量，而是用户还可以访问的最大磁盘空间，这就是磁盘配额限制后的结果。在应用磁盘配额之前应该注意以下几点。

（1）磁盘卷必须使用 Windows Server 2003 中的 NTFS 版本格式化。

（2）必须是管理员组 Administrators 组的成员才能管理磁盘分区上的配额。

（3）启用文件压缩功能不影响配额统计。例如，如果用户 user1 限制使用 50MB 的磁盘空间，那么只能存储 50MB 的文件，即使该文件是压缩的。

在启用磁盘配额时系统管理员可以设置以下两个值。

（1）磁盘配额限度。用于指定允许用户使用的磁盘空间容量。

（2）磁盘配额警告级别。指定了用户接近其配额限度的值。

当用户使用磁盘空间达到磁盘配额限制的警告值后，Windows Server 2003 将警告用户磁盘空间不足，如果用户使用磁盘空间达到磁盘配额限制的最大值时，Windows Server 2003 将限制用户继续写入数据。

5.4.2 任务实施

1. 启用磁盘配额

首先用鼠标右键单击某分区，在弹出的快捷菜单中选择“属性”对话框，单击“配额”选项卡，选中“启用配额管理”复选框，即可对磁盘配额选项进行配置，如图 5.26 所示。在“配额”选项卡中，通过检查交通信号灯图标并读取图标右边的状态信息，可以对配额的状态进行判断。交通信号灯的颜色和对应的状态如下。

（1）红灯表示磁盘配额没有启用。

（2）黄灯表示 Windows Server 2003 正在重建磁盘配额的信息。

（3）绿灯表示磁盘配额系统已经激活。

如图 5.26 所示，启用配额管理后，可对其中的选项进行设置。

（1）“拒绝将磁盘空间给超过配额限制的用户”。如果选中此复选框，超过其配额限制的用户将收到系统的“磁盘空间不足”错误信息，并且不能再往磁盘写入数据，除非删除原有的部分数据。如果清除该复选框，则用户可以超过其配额限制。如果不想拒绝用户对卷的访问，但想跟踪每个用户的磁盘空间使用情况，可以启用配额但不限制用户对磁盘空间的访问。

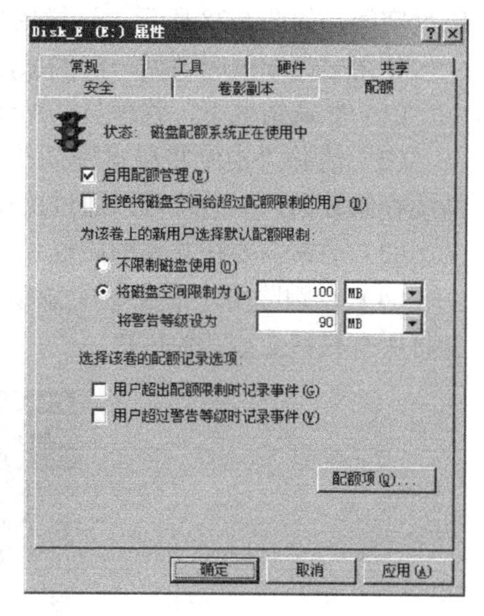

图 5.26　启用磁盘配额

（2）“将磁盘空间限制为”。设置用户访问磁盘空间的容量，如图 5.26 所示，容量设置为 100MB，即用户可使用的磁盘量最大为 100MB。

（3）“将警告等级设为”。设置当用户使用了多大磁盘空间后将报警，如图 5.26 所示，将警告等级设置为“90MB”，也就是当用户存储数据达到 90MB 后，将提示用户磁盘空间将不足的信息。

设置完成后，单击“确定”按钮，保存所做的设置，启用磁盘配额。

2. 设置用户配额项

启用磁盘配额之后，除了管理员组成员之外，所有用户都会受到这个卷上的默认配额限制，管理员可以新增配额项，分配用户不同的磁盘空间。单击图 5.26 中的“配额项”按钮，可以看到默认的磁盘配额项，这个项目规定“BUILTIN\Administrators”、“NT AUTHORITY\NETWORK SERVICE”及“NT AUTHORITY\LOCAL SERVICE”组没有配额限制，如图 5.27 所示。

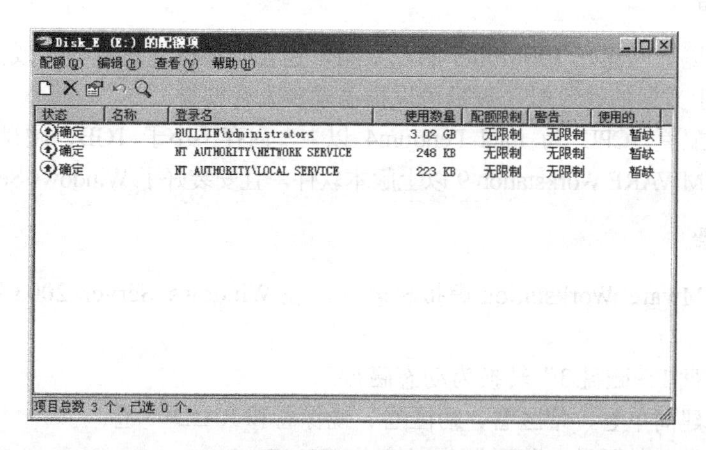

图 5.27　默认的配额项

可能有一些用户的磁盘配额比规定的默认限制大一些或小一些，还有一些用户不应加以任何限制。如果要为用户定制配额项，单击图 5.27 中“配额”菜单的“新建配额项”命令，输入或选择需要设置磁盘配额的用户。这里设置 user1 用户对磁盘“E:”有 200MB 的磁盘空间，如图 5.28 所示。这样用户的配置限额将被重新设置，而不受默认的配额限制。

使用磁盘配额应遵循一定的原则，主要有以下几点。

（1）默认情况下，管理员（Administrator）不受磁盘配额的限制。

（2）清除“拒绝将磁盘空间给超过配额限制的用户”复选框，用户在超过限额后仍能继续存储数据，但系统可以通过监视硬盘的使用情况，做出相应的决策。

（3）通常需要在共享的磁盘卷上设置磁盘配额，以限制用户存储数据使用的空间。

（4）在删除用户的磁盘配额项之前，这个用户具有所有权的全部文件都必须删除，或者将所有权移交给其他用户。

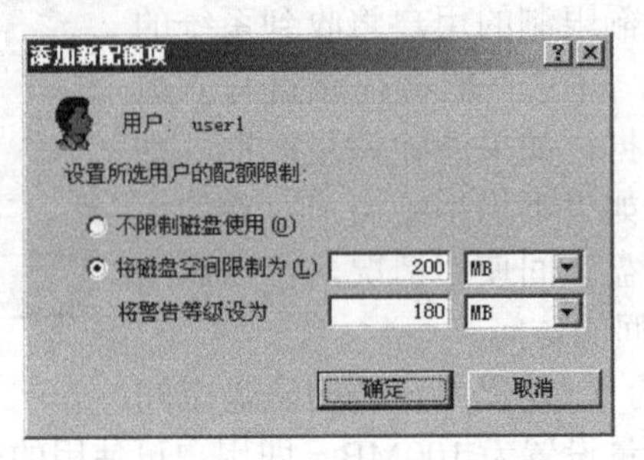

图 5.28　user1 对磁盘“E:”的配额

实训 5　配置 Windows Server 2003 的磁盘管理功能

1．实训目标

（1）熟悉 Windows Server 2003 基本磁盘管理。

（2）掌握 Windows Server 2003 动态磁盘和基本磁盘的转换。

（3）掌握 Windows Server 2003 中 5 种卷类型的转换。

（4）熟悉 Windows Server 2003 磁盘配额管理。

2．实训准备

（1）网络环境。已建好 100Mbit/s 的以太网，包含交换机、超五类（或五类）UTP 直通线若干、2 台以上数量的计算机（数量可以根据学生人数安排）。

（2）计算机配置。CPU 为 Intel Pentium4 以上，内存不小于 1GB，硬盘剩余空间不小于 20GB，已安装 VMWARE Workstation 9 以上版本软件，且安装好了 Windows Server 2003 系统。

3．实训步骤

（1）启用 VMware Workstation 虚拟机软件，在 Windows Server 2003 系统中创建 4 块磁盘。

（2）将“磁盘 1～磁盘 3”转换为动态磁盘。

（3）分别创建简单卷、带区卷、跨区卷、镜像卷和 RAID-5 卷。

（4）将简单卷、带区卷、跨区卷分别扩大 600MB。

（5）在镜像卷和 RAID-5 卷中分别存放一个文本文件。

（6）在 VMware Workstation 虚拟机中禁用（相当于损坏）其中一个硬盘，查看镜像卷和 RAID-5 卷中的文件是否还存在。

（7）禁用 RAID-5 卷所用的两块磁盘，再看结果。

（8）对于磁盘配额功能，设置用户 user1 限制磁盘空间的可用大小和警告等级，再测试结果。

习 题 5

1．填空题

（1）Windows Server 2003 动态磁盘可支持多种特殊的动态卷，包括______、______、______、带区卷、镜像卷等。

（2）常用的磁盘容错卷有：___________和___________。

（3）要对磁盘进行分区，一般使用____________命令。

2．选择题

（1）以下 Windows Server 2003 所有磁盘管理类型中，运行速度最快的卷是______。

A．简单卷　　B．带区卷　　C．镜像卷　　D．RAID-5 卷

（2）非磁盘阵列卷包括______。

①简单卷　②跨区卷　③带区卷　④镜像卷

A．①②　　B．②③　　C．①③　　D．②④

（3）NTFS 文件系统中，______可以限制用户对磁盘的使用量。

A．活动目录　　B．磁盘配额　　C．文件加密　　D．以上都不对

（4）基本磁盘包括______。

A．主分区和扩展分区　　B．主分区和逻辑分区

C．扩展分区和逻辑分区　　D．分区和卷

（5）扩展分区中可以包含______。

A．主分区　　B．逻辑分区　　C．简单卷　　D．跨区卷

3．简答题

（1）什么是基本盘和动态盘？

（2）有哪些卷类型？各有何特点？

（3）试比较 RAID-1 卷和 RAID-5 卷的两个区别。

（4）什么是磁盘配额？

（5）使用磁盘配额应遵循哪些原则？

项目6 打 印 管 理

【项目情景】

岭南信息技术有限公司于 2002 年为湖南银河集团建设了内部管理信息系统（MIS），2012 年该集团管理信息系统改造升级成 ERP 系统后，集团的各项业务效率得到了显著提升。

目前，湖南银河集团内部有各种型号与档次的打印机近百台，大部分打印服务器用于打印办公日常文档，少部分打印服务器用于网络打印，供各部门的驻外员工以及出差在外使用笔记本电脑的员工使用，从而方便这些人员将销售以及其他报告通过网络打印出来，那么如何利用 Windows server 2003 组织与管理网络打印系统呢？

【项目分析】

（1）通过架设打印服务器可以实现对多台打印机的集中管理。

（2）通过设置 Internet 打印可以实现远程使用打印机。

【项目目标】

（1）掌握 Windows Server 2003 打印机服务器的安装方法。

（2）掌握 Windows Server 2003 打印机服务器的管理和配置方法。

（3）掌握 Windows Server 2003 打印机客户端的管理和配置方法。

【项目任务】

任务 1　安装打印服务器

任务 2　管理打印服务器

6.1 任务 1　安装打印服务器

6.1.1 任务知识准备

无论企业和组织的规模大小，打印共享、信息检索及数据存储都是使用频率最高的网络服务。Windows Server 2003 包括了许多增强的 Windows 2000 打印特性，这样就确保了企业级打印服务的可靠性、易管理性、安全性以及灵活性。

1. Windows Server 2003 打印术语

Windows Server 2003 支持通过不同的操作平台，将打印作业发送给与 Windows Server 2003 打印服务器连接的打印机，或者发送给网络打印机，即通过内部网络适配器、外部网络适配器（打印服务器）或者另一台服务器与网络相连的打印机。在介绍 Windows Server 2003 打印服务之前，首先介绍一些重要的打印术语。

（1）打印设备。实际执行打印的物理设备，可以分为本地打印设备和带有网络接口的网络打印设备。根据使用的打印技术，又可以分为针式打印设备、喷墨打印设备和激光打印设备。

（2）打印机。打印机是操作系统与打印设备之间的软件接口，是一个逻辑的概念。打印机定义了文档将从何处到达打印设备，以及如何处理打印过程中其他各方面的信息。注意在用户与打印机进行连接时，使用的是打印机名称，它指向一个或者多个打印设备。

（3）打印服务器。打印服务器是打印机（与本地和网络打印设备相连接）和客户驱动程序所驻留的计算机。打印服务器接收并处理来自客户机的文档，在打印服务器上安装和共享网络打印机。打印服务器可以由一台计算机担任，也可以由专门的打印服务器担任，甚至普通打印机也可以担任打印服务器的角色。

（4）打印机驱动程序。打印机驱动程序中包含将打印命令转换为像 PostScirpt 这样特定的打印机语言所需要的信息，这种转换使打印设备打印文档成为可能。每一种打印设备型号都具有特定的打印机驱动程序。

上述打印术语之间的关系如图 6.1 所示。

注意：打印设备与打印机这两个术语与人们通常理解的概念有所不同。

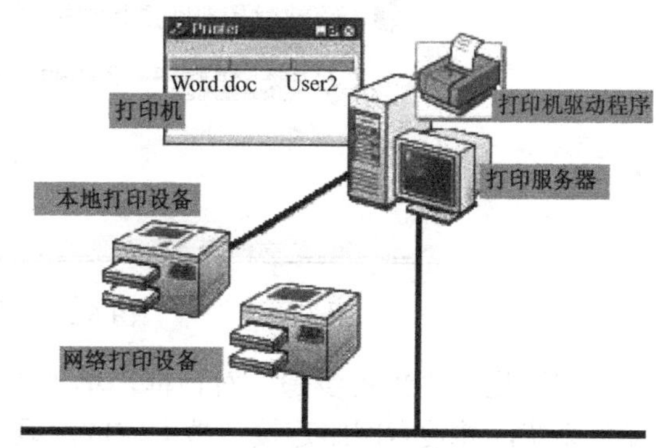

图 6.1 打印术语之间的关系

2. 共享打印机的类型

网络中共享打印机时，主要有两种不同的连接模式，即“打印服务器+打印机”模式和“打印服务器+网络打印机”模式。

（1）打印服务器+打印机。此模式是将一台普通打印机安装在打印服务器上，然后通过网络共享该打印机，供局域网上获得授权的用户使用。打印服务器既可以是通用计算机，也可以是专门的打印服务器。在规模较小的网络中，通常都是采用连接有打印机的普通计算机担任打印服务器，操作系统可以用 Windows XP、Vista 等；而在规模较大的网络中，则需要使用专门的打印服务器，此时，操作系统应选择 Windows Server 2003 及以上的版本，以便对打印权限和打印队列进行管理。

（2）打印服务器+网络打印机。此模式是将一台带有网卡的网络打印设备通过网线接入局域网，该网络打印机上可以配置固定的 IP 地址，从而成为局域网中不依赖于其他计算机的独立结点，然后在打印服务器上对该网络打印机进行管理，用户就可以使用网络打印机进行打印了。网络打印设备通过 EIO 插槽直接连接网卡，能够以网络的速度实现高速打印输出。在前面所述的“打印服务器+打印机”模式下，由于计算机接口有限，因此打印服务器所能管理的打印机数量有限；而在此种模式下，由于网络打印设备采用以太网端口连入网络，一台打印服务器可以管理数量庞大的网络打印机，因此，更适合提供大型规模网络的打印服务。

6.1.2 任务实施

1. 安装打印服务角色

若提供网络打印服务，必须先将计算机安装为打印服务器，安装并设置共享打印机。然后，再为不同操作系统安装驱动程序，使得网络客户端在安装共享打印机时，不再需要单独安装驱动程序。安装打印服务器的步骤如下。

（1）运行“开始→管理工具→管理您的服务器”命令，在“管理您的服务器角色”界面中单击“添加或删除角色”链接，如图 6.2 所示。

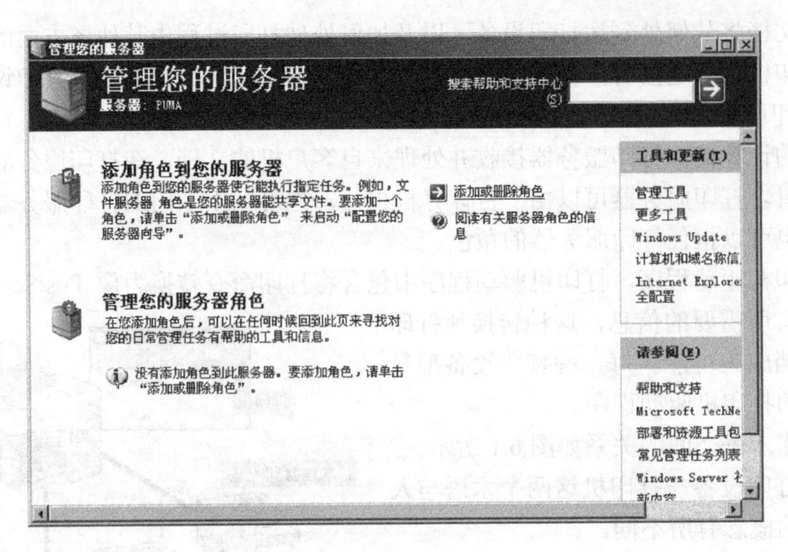

图 6.2　添加或删除角色

（2）显示“预备步骤”对话框，单击“下一步”按钮，系统需要先检测所有的设备、操作系统，并搜索网络连接。搜索完成，显示“服务器角色”界面，选择“打印服务器”，如图 6.3 所示。

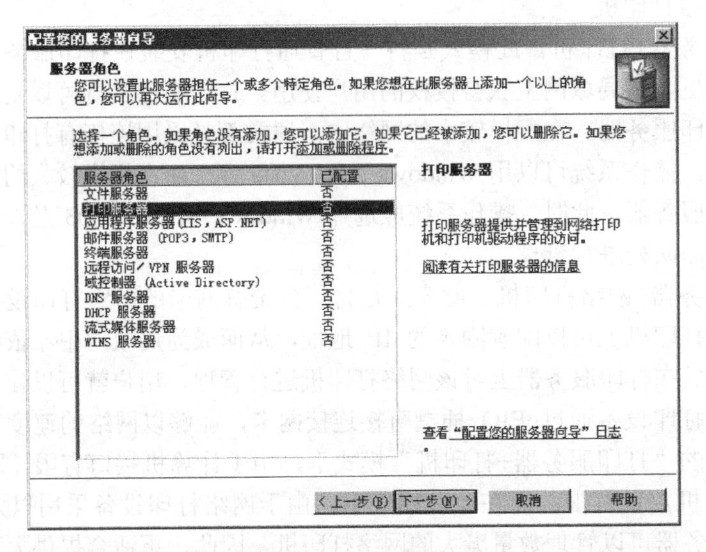

图 6.3　选择服务器角色

（3）单击“下一步”按钮，在“为下列客户端安装打印机”中选择“所有 Windows 客户端”项，为所有的 Windows 客户端安装合适的驱动程序；单击“下一步”按钮，弹出选择总结界面，如图 6.4 所示，查看并确认已选选项，此时，打印机服务器角色已经安装完毕。

2．添加打印机

服务器添加完成打印服务器角色后，就可以为服务器添加打印机，具体步骤如下。

（1）在图 6.4 所示界面中，单击“下一步”按钮，弹出欢迎使用添加打印机向导界面，如图 6.5 所示。

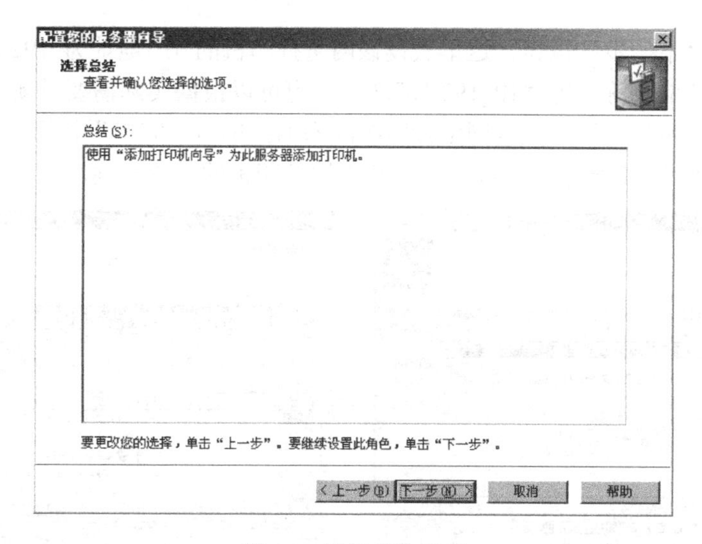

图 6.4　选择总结界面

（2）单击“下一步”按钮，弹出本地或网络打印机界面，如图 6.6 所示，选择“连接到此计算机的本地打印机”并勾选“自动检测并安装即插即用打印机”。

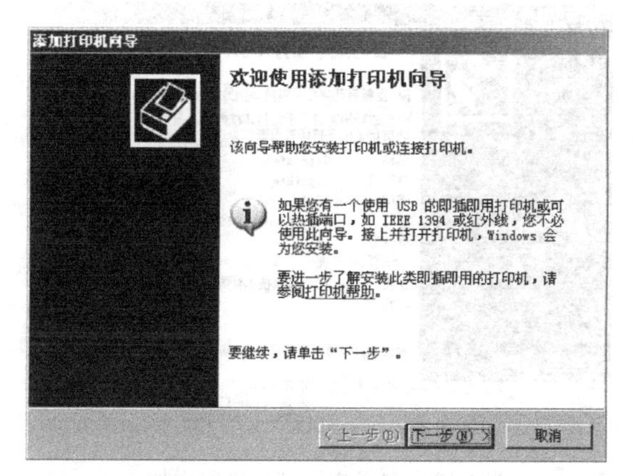

图 6.5　欢迎使用添加打印机向导界面

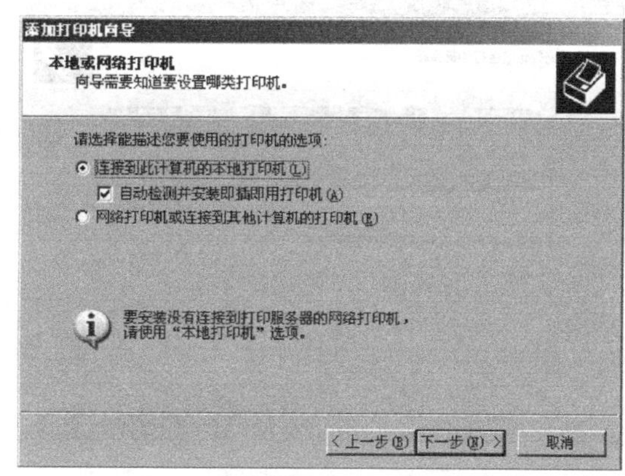

图 6.6　选择打印机连接的方式

（3）单击“下一步”按钮，将对新打印机进行检测，检测完毕将弹出选择打印机端口界面，如图 6.7 所示，需要注意区分使用的是本地打印机还是网络打印机，以下分别进行说明。

若使用的是本地打印机，则选择 LPT1 作为打印机端口，单击“下一步”按钮，弹出安装打印机软件界面，如图 6.8 所示，根据打印机的型号选择相应的打印机驱动程序，也可以选择“从磁盘安装”选择合适的打印机驱动程序进行安装；单击“下一步”按钮，弹出命名打印机界面，如图 6.9 所示，这里将打印机的名称命名为“lnprinter”，并选择打印测试页；单击“下一步”按钮，弹出打印机共享界面，在该对话框中设置是否共享该打印机，并对共享的打印机进行命名，这里选择共享打印机，并命名为“lnprinter”；单击“下一步”按钮，对该打印机的位置和注释进行描述；单击“下一步”按钮，选择是否打印测试页；单击“下一步”按钮，完成该本地打印机的添加，如图 6.10 所示。

若使用的是网络打印机，则在“创建新端口”界面中选择“Standard TCP/IP Port”，如图 6.11 所示；单击“下一步”按钮，弹出如图 6.12 所示的欢迎使用添加标准 TCP/IP 打印机端口向导界面单击“下一步”按钮；这里假设该网络打印机的 IP 地址为 192.168.2.3，端口名可以使用系统默认的名称，即“IP_192.168.2.3”，也可以根据实际需要重新命名，如图 6.13 所示；单击“下一步”按钮，完成网络打印机的添加；单击“完成”按钮，弹出“安装打印机软件”界面，如图 6.8 所示，后续的设置和本地打印机的设置相同。

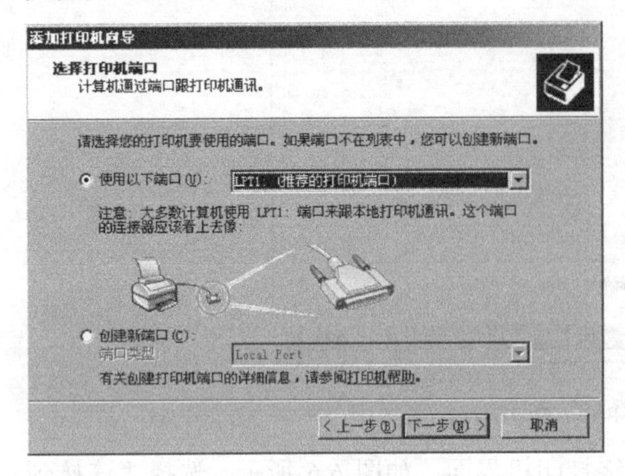

图 6.7　选择打印机的端口

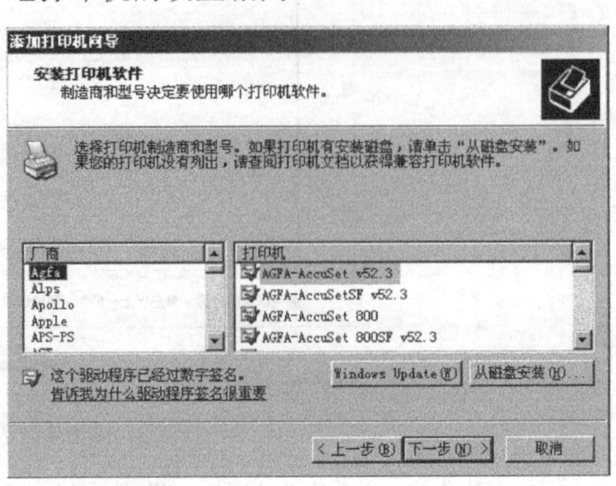

图 6.8　选择打印机的驱动程序

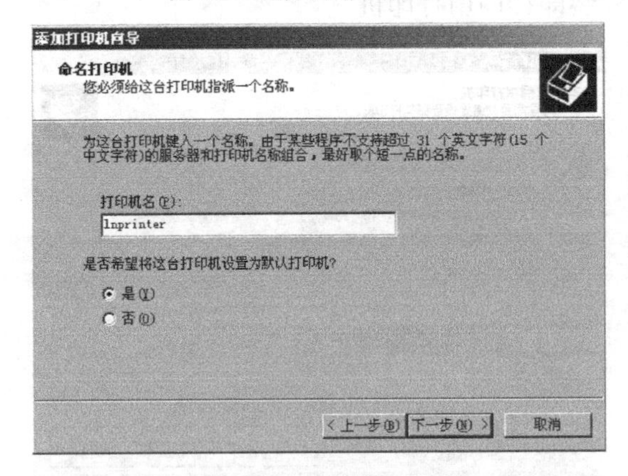

图 6.9　命名打印机

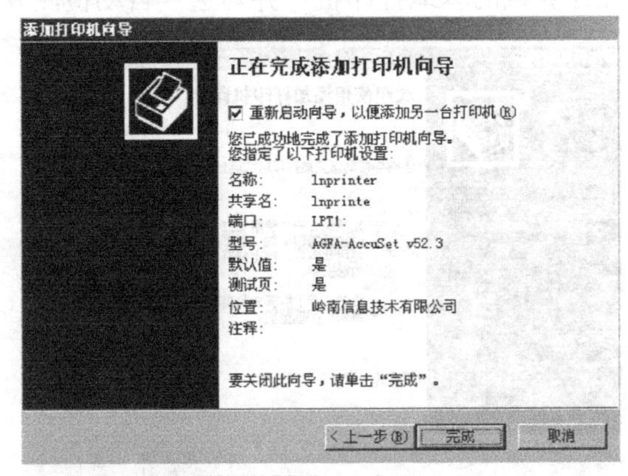

图 6.10　完成本地打印机的添加

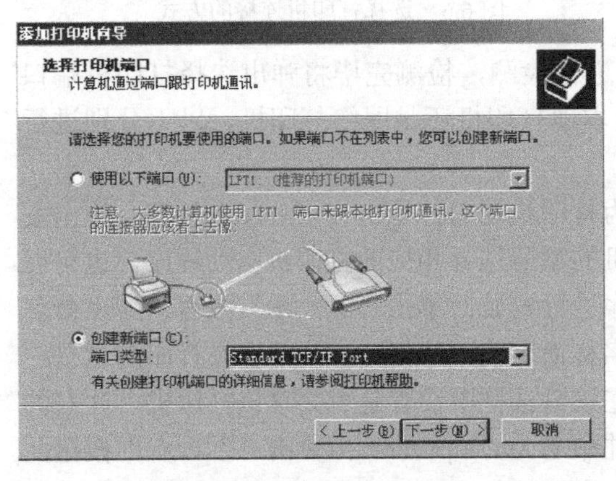

图 6.11　添加网络打印机

图 6.12　“添加标准 TCP/IP 打印端口向导”对话框

（4）打印机添加完毕后，将弹出如图 6.14 所示的界面，表明打印服务器配置成功。

注意：如果与计算机连接的打印机不属于即插即用设备，则建议取消选中“自动检测并安装即插即用打印机”复选框。在图 6.7 所示的对话框中，若打印机与服务器的接口为并口则选择 LPT1 端口；若是 USB 接口，则应选择“创建新端口”中合适的端口。

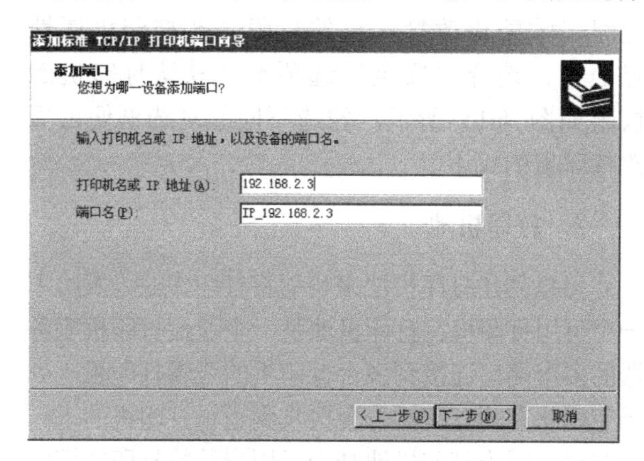

图 6.13　设置 IP 地址及端口名

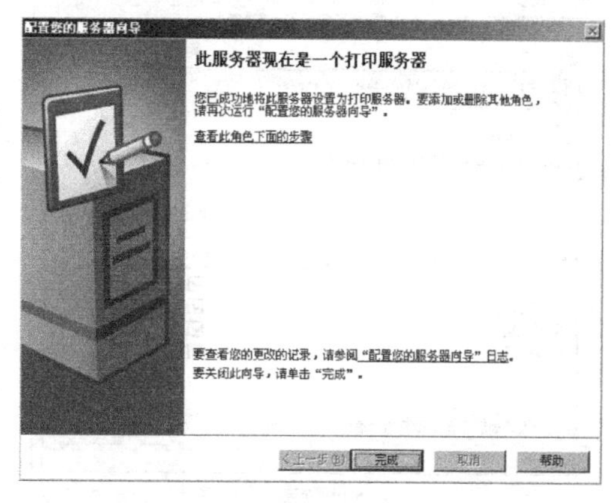

图 6.14　打印服务器配置成功

6.2　任务 2　管理打印服务器

6.2.1　任务知识准备

1. 打印机的权限

打印机安装在网络上后，系统将会为它指派默认的打印机权限。出于安全方面的考虑，需要通过指派特定的打印机权限，来限制某些用户对打印机的访问权。例如，可以给部门中所有用户设置打印权限，给所有管理人员设置打印和管理文档权限。这样，所有用户都可以打印文档，但管理人员还能更改打印机的设置并发送打印状态。

打印机权限有 3 个等级，分别是：打印、管理文档和管理打印机。默认情况下，所有的用户都作为 Everyone 组成员而拥有“打印”权限。如表 6.1 所示列出了不同权限等级的能力。

表 6.1　不同权限等级的能力

打印权限能力	打　印	管理文档	管理打印机
打印文档	√	√	√
暂停、继续、重新启动以及取消用户自己的文档	√	√	√
连接到打印机	√	√	√
控制所有文档的打印作业设置		√	√
暂停、重新启动以及删除全部文档		√	√
共享打印机			√
更改打印机属性			√
删除打印机			√
更改打印机权限			√

在默认情况下，服务器的管理员、域控制器上的打印操作员以及服务器操作员都拥有管理打印机权限。Everyone 组拥有打印权限，而文档的所有者拥有管理文档权限。

要限制对打印机的访问，必须更改用于特定组或用户的打印机权限设置。必须是打印机的所有者或被赋予了管理打印机权限的用户或组，才能更改打印机的权限。在打印机属性界面中，选择“安全”选项卡，默认打印机的权限如图 6.15 所示，勾选不同的复选框便可更改打印机的权限。

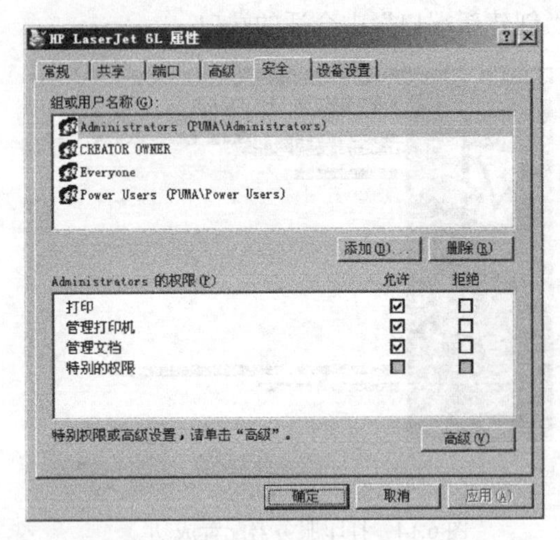

图 6.15　打印机属性的“安全”选项卡

2. 打印机池

可以创建打印机池来自动将打印作业分发给下一个可用打印机。打印机池是一个通过打印机服务器的多个端口连接到多台打印机的逻辑打印机。处于空闲状态的打印机将会接收到逻辑打印机的下一个文档。因为打印机池减少了用户等待打印文档的时间，所以在一个有大量打印作业的网络上非常有用。同时由于可以通过服务器上的同一逻辑打印机来管理多台打印机，所以打印机池也简化了管理工作。打印机池的工作原理如图 6.16 所示。

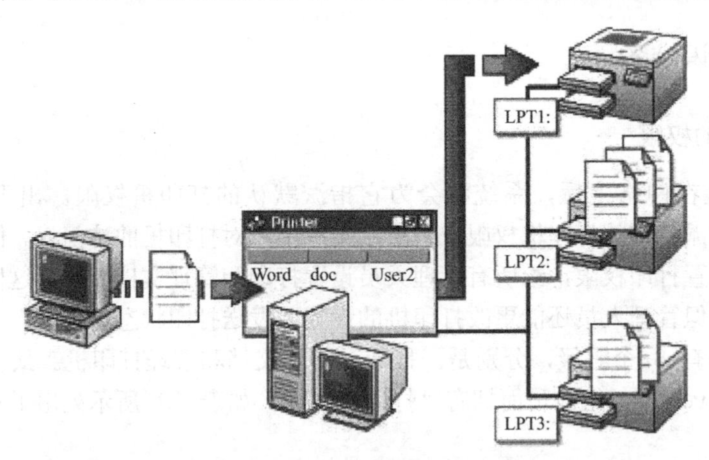

图 6.16　打印机池的工作原理

创建了打印机池后，用户打印文档时不必关心哪台打印机可用。逻辑打印机检查可用端口，将文档按端口的添加顺序发送到端口，并先添加到最快的打印机的端口，这样就确保了将文档先发送到打印机池中打印速度最快的打印机，而不会先将文档发送到打印速度慢的打印机。

创建打印机池的方法：在“打印机和传真”窗口中，用鼠标右键单击要使用的打印机，选择“属性”显示相应打印机属性对话框，选择“端口”选项卡，如图 6.17 所示，选中“启用打印机池”复选框，并在列表中选择打印机池连接的每台打印机的端口，选择一个端口后，单击“确定”即可。

图 6.17　启用打印机池

注意：所有打印机必须使用同一驱动程序，同时，因为用户不知道打印池中的哪台打印机打印给定的文档，故应确保打印池中的所有打印机位于同一位置。

3. 打印机优先级

如果设置了打印机之间的优先级，则在几组文档都打印到同一个打印设备时，可以区分它们的优先次序，如图 6.18 所示。指向同一个打印设备的多个打印机允许用户将重要的文档发送给高优先级的打印机，而将次要文档发送给低优先级的打印机。发送到高优先级打印机的文档会先被打印。

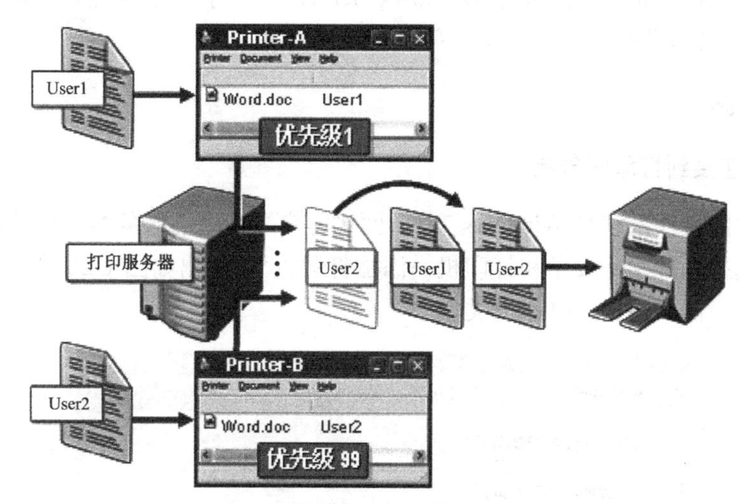

图 6.18　打印机的优先级

要在打印机之间设置优先权，需将多个打印机指向同一个打印设备（即同一个端口），并为每一个与打印设备连接的打印机设置不同的优先级别，然后将不同的用户分配给不同的打印机，或者让用户将不同的文档发送给不同的打印机。打印机的优先级别从最低级 1 至最高级 99。为不同的组设置不同的打印优先级的步骤如下。

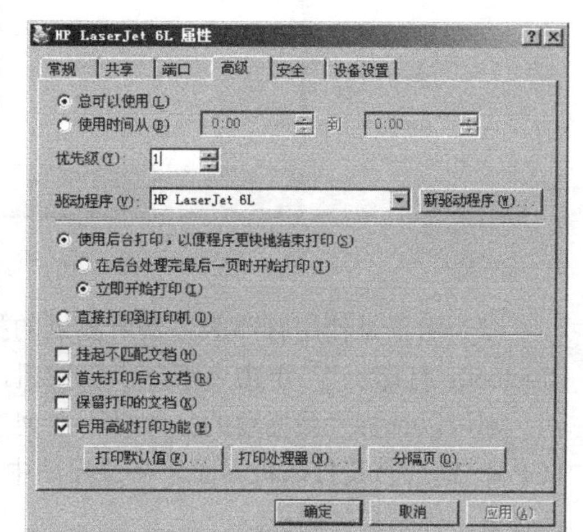

图 6.19　设置打印机的优先级

（1）打开“打印机和传真”。

（2）用鼠标右键单击要设置的打印机，单击“属性”，然后单击“高级”选项卡，如图 6.19 所示。

（3）单击“优先级”旁的向上或向下箭头，然后单击“确定”按钮；或者输入一个优先级（1 为最低级，99 为最高级），然后单击“确定”按钮。

（4）单击“添加打印机”，为同一台物理打印机添加第二台逻辑打印机（步骤略）。

（5）选择第二台打印机，选择“属性”的“高级”选项卡。

（6）在“优先级”中，设置高于第一台逻辑打印机的优先级。

（7）指定普通用户组使用第一个逻辑打印机名，具有较高优先级的组使用第二个逻辑打印机名，并为不同的组设置适当的权限。

4. Internet 打印

局域网、Internet 或内部网中的用户，如果出差在外，或在家中办公，是否需要使用网络中的打印机呢？如果能像浏览网页一样实现 Internet 打印，无疑会给远程用户带来极大的方便，这种方式被称为“Internet 打印”。使用这种打印方式，对于局域网中的用户而言，可以避免登录到“域控制器”的烦琐设置和登录过程，对于 Internet 中的用户而言，基于 Internet 技术的 Web 打印方式是其使用远程打印机的唯一途径。

注意：对于支持 Internet 打印的 Windows Server 2003 打印服务器，打印机所处的计算机必须安装 IIS。具体设置方法将在任务实施中进行说明。

6.2.2 任务实施

1. 客户端连接到打印服务器

假设客户端的操作系统是 Windows 7，下面对客户端连接到服务器的设置进行说明。

（1）依次选择“开始→设备和打印机→添加打印机”，弹出如图 6.20 所示的“添加打印机”对话框，选择需要添加的打印机类型。

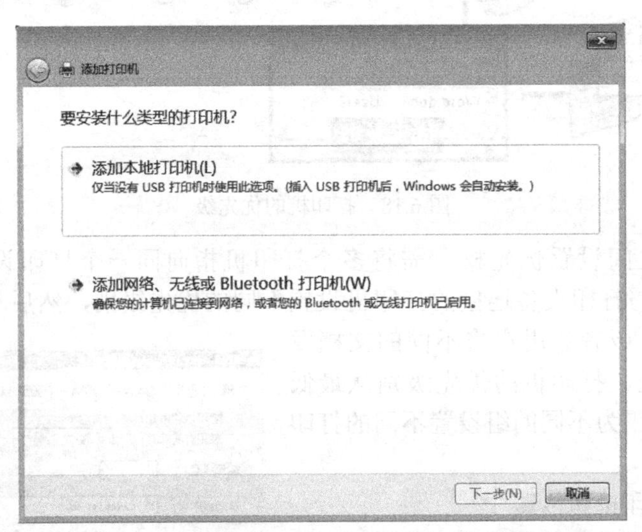

图 6.20 “添加打印机”对话框

（2）由于是使用打印服务器所提供的打印服务，因此，这里选择“添加网络、无线或 Bluetooth 打印机”，单击“下一步”按钮，可以在网络中自动搜索打印机，如果没有检测到，则可以选择“我需要的打印机不在列表中”，此时，将弹出如图 6.21 所示的按名称或 TCP/IP 地址查找打印机界面，在该界面中可以利用浏览的方式从网络添加打印机，也可以直接按名称添加打印机。

（3）单击“下一步”按钮，经过一段时间的等待，就可以成功添加打印机，如图 6.22 所示。

（4）单击“下一步”按钮，弹出如图 6.23 所示界面，在该界面中可以设置该打印机是否为默认打印机、是否打印测试页，单击“完成”按钮，完成客户端连接到打印服务器的设置。

添加打印机
按名称或 TCP/IP 地址查找打印机
浏览打印机(W)
按名称选择共享打印机(S)
\\192.168.2.10\printer
浏览(R)...
示例: \\computername\printername 或
http://computername/printers/printername/.printer
使用 TCP/IP 地址或主机名添加打印机(I)
下一步(N)
取消

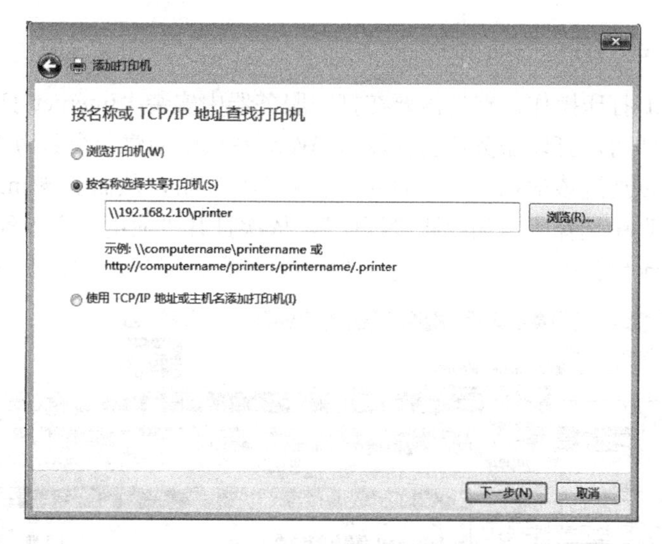

图 6.21　按名称或 TCP/IP 地址查找打印机

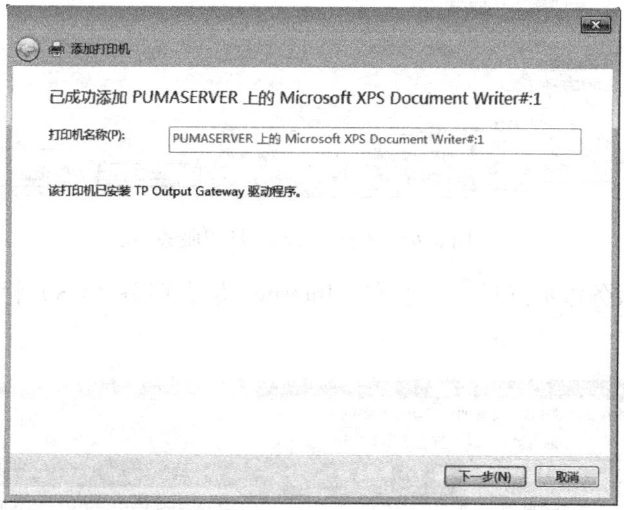

添加打印机
已成功添加 PUMASERVER 上的 Microsoft XPS Document Writer#:1
打印机名称(P):
PUMASERVER 上的 Microsoft XPS Document Writer#:1
该打印机已安装 TP Output Gateway 驱动程序。
下一步(N)
取消

图 6.22　成功添加打印机

添加打印机
您已经成功添加 PUMASERVER 上的 Microsoft XPS Document Writer#:1
设置为默认打印机(D)
若要检查打印机是否正常工作，或者要查看打印机的疑难解答信息，请打印一张测试页。
打印测试页(P)
完成(F)
取消

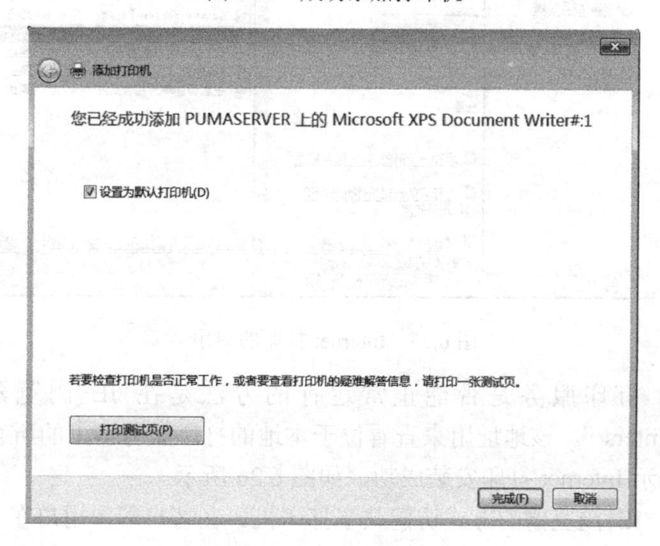

图 6.23　设置打印机

2．配置 Internet 打印

要实现 Internet 打印操作，首先需要在打印服务器中安装“Internet 打印”，然后再执行打印服务器的安装即可。打印服务器将在默认 Web 站点中创建一个名为“Printers”的虚拟目录，远程用户可以通过该虚拟目录访问并安装共享打印机，从而实现 Internet 打印。

在“控制面板”中选择“添加或删除程序”，依次打开“应用程序服务器→Internet 信息服务（IIS）→Internet 打印”，根据提示完成 Internet 打印服务的添加，如图 6.24 所示。

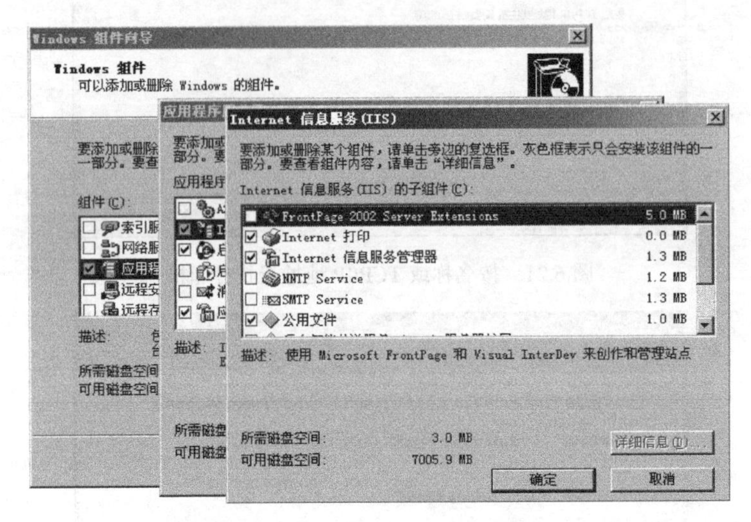

图 6.24　添加 Internet 打印服务

Internet 打印服务添加好后，还要在“Internet 信息服务（IIS）管理器”中启用，如图 6.25 所示。

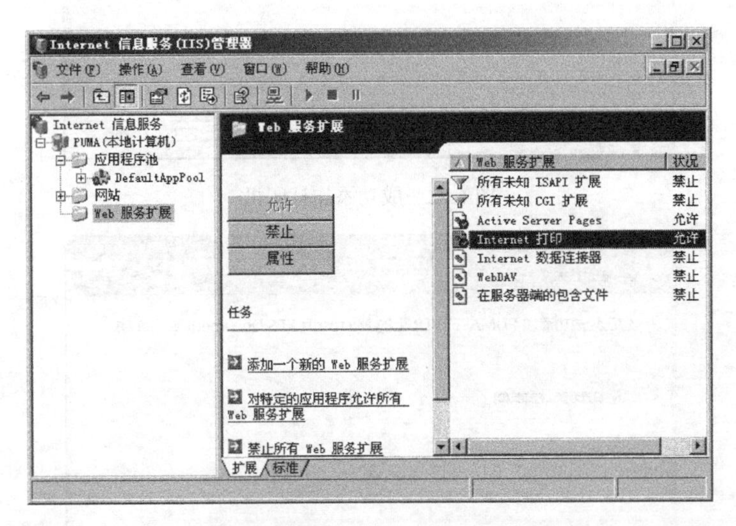

图 6.25　Internet 打印的启用

检验 Internet 打印服务是否能正常运行的方法是在 IE 浏览器的地址栏输入“http://127.0.0.1/printers/”。该地址用来查看位于本地的打印服务器上的所有打印机的列表，如果出现列表，表示 Internet 打印安装成功，如图 6.26 所示。

用户可以通过 IE 浏览器的方式访问共享打印机。在客户端，用户在 IE 浏览器中输入“http://打印服务器的 IP 地址或计算机名/printers/”，按回车键确认，显示所有被共享的打印机，如图 6.27 所示。

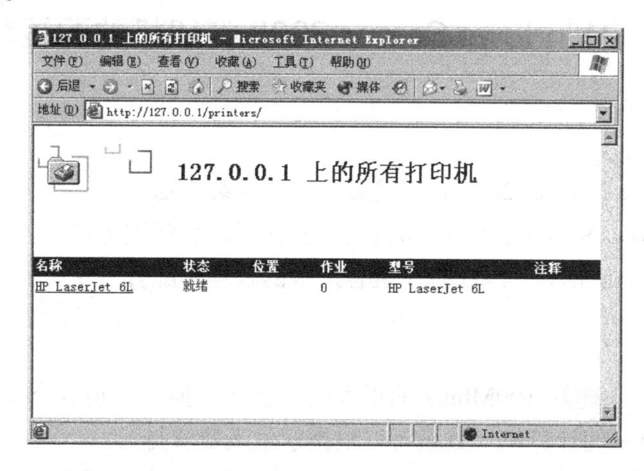

图 6.26　测试 Internet 打印服务

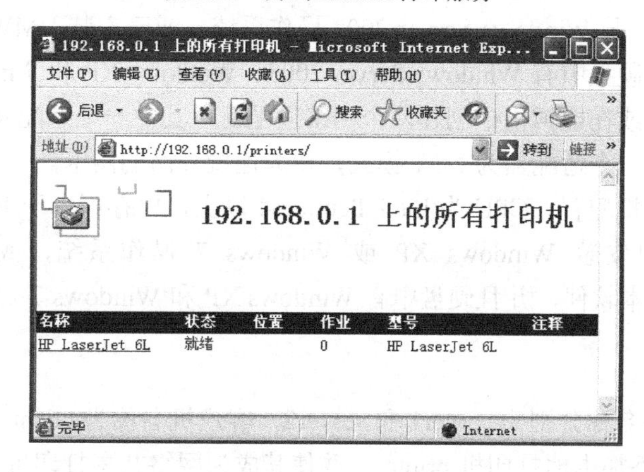

图 6.27　使用 IE 浏览器浏览 Internet 打印机

单击访问的打印机名称，显示出当前打印机的状态、当前打印的文档列表及打印机的相关信息。

如果要安装此 Internet 打印机的客户端，单击打印机操作的“连接”，系统会自动完成 Web 打印机的安装，如图 6.28 所示。安装好的 Internet 打印机如图 6.29 所示，打印文档时与使用本地打印机无任何区别。

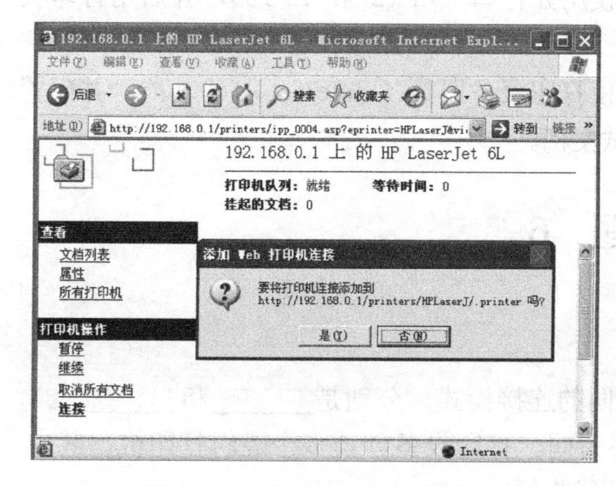

图 6.28　安装 Internet 打印机

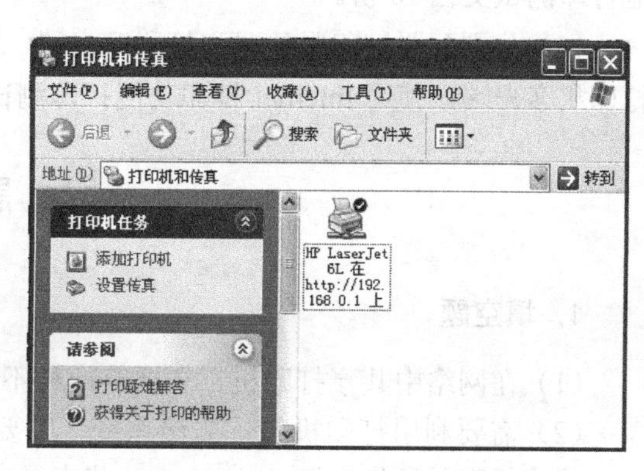

图 6.29　安装好的 Internet 打印机

实训 6　Windows Server 2003 打印机的配置和管理

1．实训目标

（1）掌握 Windows Server 2003 打印机服务器的安装方法。

（2）掌握 Windows Server 2003 打印机服务器的管理和配置方法。

（3）掌握 Windows Server 2003 打印机客户端的管理和配置方法。

2．实训准备

（1）网络环境。已建好 100Mbit/s 的以太网，包含交换机、超五类（或五类）UTP 直通线若干、2 台以上数量的计算机（数量可以根据学生人数安排）。

（2）服务端计算机配置。CPU 为 Intel Pentium4 以上，内存不小于 1GB，硬盘剩余空间不小于 20GB，并已安装 Windows Server 2003 操作系统，或已安装 VMWARE Workstation 9 以上版本软件，并且硬盘中有 Windows Server 2003、Windows XP 和 Windows 7 安装程序，服务器为双网卡配置或在虚拟机中创建两个网络适配器，其中一个适配器为桥接模式，作为连接内网的网卡；另一个适配器为 NAT 模式，作为连接外网的网卡。

（3）客户端计算机配置。CPU 为 Intel Pentium4 以上，内存不小于 1GB，硬盘剩余空间不小于 20GB，并已安装 Windows XP 或 Windows 7 操作系统，或已安装 VMWARE Workstation 9 以上版本软件，并且硬盘中有 Windows XP 和 Windows 7 安装程序。

3．实训步骤

约定两台服务器名称分别为 server1 和 server2，客户机名称为 client。

（1）为 server1 添加本地打印机 printer，并使其成为网络共享打印机。

（2）为 server2 服务器安装打印服务器角色，使其成为打印服务器，并添加一台本地打印机 lnprinter，使其成为网络共享打印机。

（3）在 server2 打印服务器上添加用户“PrinterA”和“PrinterB”，设置 PrinterA 的权限为打印，设置 PrinterB 的打印权限为打印、管理打印机和管理文档，然后，分别设置 PrinterA 的优先级为 1，PrinterB 的优先级为 99。

（4）添加两台打印机到打印机池中，分别使用并行口（LPT2 和 LPT3），并启用打印机池打印测试文档 10 份。

（5）分别配置打印服务器和打印客户端，使打印服务器具备 Internet 打印功能，并配置打印机客户端，使用 Internet 打印功能打印测试文档。

习　题　6

1．填空题

（1）在网络中共享打印机，主要有两种不同的连接模式，分别是________和________。

（2）需要利用打印机的优先级系统，需要为同一打印设备创建多个逻辑打印机，其中________代表最低优先级，________代表最高优先级。

（3）在默认情况下，“管理打印机”的权限将会指派给____________________、____________________和________________。

2．简答题

（1）简述打印机、打印设备和打印服务器的区别。
（2）什么是 Internet 打印？如何设置？
（3）打印机权限有哪几个等级？它们各有什么具体权限？

项目 7　架设 DNS 服务器

【项目情景】

岭南信息技术有限公司要为北京一家专门收购和销售各类有机食品的公司做一个网络方案，即公司要做一个自己的网站来方便员工、供货商、消费者各方面的协作。例如，供货商可以实时把自己的有机食品的名称、产地、种植过程、数量等相关资料发布到公司网页上，消费者可以随时登录公司网站了解和选购有机食品。该公司已经配置好了 FTP、WWW 等信息服务，但需要通过 IP 地址的方式来进行访问，由于 IP 地址不便记忆，那么，除了 IP 地址，还可以通过什么方式来访问公司网站呢？如何给公司网站起一个容易记忆的网名，又如何让人们通过这个网名登录公司网站呢？

【项目分析】

（1）给公司网站起一个容易记忆的域名。

（2）增设一台 DNS 服务器以提供域名解析服务。

【项目目标】

（1）理解 DNS 的概念、域名解析的原理。

（2）学会 DNS 服务器和客户端的配置。

（3）学会根据应用需求配置 DNS 服务。

【项目任务】

任务 1　DNS 服务器配置

任务 2　区域及主机记录的创建

任务 3　反向查找区域及其他记录的创建

任务 4　DNS 客户端的设置及测试

任务 5　DNS 的高级英语

任务 6　DNS 的故障排除

7.1　任务 1　DNS 服务器配置

7.1.1　任务知识准备

1. DNS 概述

在互联网上浏览网站时，大都使用便于用户记忆的称为主机名的友好名字。例如，网易的主机名为“www.163.com”，用户在访问网易的时候一般用“www.163.com”访问，而很少人使用其 IP 地址去访问。用户计算机使用“www.163.com”来访问网易的网站时，必须先设法找到该服务器相应的 IP 地址，客户与服务器之间仍然是通过 IP 地址进行连接的。用于存储 Web 域名和 IP 地址，并接受客户查询的计算机，称为 DNS 服务器。

DNS（Domain Name System）即域名系统，是 Internet 上计算机命名的规范。DNS 服务器把计算机的名字（主机名）与其 IP 地址相对应。而 DNS 客户则可以通过 DNS 服务器，由计算机的主机名查询到 IP 地址，或者相反地，由 IP 地址查询到主机名。DNS 服务器提供的这种服务称为域名解析服务。

DNS 是在 Internet 和 TCP/IP 网络中广泛使用的、用于提供名字登记和名字到地址转换的一组协议和服务。DNS 服务免除了用户记忆枯燥的 IP 地址的烦恼，可以使用具有层次结构的“友好”名字来定位本地 TCP/IP 网络和 Internet 上的主机及其资源。DNS 通过分布式名字数据库系统，为管理大规模网络中的主机名和相关信息提供了一种稳健的方法。

2. DNS 的域名结构

DNS 包括命名的方式和对名字的管理。DNS 的命名系统是一种称为域名空间（Domain Name Space）的层次性的逻辑树形结构。犹如一棵倒立的树，树根在最上面。域名空间的根由 Internet 域名管理机构 InterNIC 负责管理。InterNIC 负责划分数据库的名字信息，使用名字服务器（DNS 服务器）来管理域名，每个 DNS 服务器中有一个数据库文件，其中包含了域名树中某个区域的记录信息。

Internet 将所有联网主机的名字空间划分为许多不同的域。根域（Root）下是最高一级的域，再往下是二级域、三级域，最高一级的域名称为顶级（或称一级）域。例如，域名“www.south.contoso.com”中，“com”是一级域名，“contoso”是二级域名，“south”是三级域名，也称子域域名，而“www”是主机名。各级域名的说明及范例如表 7.1 所示，DNS 的层次结构如图 7.1 所示。

表 7.1　各级域名的说明及范例

名称类型	说　明	范　例
根域	该名称位于域层次结构的最高层。在 DNS 域名中使用时，它有尾部句点	“www.contoso.com”
顶级域	由两三个字母组成的名称用于表示国家（地区）或使用名称的单位类型	“.com”表示在 Internet 上从事商业活动的公司的名称
二级域	在 Internet 上使用而注册到个人或单位的长度可变名称。这些名称始终基于相应的顶级域，这取决于单位的类型或使用的名称所在的地理位置	“contoso.com”是由 Internet DNS 域名注册人员注册到 Microsoft 的二级域名
子域	单位可创建的其他名称。这些名称从已注册的二级域名中派生	“south.contoso.com”是由 contoso 指派的虚拟子域，用于文档名称范例中
主机或资源名称	代表名称的 DNS 树中的末端结点而且标识特定资源的名称。DNS 域名最左边的标号一般标识为网络上的特定计算机	“www.south.contoso.com”中的第一个标号“www”是网络上特定计算机的 DNS 主机名

如图 7.1 所示，FQDN（Fully Qualified Domain Name）称为完全合格的域名，也称为完整域名，“www.south.contoso.com”即为完整域名。

DNS 域名是按组织来划分的，Internet 中最初规定的一级域名有 7 个，其中，“com”代表商业机构，“edu”代表教育机构，“mil”代表军事机构，“gov”代表政府部门，“net”代表提供网络服务的部门，“org”代表非商业机构；还有 200 多个代表国家或者地区的顶级域名，如“cn”代表中国。此外，ICANN 分别在 2000 年和 2005 年新增了多个域名，例如，“info”代表提供信息服务的单位，“biz”代表公司，“name”代表个人，“pro”代表专业人士，“museum”代表博物馆，“coop”代表商业合作机构，“aero”代表航空业，“jobs”代表

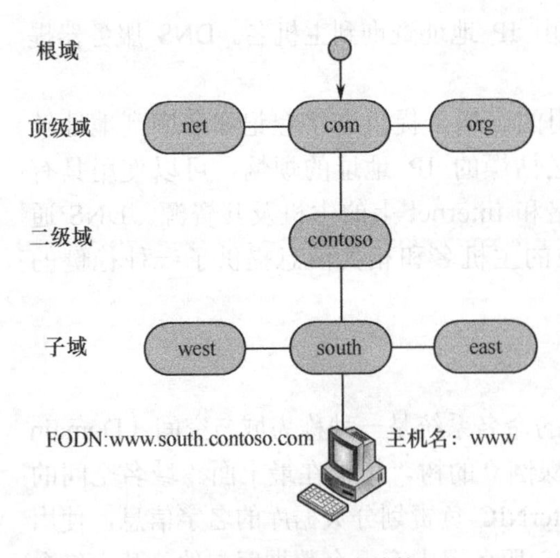

图 7.1 DNS 的层次结构

求职网站，“mobi”代表移动电话设备网站，“xxx”代表色情网站等。

一般情况下，域名可以向提供域名注册服务的网站进行在线申请。例如，可以在中国互联网络信息中心（CNNIC）的网站（http://www.cnnic.net.cn）查看并注册域名。企业如果需要部署自己的 DNS 服务器、需要安装 Active Directory 或希望 Internet 用户对企业内部计算机进行访问时，必须架设 DNS 服务器。

3. DNS 的工作过程

Internet 各级域中，都有相应的 DNS 服务器记录着域中计算机的域名和 IP 地址。如果要想通过域名访问某台计算机，则访问者的计算机必须通过查询域中的 DNS 服务器，得知被访问计算机的 IP 地址，这样才能实现。这时候，对于 DNS 服务器而言，访问者的计算机称为 DNS 客户端。

（1）DNS 域名的解析方式。DNS 客户端向 DNS 服务器提出查询，DNS 服务器做出响应的过程称为域名解析。

① 正向解析与反向解析。DNS 客户端向 DNS 服务器提交域名查询 IP 地址，或者 DNS 服务器向另一台 DNS 服务器（提出查询的 DNS 服务器相对而言也是 DNS 客户端）提交域名查询 IP 地址，DNS 服务器做出响应的过程称为正向解析。

反过来，如果 DNS 客户端向 DNS 服务器提交 IP 地址而查询域名，DNS 服务器做出响应的过程则称为反向解析。

② 递归查询与迭代查询。根据 DNS 服务器对 DNS 客户端的不同响应方式，域名解析可分为两种类型：递归查询和迭代查询。

A．递归查询：最简单的 DNS 查询类型是递归查询。在一个递归查询中，服务器会发送返回客户请求的信息，或者返回一个指出该信息不存在的错误消息。DNS 服务器不会尝试联系别的服务器以获取信息。例如，客户机需要查询“www.contoso.com”所对应的 IP 地址，本地 DNS 服务器接到客户端的 DNS 请求后，返回“www.contoso.com”所对应的 IP 地址“172.16.1.1”给客户端，查询过程如图 7.2 所示。

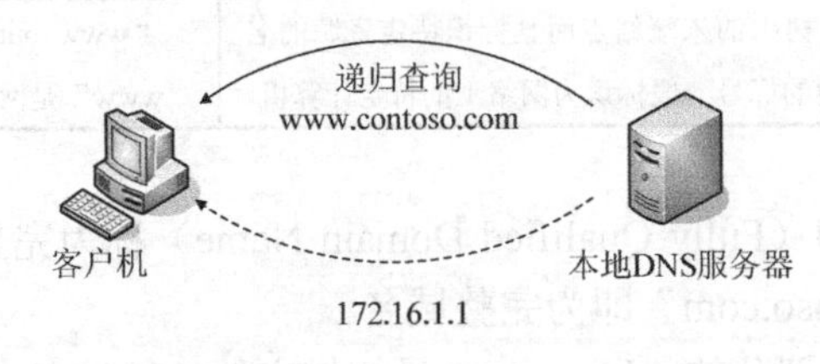

图 7.2 递归查询

B．迭代查询：在迭代查询中，名字服务器返回它们具有的最好的信息。虽然一个 DNS 服务器可能不知道某个友好名字的 IP 地址，但它可能知道要找的 IP 地址的名字服务器的 IP 地址，所以它将信息发回。一个迭代查询的响应就像一个 DNS 服务器说：“我不知道你找的 IP 地址是多少，但是我知道位于 10.1.2.3 的域名服务器，可以告诉你。”

以下是一个本地名字服务器使用迭代查询为一个客户解析地址的示例，如图 7.3 所示。

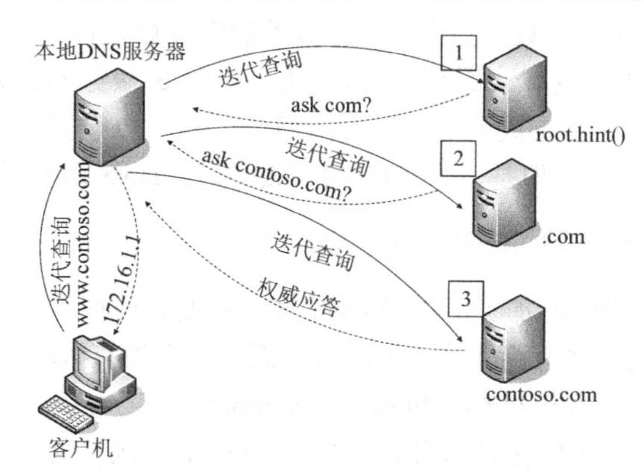

图 7.3　迭代查询

（a）本地名字服务器（DNS 服务器）从一个客户系统接收到一个要对友好名字（如 www.contoso.com）进行域名解析的请求。

（b）本地名字服务器检查自己的记录。如果找到地址，就返回给客户；如果没有找到，本地名字服务器继续下面的步骤。

（c）本地名字服务器向根（Root）名字服务器发送一个迭代请求。

（d）根名字服务器为本地服务器提供顶级名字服务器（如.com、.net 等）的地址。

（e）本地服务器向顶级名字服务器发送一个迭代查询。

（f）顶级名字服务器向本地域名服务器回答管理友好名字（如 contoso.com）的域名服务器的 IP 地址。

（g）本地名字服务器向友好名字的名字服务器发送一个迭代查询。

（h）友好名字的名字服务器提供查找的友好名字（www.contoso.com）的 IP 地址。本地名字服务器将这个 IP 地址传给客户。

看上去很复杂，但处理过程在瞬间完成。或者如果地址没有找到，就会返回给客户一个“404”错误信息。

③ DNS 反向查询。反向查询是依据 DNS 客户端提供的 IP 地址，来查询该 IP 地址对应的主机域名。实现反向查询必须在 DNS 服务器内创建一个反向查询的区域，在 Windows Server 2003 的 DNS 服务器中，该区域名称的最后部分为“in-addr.arpa”。

一旦创建的区域进入到 DNS 数据库中，就会增加一个指针记录，将 IP 地址与相应的主机名相关联。换句话说，当查询 IP 地址为“192.168.1.1”的主机时，解析程序将向 DNS 服务器查询“1.1.168.192.in-addr.arpa”的指针记录。如果该 IP 地址在本地域之外时， DNS 服务器将从根开始顺序地解析结点，直到找到“1.1.16.172.in-addr.arpa”。

当创建反向查询区域时，系统就会自动为其创建一个反向查询区域文件。

（2）缓存与生存时间。在 DNS 服务器处理一个递归查询的过程中，可能需要发出多个查询请求以找到所需的数据。DNS 服务器允许对此过程中接收到的所有信息进行缓存。当 DNS 服务器向其他 DNS 服务器查询到 DNS 客户端所需要的数据后，除了将此数据提供给 DNS 客户端外，还将此数据保存一份到自己的缓存内，以便下一次有 DNS 客户端查询相同数据时直接从缓存中调用。这样就加快了处理速度，并能减轻网络的负担。保存在 DNS 服务器缓存中的数据能够存在一段时间，这段时间称为生存时间 TTL。另外，掉电后缓存中的数据当然也会丢失。

TTL 的长短可以在保存该数据的主要名称服务器中进行设置。当 DNS 服务器将数据保存到缓存后，TTL 就会开始递减。只要 TTL 变为 0，DNS 服务器就会将此数据从缓存中抹去。在设置 TTL 的值时，如果数据变化很快，TTL 的值可以设置得小一些，这样可以保证网络上数据更好地保持一致。但是，当 TTL 的值太小时，DNS 服务器的负载就会增加。

4．Windows Server 2003 中 DNS 的新特性

在 Windows Server 2003 增加了新的 DNS 特性。主要表现在以下几个方面。

（1）DNS 根存区域。这个特性简化了区域委派。一个根存区域（Stub Zone）包含了与一个子区域关联的“起始授权机构（Start of Authority，SOA）”和“名称服务器（Name Server，NS）”记录，同时还包含名称服务器的“主机 A 记录（又称为主机记录）”。然后，存档区域会定时检查子区域，并在 NS 记录发生更新的前提下取回更新，这样就避免了人工更新记录的麻烦。

（2）条件转发。这个特性允许一个名称服务器根据客户端查询中指定的域来选择转发器，而不是将所有的区域外的查询都转发给一个 DNS 服务器。

（3）IPv6 主机地址。IPv6 主机地址使用的是 128 位的地址空间，Windows Server 2003 的 DNS 支持包含了 IPv6 地址的 AAAA 主机资源记录。

当然，还有许多更新是从 Windows 2000 Server 延伸过来的。这些更新主要包括如下几个方面。

（1）服务定位器（Service Locator，SRV）记录。许多服务都需要通过一种方式来“公布”它们的存在，使客户端能够找到它们。Windows Server 2003 支持 SRV 记录。SRV 记录可以指定一个服务名称、协议（TCP 或 UDP）、端口号以及所在的服务器。SRV 记录主要用于 Active Directory 环境。

（2）Active Directory 集成区域。DNS 资源记录可以存储在 Active Directory 中，并由运行 DNS 的任何域控制器来更新，这样可以避免标准 DNS 中因为只有一个主服务器而产生的瓶颈。

（3）安全 DNS 更新。动态 DNS 更新可以只限于受信任的客户端，这样能防止黑客在一个区域中填充错误的资源记录，并将用户或用户数据发送到不安全的地方。只有 Active Directory 集成的区域支持安全动态更新功能。如果配置不同的区域类型，首先更改此区域类型并将其集成到区域中，然后才能进行安全的 DNS 更新。动态更新是对 DNS 标准符合 RFC 的扩展。RFC 2136 的“域名系统中的动态更新（DNS Update）”部分定义了 DNS 更新过程。

7.1.2 任务实施

DNS 服务器是基于 TCP/IP 通信协议的，所以在安装 DNS 之前必须确保已安装了 TCP/IP，对于 Windows Server 2003 而言，如果要负担域控制器的角色，必须安装 DNS 服务器。

在 Windows Server 2003 中可以通过以下的方式安装 DNS 组件。

（1）选择“开始→设置→控制面板→添加/删除程序”，在出现的对话框中单击“添加/删除 Windows 组件”项，出现“Windows 组件向导”对话框，如图 7.4 所示。

（2）选择“组件”列表中的“网络服务”选项，然后单击“详细信息”按钮，出现“网络服务”对话框，如图 7.5 所示。

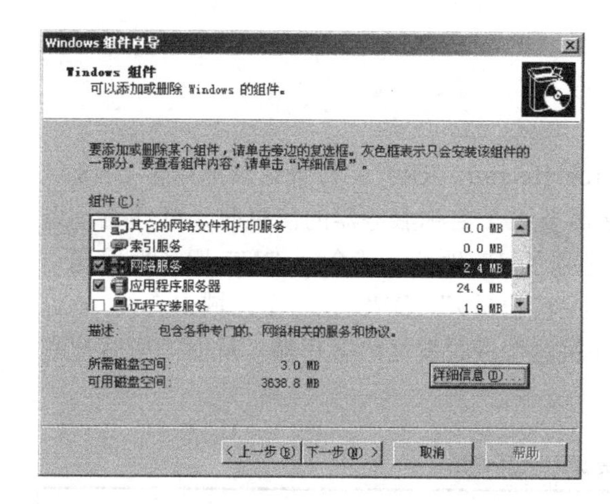

图 7.4 “Windows 组件向导”对话框

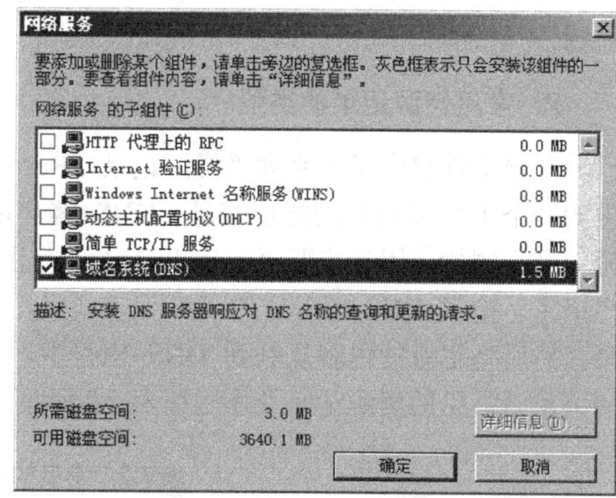

图 7.5 “网络服务”对话框

（3）在列表中选择“域名系统（DNS）”复选框，单击“确定”按钮，返回“Windows 组件向导”对话框。

（4）单击“下一步”按钮，系统从安装盘复制所需的文件。

安装结束后，在鼠标选择“开始→程序→管理工具”的下一级子菜单中将会多出一个名为“DNS”的项，说明 DNS 服务器已成功地安装。同时，将会创建“%Systemroot%\system32\dns”文件夹。该文件夹中保存了与 DNS 运行有关的文件，如缓存文件（Cache.DNS）、DNS 配置文件、日志文件及备份文件夹等。

7.2 任务 2 区域及主机记录的创建

7.2.1 任务知识准备

当 DNS 服务器安装后，还需要在其中创建区域和区域文件，以便将位于该区域内的主机数据添加到区域文件中。

1. Windows Server 2003 的区域类型

Windows Server 2003 支持的区域类型分别是：主要区域、辅助区域、活动目录集成区域和根存区域。

（1）主要区域。主要区域保存的是该区域所有主机数据的原始信息（正本），该区域文件采用标准的 DNS 格式，一般为文本文件。当在 DNS 服务器内创建一个主要区域和区域文件后，这个 DNS 服务器就是这个区域的主要名称服务器。

（2）辅助区域。辅助区域保存的是该区域内所有主机数据的复制文件（副本），该副本文件是从主要区域复制过来的。保存此副本数据的文件也是一个标准的 DNS 格式文本文件，而且是一个只读文件。当在一个区域内创建一个辅助区域后，这个 DNS 服务器就是这个区域的辅助名称服务器。

（3）活动目录集成区域。在活动目录集成的区域内，区域的主机数据保存在域控制器的活动目录（Active Directory）中，同时该数据文件会复制到网络中其他的域控制器中，进而提高了安全性和集成性。

（4）根存区域。创建包括名称服务器（Name Server，NS）、授权启动（Start Of Authority，SOA）及主机（Host，H）记录的区域副本，含有根存区域的服务器无权管理该区域。

2．常见资源记录的类型

区域文件包含了一系列“资源记录（Resource Record，RR）”。每条记录都包含DNS域中的一个主机或服务的特定信息。DNS客户端需要一个名称服务器的信息时，就会查询资源记录。例如，用户需要“www.linite.com”服务器的IP地址，就会向DNS服务器发送一个请求，检索DNS服务器的“A记录（又称为主机记录）”。DNS在一个区域中查找A记录，然后将记录的内容复制到DNS应答中，并将这个应答发送给客户端，从而响应客户端的请求。常见的资源记录及作用如表7.2所示。

表7.2　常见的资源记录及作用

名　称	作　用
SOA	开始授权记录，记录该区域的版本号，用于判断主要服务器和次要服务器是否进行复制
NS	名称服务器记录，定义网络中其他的DNS名称服务器
A	主机记录，定义网络中的主机名称，将主机名称和IP地址对应
PTR	指针记录，定义从IP地址到特定资源的对应，用于方向查询
CNAME	别名记录，定义资源记录名称的DNS域名，常见的别名是“WWW”、“FTP”等。如网易的域名是“www.cache.split.netease.com”，别名是“www.163.com”
SRV	服务记录，指定网络中某些服务提供商的资源记录，主要用于标识Active Directory域控制器
MX	邮件交换记录，指定邮件交换主机的路由信息

DNS服务器区域创建完成后，还需要添加主机记录才能真正实现DNS解析服务。也就是必须为DNS服务添加与主机名和IP地址对应的数据库，从而将DNS主机名与其IP地址一一对应起来。这样，当输入主机名时，就能解析成对应的IP地址并实现对相应服务器的访问。

主机记录，也称为A记录，用于静态建立主机名与IP地址之间的对应关系，以便提供正向查询服务。因此，需要为FTP、WWW、MAIL、BBS等服务分别创建一个A记录，才能使用主机名对这些服务进行访问。

7.2.2　任务实施

1．主要区域的创建

在一个DNS服务器中可以通过以下的方法创建主要区域。

（1）选择“开始→程序→管理工具→DNS”，打开DNS窗口。

（2）在窗口中选取DNS服务器树中的“正向查找区域”，单击鼠标右键，在出现的快捷菜单中选择“新建区域”，出现“新建区域向导”对话框，如图7.6所示。

（3）单击“下一步”按钮，出现如图7.7所示的界面，分别显示了3种类型的区域特点。选择“主要区域”项，并单击“下一步”按钮。

（4）当出现如图7.8所示的界面时，在“区域名称”下面的文本框中输入需要创建区域的名称，如“linite.com”。

（5）单击“下一步”按钮，出现区域文件界面。DNS区域名称的信息及主机记录均保存在区域文件中，这样就可以在不同的DNS服务器之间复制区域的信息。默认的文件名称是区域名称，扩展名为.dns。如果要使用区域内已有的区域文件，可以先选择“使用此现存文件”项，然后将该现存的文件复制到“%SystemRoot%\system32\dns”文件夹中。

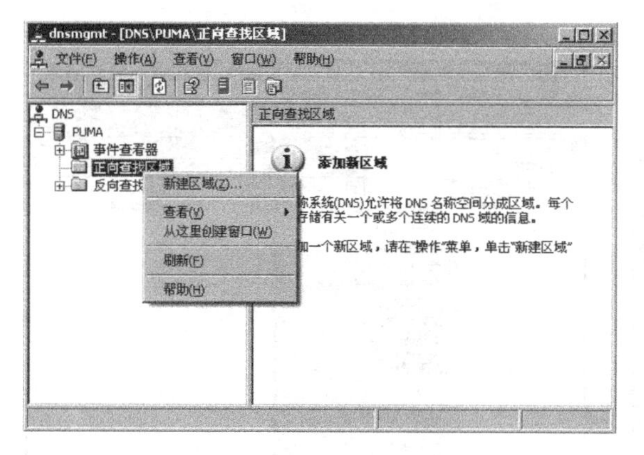

图 7.6 “新建区域向导”对话框

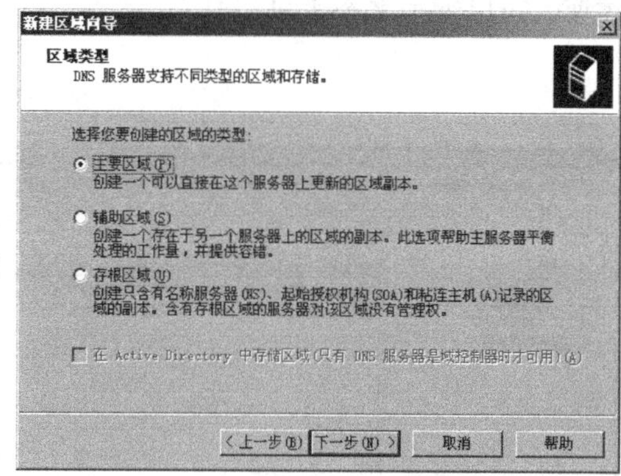

图 7.7 区域类型界面

（6）单击“下一步”按钮，出现“动态更新”界面。虽然 DNS 区域的动态更新可以让网络中的计算机将其资源记录自动在 DNS 服务器中更新，但不受信任的来源也可以自动更新，将给安全带来了隐患。如果企业内部网没有连接到其他的网络，在确保安全的前提下，可以运行非安全的及安全的自动更新。如果网络并不安全，则设置不允许动态更新。这里选择“不允许动态更新”，如图 7.9 所示。

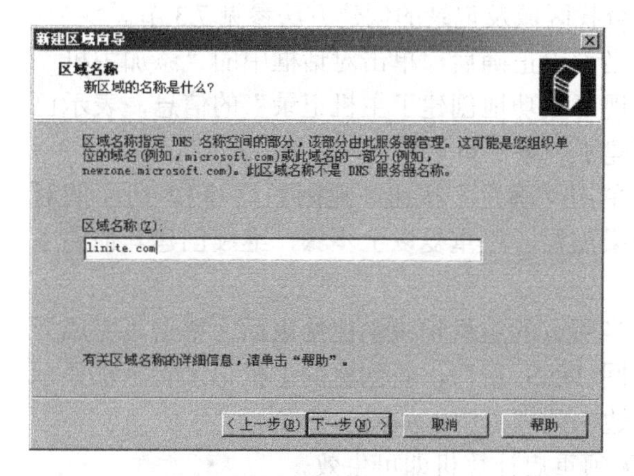

图 7.8 输入区域名称

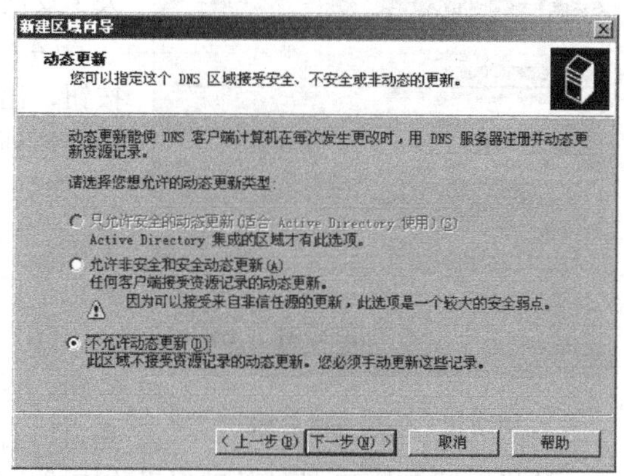

图 7.9 动态更新界面

（7）单击“下一步”按钮，出现“正在完成新建区域向导”对话框，在该对话框中对设置进行确认，无误后单击“确定”完成设置，返回 DNS 窗口，新建的区域 linite.com 将显示在窗口中，如图 7.10 所示。

2. 在主要区域内创建记录

下面介绍在 linite.com 区域中创建 WWW 主机记录的方法。

（1）选择“开始→程序→管理工具→DNS”，打开相应窗口。

（2）在 DNS 窗口中选择已创建的主要区域 linite.com，单击鼠标右键，在出现的快捷菜单中选择“新建主机”，如图 7.11 所示。

（3）在出现的对话框的“名称（如果为空则使用其父域名称）”下方文本框中输入网络中某主机的名称“WWW”，在“IP 地址”下方的文本框中输入该主机对应的 IP 地址，本例为“192.168.0.100”，如图 7.12 所示。那么，该计算机的域名就是“www.linite.com”，当用户在 Web 浏览器中输入“www.linite.com”时，IP 地址将被解析为“192.168.0.100”。根据需要，可以添加多个主机记录。

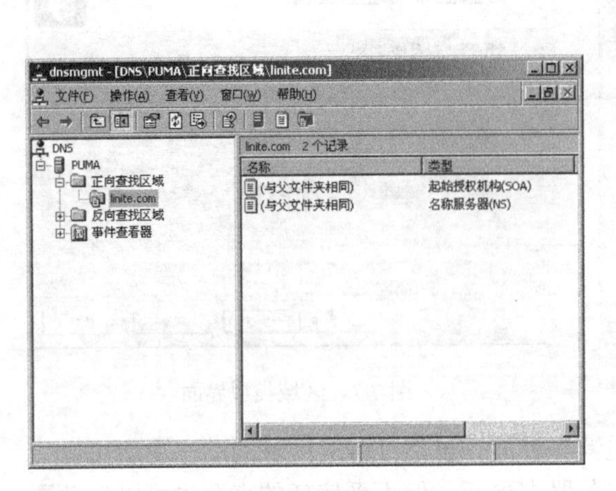

图 7.10 DNS 的配置主界面

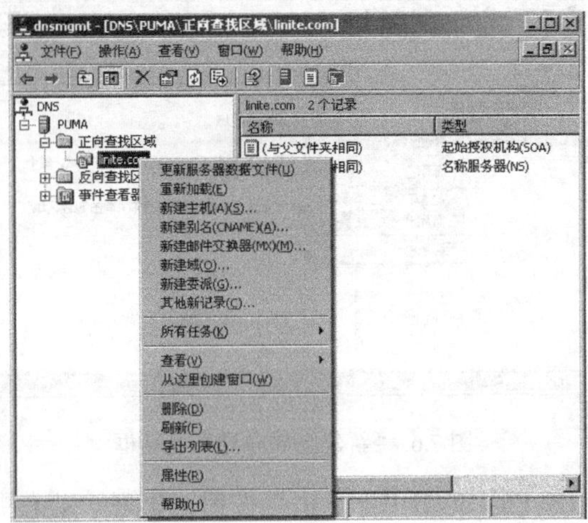

图 7.11 选择“新建主机”项

如果所创建的这一条主机记录要提供反向查询的服务功能时，可选取对话框中的“创建相关的指针（PTR）记录”复选框，如图 7.12 所示。关于反向查找区域及记录的创建方法参见 7.3 节。

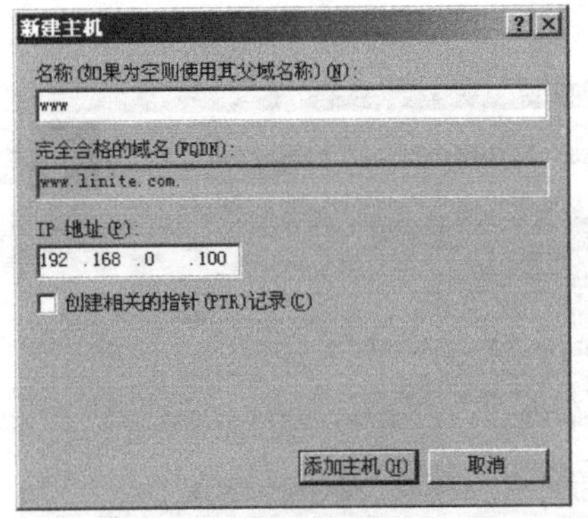

图 7.12 创建主机名称

（4）当设置正确后，单击对话框中的“添加主机”按钮，出现“成功地创建了主机记录”的信息，表示已成功地创建了一条主机记录。

（5）单击“确定”按钮，返回如图 7.12 所示的对话框。如果需要，可重复以上步骤，继续创建其他的主机记录。

（6）当所有的主机记录创建结束后，单击“完成”按钮，返回 DNS 窗口，新创建的主机记录将全部显示在窗口右边的列表框中，如图 7.13 所示。

这样，域名与 IP 地址的映射操作完成，无须重启计算机即可生效。

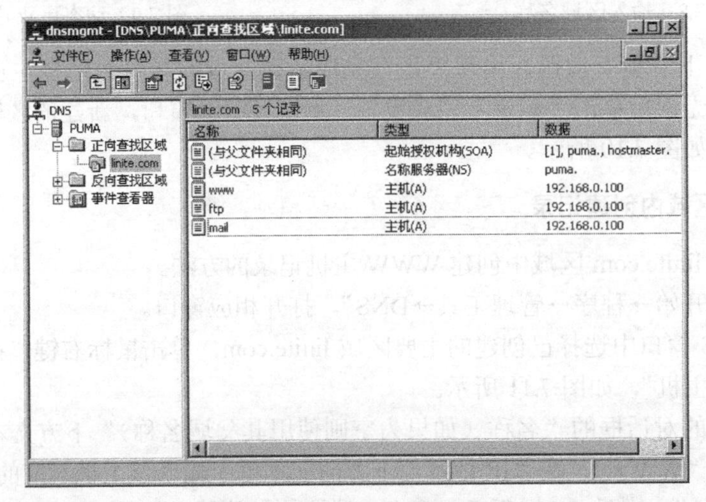

图 7.13 创建好的主机记录

7.3 任务 3　反向查找区域及其他记录的创建

7.3.1　任务知识准备

通过主机名查询 IP 地址的过程称为正向查询。反过来，通过 IP 地址查询主机名的过程称为反向查询。反向查找区域可以实现 DNS 客户端利用 IP 地址来查询其主机名的功能。反向查询并不是必须的，可以在需要的时候创建。

反向查找区域同样提供了 3 种类型：主要区域、辅助区域和根存区域。反向查找区域是用网络 ID 来定义区域的。如“192.168.0.100/24”对应的网络 ID 为“192.168.0.0”，即该 IP 地址对应的网络号。反向查找区域信息及记录是保存在一个文件中，默认的文件名称是网络 ID 的倒序形式，然后加上“in-addr.arpa”，扩展名为“.dns”。该文件保存在“%Systemroot%\system32\dns”文件夹中。下面介绍反向查找区域及相关记录的创建。

7.3.2　任务实施

1．创建反向查找区域

（1）在 DNS 控制台树中选取“反向查找区域”项，单击鼠标右键，在出现的快捷菜单中选择“新建区域”菜单项。出现“新建区域向导”欢迎对话框，直接单击“下一步”按钮。

（2）在“区域类型”的对话框中，选择“主要区域”。

（3）单击“下一步”按扭，在出现的对话框的“网络 ID”下方输入网络地址“192.168.0”，这时它会自动显示在“反向查找区域名称”的下方，显示为“0.168.192.in-addr.arpa”，如图 7.14 所示。

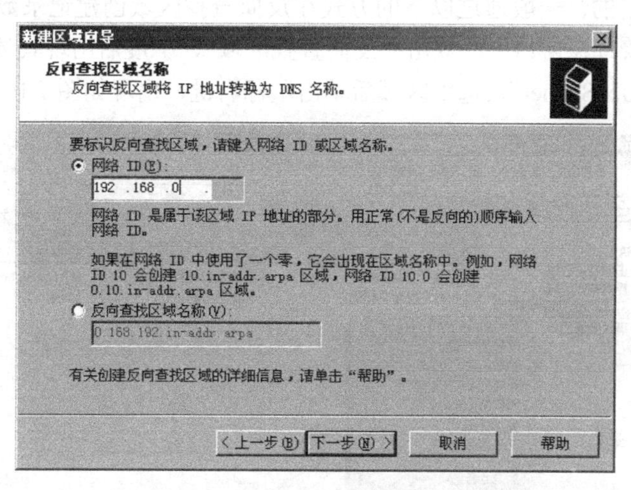

图 7.14　创建反向查找区域

（4）单击“下一步”按钮，出现“区域文件”对话框，如果希望使用系统给定的默认文件名，只需要单击“下一步”即可；如果要使用现有的区域文件，则必须先将该文件复制到“%Systemroot%\systems32\dns”文件夹中，然后通过对话框中的“使用此现存文件”进行设置。

（5）出现“动态更新”对话框，这里选择“不允许动态更新”，单击“下一步”按钮。

（6）出现“正在完成新建区域向导”对话框，对所显示的设置的功能确认。如果设置有错误，可以通过“上一步”按钮进行修改，确认没有错误后，单击“完成”，返回 DNS 控制台窗口，这时反向查找区域将显示在 DNS 控制台窗口中（192.168.0.x Subnet），如图 7.15 所示。

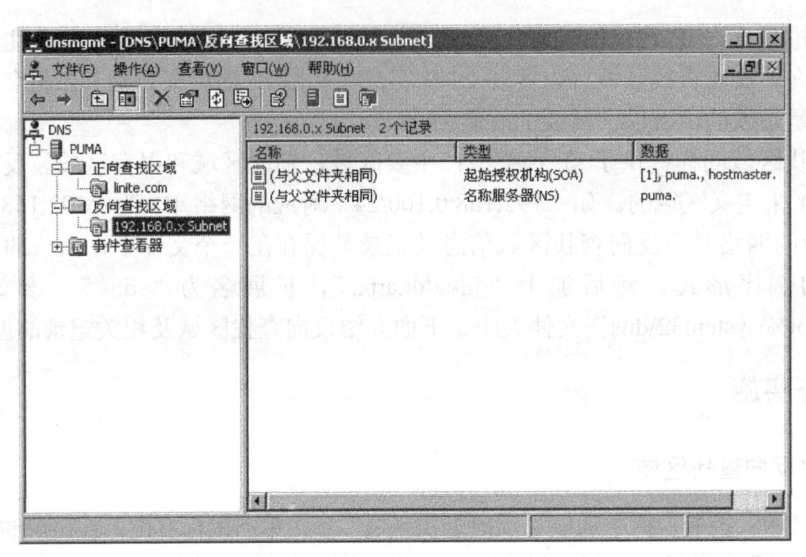

图 7.15 反向查找区域

2．在反向查找区域内创建记录

当创建了反向查找区域后，还必须在该区域内创建记录数据，这些记录数据只有在实际的查询中才是有用的，一般通过以下的方式在反向查找区域创建记录数据。

（1）在 DNS 管理树窗口中，双击“反向查找区域”，扩展后出现具体的区域名称，如前面创建的“192.168.0.x Subnet”，选中区域后单击鼠标右键，出现如图 7.16 所示的对话框。

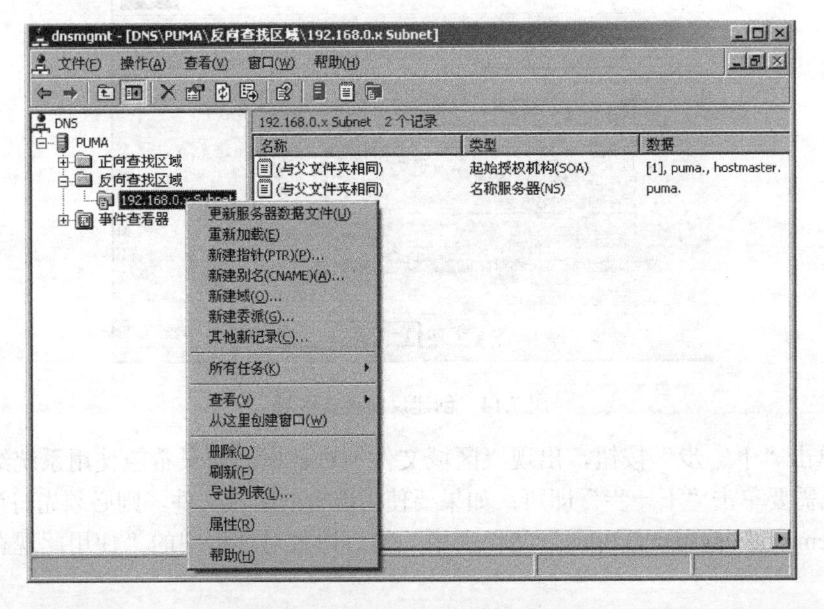

图 7.16 方向搜索区域记录的创建

（2）选择“新建指针（RTR）”菜单项。本例假设地址为“192.168.0.1”，域名为“puma.linite. com”（必须先在正向搜索区域添加此记录）的主机添加到反向查找区域，只要在对话框的“主机 IP 号”最后的一段内输入主机 IP 地址的最后一个字节的值为“1”（前 3 个段是网络 ID），接着在“主机名”后输入 IP 地址对应的主机名“puma.linite.com”（注意，此处是主机 puma 的完全合格的域名），如图 7.17 所示。

（3）单击“确定”按钮，一个记录创建成功，还可以用同样的方式创建其他的记录数据。

3．创建 DNS 别名（CNAME）记录

在很多情况下，一台主机可能要扮演多个不同的角色，这时需要给这台主机创建多个别名。例如，“puma.linite.com”既是 DNS 服务器，又是 BBS 服务器，那么就可以创建“puma.linite.com”的别名为“bbs”。下面介绍别名的创建方法。

（1）在 DNS 树形窗口控制台中选取已创建的主要区域“linite.com”，单击鼠标右键，在出现的快捷菜单中选择“新建别名”菜单项。

（2）在出现的界面的“别名（如果为空则使用其父域）”下方的文本框中输入待创建的主机别名“bbs”，在“目标主机的完全合格的域名（FQDN）”下方的文本框中输入指派该别名的主机名称“puma.linite.com”，如图 7.18 所示。

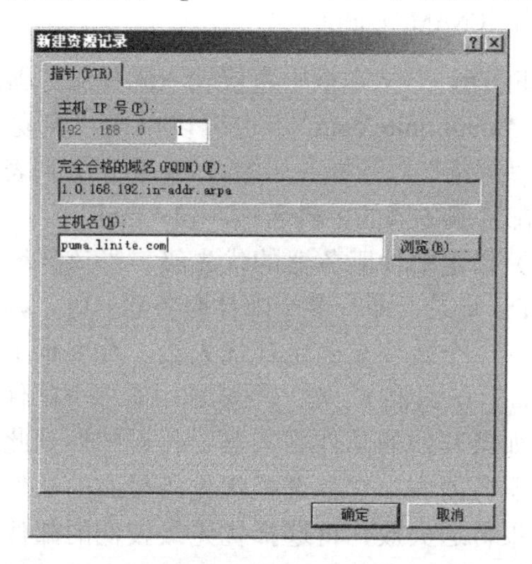

图 7.17　指针（PTR）记录的创建

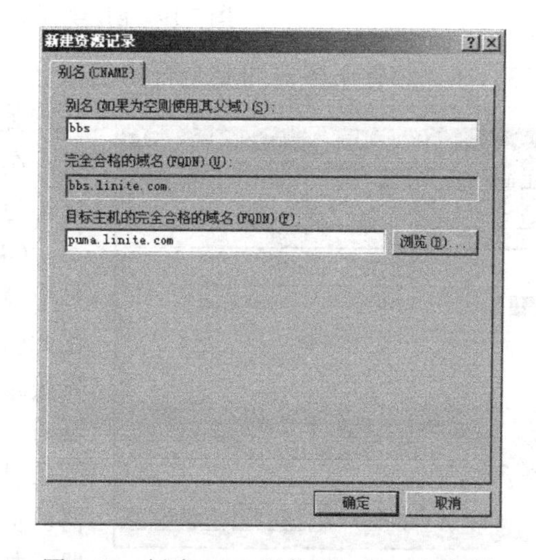

图 7.18　创建 DNS 别名（CNAME）记录

（3）当确认输入的内容无误后，单击“确定”按钮，返回 DNS 控制台窗口。新建的别名记录将显示在窗口中，如图 7.19 所示。

4．创建邮件交换记录

邮件交换（Mail Exchanger，MX）记录可以告诉用户，哪些服务器可以为该域接收邮件。当局域网用户与其他 Internet 用户进行邮件交换时，将由在该处指定的邮件服务器与其他 Internet 邮件服务器完成。也就是说，如果不指定 MX 邮件交换记录，那么，网络用户将无法实现与 Internet 的邮件交换，也不能实现 Internet 电子邮件的收发。

（1）先添加一个名为“mail”的主机记录，并使该“mail”指定的计算机作为邮件服务器。

（2）在 DNS 控制台树的“正向搜索区域”中，右键单击欲添加 MX 邮件交换记录的域“linite.com”，在快捷菜单中选择“新建邮件交换器”，显示“新建资源记录”，出现如图 7.20 所示的对话框。用户创建 MX 记录，实现对邮件服务器的域名解析。这里需要提醒的

是，“主机或子域”对话框保持为空，这样才能得到诸如“user@linite.com”之类的邮箱。如果在“主机或子域”对话框中输入“mail”，那么，邮箱将会变成“user@mail.linite.com”。

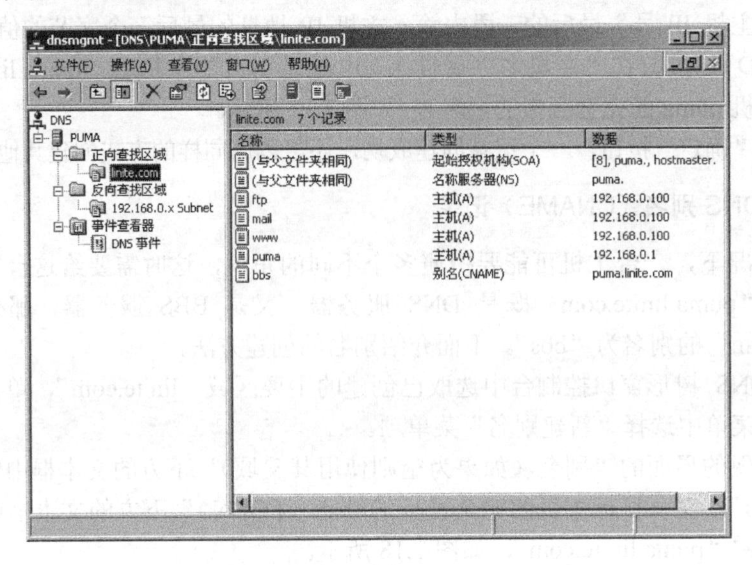

图 7.19 创建好的别名（CNAME）记录

（3）在“邮件服务器的完全合格的域名（FQDN）”文本框中直接输入邮件服务器的域名，如“mail.linite.com”，也可以单击“浏览”按钮，在“浏览”对话框（如图 7.20 所示）列表中选择作为邮件服务器的主机名称，如“mail”。

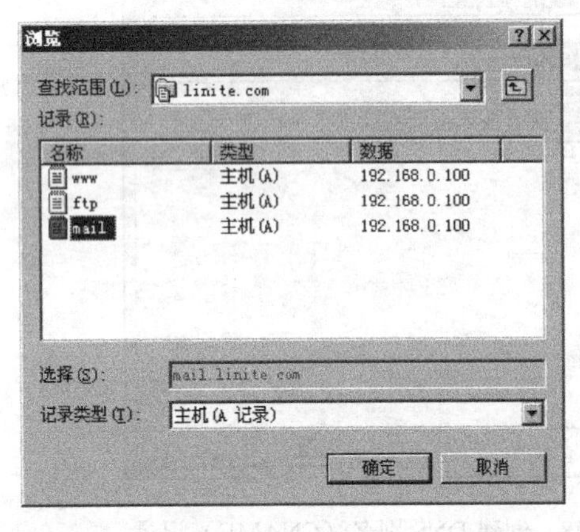

图 7.20 选择邮件服务器的主机名称

（4）指定邮件服务器的优先级。当该区域内有多个 MX 记录（即有多个邮件服务器）时，则可以在此输入一个数字来确定其优先级。数字越小的优先级越高（0 最高）。当一个区域中有多个邮件服务器时，如果其他的邮件服务器要传送邮件到此区域的邮件服务器中，它会选择优先级最高的邮件服务器。如果传送失败，再选择优先级较低的邮件服务器。如果两台以上的邮件服务器的优先级相同时，会从中随机选择一台邮件服务器。

（5）单击“确定”按钮，完成 MX 邮件交换记录的添加操作。

重复上述操作，可为该域添加多个 MX 记录，并在“邮件服务器优先级”文本框中分别设置其优先级值，从而实现邮件服务器的冗余和容错。

7.4 任务 4 DNS 客户端的设置及测试

7.4.1 任务知识准备

客户端要解析 Internet 或内部网的主机名称，必须设置使用的 DNS 服务器，如果企业有自己的 DNS 服务器，可以将其设置为企业内部客户端的首选 DNS 服务器，否则设置 Internet 上的 DNS 服务器为首选 DNS 服务器。例如，广州电信的首选 DNS 服务器地址为“61.144.56.100”，Google 提供的 DNS 服务器地址为“8.8.8.8”及“8.8.4.4”。

7.4.2 任务实施

1. DNS 客户端的设置

Windows 操作系统中 DNS 客户端的配置非常简单，只要在 IP 地址信息中添加 DNS 服务器的 IP 地址即可。Windows XP/2003 的设置基本相同，下面以 Windows Server 2003 为例说明 DNS 客户端的配置。

（1）打开“控制面板”，双击“网络连接”图标，打开网络连接窗口。

（2）选取窗口中的“本地连接”项，单击鼠标右键，在出现的快捷菜单中选择“属性”，打开“本地连接属性”对话框，如图 7.21 所示。

（3）在对话框“此连接使用下列项目”中选取已安装的“Internet 协议（TCP/IP）”项，然后单击“属性”按钮，出现如图 7.22 所示的对话框。

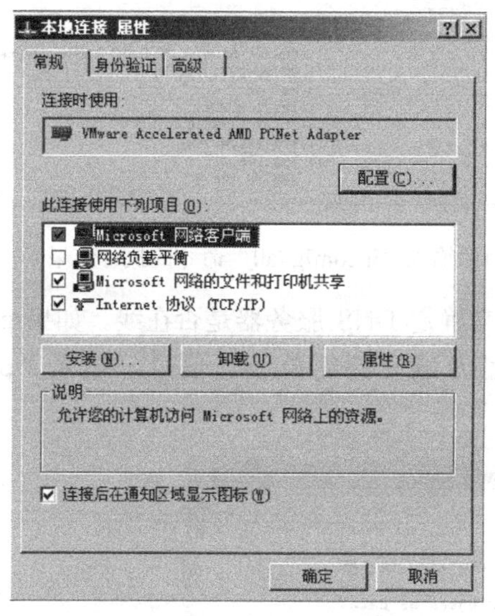

图 7.21 “本地连接属性”对话框

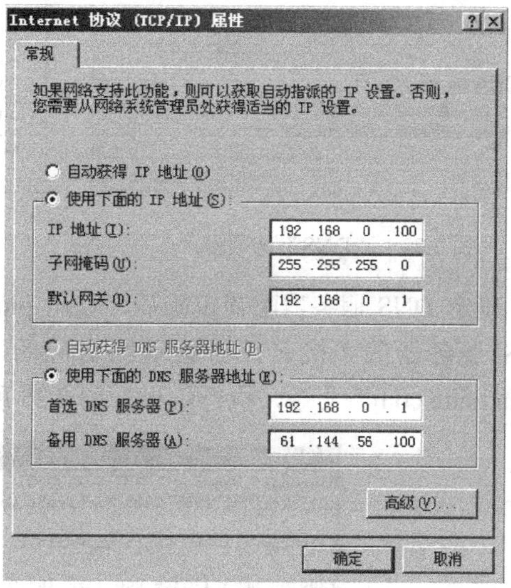

图 7.22 “Internet 协议（TCP/IP）属性”对话框

（4）在“首选 DNS 服务器”后面的文本框中输入 DNS 服务器的 IP 地址“192.168.0.1”。如果网络中还有其他的 DNS 服务器时，在“备用 DNS 服务器”后面的文本框中输入这台备用 DNS 服务器的 IP 地址，也可以在备用 DNS 服务器中输入 Internet 上的 DNS 服务器的 IP 地址。

有时一个网络中可能存在多台 DNS 服务器，单击如图 7.22 所示对话框的“高级”按钮，在出现的对话框中选择“DNS”选项卡，出现如图 7.23 所示的对话框。在“DNS 服务器地址（按使用顺序排列）”下方列表中显示了已设置的首选 DNS 服务器和备用 DNS 服务器的 IP 地址。如果还要添加其他 DNS 服务器的 IP 地址，可单击“添加”按钮，在出现的对话框中依次输入其他 DNS 服务器的 IP 地址。

通过以上的设置，DNS 客户端会依次向这些 DNS 服务器进行查询。如果首选 DNS 服务器没有某主机的记录，则客户端会依照 DNS 服务器地址的使用顺序查询其余的 DNS 服务器。

2. 测试 DNS

DNS 服务器和客户端配置完成后，可以使用各种命令测试 DNS 是否配置正确。

Windows Server 2003 内置了用于测试 DNS 的相关命令，如 ipconfig、ping、nslookup 等。

测试时，首选通过 ipconfig 命令，查看客户端计算机的 DNS 服务器设置，在命令提示符下输入“ipconfig /all”命令，执行结果如图 7.24 所示。

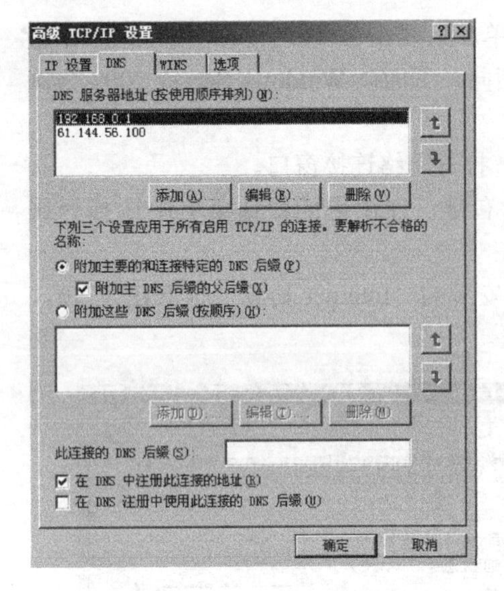

图 7.23 “DNS”选项卡

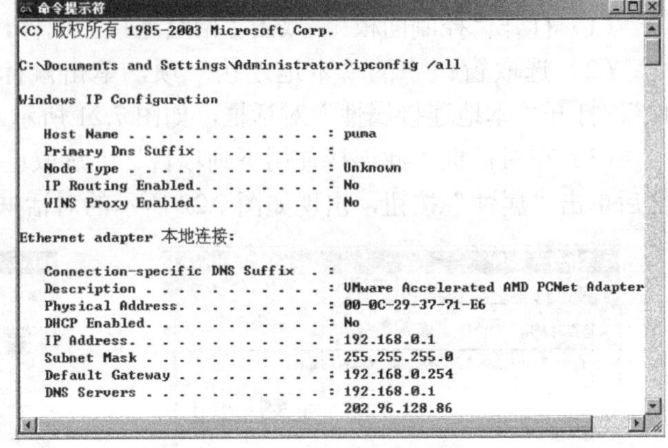

图 7.24 输入“ipconfig /all”命令的执行结果

确定 DNS 服务器配置正确后，使用 ping 命令来确定 DNS 服务器是否在线。如果 ping DNS 服务器的主机名，将会返回对应的 IP 地址及响应的简单统计信息。输入“ping puma.linite.com”命令，执行结果如图 7.25 所示。

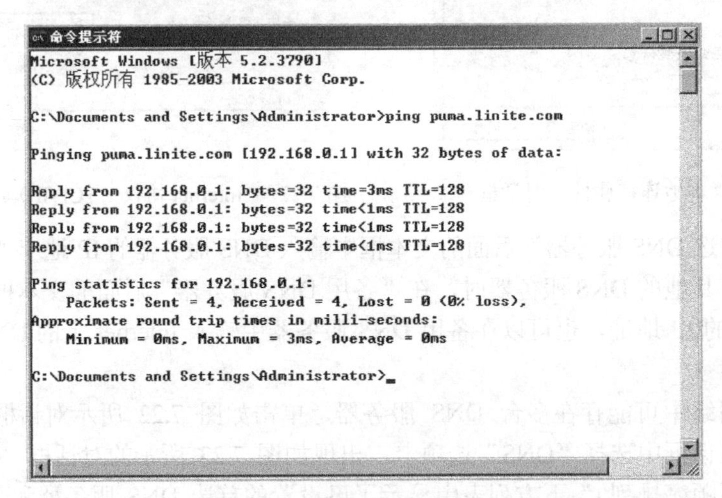

图 7.25 输入“ping. linite.com”命令的执行结果

从图 7.25 可看出，DNS 服务器工作正常，且能正确解析出“puma.linite.com”主机名。

反向查询的应用并不多，一般情况下，如果用户需要查询主机名对应的 IP 地址，可以使用正向查询。反向查询一般用于用户测试 DNS 服务器能否正确提供名称解析功能，如运行 nslookup。

可以使用 ping 和 nslookup 命令测试反向查询功能。要使用 ping 命令反向查询，只要在 ping 命令后面加上“-a”参数，就可以测试 DNS 服务器能否将 IP 地址解析成主机名称。输入“ping –a 192.168.0.1”命令，执行结果如图 7.26 所示。

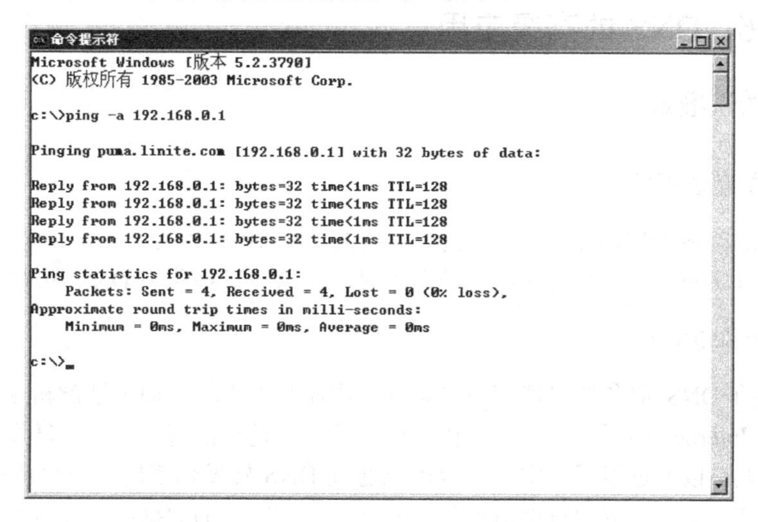

图 7.26　输入“ping –a 192.168.0.1”命令的输出结果

在测试 DNS 时，除了上面的方法外，还可用专门的测试工具 nslookup 进行测试。nslookup 支持两种模式：互动模式和非互动模式。互动模式可以让用户交互输入相关命令，而非互动模式需要在命令提示符下输入完整的命令。

这里介绍互动模式的 nslookup 运行情况。在命令提示符状态下输入“nslookup”，回车后出现如图 7.27 所示的画面。

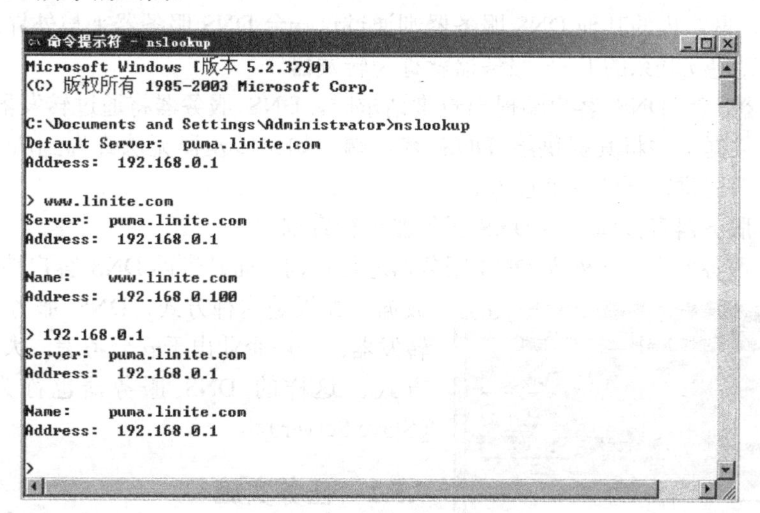

图 7.27　nslookup 的运行情况

从图 7.27 可看出，在命令提示符下运行 nslookup 后，出现默认的 DNS 服务器主机名和 IP 地址为“puma.linite.com”和“192.168.0.1”。在提示符“>”后输入“www.linite.com”，DNS 服务器能够解析出对应的 IP 地址为“192.168.0.100”。同样，在提示符“>”后输入“192.168.0.1”，DNS 服务器能解析出对应的主机名为“puma.linite.com”。

nslookup 命令的功能非常强大，使用“？”命令可以看到 nslookup 所支持的所有命令及参数。有关 nslookup 的具体内容读者可以参考 Windows Server 2003 帮助和支持中心的“命令行参考 A–Z”。

7.5 任务 5 DNS 的高级应用

7.5.1 任务知识准备

1. DNS 的动态更新

前面介绍过动态 DNS 的作用是：当被解析的主机 IP 地址变化时，DNS 服务器数据库中的记录随之自动变更并始终与该主机域名相对应，这一过程称为 DNS 的动态更新。

2. 根提示和转发器

局域网中的 DNS 服务器只能解析在本地域中添加的主机，而无法解析未知的域名。因此，要实现对 Internet 中所有域名的解析，就必须将本地无法解析的域名转发给其他域名服务器。这种转发可以通过根提示实现，也可以通过 DNS 转发器实现。一般情况下，当 DNS 服务器在收到 DNS 客户端的查询请求后，它将在所辖区域的数据库中寻找是否有该客户端的数据。如果该 DNS 服务器的区域数据库中没有该客户端的数据，也就是说，在 DNS 服务器所管辖的区域数据库中是没有该 DNS 客户端所查询的主机名的，那么该 DNS 服务器需要转向其他的 DNS 服务器进行查询。

在实际应用中，这种情况经常发生。例如，当网络中某台主机需要与位于本网络外的主机通信时，就需要向外界的 DNS 服务器进行查询。但为了安全起见，一般不希望内部所有的 DNS 服务器都直接与外界的 DNS 服务器建立联系，而只是让其中一台 DNS 服务器与外界直接联系，网络内的其他 DNS 服务器则通过这一台 DNS 服务器来与外界进行间接的联系，直接与外界建立联系的 DNS 服务器就称为转发器。

通过转发器，当 DNS 客户端提出查询请求时，DNS 服务器将通过转发器从外界 DNS 服务器中获得数据，并将其提供给 DNS 客户端。如果转发器无法查询到所需的数据，则 DNS 服务器一般提供以下两种处理方式。

（1）DNS 服务器直接向外界 DNS 服务器进行查询。

（2）DNS 服务器不再向外界 DNS 服务器进行查询，而是告诉 DNS 客户端找不到所需的数据。如果是这种方式，DNS 服务器将完全依赖转发器。一般企业出于安全考虑，大多会采用这种方式。这样的 DNS 服务器也称为从属服务器（Slave Server）。

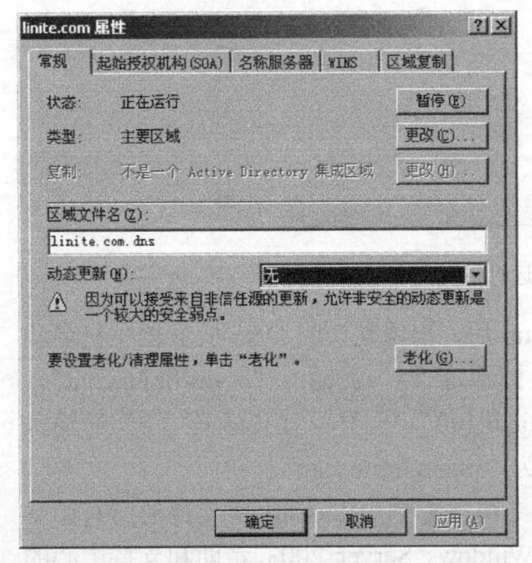

图 7.28 动态 DNS

7.5.2 任务实施

1. 启用动态更新

启用动态更新的操作步骤如下。

（1）在 DNS 控制台目录树上，用鼠标右键单击区域名，如“linite.com”。在弹出的快捷菜单上选取“属性”，打开“linite.com 属性”对话框，如图 7.28 所示。在“动态更新”后的下拉选项框中，选择“非安全”。

（2）此时，如果 DHCP 服务器动态分配给该主机的 IP 地址发生改变，则在 DNS 服务器中会立即更新数据，从而保证域名解析的正确性。

如果 DHCP 客户机是 Windows 2000 以上的系统，则动态数据的提交既可由客户机提交给 DNS 服务器，也可由 DHCP 服务器提交给 DNS 服务器。如果是 Windows 98/ME 以下的系统，则只能通过 DHCP 服务器注册与动态更新。

（3）在 DHCP 控制台目录树的作用域属性界面的“DNS”选项卡中，选中“只有在 DHCP 客户端请求时才动态更新 DNS A 和 PTR 记录”，如图 7.29 所示。这样，客户端在更改主机名后可通过 ipconfig/registerdns 命令更新 DNS 服务器上的信息。

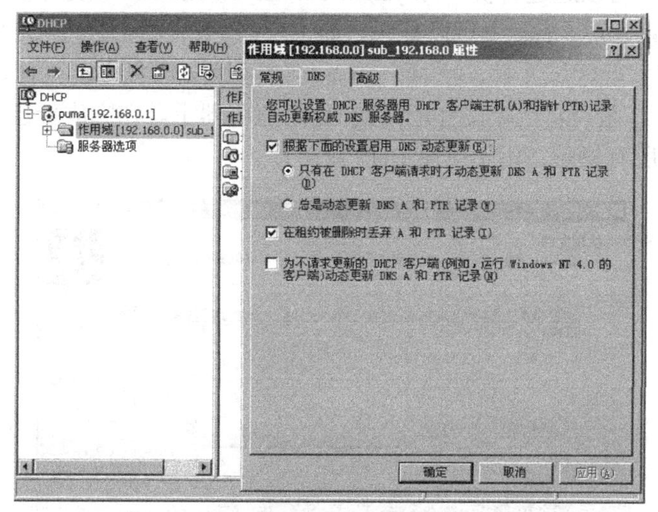

图 7.29 在 DHCP 服务器上设置自动更新

2. 启用根提示和转发器

向 DNS 服务器提交一个查询请求时，如果该查询请求的是 Internet 上的资源，那么 DNS 服务器需要通过一种方式来遍历 Internet 上的相应 DNS 服务器来响应客户端的请求。DNS 服务器使用根提示来将客户端的迭代查询请求转发到 Internet 上。根提示包含多台服务器，如图 7.30 所示。

Windows Server 2003 还支持条件转发，也就是说可以将特定的域转发到特定的 DNS 服务器上去。有关转发器的设置如图 7.31 所示。

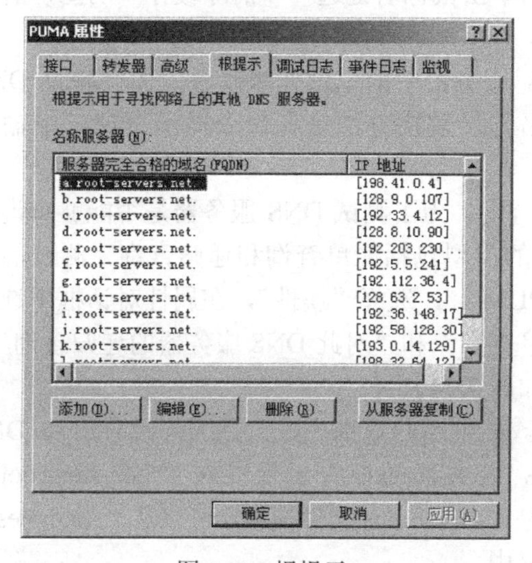

图 7.30 根提示

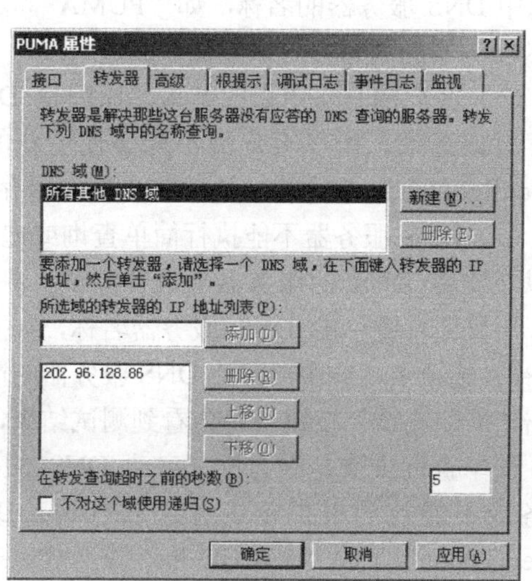

图 7.31 转发器的设置

7.6 任务 6　DNS 的故障排除

DNS 服务器安装后，有时候可能由于某些错误导致不能正常启动服务或提供名称解析功能。以下是常见的 DNS 故障及排除方法。

（1）DNS 服务无法启动。原因可能是遗失 DNS 服务所需的文件，或错误地修改了与服务有关的配置信息。可以通过备份“%Systemroot%\system32\dns”文件夹中的区域文件，删除并重新安装 DNS 服务，以确保可以重新启动 DNS 服务。然后，在 DNS 服务器上新增正向查找区域，创建主要区域文件，区域名为备份的区域文件名称，并且设置使用现存的文件，如图 7.32 所示，最后将区域文件还原到 DNS 服务器上。在完成新建区域后，会在该区域看到以前创建的所有记录，用于还原 DNS 服务器。

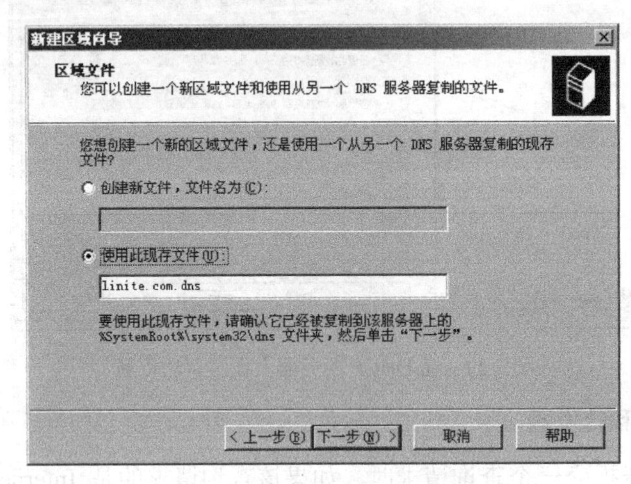

图 7.32　恢复“linite.com”区域

（2）DNS 服务器无法进行名称解析。重启 DNS 服务器，或重启 DNS 服务试图解决问题。

（3）DNS 服务器返回错误的结果。原因是 DNS 服务器中记录被修改后，DNS 服务器还未替换缓存中的内容，所以返回给客户端的仍是旧的名称。解决办法是在 DNS 控制台中先选中 DNS 服务器的名称，如“PUMA”，然后单击鼠标右键选择“清除缓存”功能，清除 DNS 服务器的缓存内容，如图 7.33 所示。

（4）客户端获得错误的结果。原因是 DNS 服务器中的记录被修改后，客户端的 DNS 缓存有该记录，所以客户端不能够使用新的名称。解决办法是在命令提示符窗口中输入“ipconfig/flushdns”命令，清除客户端的缓存。

（5）DNS 服务器不能执行简单查询或递归查询。为了测试 DNS 服务器是否能够查询，可以在安装 DNS 的服务器上进行测试，测试的类型包括简单查询和递归查询。测试的方式：用鼠标右键单击 DNS 服务器名称，如“PUMA”，选择“属性”，在属性对话框中选择“监视”选项卡，选中“对此 DNS 服务器的简单查询”和“对此 DNS 服务器的递归查询”，单击“立即测试”按钮，将会看到测试结果，如图 7.34 所示。

简单查询失败是因为没有启动 DNS 服务。如果递归查询失败，是因为没有启动 DNS 服务或不能找到根提示进行递归查询。DNS 服务器的根提示保存在“%Systemroot%\system32\dns”下的“CACHE.dns”文件中，若是 CACHE.dns 文件损坏，可以从“.\samples”文件夹复制“CACHE.dns”文件到上一层文件夹中。

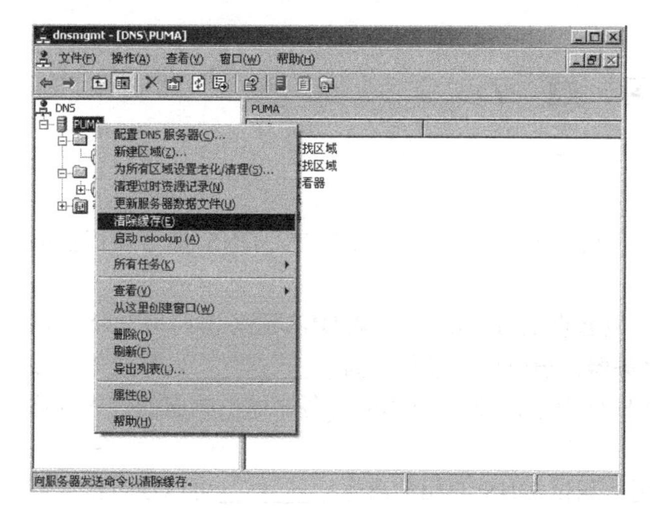

图 7.33　清除缓存功能

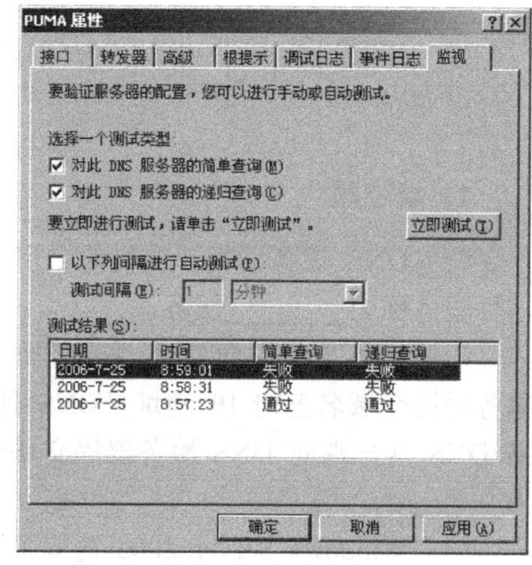

图 7.34　“监视”选项卡

对于 DNS 的故障，也可以通过查看事件查看器下的“DNS 事件”了解所出现的问题，进而进行相应的排错。

实训 7　Windows Server 2003 中 DNS 的配置和管理

1. 实训目标

（1）熟悉 Windows Server 2003 DNS 的配置。

（2）掌握 Windows Server 2003 中 DNS 的测试。

（3）掌握 Windows Server 2003 中根提示及转发器的配置。

2. 实训准备

（1）网络环境：已建好 100Mbit/s 的以太网，包含交换机、超五类（或五类）UTP 直通线若干、2 台以上数量的计算机（数量可以根据学生人数安排）。

（2）计算机配置：CPU 为 Intel Pentium4 以上，内存不小于 1GB，硬盘剩余空间不小于 20GB，已安装 VMWARE Workstation 9 以上版本软件，且安装好了 Windows Server 2003 系统。

3. 实训步骤

（1）在虚拟机中安装 DNS 服务器，设置主要区域，并设定区域名为“linite.com”。

（2）在 linite.com 区域中添加 Web 服务器（www，A 记录，192.168.0.150）、FTP 服务器（ftp，A 记录，192.168.0.151）和 MAIL 服务器（mail，A 和 MX 记录，192.168.0.152）等多个记录。

（3）创建反向查找区域，并创建指针记录。

（4）设置 Windows 7 系统作为 DNS 的客户端。

（5）使用 nslookup 及 ping 命令验证以上配置是否正确。

（6）设置根提示或转发器，使本地 DNS 服务器能解析 Internet 上的大多数域名，如“www.sina.com.cn”等。

（7）安装辅助 DNS 服务器，并实现与主 DNS 服务器的同步。

习 题 7

1．填空题

（1）DNS 服务器把计算机的名字（主机名）与其________相对应。DNS 服务器提供的这种服务称为________服务。

（2）DNS 客户端向 DNS 服务器提交域名查询 IP 地址，或者 DNS 服务器向另一台 DNS 服务器提交域名查询 IP 地址，DNS 服务器做出响应的过程称为____________。反过来，如果 DNS 客户端向 DNS 服务器提交 IP 地址而查询域名，DNS 服务器做出响应的过程则称为____________。

（3）Windows Server 2003 内置了用于测试 DNS 的相关命令_________可以很方便地测试 DNS。

2．选择题

（1）配置 DNS 服务器时，以下操作顺序正确的是______。

A．配置 IP→新建主机→新建区域　　B．新建主机→配置 IP→新建区域

C．配置 IP→新建区域→新建主机　　D．不用配置 IP→新建区域→新建主机

（2）根据 DNS 服务器对 DNS 客户端的不同响应方式，域名解析可分______类型。

A．递归查询　　B．正向解析　　C．迭代查询　　D．反向查询

（3）下面对 DNS 客户端的域 IP 设置说法正确的是______。

A．随便设置

B．与 DNS 服务器 IP 同一网段即可

C．设置为 DNS 服务器的 IP

D．只设置与 DNS 同网段 IP，不必设置域 IP

3．简答题

（1）DNS 有什么作用？DNS 是如何进行域名解析的？

（2）如何配置 DNS 服务器？

（3）什么是反向查找区域？如何设置反向查找区域？

（4）当 DNS 无法解析主机名时，如何进行故障诊断？

项目 8　架设 DHCP 服务器

【项目情景】

岭南信息技术有限公司在 2010 年为广州某国际大酒店建设了内部局域网，根据当时酒店的需求，只要提供给酒店内部办公使用，计算机总共 60 台，因此，当时采用的是静态 IP 地址分配方案。

随着酒店的办公业务不断扩大以及电子商务方面的需求，酒店的计算机数量激增，截至 2013 年 10 月已经达到 300 台，因此，酒店的网络中经常会出现 IP 地址冲突导致无法正常使用网络资源的问题，客人在这方面的投诉也日渐增加，酒店近期联系了岭南信息技术有限公司，希望能对已有的网络进行改造，那么有没有办法对酒店网络的 IP 地址进行更有效、更快捷的管理呢？

【项目分析】

（1）在酒店内部建立 DHCP 服务器，可以实现对网络 TCP/IP 的动态配置和管理，从而解决 IP 地址冲突和管理的问题。

（2）利用 DHCP 的中继代理功能，可以实现跨网段的 DHCP 配置，从而使管理员实现对 IP 地址的有效、快捷的管理。

【项目目标】

（1）理解 DHCP 协议的原理和工作过程。

（2）掌握 DHCP 服务器的安装、配置和维护。

（3）掌握 DHCP 客户端的配置。

（4）掌握 DHCP 跨网段的配置。

【项目任务】

任务 1　安装 DHCP 服务器

任务 2　DHCP 服务器基本配置

任务 3　配置 DHCP 选项

任务 4　跨网段的 DHCP 配置

任务 5　监视 DHCP 服务器

8.1　任务 1　安装 DHCP 服务

8.1.1　任务知识准备

当同一网络中的计算机使用相同的 IP 地址时，会产生 IP 地址冲突，一旦发生 IP 地址冲突，会影响网络资源的使用，甚至造成网络无法正常使用。造成 IP 地址冲突的主要原因是 IP 地址的管理不善，当计算机的数量不断增加时，如果仍然采用手工分配 IP 地址的方式，极易造成这种现象的出现，因此，需要有相应的技术来解决这些问题。

1. DHCP 概念

利用 DHCP 可以很好地实现 IP 地址的分配并解决 IP 地址冲突的问题，目前，规模较大的公司和学校都采用这种方法。DHCP 也称为动态主机配置协议，它是一种用于简化计算机 IP 地址配置管理的标准。通过采用 DHCP 标准，可以使用 DHCP 服务器为网络上的计算机分配、管理动态 IP 地址以及其他相关配置信息，如图 8.1 所示。

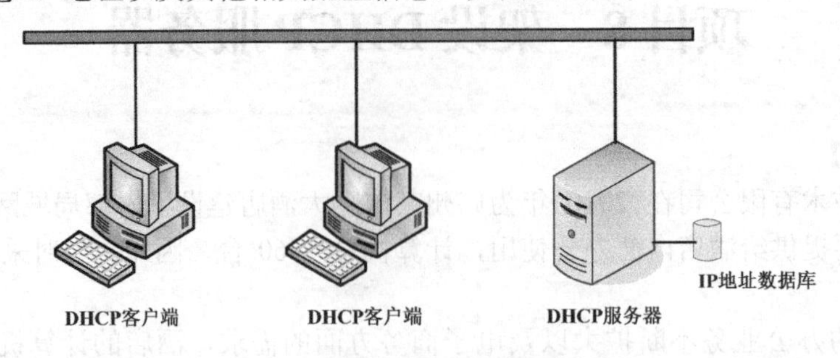

图 8.1 架设有 DHCP 服务器的网络

DHCP 允许通过本地网络上的 DHCP 服务器 IP 地址数据库为客户端动态的指派 IP 地址。由此可见，DHCP 降低了重新配置计算机 IP 地址的难度，减少了对 IP 地址进行管理的工作量。

由于 DHCP 服务器需要有固定的 IP 地址和 DHCP 客户端计算机通信，所以，DHCP 服务器必须配置为使用静态 IP 地址。

DHCP 服务器上的 IP 地址数据库包含以下 3 类数据。

（1）互联网上所有客户机的有效配置参数。

（2）在缓冲池中指定给客户机的有效 IP 地址及手工指定的保留地址。

（3）服务器提供的租约时间，租约时间是表示指定 IP 地址可以使用的时间。

2. 使用 DHCP 分配 IP 地址的优缺点

（1）配置 DHCP 服务器的优点。

① 管理员可以利用 DHCP 服务器集中为整个互联网指定通用和特定子网的 TCP/IP 参数，并且可以定义使用保留地址的客户机参数。

② 提供安全可信的配置。DHCP 避免了在每一台计算机上手工输入 IP 地址产生的配置错误，还能有效防止网络上的 IP 地址冲突。

③ 利用 DHCP 服务器可以大大降低管理员花费在配置和管理计算机 IP 地址的时间，同时，服务器可以在指派地址租约时配置所有的附加配置值。

④ 客户机不需要手工配置 TCP/IP。

⑤ 客户机在子网之间转移时，旧的 IP 地址可以自动释放以便再次分配给其他计算机，当重新启动计算机时，DHCP 服务器可以自动为客户机重新配置 TCP/IP。

⑥ 大部分路由器可以转发 DHCP 配置请求，因此，互联网的每个子网并不都需要 DHCP 服务器。

（2）配置 DHCP 服务器的缺点。

① DHCP 无法发现网络上非 DHCP 客户机已经在使用的 IP 地址。

② 如果网络上存在多个 DHCP 服务器，一个 DHCP 服务器无法查出已被其他服务器租出去的 IP 地址。

③ DHCP 服务器不能跨路由器和客户机进行通信，除非路由器允许 BOOTP 转发。

3. DHCP 地址租约过程

DHCP 客户机使用两种不同的过程来与 DHCP 服务器通信并获得 TCP/IP 配置。租用过程的步骤随客户机是初始化还是刷新其租用而有所不同。当客户机首次启动并尝试加入网络时，执行的是初始化过程，而在客户机拥有 IP 租用之后将执行刷新过程。

（1）初始化过程（IP Request）。DHCP 的客户机首次启动时，会自动执行初始化过程以便从 DHCP 服务器获得 IP 租用，这个过程如图 8.2 所示，主要分为以下 4 个步骤。

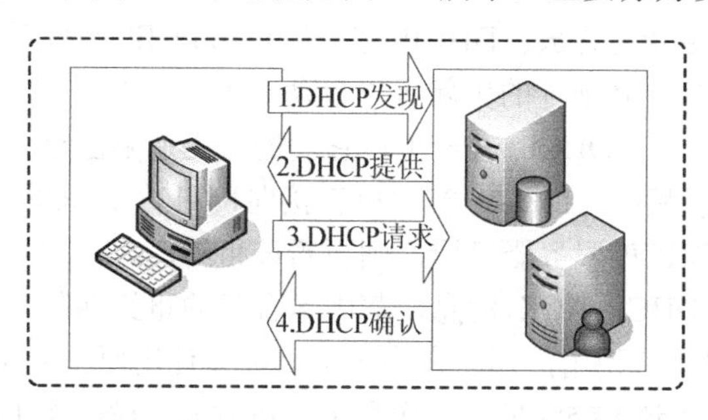

图 8.2　IP 租用过程

① 计算机发送 DHCP Discover 广播包。当计算机被设置为自动获取 IP 地址时，既不知道自己的 IP 地址，也不知道 DHCP 服务器的 IP 地址，它会使用 0.0.0.0 作为自己的 IP 地址，255.255.255.255 作为目标地址，发送 DHCP Discover 广播包。此广播包中还包括了客户端网卡的 MAC 地址和 NetBIOS 名称，因此 DHCP 服务器能够确定是哪台客户机发送的请求。当发送第一个 DHCP Discover 广播包后，DHCP 客户端将等待 1s，如果在此期间没有 DHCP 服务器响应，DHCP 客户端将分别在第 9s、第 13s 和第 16s 时重复发送 DHCP Discover 广播包。如果仍没有得到 DHCP 服务器的应答，将再每隔 5min 广播一次，直到得到应答为止。

同时，Windows XP/7 客户端将自动从 Microsoft 保留 IP 地址段中选择一个自动私有地址（Automatic Private IP Address，APIPA）作为自己的 IP 地址。自动私有 IP 地址的范围是 169.254.0.1~169.254.255.254。使用自动私有 IP 地址可以在 DHCP 服务器不可用时，DHCP 客户端之间仍然可以利用自动私有 IP 地址进行通信。所以，即使在网络中没有 DHCP 服务器，计算机之间仍然可以通过网上邻居发现彼此。

② DHCP 服务器发出 DHCP Offer 广播包。当网络中的 DHCP 服务器收到 DHCP 客户端的 DHCP Discover 信息后，将从 IP 地址池中选取一个未出租的 IP 地址并利用广播方式提供给 DHCP 客户端。由于 DHCP 客户机还没有合法的 IP 地址，因此该消息仍然使用 255.255.255.255 作为目的地址。在没有将该 IP 地址正式租用给 DHCP 客户端之前，这个 IP 地址会暂时被保留起来，以免分配给其他的 DHCP 客户端。DHCP 服务器发出的 DHCP Offer 广播包提供了客户端需要的相关参数，消息中包含的信息是：客户机的硬件地址、提供的 IP 地址、子网掩码和租用期限。

如果网络中有多台 DHCP 服务器，这些 DHCP 服务器都收到了 DHCP 客户端的 DHCP Discover 消息，同时这些 DHCP 服务器都广播了一个 DHCP Offer 给 DHCP 客户端，则 DHCP 客户端将从收到的第一个应答消息中获得 IP 地址及其配置。

③ DHCP 客户机以广播方式发送 DHCP Request 信息。一旦收到第一个由 DHCP 服务器提供的 DHCP Offer 信息后，DHCP 客户机将以广播方式发送 DHCP Request 信息给网络中所有的 DHCP 服务器。这样，既通知了所选择的 DHCP 服务器，也通知了其他没有被选中的 DHCP 服务器，以便这些 DHCP 服务器释放其原本保留的 IP 地址供其他 DHCP 客户端使用。此 DHCP Request 信息仍然使用广播的方式，原地址为 0.0.0.0，目标地址为 255.255.255.255，在信息包中包含了所选择的 DHCP 服务器的地址。

④ DHCP ACK 消息的确认。一旦被选择的 DHCP 服务器接收到 DHCP 客户端的 DHCP 请求信息后，就将已保留的 IP 地址标识为已租用，并以广播方式发送一个 DHCP ACK 消息给 DHCP 客户端。该 DHCP 客户端在接收 DHCP ACK 消息后，就使用此消息提供的相关参数来配置其 TCP/IP 属性并加入网络。

（2）DHCP 租约的更新与释放。DHCP 客户端租用到 IP 地址后，不可能长期占用，而是有使用期限的，即租期。IP 地址的更新可以自动，也可以手动。

① IP 地址的自动更新。DHCP 客户机在它们的租用期限已过去一半时，自动尝试更新它的租约。为了尝试更新租约，DHCP 客户机直接向租用的 DHCP 服务器发送一个 DHCP Request 消息。如果该 DHCP 服务器可用，则更新该租约，客户端开始一个新的租用周期，并发送给该客户机一个 DHCP ACK 消息，其中包含新的租约期限和已经更新的配置参数。如果 DHCP 服务器暂时不可使用，那么客户机可以继续使用原来的 IP 地址及其配置，但是该 DHCP 客户端在租期达到 87.5%时，再次利用广播方式发送一个 DHCP Request 消息，以便找到一台可以继续提供租用的 DHCP 服务器。如果续租失败，则该 DHCP 客户端会立即放弃正在使用的 IP 地址，以便重新向 DHCP 服务器获得一个新的 IP 地址。

以上过程中，当续租失败时，DHCP 服务器将会给该 DHCP 客户端发送一个 DHCP NACK 消息，DHCP 客户端在收到该消息后，说明该 IP 地址已经无效或被其他的 DHCP 客户端使用。

另外，在 DHCP 客户端重新启动时，不管 IP 地址的租期有没有到期，当 DHCP 客户端重新启动时，都会自动以广播方式向网络中所有 DHCP 服务器发送 DHCP Discover 信息，请求继续使用原来的 IP 地址信息。

② IP 地址的手动更新。使用 ipconfig 命令可以进行手动更新。这个命令可向 DHCP 服务器发送一个 DHCP Request 消息，用于更新配置选项和更新租用时间，也可以用于释放已分配给客户端的 IP 地址。

使用 ipconfig /renew 命令可以更新现有客户端的配置或者获得新配置。在 Windows XP 客户端计算机上运行：“开始→所有程序→附件→命令提示符”，在提示符下输入“ipconfig/renew”，得到的结果如图 8.3 所示。

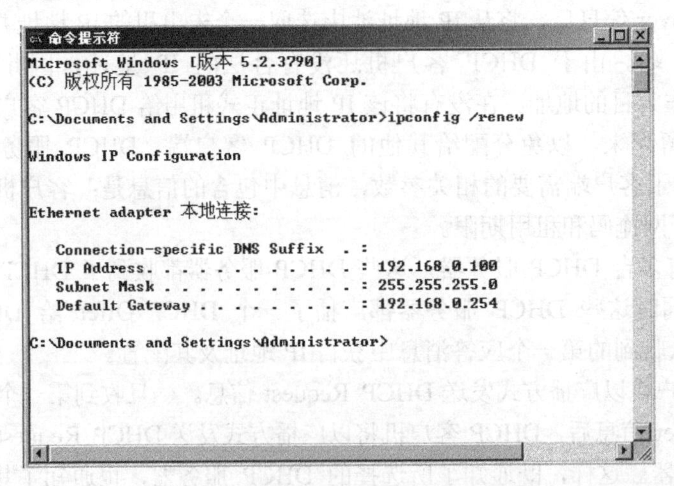

图 8.3 ipconfig/renew 命令的运行结果

使用 ipconfig/all 命令可以看到 IP 地址及其他相关配置是由 DHCP 服务器“192.168.0.1”分配的，如图 8.4 所示。

```
命令提示符
C:\Documents and Settings\Administrator>ipconfig /all

Windows IP Configuration

   Host Name . . . . . . . . . . . . : puma
   Primary Dns Suffix  . . . . . . . :
   Node Type . . . . . . . . . . . . : Hybrid
   IP Routing Enabled. . . . . . . . : No
   WINS Proxy Enabled. . . . . . . . : No

Ethernet adapter 本地连接:

   Connection-specific DNS Suffix  . :
   Description . . . . . . . . . . . : VMware Accelerated AMD PCNet
   Physical Address. . . . . . . . . : 00-0C-29-37-71-E6
   DHCP Enabled. . . . . . . . . . . : Yes
   Autoconfiguration Enabled . . . . : Yes
   IP Address. . . . . . . . . . . . : 192.168.0.100
   Subnet Mask . . . . . . . . . . . : 255.255.255.0
   Default Gateway . . . . . . . . . : 192.168.0.254
   DHCP Server . . . . . . . . . . . : 192.168.0.1
   DNS Servers . . . . . . . . . . . : 192.168.0.1
   Primary WINS Server . . . . . . . : 192.168.0.1
   Lease Obtained. . . . . . . . . . : 2006年11月29日 21:24:17
   Lease Expires . . . . . . . . . . : 2006年12月7日 21:24:17
```

图 8.4　ipconfig /all 命令的运行结果

使用带“/release”参数的 ipconfig 命令将立即释放主机的当前 DHCP 配置，客户端的 IP 地址及子网掩码均变为“0.0.0.0”，其他的配置如网关等都将释放掉。在命令提示符下输入“ipconfig /release”，结果如图 8.5 所示。

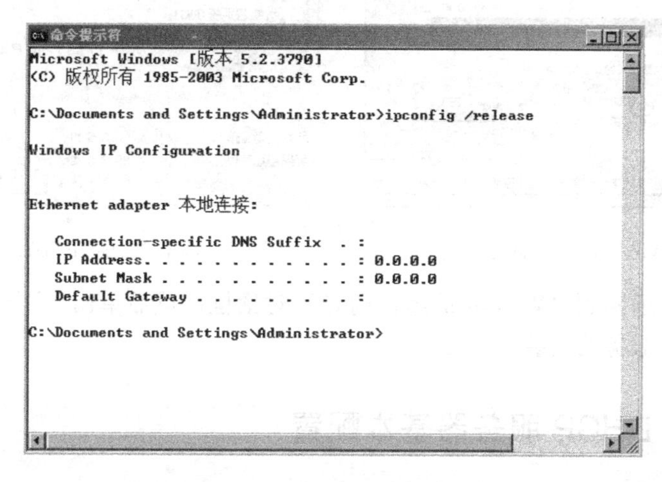

图 8.5　ipconfig /release 命令的运行结果

注意：以上 ipconfig 命令在运行之前需要对 DHCP 服务器进行配置，关于 DHCP 服务器的安装和基本配置请参考任务实施部分。

8.1.2　任务实施

1. 安装 DHCP 服务器的要求

实现 DHCP 的第一步是安装 DHCP 服务器。在安装 DHCP 服务之前，需要了解清楚使用 DHCP 服务的环境，DHCP 服务器的要求如下。

（1）运行 Windows Server 2003。

（2）安装 DHCP 服务。

（3）具有静态的 IP 地址（DHCP 服务器本身不能是 DHCP 客户机）、子网掩码和默认网关。

（4）一个合法的 IP 地址范围，即 DHCP 区域，用于出租或者分配给客户机。

2．安装 DHCP 服务

在 Windows Server 2003 上安装 DHCP 服务器的步骤如下。

（1）在控制面板中启动“添加/删除程序”，在“添加/删除程序”窗口中选择“添加/删除 Windows 组件”选项，系统会打开“Windows 组件向导”对话框，如图 8.6 所示。

（2）在打开的“Windows 组件向导”对话框的组件列表中选中“网络服务”项，然后单击“详细信息”按钮。

（3）在“网络服务”对话框中选中“动态主机配置协议（DHCP）”的复选框，单击“确定”按钮，如图 8.7 所示。

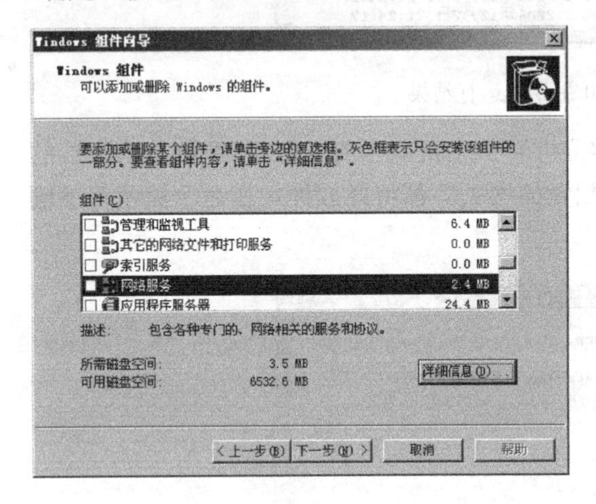

图 8.6　Windows 组件向导

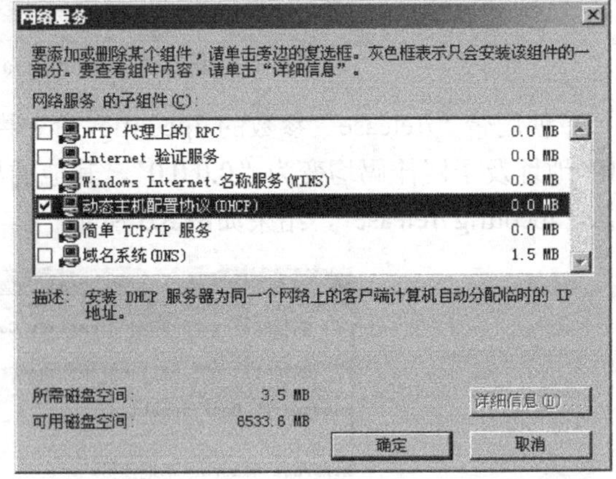

图 8.7　选中“动态主机配置协议（DHCP）”

（4）系统自动退回到“Windows 组件向导”对话框，然后单击“下一步”按钮，系统将自动完成 DHCP 服务的安装。

8.2　任务 2　DHCP 服务器基本配置

8.2.1　任务知识准备

1．DHCP 服务器授权

在 Windows 2000 系统的活动目录中，引入了对 DHCP 服务器授权的概念，其具体含义是为了防止非法的 DHCP 服务器为客户端计算机提供不正确的 IP 地址配置，只有在活动目录中进行过授权的 DHCP 服务器才能提供服务。当处于活动目录服务器上的 DHCP 服务器启动时，会在活动目录中查询已授权的 DHCP 服务器的 IP 地址，如果获得的列表中没有包含自己的 IP 地址，则此 DHCP 服务器停止工作，直到对其进行授权为止。

Windows Server 2003 系统为使用 Active Directory 的网络提供了集成的安全性支持，它能够添加和使用基本目录架构组成部分的对象类，可以提供以下增强功能。

（1）用于授权在网络上作为 DHCP 服务器运行的计算机的可用 IP 地址列表。

（2）检测未授权的DHCP服务器，以防止这些服务器在网络上启动或运行。

2. DHCP作用域

DHCP作用域是本地逻辑子网中可以使用的IP地址的集合，如192.168.2.1-192.168.2.254。DHCP服务器只能将作用域中定义的IP地址分配给DHCP客户端，因此，必须创建作用域才能让DHCP服务器分配IP地址给DHCP客户端。

另外，DHCP服务器会根据接收到DHCP客户端租约请求的网络接口来决定哪个DHCP作用域为DHCP客户端分配IP地址租约，决定的方式是：DHCP服务器将接收到租约请求的网络接口的主IP地址和DHCP作用域的子网掩码相与，如果得到的网络IP和DHCP作用域的网络IP一致，则使用此DHCP作用域为DHCP客户端分配IP地址租约，如果没有匹配的DHCP作用域则不对DHCP客户端的租约请求进行应答。

每一个作用域都具有以下属性。

（1）可以租用给DHCP客户端的IP地址范围，可以在其中设置排除选项，设置为排除的IP地址将不分配给DHCP客户端使用。

（2）子网掩码，用于确定给定IP地址的子网，此选项创建作用域后无法修改。

（3）创建作用域时指定的名称。

（4）租约期限值分配给DHCP客户端。

（5）DHCP作用域选项，如DNS服务器、路由器IP地址和WINS服务器地址等。

（6）保留（可选），用于确保某个确定MAC地址的DHCP客户端总是能从此DHCP服务器获得相同的IP地址。

8.2.2 任务实施

1. DHCP服务器授权

（1）打开DHCP控制台。用域管理员身份登录到DHCP服务器上，依次单击“开始→程序→管理工具→DHCP”，打开如图8.8所示的DHCP控制台界面，在该控制台左侧界面中，可以看到当前DHCP服务器的状态标识是红色向下箭头，表示此时该DHCP服务器未获得授权，在右侧界面中也会显示当前DHCP服务器处于未经授权状态。

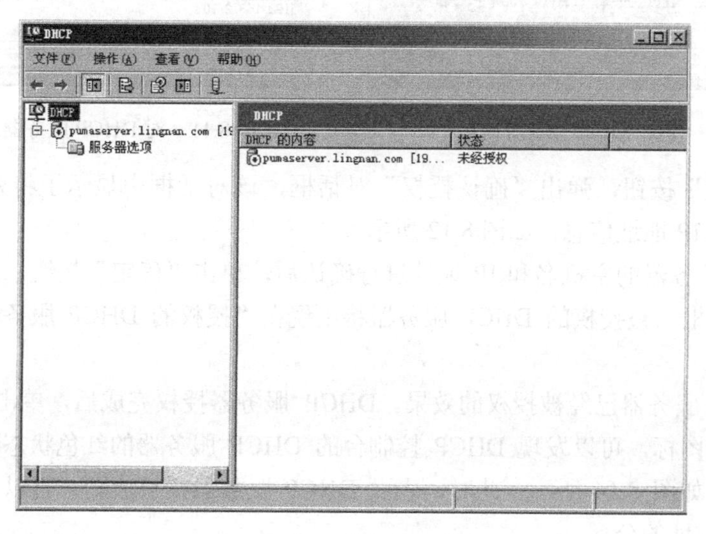

图8.8 未授权的DHCP控制台界面

（2）对 DHCP 服务器进行授权。用鼠标右键单击控制台左侧界面中的“DHCP”，在弹出的菜单中选择“管理授权的服务器”，如图 8.9 所示，打开如图 8.10 所示“管理授权的服务器”对话框，此时对话框中为空白，可见此时没有经过授权的 DHCP 服务器。

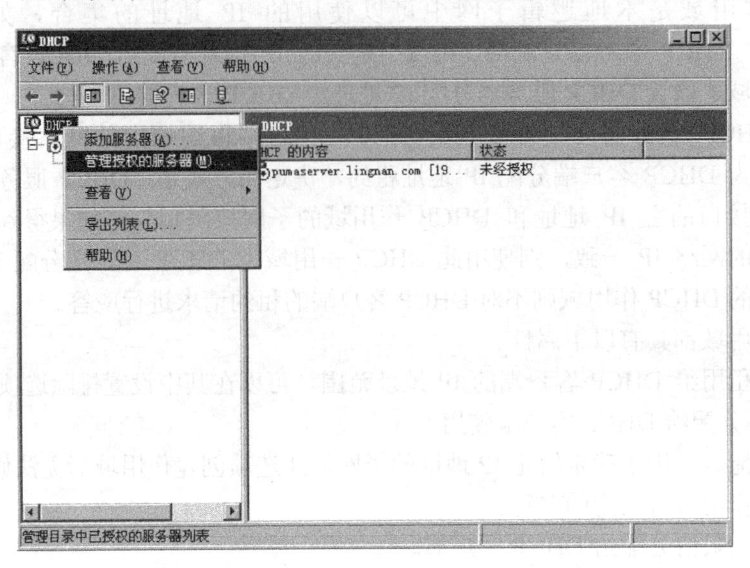

图 8.9 管理授权服务器

在该对话框中单击“授权”按钮，弹出“授权 DHCP 服务器”对话框，在“名称或 IP 地址”框中输入要授权的 DHCP 服务器的主机名或 IP 地址，此处输入“192.168.2.10”，如图 8.11 所示。

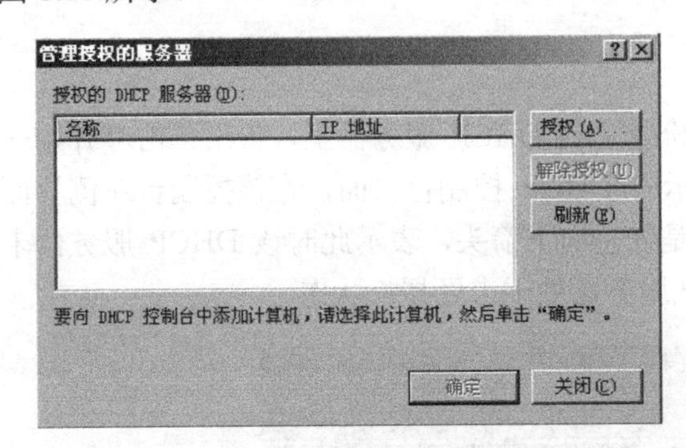

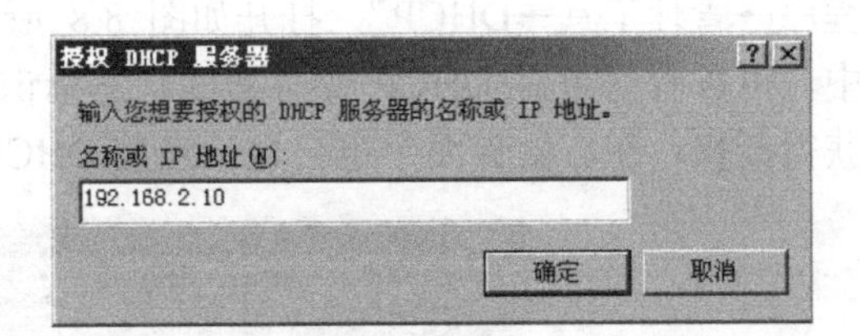

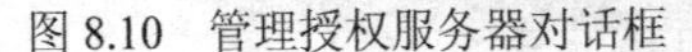

图 8.10 管理授权服务器对话框　　图 8.11 对 DHCP 服务器进行授权

单击“确定”按钮，弹出“确认授权”对话框，该对话框中显示了将要授权的 DHCP 服务器的名称和 IP 地址信息，如图 8.12 所示。

对 DHCP 服务器的主机名和 IP 地址进行确认后，单击“确定”按钮，返回“管理授权的服务器”对话框，被授权的 DHCP 服务器将出现在“授权的 DHCP 服务器”列表中，如图 8.13 所示。

（3）DHCP 服务器已经被授权的效果。DHCP 服务器授权完成后，单击 DHCP 控制台工具栏中的刷新图标，可以发现 DHCP 控制台的 DHCP 服务器的红色状态标识被替换为向上的绿色箭头，如图 8.14 所示，此时，表面 DHCP 服务器授权成功，可以正常的为 DHCP 客户端进行 IP 地址的分配。

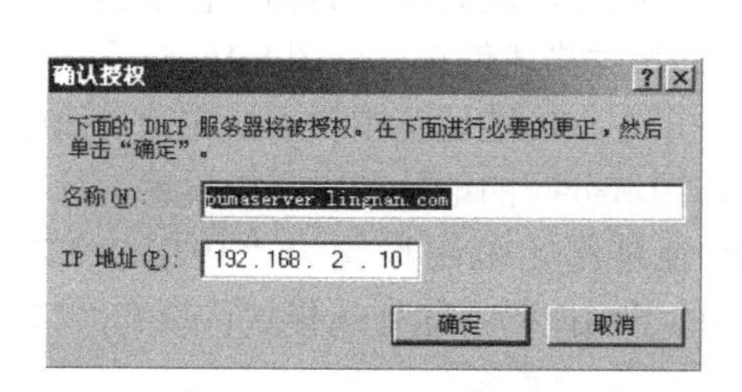

图 8.12　确认授权

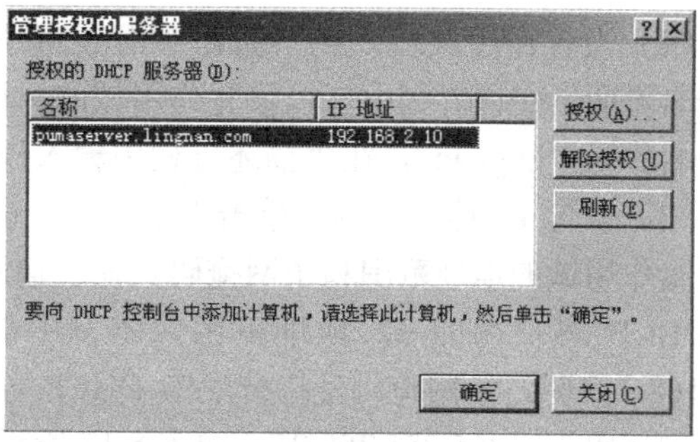

图 8.13　已经添加了授权的服务器

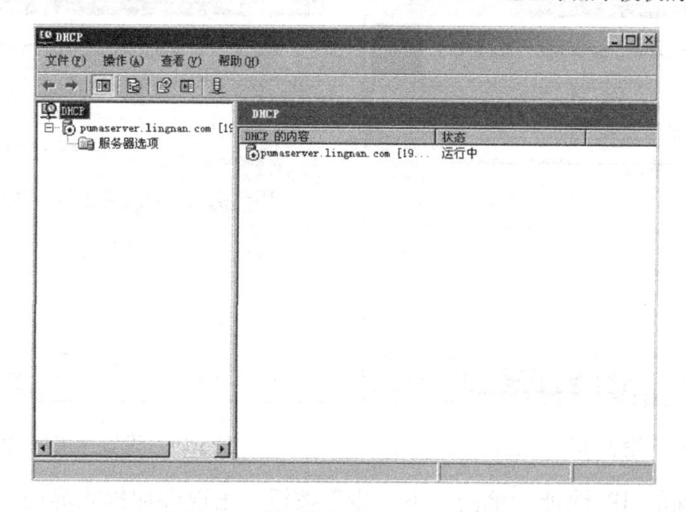

图 8.14　已经授权的 DHCP 控制台

2. 创建 DHCP 作用域

授权 DHCP 服务器之后，在 DHCP 服务器上创建作用域，其具体步骤如下。

（1）打开“新建作用域向导”对话框。以域管理员身份登录到 DHCP 服务器并打开 DHCP 控制台，在 DHCP 控制台左侧用鼠标右键单击服务器，在弹出的菜单中选择“新建作用域”，如图 8.15 所示，打开“新建作用域向导”对话框。

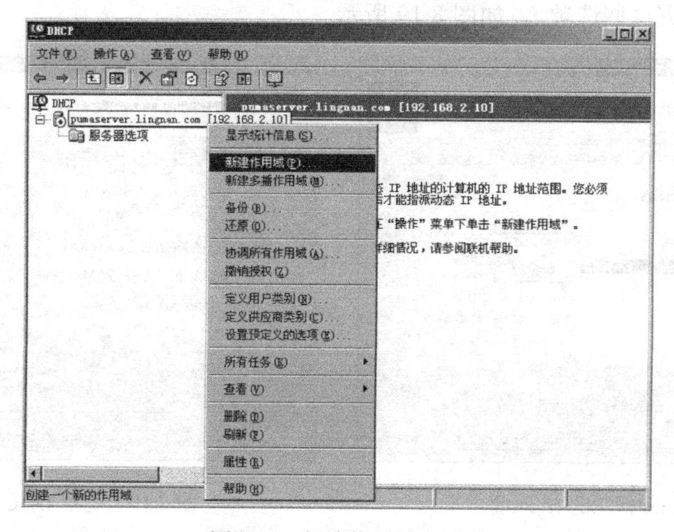

图 8.15　新建作用域向导

（2）设置作用域名。在“新建作用域向导”对话框中，单击“下一步”按钮，出现作用域名界面，在该界面中可以设置作用域的标识名称和描述，此处在“名称”栏中输入作用域的名称为“lingnan”，在“描述”栏中输入作用域的相关描述信息，如图 8.16 所示。

（3）设置 IP 地址范围。单击“下一步”按钮，出现“IP 地址范围界面，在此界面中可以设置作用域的地址范围和子网掩码。在“输入此作用域分配的地址范围”中设置运行分配给 DHCP 客户端的 IP 地址范围，本例中的 IP 地址起始范围设置为“192.168.2.20～192.168.2.110”，子网掩码是指分配给 DHCP 客户端的子网掩码，此处选择默认长度“24”，即子网掩码为“255.255.255.0”，如图 8.17 所示。

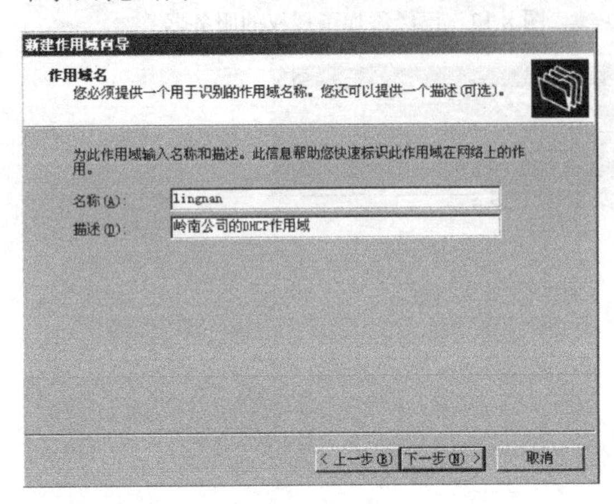

图 8.16　设置作用域名

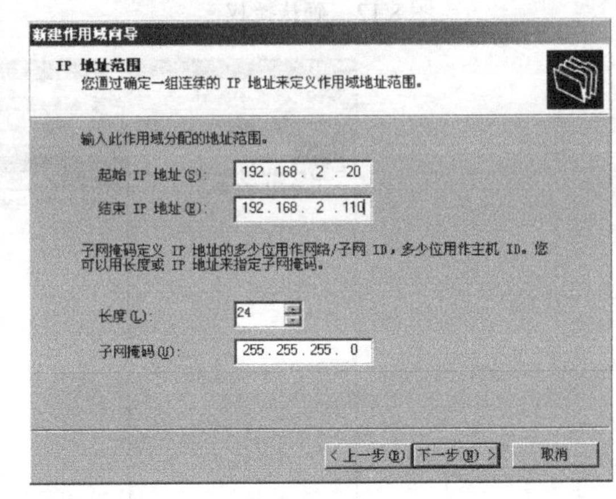

图 8.17　设置作用域 IP 地址范围

（4）添加排除的 IP 地址。单击“下一步”按钮，出现添加排除界面，在此界面可设置将 IP 地址范围中不分配给客户端的 IP 地址排除出去，本例中的排除地址为“192.168.2.50～192.168.2.60”，如图 8.18 所示。

（5）设置租约期限。单击“下一步”按钮，出现租约期限界面，在此界面可设置将 IP 地址租给客户端使用的时间期限，默认为 8 天，此处选择默认设置。

（6）配置 DHCP 选项。单击“下一步”按钮，出现配置 DHCP 选项界面，在此界面可配置作用域选项，关于如何配置作用域选项会在接下来的实例中进行说明，所以，此处选择“否，我想稍后配置这些选项”，如图 8.19 所示。

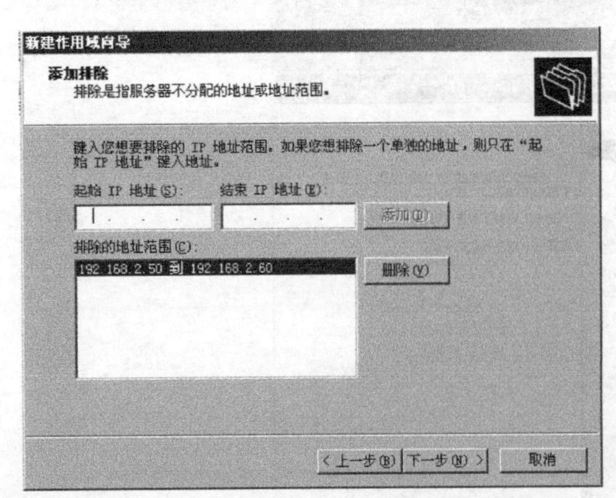

图 8.18　添加排除的 IP 地址

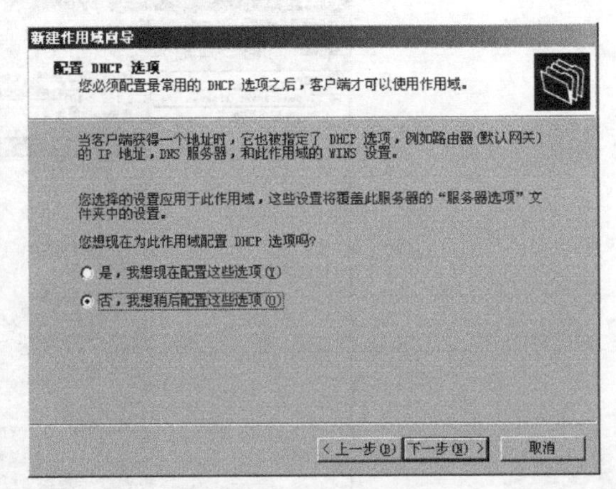

图 8.19　配置 DHCP 选项

（7）DHCP 作用域创建完成。单击“下一步”按钮，出现正在完成新建作用域向导界面，单击“完成”按钮，作用域创建完成并返回 DHCP 控制台。

3. 激活 DHCP 作用域

只有 DHCP 作用域被激活后才可以给客户端分配 IP 地址，激活上述实例中所创建的作用域的操作步骤如下。

（1）打开 DHCP 控制台。以域管理员身份登录到 DHCP 服务器上，打开 DHCP 控制台，在控制台左侧可以看到刚才创建的作用域上标识了红色向下的箭头，表明该作用域处于不活动状态，无法给客户端自动分配 IP 地址，如图 8.20 所示。

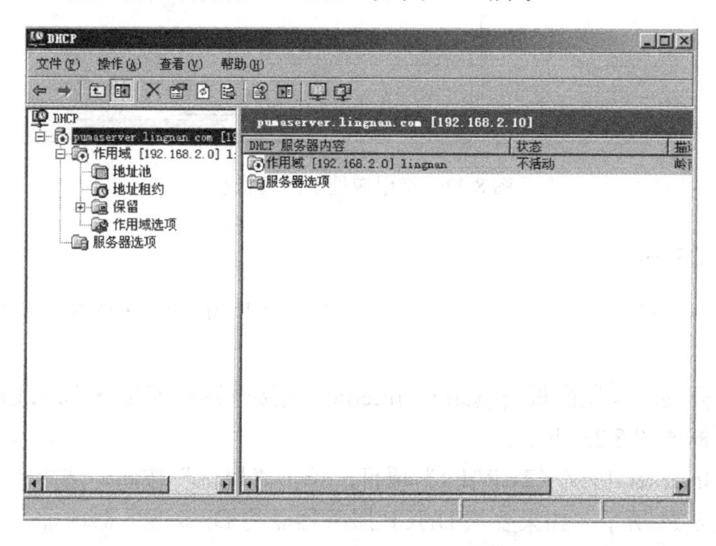

图 8.20　作用域处于不活动状态

（2）激活作用域。用鼠标右键单击该作用域，在弹出的菜单中选择“激活”，如图 8.21 所示，可激活该作用域。

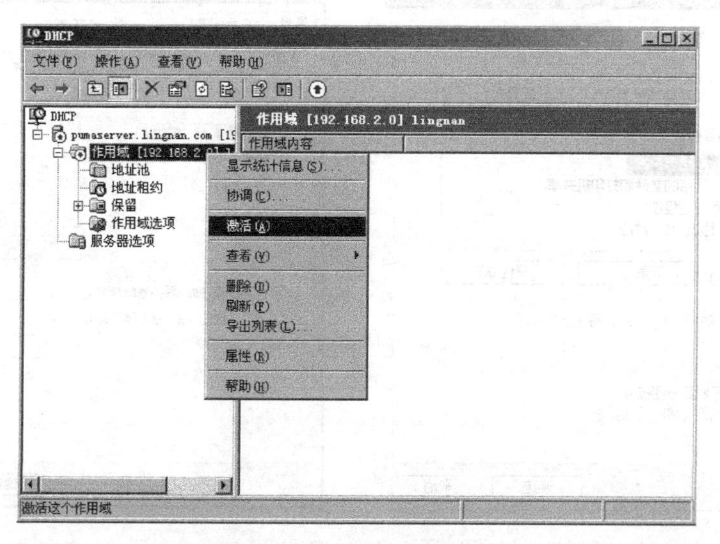

图 8.21　激活作用域

激活该作用域后，在 DHCP 控制台中就可以看到当前该作用域处于活动状态，此时，该作用域才可以自动给客户端分配 IP 地址，如图 8.22 所示。

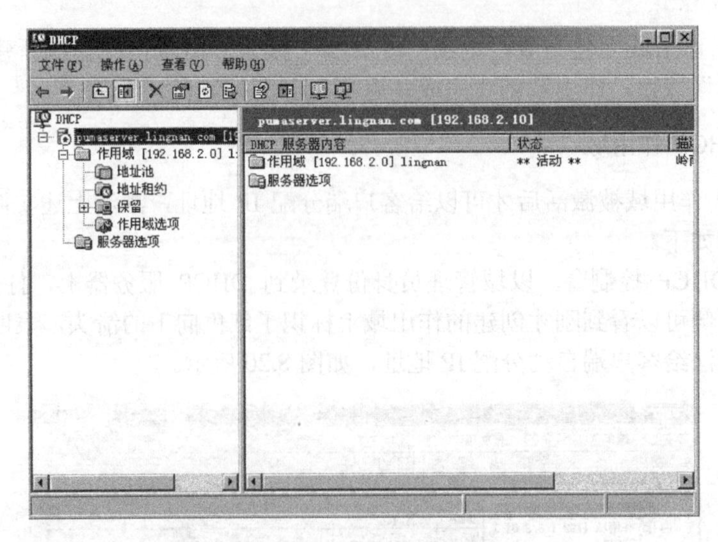

图 8.22　作用域处于活动状态

4．配置 DHCP 客户端

DHCP 客户端的设置非常简单。下面以 Windows XP 为例介绍 DHCP 服务器客户端的设置步骤。

（1）选择“开始→控制面板→网络和 Internet 连接→网络连接→本地连接→属性”菜单项，打开的对话框如图 8.23 所示。

（2）选中“Internet 协议（TCP/IP）”项目，单击“属性”按钮，选中“自动获得 IP 地址”选项，如图 8.24 所示。如果要从 DHCP 服务器获得 DNS 服务器地址，则需选中“自动获得 DNS 服务器地址”选项，然后单击“确定”按钮。再次单击“确定”按钮关闭“本地连接属性”对话框。

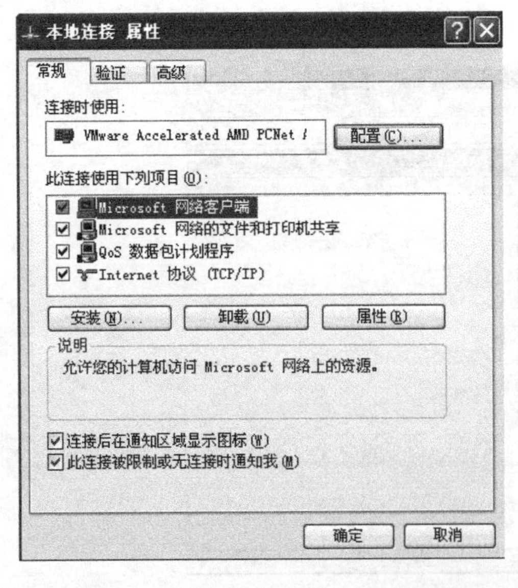

图 8.23 “本地连接属性”对话框

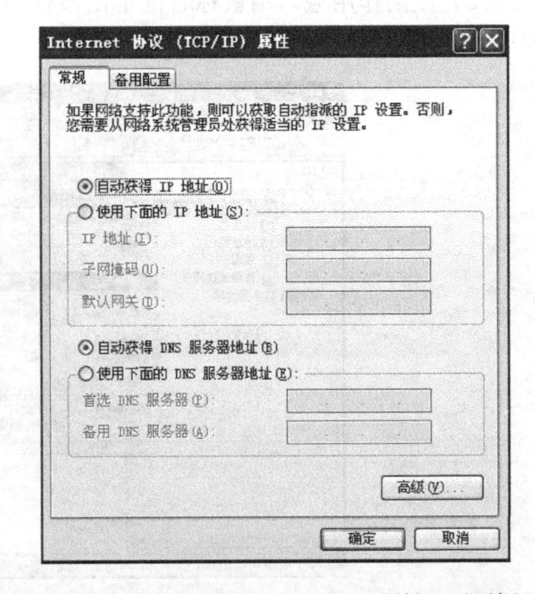

图 8.24 “Internet 协议（TCP/IP）属性”对话框

设置完成后，可以在命令提示符界面中执行 ipconfig/all 命令查看 DHCP 客户端所获得的 IP 设置。

8.3 任务 3 配置 DHCP 选项

8.3.1 任务知识准备

1. DHCP 选项概念

DHCP 选项定义了除 IP 地址和子网掩码外，DHCP 服务器分配给 DHCP 客户端的其他 TCP/IP 选项。网关地址、DNS 服务器、WINS 服务器等仅是常见的几种 DHCP 选项，Windows Server 2003 系统的 DHCP 服务器中自带了 70 多种 DHCP 选项，除此之外，还可以自定义分配给 DHCP 客户的 DHCP 选项。

DHCP 提供了用于将配置信息传送给网络上的客户端的内部框架结构，在 DHCP 服务器及其客户端之间交换的协议消息内存储了标记数据项中携带的配置参数和其他控制信息，这些数据项被称为选项。

2. DHCP 选项分类

可以通过每个管理的 DHCP 服务器进行不同级别的指派来管理这些选项，主要的选项包括服务器选项、作用域选项、保留选项以及类别选项。

（1）服务器选项。在此赋值的选项默认应用于 DHCP 服务器中的所有作用域和客户端或由它们默认继承；此处配置的选项可以被“作用域”、“选项类别”或“保留客户端”级别值所覆盖。

（2）作用域选项。在此赋值的选项仅应用于 DHCP 控制台树中选定的适当作用域中的客户端；此处配置的选项可以被“选项类别”或“保留客户端”级别值所覆盖。

（3）保留选项。为那些仅应用于特定的 DHCP 保留客户端的选项赋值。要使用该级别的指派，必须首先为相应客户端在向其提供 IP 地址的相应 DHCP 服务器和作用域中添加保留。这些选项为作用域中使用地址保留配置的单独 DHCP 客户端而设置。只有在客户端上手动配置的属性才能替代在该级别指派的选项。

（4）类别选项。类别选项是从 Windows 2000 Server 开始所具有的新功能。在 DHCP 服务器上，DHCP 客户机可以标识它们自己所属的类别，根据所处环境，只有所选类别标识自己的 DHCP 客户机才能分配到为该类别配置的选项数据。例如，运行 Windows XP 的客户机可以接收到不同于网络中其他客户机的选项。类别选项的配置优先于作用域或服务器级别的配置。

在上述的 4 个级别中，DHCP 选项的优先级从高到低分别是：保留选项>类别选项>作用域选项>服务器选项。例如，一个 DHCP 客户端同时定义了两个级别的选项，服务器级别的“003 路由器”选项值为“192.168.0.254”，而作用域级别的“003 路由器”选项值为“192.168.0.1”，那么由于作用域级别的 DHCP 选项优先级高于服务器级别的优先级，所以，最终这个 DHCP 客户端的“003 路由器”的值为“192.168.0.1”。

3. 常用 DHCP 选项

在为客户端设置了基本的 TCP/IP 配置设置后，大多数客户端还需要 DHCP 服务器通过 DHCP 选项提供其他信息，其中最常见的信息如表 8.1 所示。

表 8.1 DHCP 的设置选项

选 项	描 述
003 路由器	路由器的 IP 地址、默认网关的地址
006 DNS 服务器	DNS 服务器的 IP 地址
015 DNS 域名	用户的 DNS 域名
044 WINS /NBNS 服务器	用户可以得到的 WINS 服务器的 IP 地址。如果 WINS 服务器的地址是在用户机器上手工配置的，则它覆盖此选项的设置值
046 WINS/NBT 结点类型	运行 TCP/IP 的客户机上用于 NetBIOS 名称解析的结点类型。选项有： 1－B 结点（广播结点） 2－P 结点（点对点结点） 3－M 结点（混合结点） 4－H 结点（杂交结点）
047 NetBIOS 领域 ID	本地的 NetBIOS 领域 ID。在 TCP/IP 网络中，NetBIOS 只与使用相同 ID 的 NetBIOS 宿主机通信

8.3.2 任务实施

1. 配置 DHCP 服务器选项

在 DHCP 服务器上配置 DHCP 服务器选项，具体步骤如下。

（1）打开“服务器选项”对话框。以域管理员身份登录到 DHCP 服务器，打开 DHCP 控制台，依次展开服务器和作用域，右键单击“服务器选项”，在弹出的菜单中选择“配置选项”，如图 8.25 所示，将打开“服务器选项”对话框。

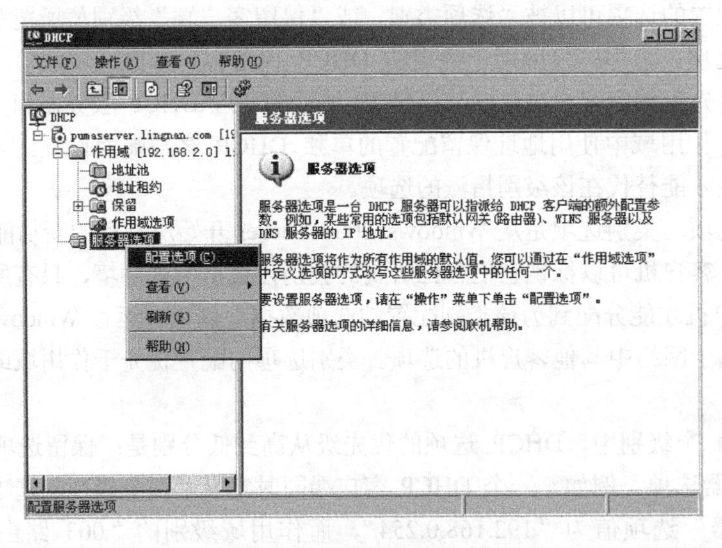

图 8.25 配置服务器选项

（2）设置服务器选项。在“服务器选项”对话框中，勾选“003 路由器”选项，路由器就是局域网网关，在“IP 地址”栏中输入网关地址，此处输入“192.168.2.1”，如图 8.26 所示，单击“添加”按钮，最后单击“应用”按钮即可。

在“服务器选项”对话框中，勾选“006DNS 路由器”，在“IP 地址”栏中输入 DNS 服务器 IP 地址，此处输入“192.168.2.2”，如图 8.27 所示，单击“添加”按钮，最后单击“应用”按钮即可。

图 8.26　设置路由器地址

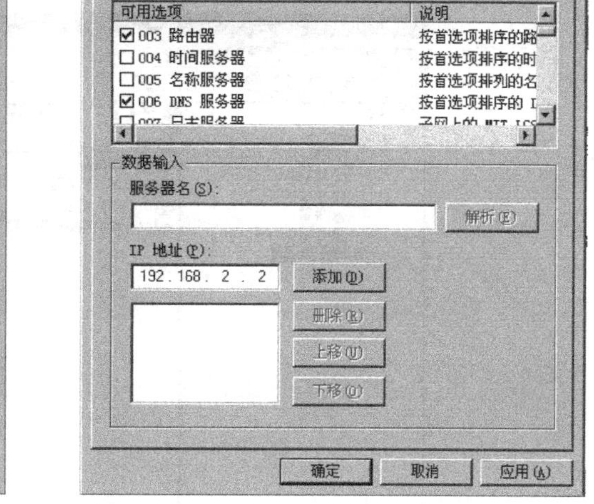

图 8.27　设置 DNS 服务器地址

在“服务器选项”对话框中，勾选“044WINS/NBNS 服务器”，在“IP 地址”栏中输入 WINS 服务器的 IP 地址，此处输入“192.168.2.3”，如图 8.28 所示，单击“添加”按钮，最后单击“应用”按钮即可。

在“服务器选项”对话框中，勾选“015DNS 域名”，在“字符串值址”栏中输入 DNS 域名，此处输入“lingnan.com”，如图 8.29 所示，单击“确定”按钮，完成添加操作，并返回 DHCP 控制台，在控制台右侧可以看到刚才创建的服务器选项，如图 8.30 所示。

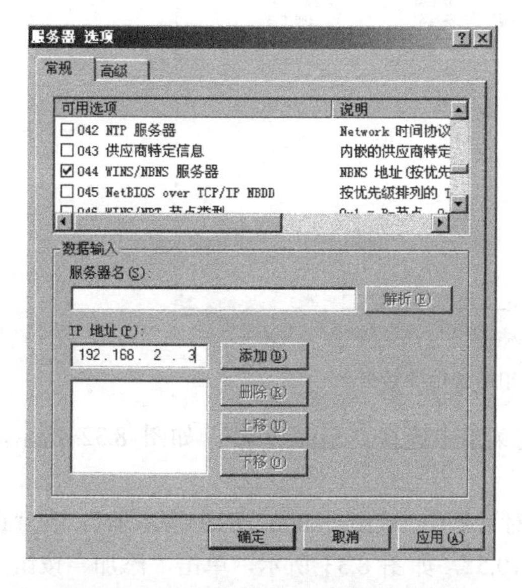

图 8.28　设置 WINS/NBNS 服务器地址

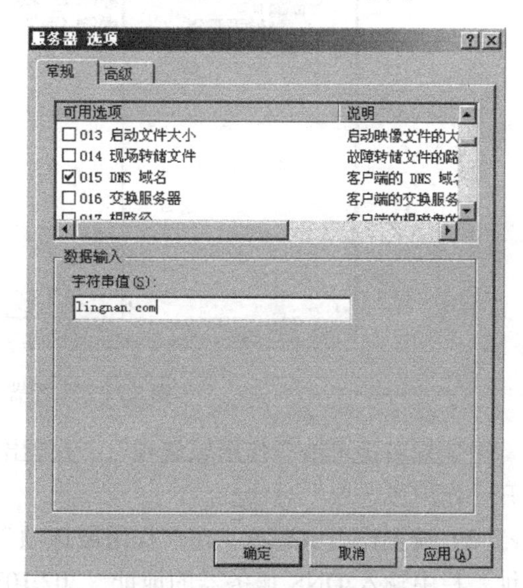

图 8.29　设置 DNS 域名

2. 配置 DHCP 作用域选项

在已配置服务器选项的 DHCP 服务器上配置作用域选项并比较两者的优先级，具体步骤如下。

（1）打开“作用域选项”对话框。以域管理员身份登录到 DHCP 服务器，打开 DHCP 界面，单击“作用域选项”，可以看到当前的作用域选项是继承服务器选项的，如图 8.31 所示，其中“006 DNS 服务器”的 IP 地址为“192.168.2.2”。

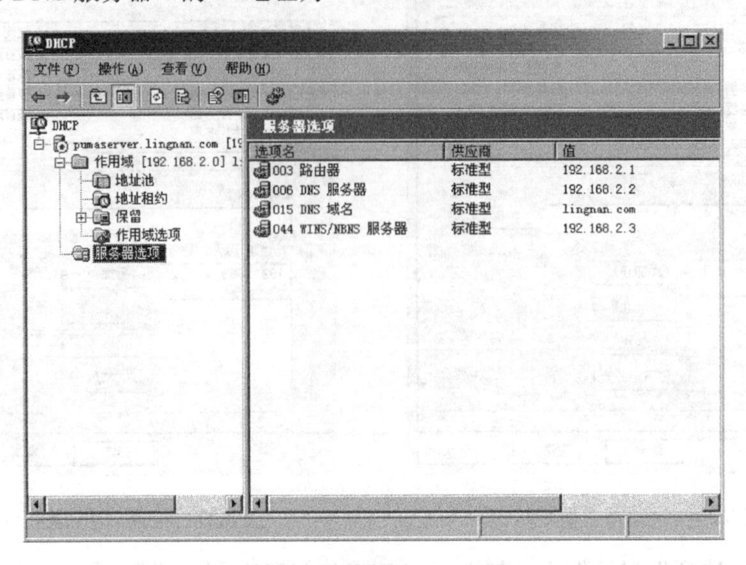

图 8.30　配置服务器选项后的效果

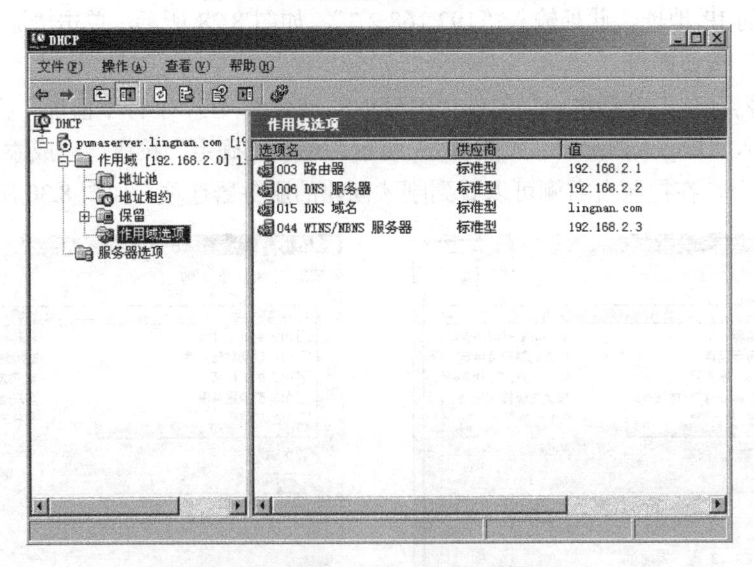

图 8.31　未配置作用域选项的效果

用鼠标右键单击“作用域选项”，在弹出的菜单中选择“配置选项”，如图 8.32 所示，打开“作用域选项”对话框。

（2）设置作用域选项。在“作用域选项”对话框中，勾选“006 DNS 服务器”，在“IP 地址”栏中输入 DNS 服务器的地址“202.103.10.5”，如图 8.33 所示，单击“添加”按钮，最后单击“确定”按钮。

返回如图 8.34 所示的 DHCP 界面，单击界面左侧的“作用域选项”，界面右侧将显示作用域选项，可以看出当前作用域选项中的“006 DNS 服务器”IP 地址已经变为“202.103.10.5”，由此说明作用域选项的优先级高于服务器选项。

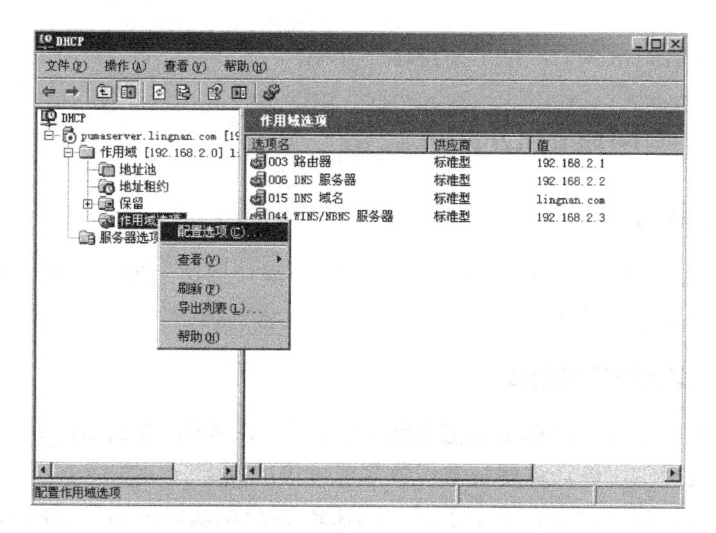

图 8.32　配置作用域选项

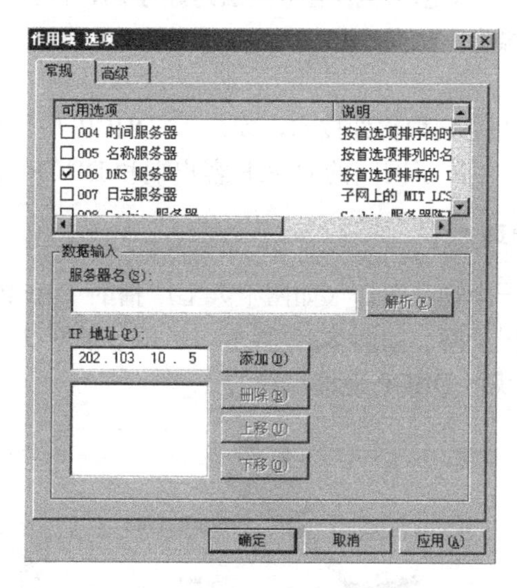

图 8.33　设置 DNS 服务器地址

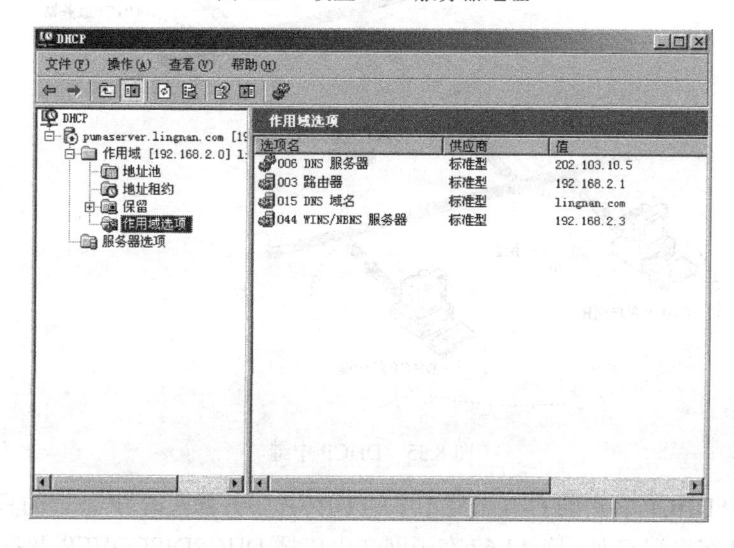

图 8.34　配置完作用域选项后的效果

其他选项的配置方法类似，这里不再逐一介绍。

8.4 任务4 跨网段的DHCP配置

8.4.1 任务知识准备

跨网段的 DHCP 配置在应用中以使用 DHCP 中继代理技术为主，本任务将对 DHCP 中继代理的原理和实施进行说明。

1. DHCP 中继代理应用场合

现在的企业在组网时，根据实际需要通常会划分 VLAN，那么如何让一个 DHCP 服务器同时为多个网段提供服务，这就是本任务需要讨论的问题。

在大型网络中，可能会存在多个子网，DHCP 客户端通过网络广播消息获得 DHCP 服务器的响应后得到 IP 地址，但是，广播消息无法跨越子网，因此，如果 DHCP 客户端和服务器在不同子网中，客户端将无法向 DHCP 服务器申请 IP 地址，为了解决该问题，必须使用 DHCP 中继代理技术。

DHCP 中继代理实际上是一种软件技术，安装了 DHCP 中继代理的计算机称为 DHCP 中继代理服务器，它承担了不同子网间的 DHCP 客户端和 DHCP 服务器之间的通信任务。

2. 中继代理的工作原理

中继代理将其连接的一个物理端口（如网卡）上广播的 DHCP/BOOTP 消息中转到其他物理接口，以连至其他远程子网。如图 8.35 所示，显示了子网 2 上的客户端 C 是如何从子网 1 上的 DHCP 服务器上获得 DHCP 地址租约的。

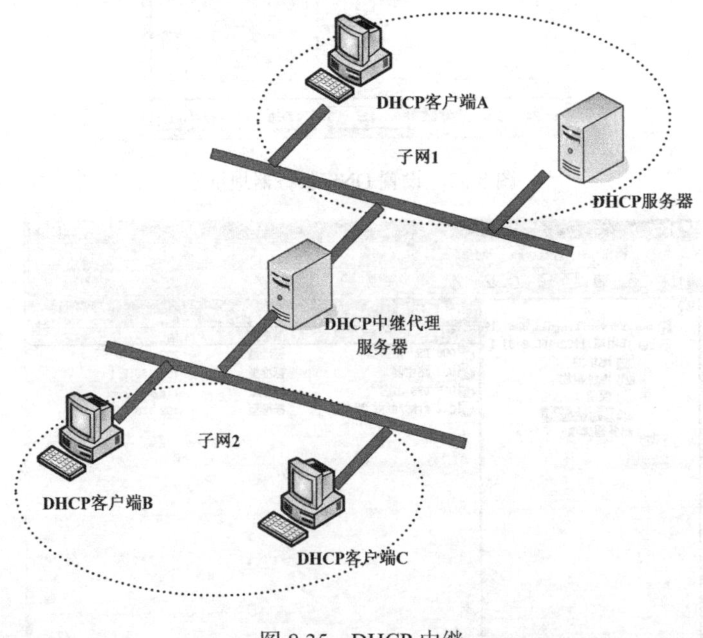

图 8.35 DHCP 中继

子网 2 中的 DHCP 客户端 C 从子网 1 中的 DHCP 服务器获取 IP 地址的具体过程如下。

（1）DHCP 客户端 C 使用端口 67 在子网 2 上广播 DHCPDISCOVER 数据包。

（2）DHCP 中继代理服务器检测到 DHCPDISCOVER 数据包中的网关 IP 地址字段。如果该字段有 IP 地址 0.0.0.0，代理文件会在其中填入中继代理的 IP 地址，然后将消息转发到 DHCP 服务器所在的远程子网 1。

（3）远程子网 1 上的 DHCP 服务器收到此消息时，它会为该 DHCP 服务器可用于提供 I 地址租约的 DHCP 作用域检查其网关 IP 地址字段。

（4）如果 DHCP 服务器有多个 DHCP 作用域，网关 IP 地址字段（GIADDR）中的地址会标识出将从哪个 DHCP 作用域提供 IP 地址租约。

例如，如果网关 IP 地址（GIADDR）字段有 172.16.0.2 的 IP 地址，DHCP 服务器会检查其可用的地址作用域中是否有与包含作为主机的网关地址匹配的地址作用域范围。在这种情况下，DHCP 服务器将对 172.16.0.1～172.16.0.254 之间的地址作用域进行检查，如果存在匹配的作用域，则 DHCP 服务器从匹配的作用域中选择可用地址以便在对客户端的 IP 地址租约提供响应时使用。

（5）当 DHCP 服务器收到 DHCPDISCOVER 消息时，它会处理 IP 地址租约（DHCPOFFER），并将其直接发送给在网关 IP 地址（GIADDR）字段中标识的中继代理服务器。

（6）路由器将地址租约（DHCPOFFER）转发给 DHCP 客户端。此时，客户端的 IP 地址仍无人知道，因此，它必须在本地子网上广播。同样，DHCPREQUEST 消息通过 DHCP 中继代理服务器从 DHCP 客户端中转发到 DHCP 服务器，而 DHCPACK 消息通过 DHCP 中继代理服务器从 DHCP 服务器转发到 DHCP 客户端。

8.4.2 任务实施

1. 任务实施拓扑结构

在架设 DHCP 中继代理服务器实现跨网段 DHCP 之前，先对部署的需求和拓扑结构进行说明。

（1）部署要求。在部署 DHCP 中继代理服务器之前需要满足以下条件。

① 设置 DHCP 服务器的 TCP/IP 属性，包括手工指定 IP 地址、子网掩码、默认网关和 DNS 服务器 IP 地址等。

② 设置 DHCP 中继代理服务器的 TCP/IP 属性，包括手工指定 IP 地址、子网掩码、默认网关和 DNS 服务器 IP 地址等。

③ 部署域环境，域名为 lingnan.com。

④ 架设好 DHCP 服务器。

（2）拓扑结构。本任务是在一个域环境中，域名为 lingnan.com。DHCP 服务器主机名为 PUMAServer，该服务器同时也是域控制器，IP 地址为 192.168.2.2。DHCP 中继代理服务器主机名为 PUMA，该服务器通过两块网卡连接两个子网，其中一个网卡配置 IP 地址为 172.16.1.1，另一个网卡配置 IP 地址为 192.168.2.10，这两台计算机都是域中的计算机。

任务实施的目的是通过 DHCP 中继服务器使子网 1 中的客户端计算机动态获取 IP 地址。

注意：在实际应用中，中继代理服务器既可以是网关的服务器，也可以是子网内的某一台计算机。

任务实施拓扑结构如图 8.36 所示。

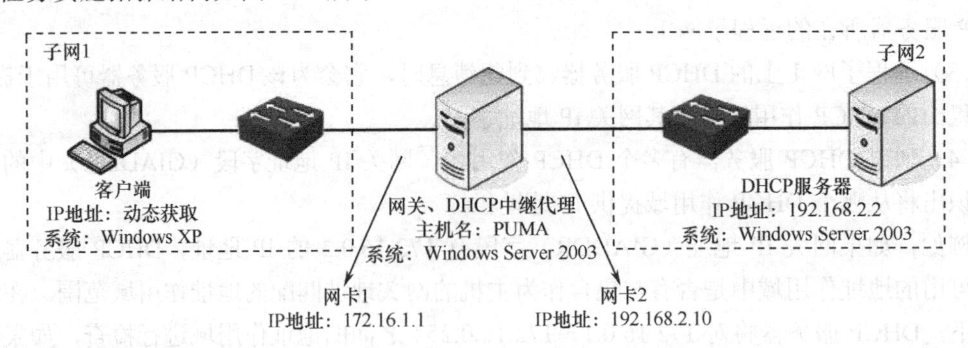

图 8.36　任务实施拓扑结构

2．配置 DHCP 服务器

以域管理员身份登录到 DHCP 服务器上创建作用域，该作用域的 IP 地址范围为 192.168.2.20～192.168.2.110，租约时间为 8 天，创建完成后的效果如图 8.37 所示。

注意：在 DHCP 服务器上必须正确配置网关为 192.168.2.10，首先 DNS 配置为 192.168.2.2。

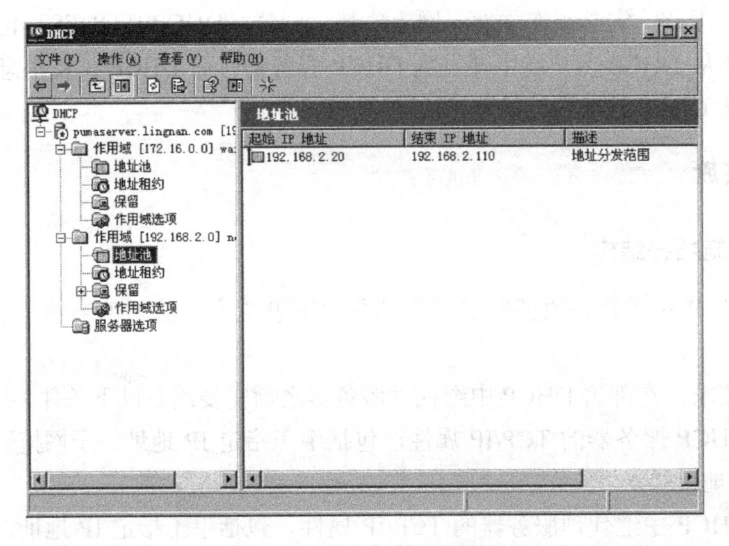

图 8.37　创建完成后的效果

3．配置 DHCP 中继服务器

（1）增加 LAN 路由功能。以域管理员身份登录到 DHCP 中继代理服务器上，单击“开始→程序→管理工具→路由和远程访问”，打开路由和远程访问界面，用鼠标右键单击服务器，在弹出的菜单中选择“配置并启用路由和远程访问”，打开“路由和远程访问服务器安装向导”对话框，如图 8.38 所示，选择“自定义配置”选项。

单击“下一步”按钮，出现自定义配置界面，勾选“LAN 路由”，如图 8.39 所示。

单击“下一步”按钮，出现正在完成路由和远程访问服务器安装向导界面，单击“完成”按钮即可。

（2）新增 DHCP 中继代理程序。在路由和远程访问界面中，依次展开服务器和 IP 路由选择，用鼠标右键单击“常规”，在弹出的菜单中选择“新路由协议”，在弹出的菜单中选择“DHCP 中继代理程序”，如图 8.40 所示。

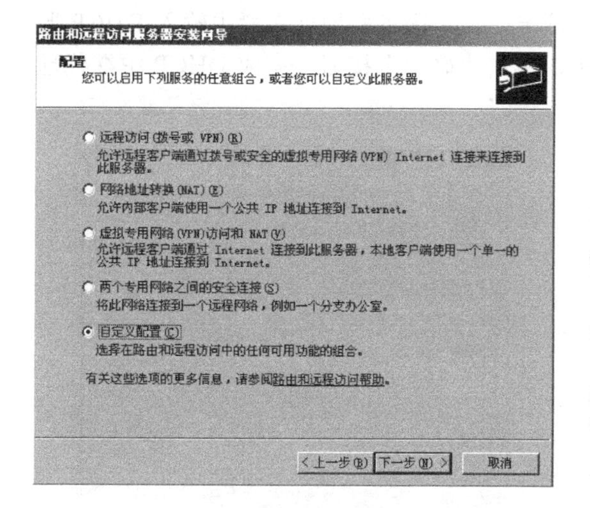

图 8.38　自定义配置

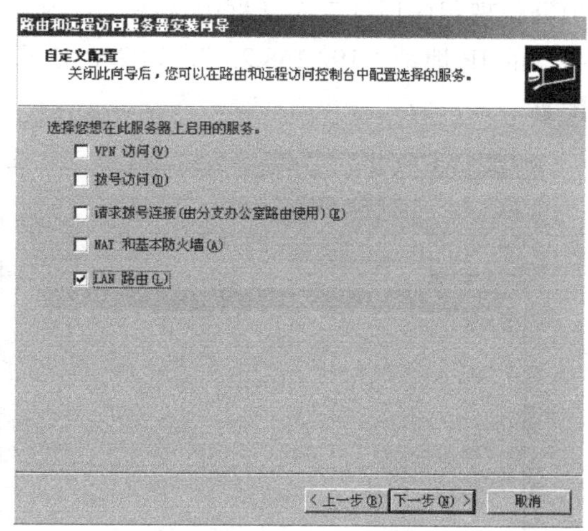

图 8.39　选择 LAN 路由

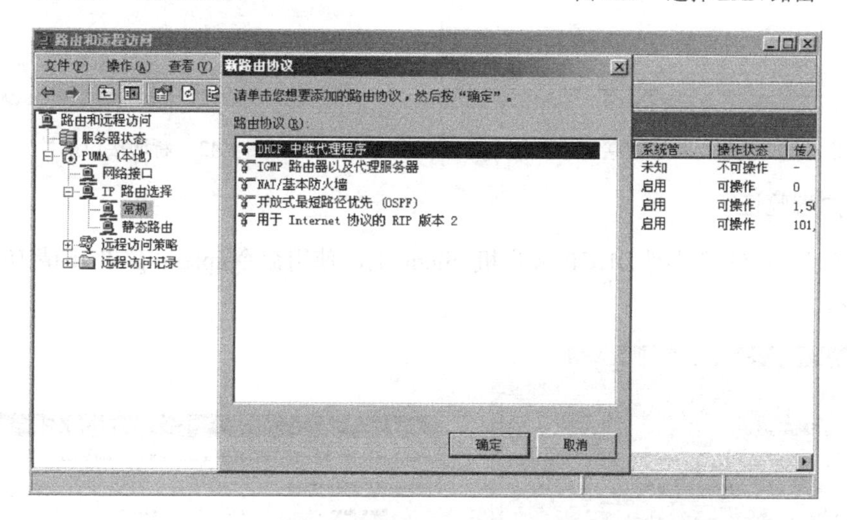

图 8.40　新增 DHCP 中继代理程序

（3）新增接口。单击“确定”按钮，返回路由和远程访问界面，用鼠标右键单击“DHCP 中继代理程序”，在弹出的菜单中选择“新增接口”，在弹出的“DHCP 中继代理程序的新接口”对话框中，可以指定与 DHCP 客户端连接的网络连接，此处选择“本地连接 2”，如图 8.41 所示。

注意：这里新增的端口是连接客户机网段的接口，因为是客户机通过此端口获得 IP 地址，由于本任务中是由“本地连接 2”连接客户机，因此，这里选择“本地连接 2”。

单击“确定”按钮，打开如图 8.42 所示的对话框，在“常规”选项卡中采用默认设置。

图 8.42 中的属性含义分别是：跃点计数阈值是指定广播发送的 DHCP 消息最多可以经过的路由器个数，即 DHCP 客户端和 DHCP 服务器通信时经过的路由器个数；启动阈值是指定 DHCP 中继代理将 DHCP 客户端发出的 DHCP 消息转发给其他网络的 DHCP 服务器之前的等待时间。

（4）指定 DHCP 服务器 IP 地址。单击“确定”按钮，返回路由和远程访问界面，用鼠标右键单击“DHCP 中继代理程序”，在弹出的菜单中选择“属性”，在弹出的“DHCP 中继代理程序属性”对话框中选择“常规”选项卡，在“服务器地址”栏中输入 DHCP 服务器的 IP 地址“192.168.2.2”，如图 8.43 所示，单击“确定”按钮，完成 DHCP 中继代理配置。

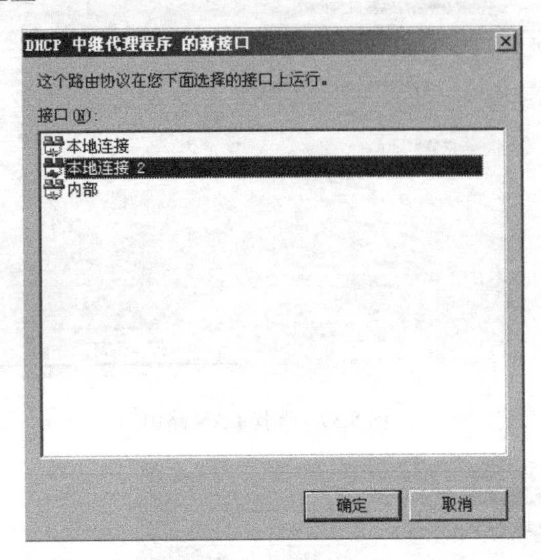

图 8.41　新增“本地连接 2”接口

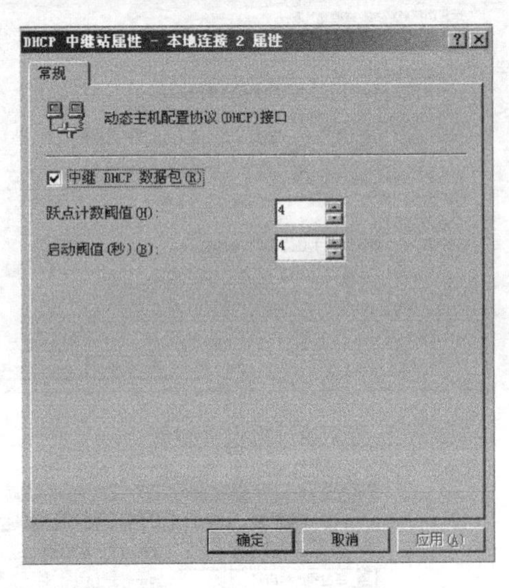

图 8.42　新增接口属性

4．客户端验证

以域管理员身份登录到 DHCP 客户机 cilent 上，使用命令 ipconfig/all 申请 IP 地址，如图 8.44 所示。

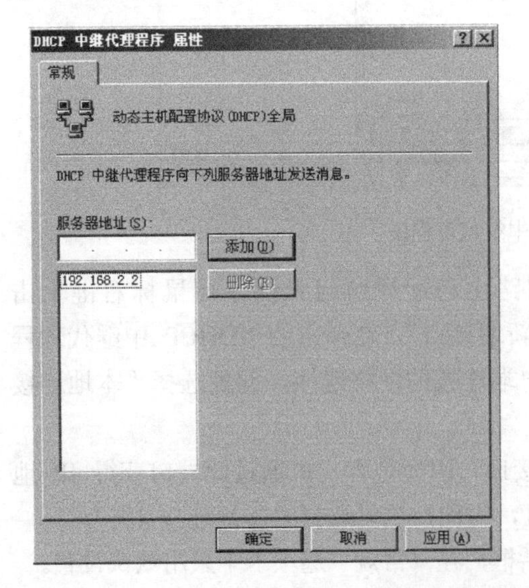

图 8.43　指定 DHCP 服务器的 IP 地址

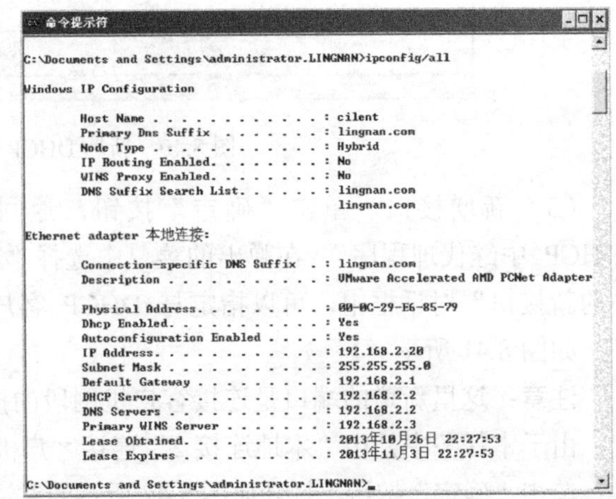

图 8.44　客户机申请 IP 地址

此时，客户机从 DHCP 动态获取了 IP 地址为“192.168.2.20”，然后，以域管理员身份登录到 DHCP 服务器上，依次展开服务器和作用域，单击“地址租约”，在界面右侧将显示其中一个 IP 地址已经租给客户端 cilent 了，如图 8.45 所示。

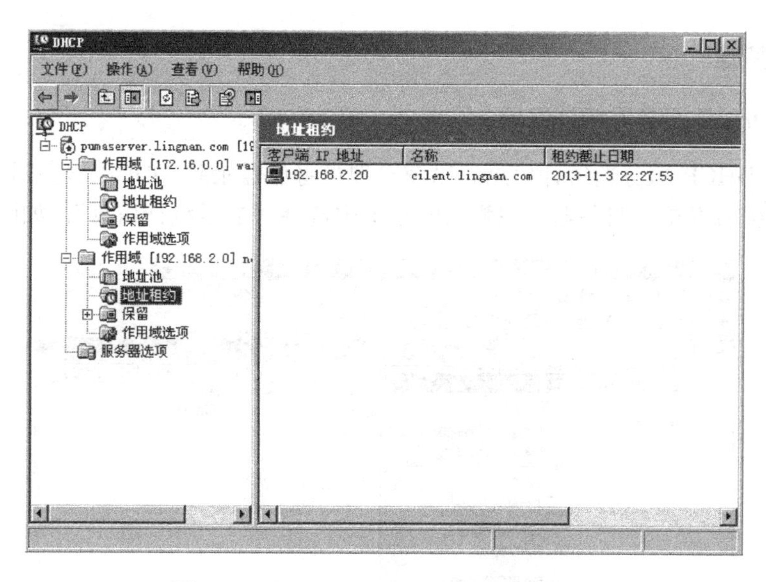

图 8.45 在 DHCP 服务器上查看地址租约

8.5 任务 5 监视 DHCP 服务器

8.5.1 任务知识准备

由于 DHCP 服务器在大多数环境下都起到极为重要的作用，因此监视它们的性能可帮助您诊断服务器性能降低的情况。通常监视 DHCP 服务器的主要方法包括查看统计信息和审核日志。

DHCP 服务器的统计信息是描述了从 DHCP 服务器启动以来所收集到的有关服务器和作用域的信息。而审核日志对于安全审核的用途来讲并不很实用，但是在解决 DHCP 服务器相关的问题方面，却非常实用。

Windows Server 2003 的 DHCP 服务器包含了几个提供了增强审计能力的日志功能和服务器参数，管理员可以指定以下功能。

（1）DHCP 服务器存储审核日志文件的目录路径，DHCP 服务器默认的审核日志的存储路径位于“%windir%\System32\Dhcp”。

（2）DHCP 服务器可指定所创建和存储的所有审核日志文件的磁盘空间总容量的最大限制（以 MB 计算）。

（3）磁盘检查间隔，用于确定在检查服务器上可用磁盘空间之前，DHCP 服务器向日志文件写多少次审核日志事件。

（4）服务器磁盘空间的最小容量（以 MB 计算），要求它在磁盘检查期间确定服务器是否有足够的空间继续审核日志。

DHCP 服务器的服务基于本周当天的审计文件名称，是通过检查服务器上的当前日期和时间进行确定的。

例如，如果 DHCP 服务器启动时的当前日期和时间为星期一、2013 年 10 月 28 日下午 05:20:12，则服务器审核日志文件将被命名为“DhcpSrvLog-Mon”。

本任务将在实施部分对如何查看统计信息和如何利用审核日志进行详细说明。

8.5.2 任务实施

1. 查看 DHCP 服务器统计信息

（1）查看 DHCP 服务器统计信息。以域管理员身份登录到 DHCP 服务器上，在 DHCP 界面中，用鼠标右键单击服务器，在弹出的菜单中选择“显示统计信息”，如图 8.46 所示。

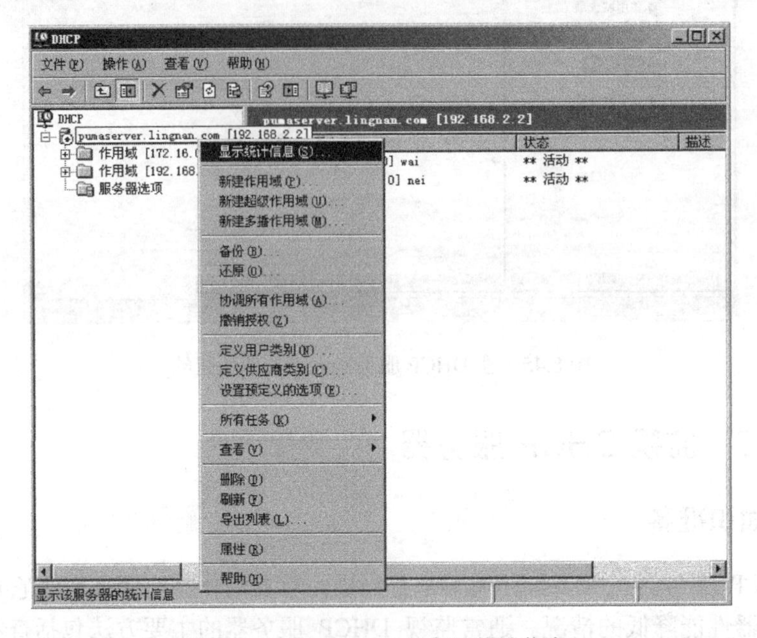

图 8.46　显示 DHCP 服务器统计信息

弹出如图 8.47 所示的“服务器 192.168.2.2 统计”对话框，可以看到服务器上有两个作用域，地址总计为 182 个，已经使用 1 个。

（2）查看 DHCP 作用域统计信息。在 DHCP 界面中，用鼠标右键单击“作用域”，在弹出的菜单中选择“显示统计信息”，如图 8.48 所示。

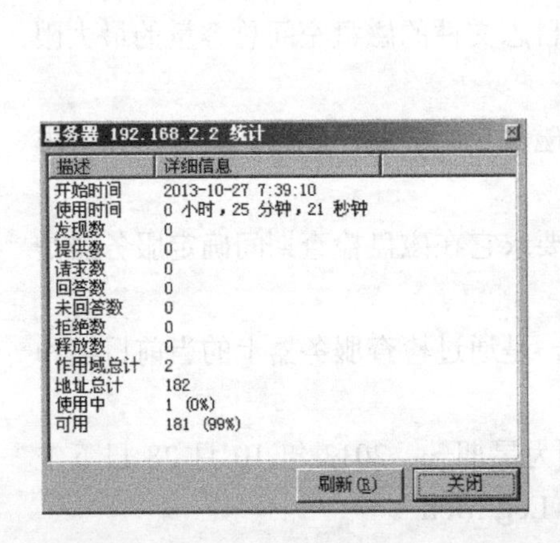

图 8.47　DHCP 服务器统计信息结果

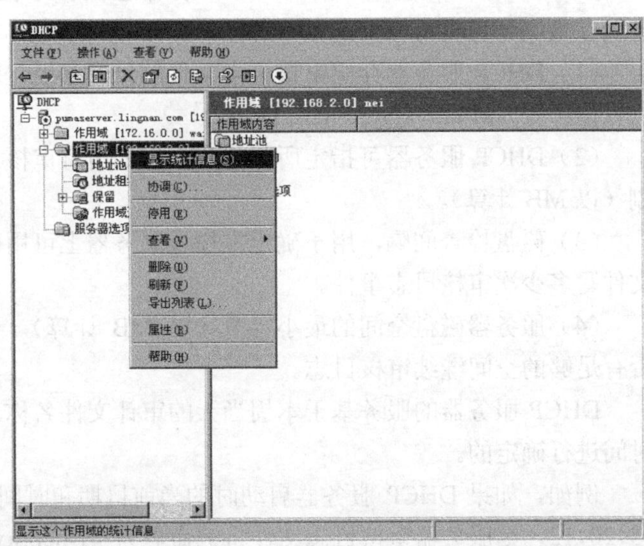

图 8.48　显示作用域统计信息

弹出如图 8.49 所示“作用域 192.168.2.0 统计”对话框，可以看到该作用域地址总计有 91 个，已经使用 1 个。

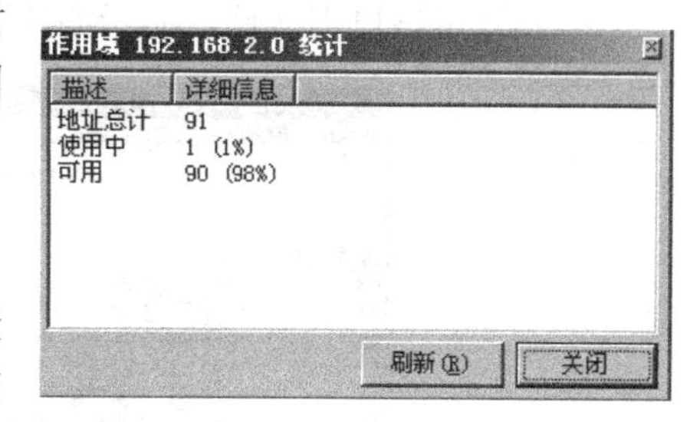

图 8.49　显示作用域统计信息结果

2. 查看 DHCP 审核日志

（1）查看审核日志存储路径。以域管理员身份登录到 DHCP 服务器上，在 DHCP 界面中，用鼠标右键单击服务器，在弹出的菜单中选择“属性”，打开图 8.50 所示的对话框。

选择“常规”选项卡，默认勾选“启用 DHCP 审核记录”选项，这样每天都会将服务器活动写入一个文件，如图 8.50 所示。

在图 8.50 所示的对话框中选择“高级”选项卡，可以看到默认的审核日志存储路径，如图 8.51 所示。实际应用中，为了确保服务器的安全性，可以根据需要修改该路径。

（2）查看审核日志文件。打开文件夹“C:\WINDOWS\system32\dhcp”，如图 8.52 所示，其中的 DhcpSrvLog-Sun.log 和 DhcpSrvLog-Web.log 就是审核日志文件。

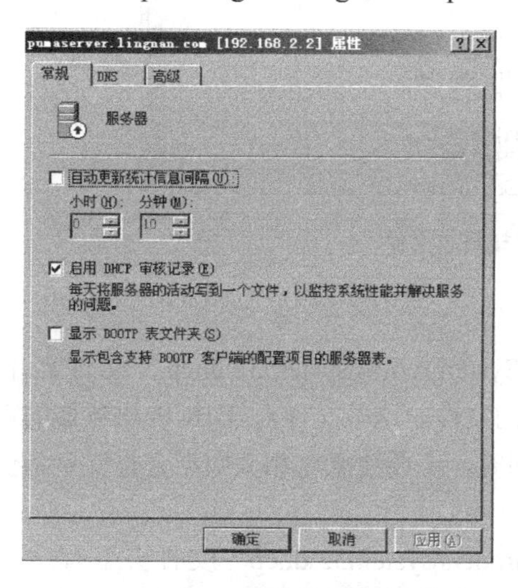

图 8.50　常规选项卡

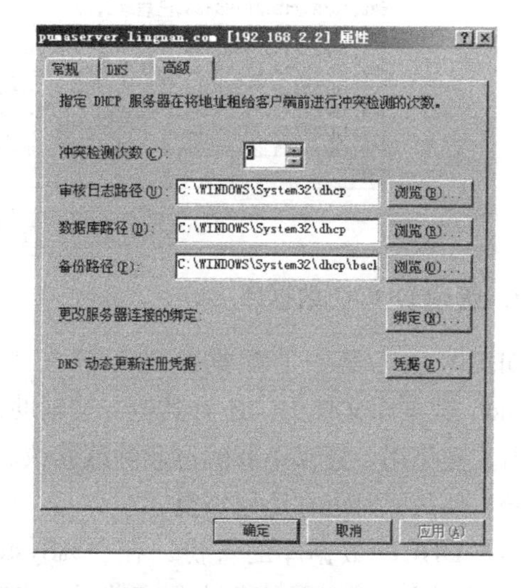

图 8.51　审核日志路径

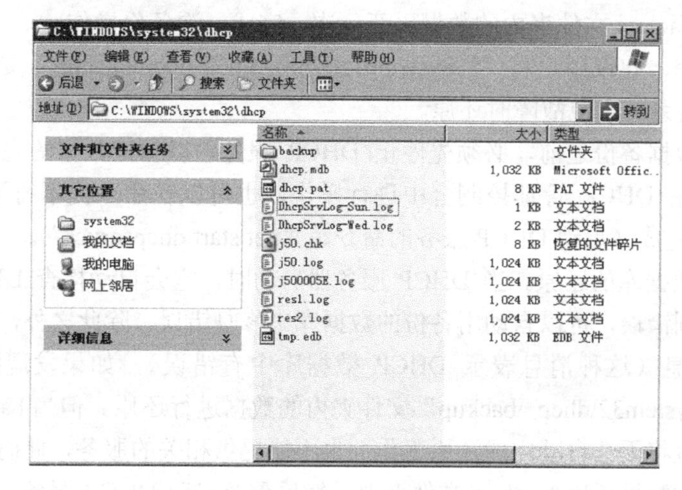

图 8.52　显示审核日志

打开该审核日志文件，显示如图 8.53 所示。

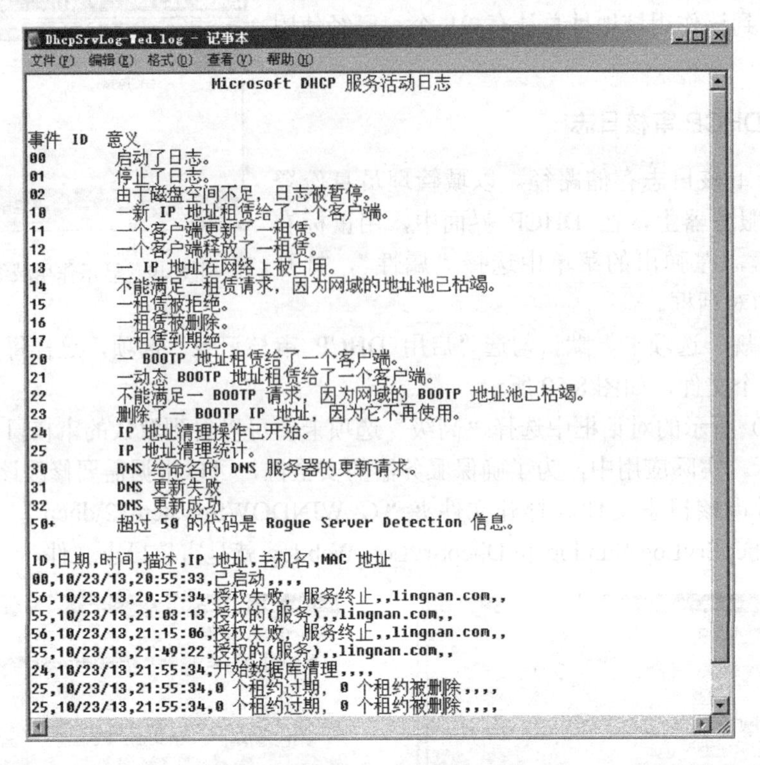

DhcpSrvLog-Wed.log - 记事本

文件(F) 编辑(E) 格式(O) 查看(V) 帮助(H)

Microsoft DHCP 服务活动日志

事件 ID 意义
00 启动了日志。
01 停止了日志。
02 由于磁盘空间不足，日志被暂停。
10 一新 IP 地址租赁给了一个客户端。
11 一个客户端更新了一租赁。
12 一个客户端释放了一租赁。
13 一 IP 地址在网络上被占用。
14 不能满足一租赁请求，因为网域的地址池已枯竭。
15 一租赁被拒绝。
16 一租赁被删除。
17 一租赁到期绝。
20 一 BOOTP 地址租赁给了一个客户端。
21 一动态 BOOTP 地址租赁给了一个客户端。
22 不能满足一 BOOTP 请求，因为网域的 BOOTP 地址池已枯竭。
23 删除了一 BOOTP IP 地址，因为它不再使用。
24 IP 地址清理操作已开始。
25 IP 地址清理统计。
30 DNS 给命名的 DNS 服务器的更新请求。
31 DNS 更新失败
32 DNS 更新成功
50+ 超过 50 的代码是 Rogue Server Detection 信息。

ID,日期,时间,描述,IP 地址,主机名,MAC 地址
00,10/23/13,20:55:33,已启动,,,,
56,10/23/13,20:55:34,授权失败，服务终止,,lingnan.com,,
55,10/23/13,21:03:13,授权的(服务),,lingnan.com,,
56,10/23/13,21:15:06,授权失败，服务终止,,lingnan.com,,
55,10/23/13,21:49:22,授权的(服务),,lingnan.com,,
24,10/23/13,21:55:34,开始数据库清理,,,,
25,10/23/13,21:55:34,0 个租约过期，0 个租约被删除,,,,
25,10/23/13,21:55:34,0 个租约过期，0 个租约被删除,,,,

图 8.53 查看审核日志文件

3. 管理 DHCP 数据库

DHCP 服务器中的数据全部存放在“%Systemroot%\system32\dhcp”文件夹中名为 dhcp.mdb 数据库文件中，还有其他一些辅助性的文件。这些文件对 DHCP 服务器的正常运行起着关键作用，建议不要随意删除或修改。同时，还要注意对相关数据进行安全备份，以备系统出现故障时进行还原恢复。

（1）DHCP 数据库的备份。在“%Systemroot%\system32\dhcp”文件夹下有一个名为 backup 的子文件夹，该文件夹保存着对 DHCP 数据库及相关文件的备份。DHCP 服务器每隔 60min 就会将 backup 文件夹内的数据更新一次，完成一次备份操作。

出于安全考虑，建议用户将“%Systemroot%\system32\dhcp\backup”文件夹中的所有内容进行备份，以备系统出现故障时还原。

注意：在对数据备份之前，必须先停止 DHCP 服务，以保证数据的完整性。DHCP 服务器的停止可以在 DHCP 管理控制台中进行操作，也可以在命令提示符下使用“net stop dhcpserver”命令完成（启动 DHCP 服务的命令是“net start dhcpserver”）。

（2）DHCP 数据库的还原。当 DHCP 服务器启动时，它会自动检查 DHCP 数据库是否损坏，一旦检测到错误，可以自动用备份的数据库来修复错误。除此之外，如果事件日志包含 Jet 数据库消息（这种消息表示 DHCP 数据库中有错误），如果发现损坏，将自动用“%Systemroot%\system32\dhcp \backup”文件夹内的数据进行还原。但当 backup 文件夹内的数据损坏时，系统将无法自动完成还原工作，也不能提供相关的服务，此时只有用手动的方法将上面所备份的数据还原到 dhcp 文件夹中，然后重新启动 DHCP 服务。DHCP 数据库的

备份和还原操作如图 8.54 所示。

如果数据库损坏，还可以利用 jetpack 程序修复 DHCP 数据库。程序 jetpack 包含在 Windows Server 2003 中，另外 jetpack 工具还具有压缩数据库的功能，可以保持数据库的紧凑。

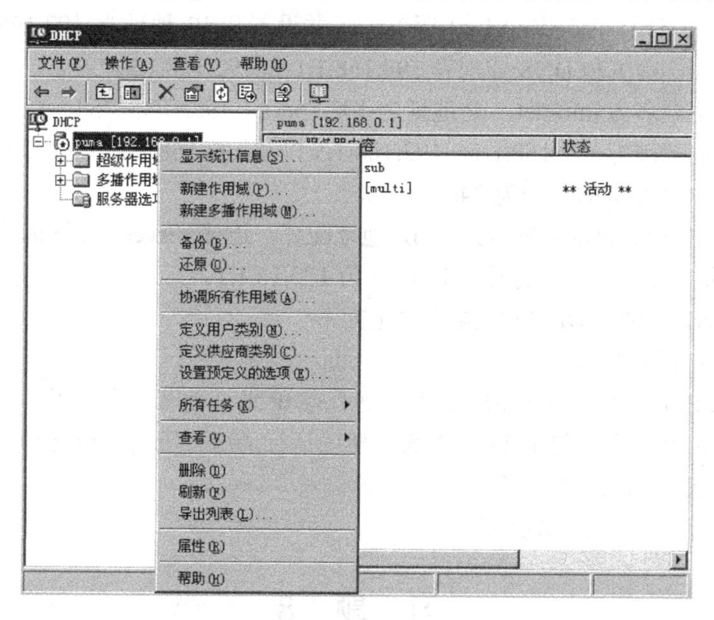

图 8.54 DHCP 数据库的备份和还原

实训 8 Windows Server 2003 中 DHCP 的配置和管理

1. 实训目标

（1）熟悉 Windows Server 2003 的 DHCP 服务器安装。

（2）掌握 Windows Server 2003 的 DHCP 服务器配置。

（3）熟悉 Windows Server 2003 的 DHCP 客户端配置。

2. 实训准备

（1）网络环境：已建好 100Mbit/s 的以太网，包含交换机、超五类（或五类）UTP 直通线若干、3 台以上数量的计算机（数量可以根据学生人数安排）。

（2）服务端计算机配置：CPU 为 Intel Pentium4 以上，内存不小于 1GB，硬盘剩余空间不小于 20GB，并已安装 Windows Server 2003 操作系统，或已安装 VMWARE Workstation 9 以上版本软件，并且硬盘中有 Windows Server 2003、Windows XP 和 Windows 7 安装程序，服务器为双网卡配置或在虚拟机中创建两个网络适配器，其中一个适配器为桥接模式，作为连接内网的网卡，另一个适配器为 NAT 模式，作为连接外网的网卡。

（3）客户端计算机配置：CPU 为 Intel Pentium4 以上，内存不小于 1GB，硬盘剩余空间不小于 20GB，并已安装 Windows XP 或 Windows 7 操作系统，或已安装 VMWARE Workstation 9 以上版本软件，并且硬盘中有 Windows XP 和 Windows 7 安装程序。

3. 实训步骤

采用图 8.36 所示拓扑结构，包括 3 台以上计算机，一台作为 DHCP 服务器，一台作为

DHCP 中继服务器，另一台作为客户机。

约定 DHCP 服务器机器名为 server1，DHCP 中继服务器机器名为 server2，客户机机器名为 cilent。

（1）为 server1 计算机安装 DHCP 服务器，并设置其 IP 地址为 192.168.1.250，子网掩码为 255.255.255.0，网关和 DNS 分别为 192.168.1.1 和 192.168.1.2。

（2）新建作用域名为 intranet，IP 地址为 192.168.1.1-192.168.1.254，掩码长度为 24。

（3）排除地址范围为 192.168.1.1～192.168.1.5 以及 192.168.1.250～192.168.1.254。

（4）设置 DHCP 服务的租约为 24h。

（5）为 server2 计算机的双网卡进行 IP 地址配置，连接 server1 计算机的网卡 IP 地址为 192.168.1.1，连接 cilent 计算机的网卡 IP 地址为 172.16.1.1。

（6）在 server2 上进行 DHCP 中继代理配置。

（7）在 cilent 计算机上设置动态获取 IP 地址。

（8）在 DHCP 服务器的地址租约中查看是否有 IP 地址被客户端使用。

（9）在 cilent 客户端上测试 DHCP 服务器的运行情况，用 ipconfig/all 名称查看分配的 IP 地址、默认网关等信息是否正确。

（10）备份和还原 DHCP 数据库。

习　题　8

1．填空题

（1）DHCP 的租约过程包括 ________、__________、_________、和___________四种报文。

（2）DHCP 选项主要包括四类，分别是_______、________、________和________。

（3）在 DHCP 客户机上使用___________命令可以更新现有客户端的 IP 地址或者重新获得 IP 地址，使用____________命令可以立即释放主机的当前 DHCP 配置。

（4）为了防止非法的 DHCP 服务器为客户机提供不正确的 IP 地址，需要配置________。

（5）跨网段的 DHCP 配置在实际应用中以使用___________技术为主。

2．选择题

（1）管理员在 Windows Server 2003 上安装完 DHCP 服务后，打开 DHCP 控制台，发现服务器前面的箭头为红色向下，为了让该箭头变成绿色向上，应该进行______操作。

A．创建新作用域　　B．授权 DHCP 服务器

C．激活新作用域　　D．配置服务器选项

（2）DHCP 选项的设置中不可以设置的是______。

A．DNS 服务器　B．DNS 域名　C．WIINS 服务器　D．计算机名

（3）在 Windows 操作系统中，可以通过______命令查看 DHCP 服务器分配给本机的 IP 地址。

A．ipconfig/all　B．ipconfig/get　C．ipconfig/see　D．ipconfig/find

（4）在默认的情况下，DHCP 服务器的数据库及相关文件的备份存放在______文件夹中。

A．\winnt\dhcp　B．\windows\system

C．\windows\system32\dhcp　　　D．\programs files\dhcp

3．简答题

（1）DHCP 有哪些优点和缺点？
（2）简述 DHCP 服务器的工作过程。
（3）如何配置 DHCP 作用域选项？
（4）中继代理有什么作用？如何设置 DHCP 中继代理？
（5）如何备份与还原 DHCP 数据库？

项目9　架设Web和FTP服务器

【项目情景】

岭南信息技术有限公司于 2012 年为某学院计算机系签订了网络集成协议。该系需要将网站作为一个信息展示以及日常办公的环境。所以着手要做一个自己的网站，目前该系已有自己的域名，那么该系还需做哪些服务配置来完成网站可被浏览与访问的功能呢？首先要配置 Web 服务器，那么如何配置 Web 服务器呢？另外，还想实现员工能方便快捷地从服务器上传和下载文件，那么还需配置什么服务来满足员工的这个需求呢？可以在该系内部网配置一台 FTP 服务器来实现员工安全快速地上传和下载文件，那么 FTP 服务又是如何配置的呢？

【项目分析】

（1）建立 Web 服务器，利用 IIS 6.0 提供的 Web 服务组件实现用户对单位网站的安全访问。

（2）建立 FTP 服务器，利用 IIS 6.0 提供的 FTP 服务组件实现单位用户或特殊用户的安全上传和下载文件。

【项目目标】

（1）理解 IIS 6.0 的组件服务的含义。

（2）掌握 Web 服务的配置。

（3）掌握 FTP 服务的配置。

【项目任务】

任务 1　Web 服务的安装

任务 2　Web 站点的创建

任务 3　Web 站点的权限设置

任务 4　FTP 服务器的安装与配置

任务 5　FTP 客户端的使用

9.1　任务 1　Web 服务的安装

9.1.1　任务知识准备

IIS 作为 Windows Server 2003 应用程序服务的重要组成部分，很多重要的 Windows 服务器都离不开它，如防火墙软件 ISA Server 2004、邮件服务器 Exchange Server 2003 和门户管理网站 SharePoint Portal Server 2003 等都需要 IIS 的支持。因此，IIS 是一种非常重要的组件。

1．IIS 提供的服务

IIS 由多个组件组成，它们所提供的功能主要如下。

（1）Web 发布服务。Web 服务是 IIS 的一个重要组件之一，也是 Internet 和 Intranet 中最流行的技术，它的英文全称是 World Wide Web，简称为 WWW 或 Web。Web 服务的实现采用客户机/服务器模型，作为服务器的计算机安装 Web 服务器软件（如 IIS 6.0），并且保存了供用户访问的网页信息，随时等待用户的访问。作为客户的计算机安装有 Web 客户端程序，即 Web 浏览器（如 Chrome、Firefox 和 Internet Explorer 等），客户端通过 Web 浏览器将 HTTP 请求连接到 Web 服务器上，Web 服务器提供客户端所需要的信息。

具体访问过程如下。

① Web 浏览器向特定的 Web 服务器发送 Web 页面请求。

② Web 服务器接收到该请求后，便查找所请求的 Web 页面，并将所请求 Web 页面发给 Web 浏览器。

③ Web 浏览器接收到所请求的 Web 页面，并将 Web 页面在浏览器中显示出来。

（2）文件传输协议服务。IIS 也可以作为 FTP 服务器，提供对文件传输服务的支持。该服务使用 TCP 协议确保文件传输的完成和数据传输的准确。该版本的 FTP 支持在站点级别上隔离用户以帮助管理员保护其 Internet 站点的安全并使之商业化。

（3）简单邮件传输协议。IIS 包含了 SMTP（Simple Mail Translate Protocal，简单邮件传输协议）组件，能够通过使用 SMTP 发送和接收电子邮件。但是它不支持完整的电子邮件服务，只提供了基本的功能。要使用完整的电子邮件服务，可以使用 Microsoft Exchange Server 2003 等专业的邮件系统。

（4）网络新闻传输协议服务。可以利用 IIS 自带的 NNTP（Network News Transport Protocol，网络新闻传输协议）服务建立讨论组。用户可以使用任何新闻阅读客户端，如 Outlook，并加入新闻组进行讨论。

（5）IIS 管理服务。IIS 管理服务管理 IIS 配置数据库，并为 WWW、FTP、SMTP 和 NNTP 等服务提供支持。配置数据库是保存 IIS 配置数据的存储。IIS 管理服务对其他应用程序公开配置数据库，这些应用程序包括 IIS 核心组件、在 IIS 上建立的应用程序以及独立于 IIS 的第三方应用程序。IIS 不但能通过自身组件所提供的功能为用户提供服务，还能通过 Web 服务扩展其他服务器的功能。

2. IIS 6.0 的新特性

也许用户抱怨微软的 IIS 不安全，经常遭受到黑客的攻击，漏洞、补丁层出不穷。其实，与运行在 Windows 2000 Server 上的 IIS 5.0 相比，Windows Server 2003 下的 IIS 6.0 在安全性方面有了很大的提升，只要配置恰当，就能够得到很好的安全性能，如图 9.1 所示的是 IIS 6.0 的体系结构。

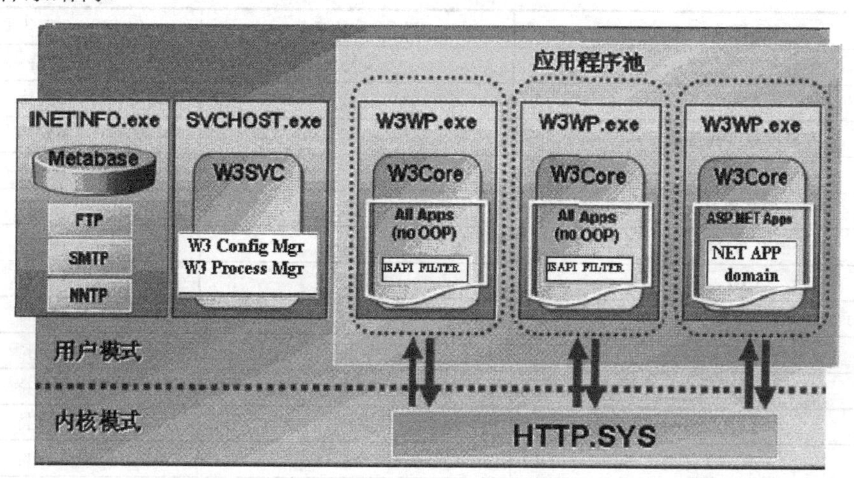

图 9.1　IIS 6.0 的体系结构

IIS 6.0 引入了运行在内核模式的驱动程序 HTTP.SYS，使用它进行 HTTP 的解析和缓存，从而大大提高了系统的伸缩性和性能表现。另外，与 IIS 5.0 中所有服务都运行在 INETINFO.EXE 进程下不同，IIS 6.0 将容易遭受黑客攻击的 Web 服务单独运行在 SVCHOST.EXE 进程下，与运行在 INETINFO.EXE 下其他的 FTP、SMTP 和 NNTP 服务隔离开。同时，不同的网站可以运行在不同的应用程序池下，这样当某个应用程序池出问题时不至于影响其他应用程序池中的 Web 应用程序的正常运行，而所有的工作进程都运行在用户模式下，这样有效地保护了系统内核。

IIS 6.0 和 IIS 5.0 相比在可靠性、扩展性和安全性上都具有很大的提升，它主要具有以下新特性。

（1）可靠性。由于 Web 应用程序在不同的工作进程中执行，并且基于 WAS（Web 管理服务）完善的隔离、监控和恢复机制，当某个应用程序池出现问题时，不会影响其他应用程序池并且能够得到最快的恢复。

（2）扩展性。通过全新设计的架构，IIS 6.0 显著地提高了 Web 服务器的吞吐量和性能，从而在以下方面得到了提高。

① IIS 6.0 Web 服务器可以架设的 Web 站点数增加了。

② 并发活动工作进程数增加了。

③ 能够实现 Web 服务器或 Web 站点的启动和停止。

④ Web 服务器可以处理的并发请求增加了。

（3）安全性。在安装 Windows Server 2003 时，默认并不会安装 IIS 6.0，并且在安装 IIS 6.0 时，默认只能访问静态内容且禁止使用父路径访问。管理员可以根据自己的需要在 IIS 管理器中启用或禁用 Web 服务扩展。

（4）可管理性。为了迎合企业中管理的需要，IIS 6.0 提供了多种管理工具。例如，可以通过 IIS 管理器、运行脚本或者直接修改 IIS Metabase（IIS 中的配置数据库）来配置 IIS，也可以安装 IIS 的远程管理组件来进行远程管理。

（5）增强开发支持。在 IIS 6.0 中提供了 ASP.NET 的支持，并且也支持 XML、SOAP 和 IPv6。

同时，IIS 6.0 在默认安装情况下很多组件都不会安装，这在一定程度上保护了系统的安全。如表 9.1 所示，IIS 5.0 和 IIS 6.0 在默认安装情况下的对比。

表 9.1　IIS 6.0 与 IIS 5.0 默认安装的组件

IIS 组成	IIS 5.0 默认安装	IIS 6.0 默认安装
静态文档支持	支持	支持
ASP	支持	不支持
互联网数据连接器	支持	不支持
WebDAV	支持	不支持
索引服务器 ISAPI	支持	不支持
互联网打印	支持	不支持
CGI	支持	不支持
Microsoft FrontPage Server Extensions	支持	不支持
更改密码界面	支持	不支持
SMTP	支持	不支持
FTP	支持	不支持
ASP.NET	N/A	不支持
背景智能转换系统	N/A	不支持

9.1.2 任务实施

Windows Server 2003 系统没有默认安装 IIS 6.0，在需要配置 Web 服务器的时候，使用“Windows 组件向导”手动安装 IIS 6.0。IIS 6.0 的安装步骤如下。

（1）运行“开始→控制面板→添加/删除程序”，单击“添加/删除 Windows 组件”按钮。在出现的组件安装向导中，选中“应用程序服务器”前面的复选框，将看到复选框变灰色显示，表明默认只安装了 IIS 6.0 的基本组件，如图 9.2 所示。

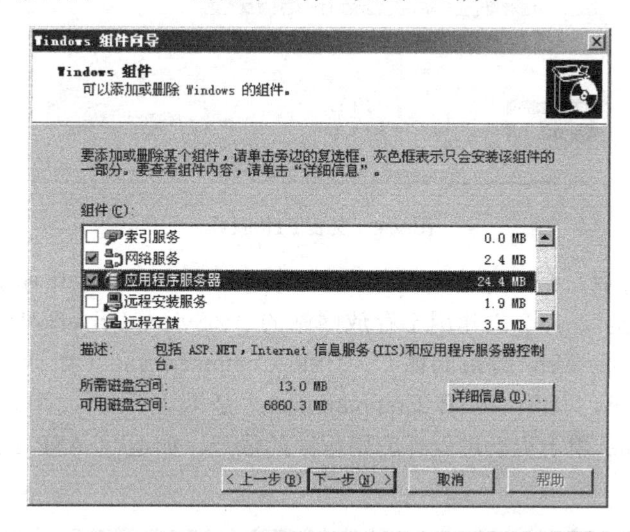

图 9.2　添加组件

（2）如果要安装 ASP.NET 和 FTP 服务器，单击“详细信息”按钮，在“应用程序服务器”对话框中，选中“ASP.NET”前面的复选框，如图 9.3 所示。

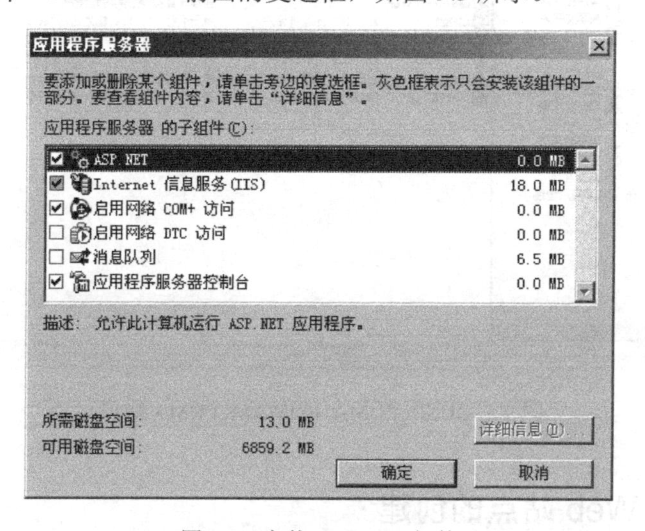

图 9.3　安装 ASP.NET 组件

（3）选择“Internet 信息服务（IIS）”，单击“详细信息”按钮，选中“文件传输协议（FTP）服务”安装 FTP 服务，如图 9.4 所示。如果还要安装对 ASP 的支持，选择“万维网服务”，单击“详细信息”按钮，在出现的“万维网服务”对话框中选中“Active Server Pages”组件。单击“确定”按钮，最后单击“下一步”按钮，完成对 IIS 的安装。

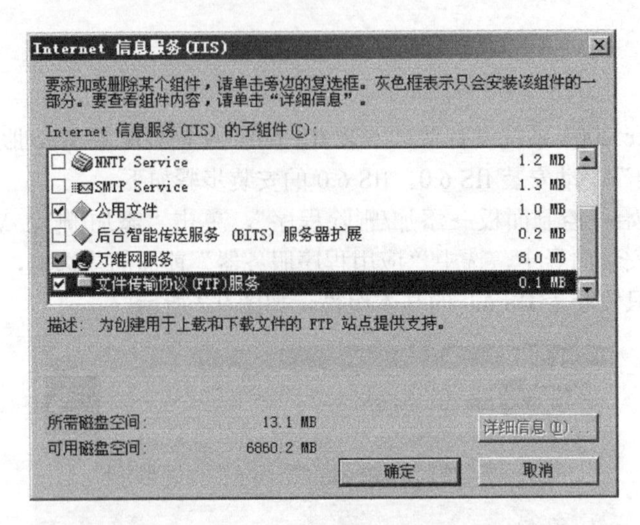

图 9.4　安装 FTP 服务

系统安装完组件后，在“开始→所有程序→管理工具”程序组中添加一项“Internet 信息服务（IIS）管理器”，并会创建用于存放网站的“%SystemDriver%\Inetpub”文件夹。同时，添加相应的访问 Web 网站的账户 IUSR_Computername（如计算机名 PUMA）和 IWAM_Computername，其中 IUSR_Computername 是匿名用户，用户匿名访问网站，IWAM_Computername 用于启动进程外应用程序的账户，如运行 ASP 或 ASP.NET 应用程序，如图 9.5 所示。

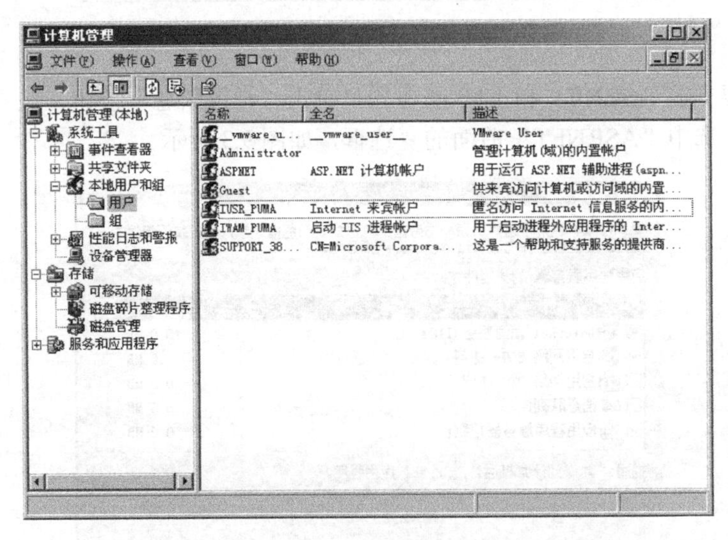

图 9.5　IUSR_PUMA 和 IWAM_PUMA 账户

9.2　任务 2　Web 站点的创建

9.2.1　任务知识准备

安装好 Web 服务后需要将网站挂接到 Web 服务器上，如何挂接呢？当我们访问 Web 服务器的时候，一般利用形如“http://www.linite.com”这样的地址访问，这当中隐含了 Web 服务器的 IP 地址、端口号、网站所在服务器的目录以及所访问的页面等信息。因此，我们在配置网站时也需要配置这些基本信息。

在实际使用中，网站的内容可能来自多个目录，而不仅是主目录中的内容。要让网站可以访问多个目录的内容，一种方法是将其他目录的内容复制到主目录中，另一种方法是创建虚拟目录，将在不同目录下的物理目录映射到主目录中。虚拟目录可以与原有的文件不在同一个文件夹、磁盘甚至不在同一台计算机上，但用户访问时，就感觉在同一个文件夹中一样。用这种方法，用户不会知道文件在服务器中的位置，无法修改文件，从而提高安全性。

另外，在一台宿主机上创建多个网站也即虚拟网站（服务器），可以理解为使用一台服务器充当若干台服务器来使用，并且每个虚拟服务器都可拥有自己的域名、IP 地址或端口号。虚拟服务器在性能上与独立服务器一样，并且可以在同一台服务器上创建多个虚拟网站。所以虚拟网站可以节约硬件资源、节省空间和降低能源成本，并且易于对站点进行管理和配置。

在创建虚拟网站之前，需要确定创建虚拟网站的类型。要确保用户的请求能到达正确的网站，必须为服务器上的每个站点配置唯一的标识。可以区分网站的标识有主机头名称、IP 地址和 TCP 端口号。

（1）使用多个 IP 地址创建多个站点。每个虚拟网站都分配一个独立的 IP 地址，即每个虚拟网站都可以通过不同的 IP 地址访问，从而使 IP 地址成为网站的唯一标识。使用不同的 IP 地址标识时，所有的虚拟网站都可以采用默认的 80 端口，并且可以在 DNS 中对不同的网站分别解析域名，从而便于用户访问。当然，由于每个网站都需要一个 IP 地址，因此，如果创建的虚拟网站很多，将会占用大量的 IP 地址。

（2）使用不同端口号创建多个站点。同一台计算机、同一个 IP 地址，采用的端口号不同，也可以标识不同的虚拟网站。如果用户使用非标准的端口号来标识网站，则用户无法通过标准名或 URL 来访问站点。另外，用户必须知道指派给网站的非标准端口号，访问的格式为"http://服务器名:端口号"，使用时比较麻烦。

（3）使用主机头名称创建多个站点。当 IP 地址紧缺时，每个虚拟网站只能靠主机头名称来进行区分。每个网站都有一个描述性名称，并且可以支持一个主机头名称。一台服务器上宿主多个网站时通常使用主机头，这是因为此方法能够不必使用每个站点的唯一 IP 地址来创建多个网站。

当客户端请求到达服务器时，IIS 使用在 HTTP 头中通过的主机名来确定客户端请求的站点。如果该站点用于专用网络，则主机头可以是 Intranet 站点名，如 PUMA。如果该站点用于 Internet 上，则主机名必须是公共的 FQDN DNS 主机名，如 www.linite.com，同时必须在一个已授权的 Internet 名称机构进行名称注册。

以上三种方法创建虚拟网站的类型如表 9.2 所示。

表 9.2　虚拟网站的类型

区分标识符	使用场景	优缺点	举例
非标准端口号	通常不推荐使用此方法。可用于内部网站、网站开发或测试	优点：可在同一 IP 地址上创建大量站点 缺点：必须输入端口号才能访问站点；不能使用主机头名称；防火墙必须打开相应非标准端口号	http://192.168.0.1:8080 http://192.168.0.1:8081 http://192.168.0.1:8082
唯一 IP 地址	主要用于本地服务器上的 HTTPS 服务	优点：所有网站都可以使用默认的 80 端口 缺点：每个网站都需要单独的静态 IP 地址	http://192.168.0.1 http://192.168.0.2 http://192.168.0.3
主机头名称	一般在 Internet 上大多使用此方法	优点：可以在一个 IP 地址上配置多个网站，对用户透明 缺点：必须通过主机头才能访问，HTTPS 不支持主机头名称；需要与 DNS 配合	http://www.serverA.com http://www.serverB.com http://www.serverC.com

9.2.2 任务实施

1. 使用默认Web站点发布网站

在安装了 IIS 6.0 服务器后，系统会自动创建一个默认的 Web 站点，该站点使用默认设置，但内容为空。打开"开始→所有程序→管理工具→Internet 信息服务（IIS）管理器"，可以看到默认网站，如图 9.6 所示。

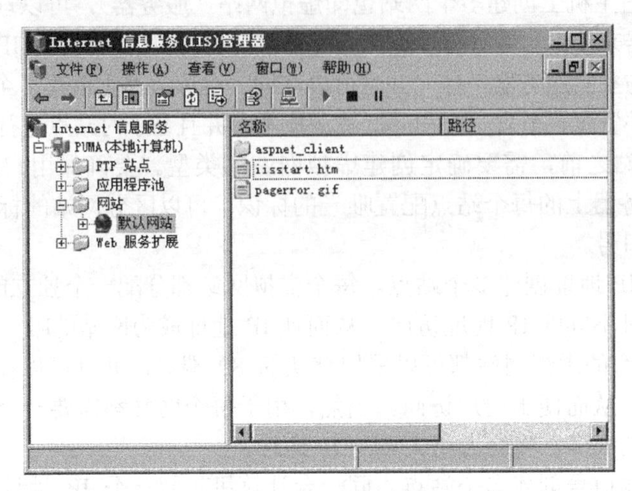

图 9.6 系统默认网站

只要将相关网站复制到"C:\Inetpub\wwwroot"文件夹中（虽然这不是一种很好的方式），并将主页文档的文件名设置为 Index.htm、Default.htm 或 Default.asp 即可用域名、IP 地址或计算机名访问该 Web 网站。

通常，网站创建后，还需要通过修改默认站点的属性对 Web 服务器进行必要的配置和管理。在 IIS 管理控制台中，用鼠标右键单击"默认网站"按钮，在弹出的快捷菜单中选择"属性"，即可在"默认网站属性"对话框中设置各种运行参数。

（1）设置 IP 地址和端口。如图 9.7 所示，在网站选项卡中可以设置网站所绑定的 IP 地址和 TCP 端口。在默认情况下，IP 地址设置为"全部未分配"，其意义表示该 Web 站点绑定计算机拥有的所有 IP 地址，可以使用此主机的任何一个 IP 地址来访问，包括回环地址 127.0.0.1。当需要在一台计算机中创建多个虚拟网站时，就必须取消默认网站对所有 IP 地址的绑定，而只为它指定一个 IP 地址。

Web 服务的默认端口号为 80，如图 9.7 所示。如果使用该默认端口提供 Web 服务，当使用 Web 浏览器访问 Web 网站时，只要输入域名而无须输入端口号，如 http://ce.nhxy.com。如果将 Web 服务器的端口号改为其他值，如 8080，那么，在访问该网站时就必须指定端口号，如 http://ce.nhxy.com:8080。显然，这样给用户访问带来了困难和麻烦，但对某些企业内部网站，却可以提高网站的安全性。

在图 9.7 中的"描述"文本框中可以修改网站的描述信息，如计算机工程系的网站描述信息为"jsjgcx"。

（2）设置主目录。鼠标单击"主目录"选项卡，如图 9.8 所示。

主目录是指保存 Web 网站文件的位置，当用户访问该网站时，Web 服务器将从该文件夹中调用相应的文件给 Web 客户端。默认的 Web 主目录为"%SystemDriver%:\Inetpub\

wwwroot”，如果 Windows Server 2003 安装在 C 盘，则路径为“C:\Inetpub\wwwroot”。一般情况下，为了减少黑客的攻击以及保证系统的稳定性和可靠性，建议选择其他文件夹存放 Web 网站。这里在本地路径文本框中选择“H:\jsjgcx”。

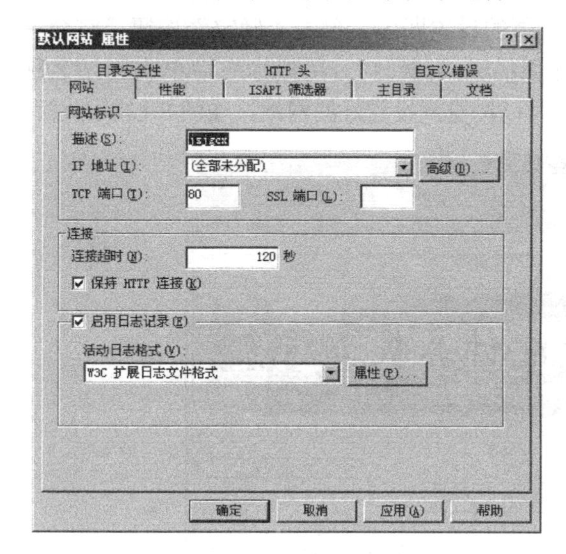

图 9.7 “网站”选项卡

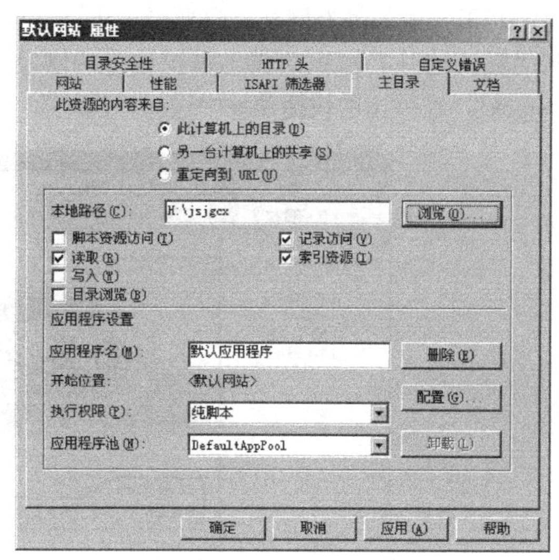

图 9.8 “主目录”选项卡

需要指出的是，网站存放路径也可以选择“另一台计算机上的共享”或“重定向到 URL”，将主目录指定为其他计算机。但是，因为访问其他计算机资源时需要指定访问权限，从而导致 Web 访问的复杂性，所以，一般情况下不建议这样使用。

（3）设置默认文档。单击“文档”选项卡，如图 9.9 所示。每个网站都有个主页，当在 Web 浏览器中输入该 Web 网站的地址时，将首先显示主页，默认文档即为 Web 网站的主页。如果系统未设置默认文档，访问网站时必须输入指定主页文件名的 URL，如 http://ce.nhxy.com/index.htm，否则将无法访问网站主页。

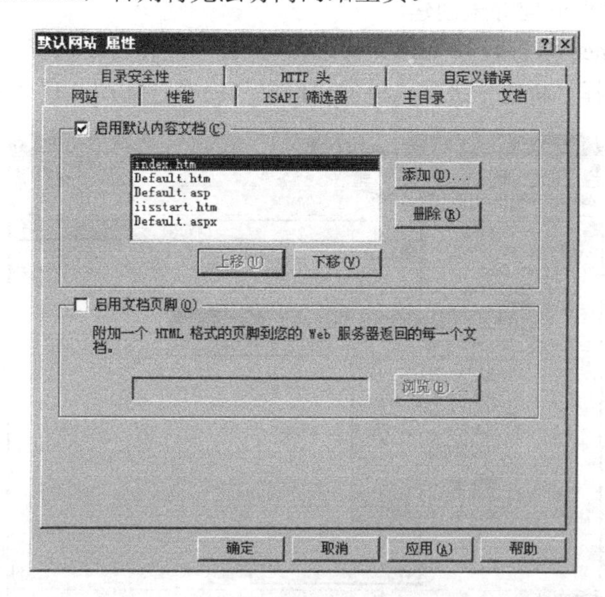

图 9.9 “文档”选项卡

默认文档可以是一个，也可以是多个。当有多个默认文档时，Web 服务器安装排列按先后顺序依次调用文档。欲将某文档名作为网站首选的默认文档，需要通过“上移”或“下移”按钮调整至顶端。也可以通过“添加”按钮添加默认文档，也可以用“删除”按钮删除多余的默认文档。

对于一般的静态网站，只要经过上面几个步骤的设置即可。单击“确定”按钮，将会看到“默认网站”标识改成了自己设定的网站标识描述“jsjgcx”。用鼠标右键单击网站名称“jsjgcx”，在弹出的快捷菜单中选择“浏览”，将可以浏览到设置好的网站，如图9.10所示。

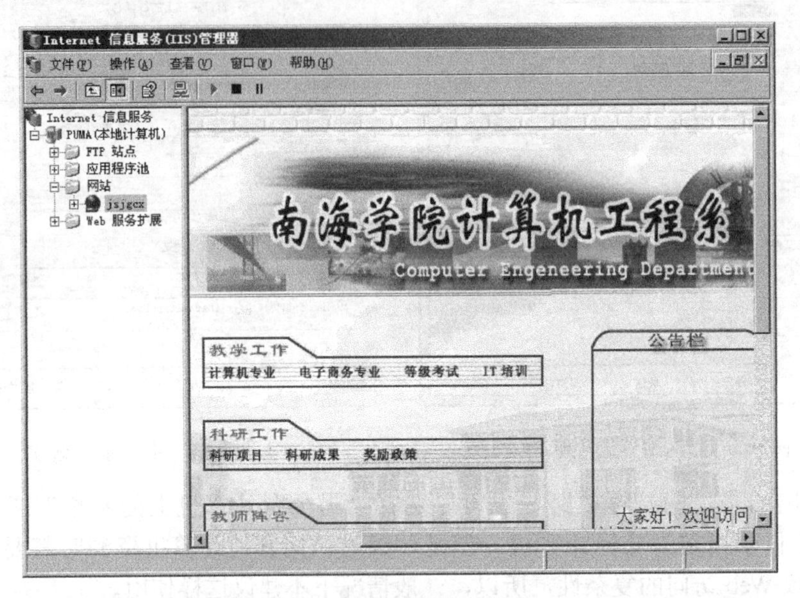

图9.10 浏览设置好的网站

2. 通过向导创建Web站点

除了通过修改默认Web站点的属性来发布Web站点外，要在一台计算机上建立多个Web站点，可以使用Web向导来创建。

（1）打开“Internet信息服务（IIS）管理器”，在左侧窗格中选择“网站”，单击鼠标右键，在快捷菜单中选择“新建”级联菜单的“网站”命令，如图9.11所示。

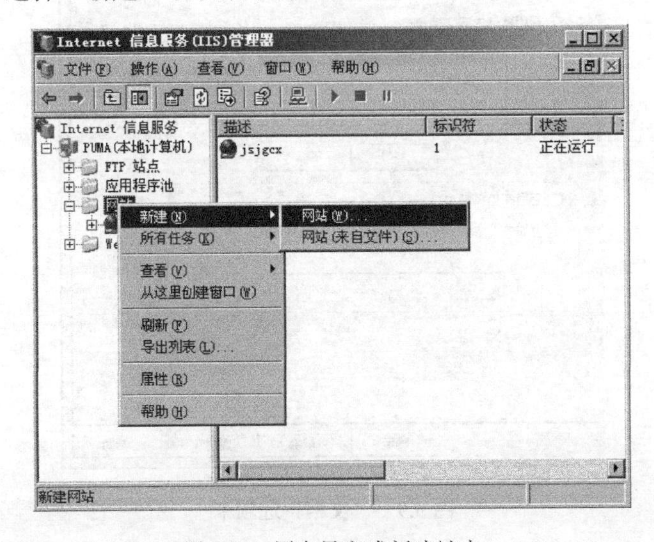

图9.11 用向导方式新建站点

（2）弹出“网站创建向导”对话框，单击“下一步”按钮。

（3）输入网站描述信息，如“计算机学习园地”，单击“下一步”按钮。

（4）在打开的对话框中，指定发布网站的 Web 服务器的 IP 地址和端口，然后单击“下一步”按钮。

（5）进入设置“网站主目录”对话框，指定网站的主目录，选中“匿名访问网站”前面的复选框。单击“下一步”按钮继续。

（6）进入设置“网站访问权限”对话框，设置网站的访问权限，可以选择默认设置，选中“读取”和“运行脚本”权限，单击“下一步”按钮。

（7）单击“完成”按钮完成站点的创建。站点创建后，在 IIS 管理器中可以看到新建的站点是停止的，默认站点则处于运行状态。用鼠标右键单击刚创建的“计算机学习园地”网站，在弹出的快捷菜单中选择“属性”，在“文档”选项卡中添加网站主页文档“index.htm”，并将其移至第一个文件，然后单击“确定”按钮。

（8）在 IIS 管理控制台中把默认站点 jsjgcx 停止，并启动“计算机学习园地”网站，如图 9.12 所示。这样就成功地创建了网站。可以在 IE 浏览器中使用类似 http://192.168.0.1 地址访问该网站。

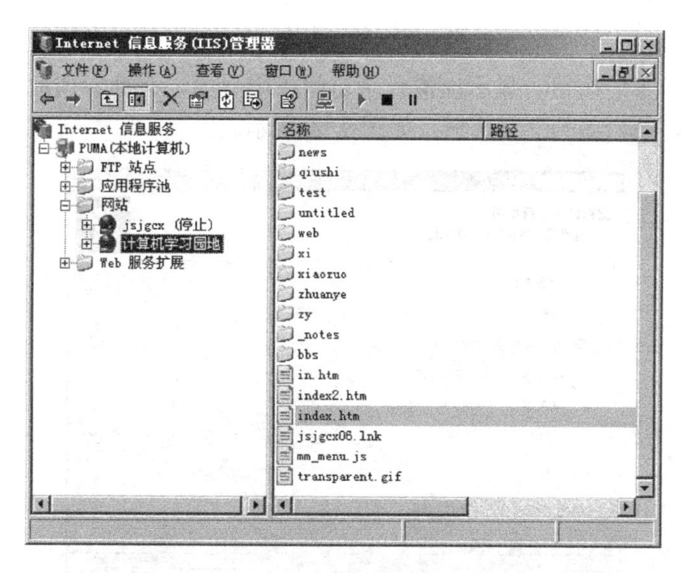

图 9.12 启动“计算机学习园地”网站

3. 创建虚拟目录

（1）使用 IIS 管理器创建虚拟目录。

① 打开“Internet 信息服务（IIS）管理器”，用鼠标右键单击想要创建虚拟目录的网站，在弹出的快捷菜单中选择“虚拟目录”，如图 9.13 所示。

② 单击“下一步”按钮，显示虚拟目录别名界面，在“别名”文本框中输入虚拟目录的名称，如 store。此别名是客户端浏览虚拟目录时所使用的名称，因此设置成有一定意义并便于记忆的英文名称。客户端浏览时一般使用类似这样的方式浏览：http://地址/虚拟目录名，如用 http://192.168.0.1/store 浏览本虚拟目录。

③ 单击“下一步”按钮，显示网站内容目录界面，在“路径”文本框中输入该虚拟目录欲引用的文件夹，如 H:\Store。也可以单击“浏览”按钮查找。

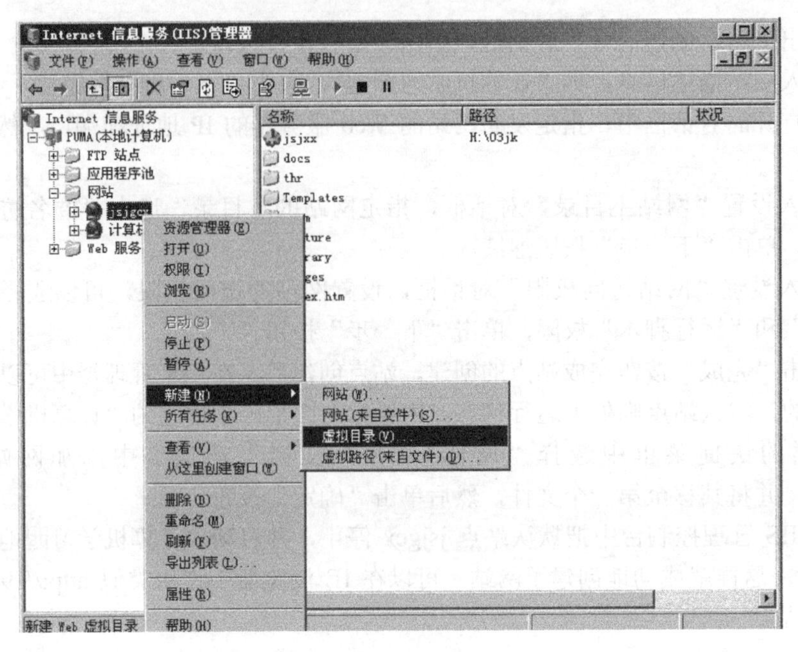

图 9.13　新建虚拟目录

④ 单击“下一步”按钮，显示虚拟目录访问权限界面，在此界面通常选择默认的“读取”和“运行脚本（如 ASP）”复选框，如图 9.14 所示。

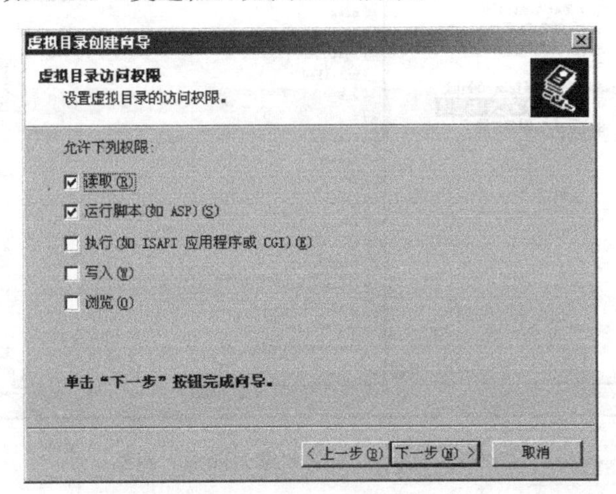

图 9.14　虚拟目录访问权限界面

⑤ 单击“下一步”按钮，完成虚拟目录的创建。返回“Internet 信息服务（IIS）管理器”管理控制台。在网站下，添加了一个“Store”虚拟目录，如图 9.15 所示。通过这种方法，可以创建多个虚拟目录。

（2）虚拟目录的配置和管理。虚拟目录创建后，每个虚拟目录都可以分别配置不同的权限。因此，虚拟目录适合对不同用户分配不同访问权限的情况。

虚拟目录的配置和管理与 Web 网站的配置和管理类似，只是虚拟目录的选项较少。可以用鼠标右键单击虚拟目录，在弹出的快捷菜单中选择“属性”，来实现对虚拟目录的配置。

虚拟目录默认继承它所属网站的所有属性。因此，若虚拟目录保持与 Web 网站的一致性，可以不对虚拟目录做任何设置。但是，如果想单独对虚拟目录设置相应的权限，可以单独对虚拟目录设置。

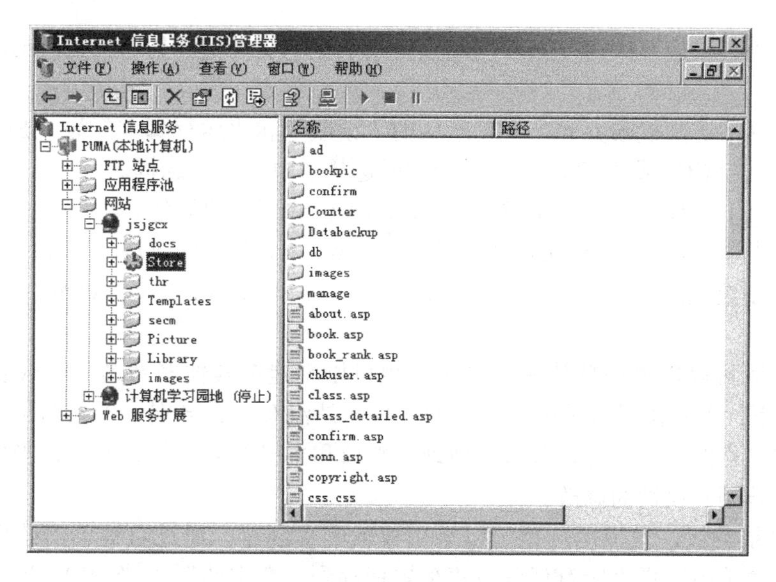

图 9.15 “jsjgcx”网站下添加的“Store”虚拟目录

4. 在一台宿主机上创建多个网站

使用多个 IP 地址创建多个站点和使用不同端口创建多个站点的步骤比较简单，只要在“Internet 信息服务（IIS）管理器”管理控制台中单击左侧窗格中的“网站”，在弹出的快捷菜单中选择“新建→网站”命令，按向导一步步完成即可，这里不再赘述。下面介绍使用主机头名称创建多个网站的步骤。

（1）规划好需要创建的网站名称，如要在主机 PUMA（IP 地址为 192.168.0.1）上创建 3 个网站：www.serverA.com、www.serverB.com、www.serverC.com。

（2）在 DNS 服务器上分别创建 3 个区域 serverA.com、serverB.com 和 serverC.com，然后分别在每个区域上创建名称为 www 的主机记录，区域和记录的创建方法见项目 8。

（3）在“Internet 信息服务（IIS）管理器”管理控制台中，单击左侧窗格中的“网站”，在弹出的快捷菜单中选择“新建→网站”命令，单击“下一步”按钮，输入网站的描述信息，如使用主机头名称 serverA，单击“下一步”按钮。在 IP 地址和端口设置界面中分别输入网站的 IP 地址和端口号，在“此网站的主机头（默认：无）”文本框中输入“www.serverA.com”，如图 9.16 所示。

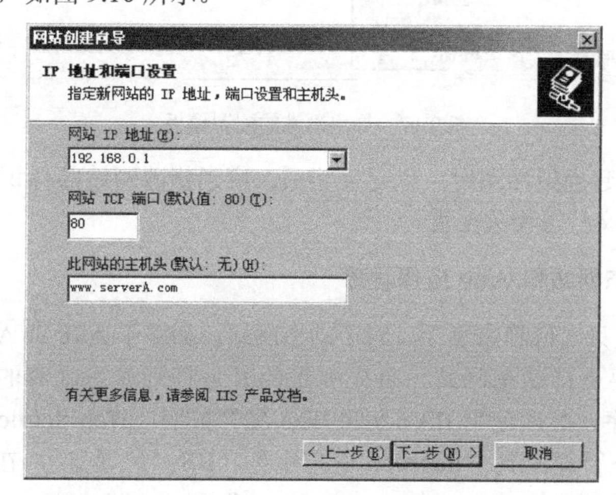

图 9.16 设置主机头名称

（4）单击“下一步”按钮，输入网站主目录所在的文件夹，如“E:\serverA”，单击“下一步”按钮。

（5）设置网站访问权限界面，设置默认的“读取”和“运行脚本（如 ASP）”权限。如果要在网站上执行 CGI 或 ASP 程序，则应同时选择“执行”复选框。

（6）单击“下一步”按钮，完成 www.serverA.com 网站的创建。

（7）重复上述（1）～（6）的步骤，创建 www.serverB.com 网站。

虚拟网站创建完成后，即可用 www.serverA.com 和 www.serverB.com 主机名来访问它们了。

虚拟网站既可以创建在默认网站之下，也可以创建在其他网站之下，或者直接建立在 IIS 服务器之下。不同树形目录中所建立的虚拟网站没有什么区别，不同的是当新的网站建立时将继承父站点的所有属性，除 IP 地址、端口和主机头名称外。而且，当父站点属性修改时，也会影响到其属性的修改。

与虚拟目录类似，虚拟网站也可以采用模板配置创建。通过右键单击欲作为模板的网站，并在快捷菜单中选择“所有任务→将配置保存到一个文件”，如图 9.17 所示，可以将该网站的配置文件以 XML 格式导出。当利用该模版创建网站时，只要在待创建的位置单击鼠标右键，并在快捷菜单中选择“新建→网站（来自文件）”，即可创建新的虚拟网站。

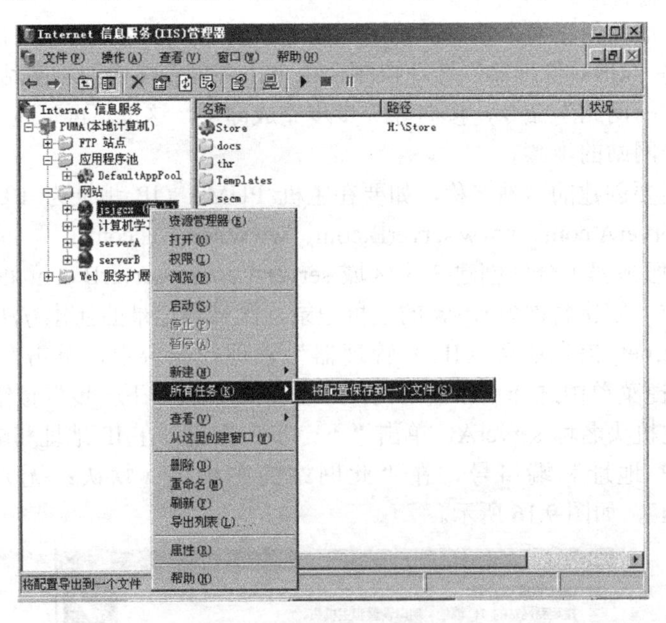

图 9.17　导出网站的配置模板

当以模板方式创建虚拟网站时，创建完毕后，应当修改网站的标识、IP 地址或主机头名称、主目录和默认文档等相关配置。

5. 配置支持动态网站和 Web 应用程序

IIS 6.0 默认安装只支持静态页面，对于动态网站，如基于 ASP 或 ASP.NET 的页面内容将不能正常显示。要支持动态网站，首先要做的就是打开动态内容的支持功能，即要想在 IIS 6.0 上运行程序，必须使用 IIS 6.0 的 Web 服务扩展（Web Service Extension）。依次选择“开始→程序→管理工具→Internet 信息服务（IIS）管理器”，在打开的左侧窗格中选择“Web 服务扩展”，将“Active Server Pages”和“ASP.NET v.1.1.4322”设置为允许，如图 9.18 所示。

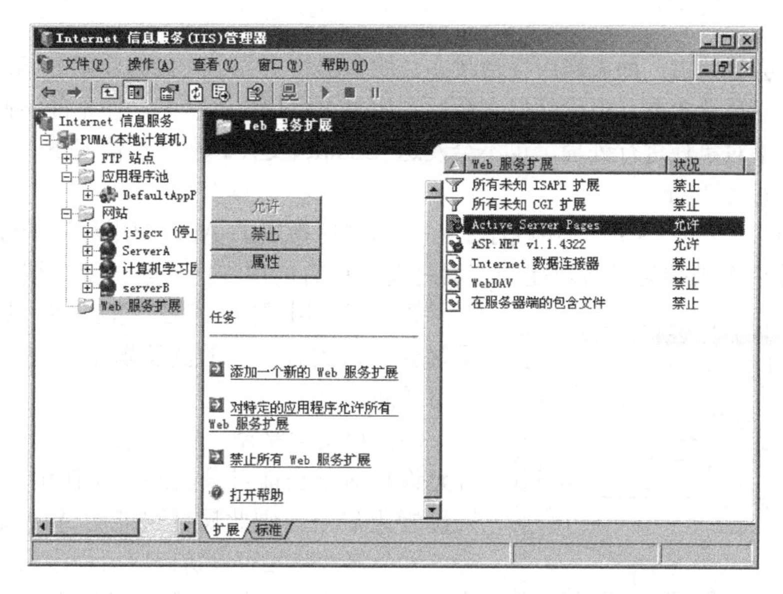

图 9.18 配置支持动态网页

可以通过如下方法测试对 ASP 动态网站的支持。

（1）用记事本新建 Default.asp 文件，输入如下内容：

```
<!-- 页面名称：default.asp -->
<!-- 功能：显示时间 -->
<HTML>
<BODY>
<%
Response.write “当前的系统时间是：”&Now()
%>
</BODY>
</HTML>
```

（2）在“jsjgcx”网站下创建虚拟目录 Web，设置默认的“读取”和“运行脚本”权限。

（3）在 Web 浏览器上，使用 http://192.168.0.1/web 访问的动态网页 default.asp，得到的结果如图 9.19 所示。

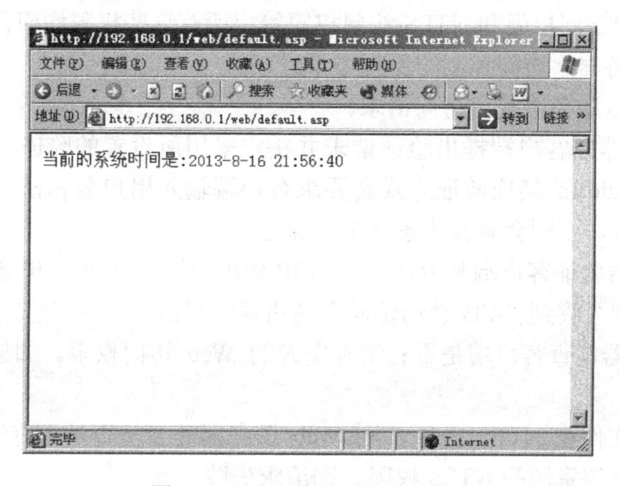

图 9.19 default.asp 的运行结果

为了正确和有效地运行 ASP 应用程序，有时需要启用会话状态、启用缓冲和启用父路径。

（1）启用会话状态：如果启用会话状态，服务器将为各个连接创建新的 Session 对象，这样便可以访问会话状态，也可以保存会话。如果不启用会话状态，便不能访问其状态并进行保存，并且不对事件进行处理，也不会发送 Cookie 文件。在默认情况下，会话状态启用时设置会话超时为 20min。

（2）启用缓冲：在 ASP 应用程序上，启用缓冲指定了 ASP 应用程序的输出是否进行缓冲。在缓冲内容被传送到客户端浏览器之前，所有应用程序的输出都会被集中到缓冲区中。如果不启用缓冲，那么一旦 ASP 脚本的输出可用就会写入到客户端的浏览器上。在默认情况下，启用缓冲。

（3）启用父路径：启用父路径指定 ASP 页面是否允许相对于当前目录的路径（使用..\表示法）。如果设置为启用，则此属性可能会造成潜在的安全风险，因为包含路径可以访问应用程序根目录外的重要或机密的文件。父路径在默认情况下不启用。

如何配置动态网站的这些属性呢？在“Internet 信息服务（IIS）管理器”管理控制台中，用鼠标右键单击需要配置的网站，选择“属性”菜单，选择“主目录”选项卡，单击“配置”按钮，出现“应用程序配置”对话框，单击“选项”按钮，可以配置相关选项，如图 9.20 所示。

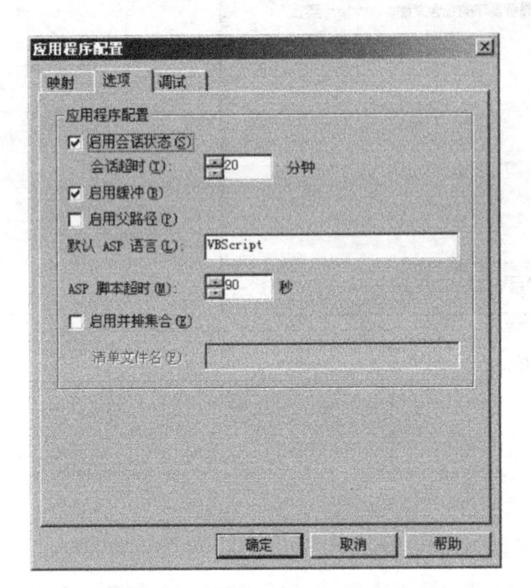

图 9.20　ASP 程序选项配置

9.3　任务 3　Web 站点的权限设置

9.3.1　任务知识准备

为了更有效、更安全地对 Web 服务器访问，需要对 Web 服务器上的特定网站、文件夹和文件授予相应访问权限。这些权限除了在 IIS 管理控制台中配置的 Web 权限外，还有 IP 地址访问权限、账户访问权限和 NTFS 访问权限等。所有这些权限均应得到满足，否则客户端无法访问 Web 服务器。访问控制的流程如下。

（1）用户向 Web 服务器提出访问请求。

（2）Web 服务器向客户端提出验证请求并决定采用所设置的验证方式来验证客户端的访问权。例如，Windows 集成验证方式会要求客户端输入用户名和密码。如果用户名、密码错误，则登录失败，否则会看其他条件是否满足。

（3）Web 服务器验证客户端是否在允许的 IP 地址范围。如果该 IP 地址遭到拒绝，则请求失败，然后客户端会收到“403 禁止访问”的错误信息。

（4）Web 服务器检查客户端是否有请求资源的 Web 访问权限。如果无相应权限，则请求失败。

（5）如果网站文件在 NTFS 分区，则 Web 服务器还会检查是否有访问该资源的 NTFS 权限。如果用户没有该资源的 NTFS 权限，则请求失败。

（6）只有以上（2）～（5）均满足，用户端才能允许访问网站。

通过设置 IIS 来验证或识别客户端用户的身份，以决定是否允许该用户和 Web 服务器建立网络连接。但是如果使用匿名访问，或 NTFS 权限设置不请求 Windows 账户的用户提供名称与密码，则不进行验证。

通过设置 IIS 来验证或识别客户端用户的身份，以决定是否允许该用户和 Web 服务器建立网络连接。但是如果使用匿名访问，或 NTFS 权限设置不请求 Windows 账户的用户提供名称与密码，则不进行验证。

9.3.2 任务实施

1．设置验证方法

IIS 6.0 的验证方式共有 5 种，分别是匿名验证、基本身份验证、Windows 域服务器的摘要式身份验证、集成 Windows 身份验证和.NET Passport 身份验证。

（1）匿名验证。匿名验证可让用户随意访问 Web 服务器，而不需要提示用户输入用户名和密码。当用户端试图连接 Web 服务器时，Web 服务器会指定一个匿名账户“IUSR_computername”（如 IUSR_PUMA）与客户端建立 HTTP 连接。IUSR_computername 账户会加入到计算机上的 Guests 组中。一般来说，用户访问互联网上的 Web 服务器时，一般都使用此匿名账户来进行连接。

IIS 默认启动了匿名账户，在使用其他验证方法之前，首先会尝试使用匿名账户访问 Web 服务器。关于匿名账户的启用步骤如下。

①在“Internet 信息服务（IIS）管理器”管理控制台中，用鼠标右键单击需要配置的网站，选择“属性”菜单，选择“目录安全性”选项卡，如图 9.21 所示。

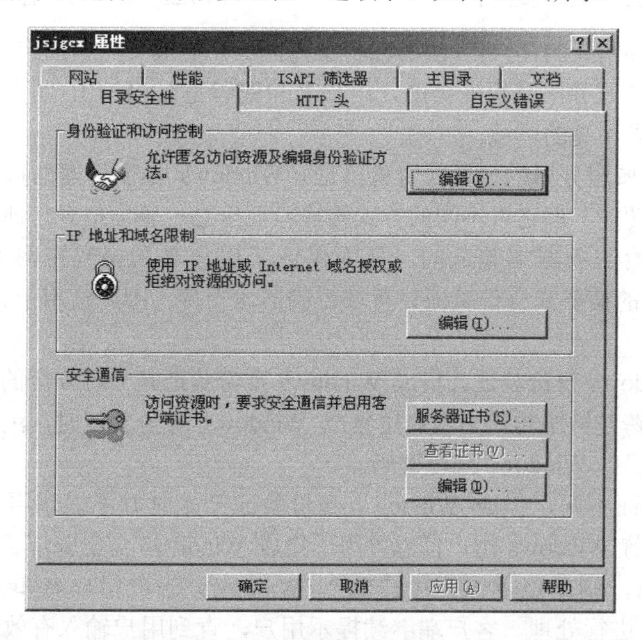

图 9.21　目录安全性选项卡

② 在身份验证和访问控制组中，单击“编辑”按钮，出现如图 9.22 所示的对话框。在“身份验证方法”对话框中选择“启用匿名访问”。

若启用匿名访问的同时启用了其他的验证方法，IIS 会先使用匿名验证。有时，虽然同时启用了匿名访问和集成 Windows 身份验证，但浏览器还会提示用户输入用户名和密码，这是因为该匿名账户没有本地登录的权限。

（2）基本身份验证。基本身份验证是绝大多数 WWW 浏览器都支持的标准 HTTP 方法，如果采用此验证方式，那么客户端访问时会看到如图 9.23 所示的界面。用户可在其中输入被指定的 Windows Server 2003 账户的用户名和密码。

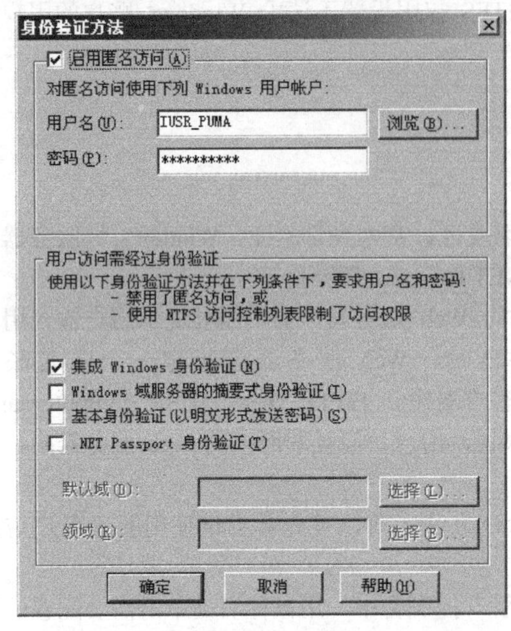

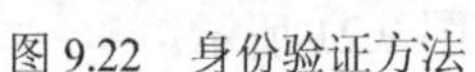
图 9.22　身份验证方法

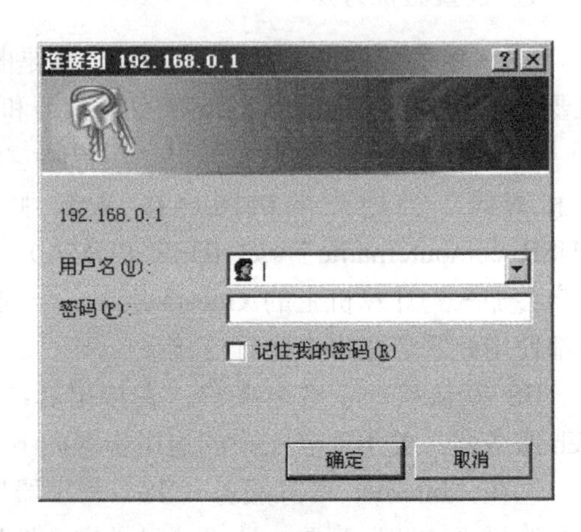

图 9.23　输入用户名和密码的界面

如果输入三次都错误的话，IIS 服务器将会返回 HTTP 401.1 未授权访问页面并显示错误信息。但这种验证方式并不是很安全的，用户名和密码是以 ASCII 明文方式传送，所以它只能用于安全性要求不高的环境。

（3）Windows 域服务器的摘要式身份验证。Windows 域服务器的摘要式身份验证提供与基本验证相同的功能，但它以不同的方式传输验证信息。验证信息是通过哈希运算后生成“信息摘要”提交给服务器端验证的，从而保证了用户名和密码在网上传输的安全性。Windows 域服务器的摘要式身份验证只有域控制器才支持，因此适用于有 Active Directory 的网络环境。

（4）集成 Windows 身份验证。集成 Windows 身份验证是一种安全的验证形式，因为用户名称和密码不用跨越网络传送。当启用集成 Windows 身份验证时，浏览器会通过一种加密机制来验证计算机的 Windows 账户密码。

与基本身份验证不同，集成 Windows 身份验证开始时并不提示用户输入用户名和密码。客户机上的当前 Windows 用户信息可用于集成 Windows 身份验证。如果开始时的验证交换无法识别用户，则浏览器提示用户输入 Windows 账户用户名和密码，并使用集成 Windows 身份验证进行处理。客户端继续提示用户，直到用户输入有效的用户名和密码或关闭提示对话框为止。

（5）.NET Passport（证书）身份验证。可以针对以下两种情况用 Web 服务器的 Secure Sockets Layer（SSL，安全套接字层）安全功能。Web 站点提供服务器证书让用户在传输个人敏感数据（如信用卡号码）前先验证该 Web 站点；而客户在请求 Web 站点的数据时则使用客户端证书供 Web 站点验证。SSL 验证会在登录的过程中，检查 Web 服务器和浏览器所送出的加密的数字密钥的内容。

服务器证书通常包含了关于使用及发行该证书公司和组织的信息，客户端证书通常包含用户及发行该证书组织的信息。可以将客户端证书和 Web 服务器上的 Windows 用户账户关联在一起来使用。在建立并启用证书对应之后，每次用户使用客户端证书登录时，Web 服务器便会自动地将该用户与适当的 Windows 用户账户关联在一起。如此便可以自动地验证使用客户端证书登录的用户，而不需使用基本身份验证、Windows 域服务器的摘要式身份验证或集成 Windows 身份验证了。可以将一个客户端证书对应到一个 Windows 用户账户，或将多个客户端证书对应到一个 Windows 账户。例如，在服务器中有数个不同的部门或企业，而每个都有自己的 Web 站点，则可以使用多对一方式将部门或公司的所有客户端证书对应到其本身的 Web 站点，而每个站点将只提供本身所属的用户端访问。

要启用不同的验证方法，请选择如图 9.22 所示的相关验证方法即可。

2．Web 服务器权限与 NTFS 权限

为了更有效、更安全地对 Web 服务器访问，需要对 Web 服务器上的特定网站、文件夹和文件授予 Web 服务器权限。与 NTFS 文件系统权限（只适用于有效 Windows 账户的特定用户或用户组）不同，Web 服务器权限适用于访问网站的所有用户，而不管这些用户具有什么样的特定访问权限。

（1）Web 权限。站点的 Web 服务器权限配置如图 9.24 所示，主要权限如下。

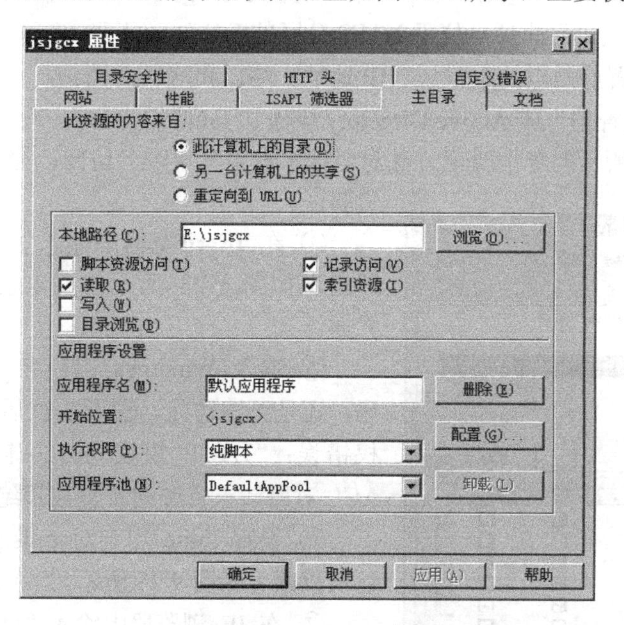

图 9.24　站点的 Web 服务器权限配置

① 脚本资源访问：包含脚本的源代码，如 ASP 程序中的脚本。此权限只有在授予“读取”或“写入”权限时才可用。如果允许脚本资源访问，用户将可以从 ASP 程序的脚本中查看到敏感信息（如用户名和密码），并且能够更改服务器上运行的源代码，但这会严重影响服务器的安全和性能。建议使用单个的集成 Windows 身份验证或更高级别的身份验证方式来处理对此类信息的访问。

② 读取：此权限允许用户查看或下载文件或文件夹及其相关属性。“读取”权限在默

认情况下是选中的。

③ 写入：此权限允许用户把文件及其相关属性上载到 Web 服务器启用的文件夹中，或允许用户更改启用了写入权限的文件的内容或属性。

④ 目录浏览：此权限将允许用户查看虚拟目录中的文件和子文件夹的超文本列表。

⑤ 记录访问：此权限在日志文件中记录对此文件夹的访问。只有在为网站启用了日志记录才会记录日志条目。

⑥ 索引资源：此权限允许 Microsoft 索引服务在网站的全文索引中包含该文件夹。授予此项权限后，用户将可以对此资源执行查询。

（2）NTFS 权限。Web 服务器依靠 NTFS 权限来确保个别文件和目录不会受到未经授权访问。Web 服务器权限适用于所有的用户，而 NTFS 权限则用来明确定义用户访问内容的资格，以及处理内容的方式。

可以通过设置 NTFS 的访问权限来控制对 Web 服务器目录与文件的访问，也可以使用 NTFS 权限来定义希望授予具有合法 Windows 账户的特定用户及用户组的访问等级。如果要避免未经授权的访问，就必须适当的设置文件与目录的权限。

设置好 NTFS 权限之后，需要再对 Web 服务器进行设置，使用户访问受控制的文件前，先行识别（或验证）其身份。可设置服务器的验证功能，请求用户在登录时必须具有合法的 Windows 账户名称及密码。

下面具体看一个 NTFS 权限与网站结合的例子：希望 Windows 用户 linite 能够访问 http://192.168.0.1 站点，而此站点位于 NTFS 分区的 E:\jsjgcx 下。

① 在 IIS 中设置好站点的主目录、IP 地址、端口和默认文档。

② 在“计算机管理”或 Active Directory 中添加 linite 用户。

③ 在图 9.22 所示的身份验证方法对话框中设置禁止匿名访问，允许集成 Windows 身份验证。

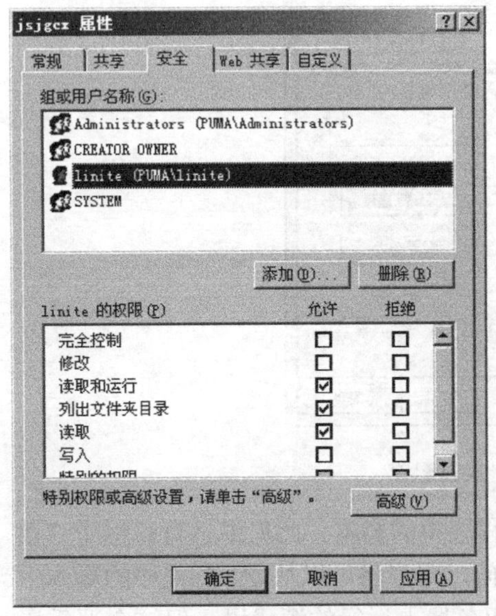

图 9.25　设置 linite 对 e:\jsjgcx 具有相应 NTFS 权限

④ 在 IE 浏览器中输入“http://192.168.0.1”，即出现如图 9.23 所示的要求输入用户名和密码的界面。

⑤ 输入 Windows 用户名“linite”及相应的密码，还是无法访问。输入 3 次后 IE 浏览器出现未授权错误：“HTTP 错误 401.3-未经授权：访问由于 ACL 对所请求资源的设置被拒绝”。

⑥ 设置 linite 用户对 e:\jsjgcx 具有相应 NTFS 访问权限，如图 9.25 所示。

⑦ 在 IE 浏览器中输入“http://192.168.0.1”，再输入用户名“linite”及相应密码，则访问一切正常。

通过上面例子可以看出，Web 服务器在访问位于 NTFS 分区的文件（或文件夹）时，会判断用户对此文件（或文件夹）是否具有相应的 NTFS 权限。如果具有相应的权限则可以访问，否则访问被拒绝。

9.4 任务 4 FTP 服务器的安装与配置

9.4.1 任务知识准备

FTP 是 File Transfer Protocol（文件传输协议）的缩写，专门用于文件传输服务。利用 FTP 可以传输文本文件和二进制文件。FTP 是 Internet 上出现最早，使用也最为广泛的一种服务，是基于客户机/服务器模式的服务。通过该服务可在 FTP 服务器和 FTP 客户端之间建立连接，实现 FTP 服务器和 FTP 客户端之间的文件传输，文件传输包括从 FTP 服务器下载文件和向 FTP 服务器上传文件。

FTP 服务分为服务器端和客户端，构建 FTP 服务器的软件常见的有 IIS 自带的 FTP 服务组件、Serv-U 和 Linux 下的 vsFTP、wu-FTP 等。

Windows Server 2003 内置的 FTP 服务模块是 IIS 的重要组成部分。虽然 IIS 中的 FTP 服务安装配置较简单，但对用户权限和使用磁盘容量的限制，需要借助 NTFS 文件夹权限和磁盘配额才能实现。因此，不太适合复杂的网络应用。

9.4.2 任务实施

FTP 服务并不是应用程序服务器的默认安装组件。如果在安装 Windows Server 2003 时没有安装 FTP 服务组件，可以通过“添加/删除程序”来完成 FTP 服务组件的安装。安装完成后系统默认已经自动启动了 FTP 服务。在默认情况下，由系统创建一个“默认 FTP 站点”，如图 9.26 所示。用户可以在此基础上配置 FTP 站点，用户也可以添加其他虚拟 FTP 站点。

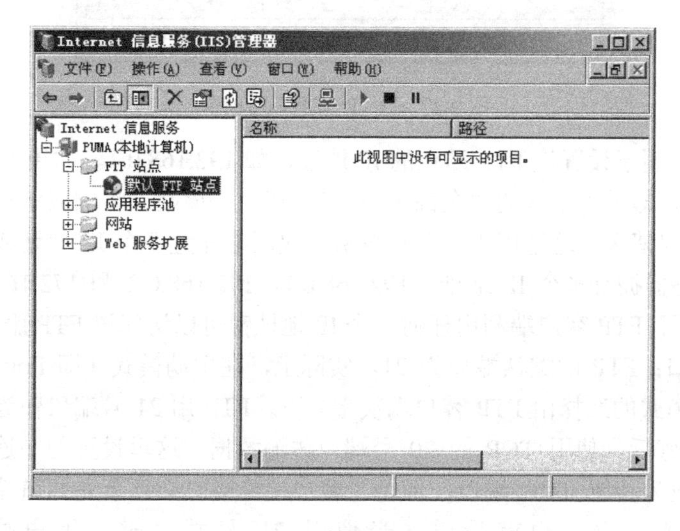

图 9.26 默认 FTP 站点

FTP 服务器的配置较简单，主要需要设置的是站点的 IP 地址、端口、主目录、访问权限等。“默认 FTP 站点”的主目录所在的默认文件夹为“%Systemdriver%\inetpub\ftproot”，用户不需要对 FTP 服务器做任何修改，只要将想实现共享的文件复制到以上目录即可。这时，允许来自任何 IP 地址的用户以匿名方式访问该 FTP 站点。由于在默认状态下对主目录的访问为只读方式，所以用户只能下载而无法上传文件。

一般来说，在使用之前会对 FTP 服务器做进一步的配置。如果要对 FTP 服务器进行配置，也是在“Internet 信息服务(IIS)管理器”中进行。具体操作方法与配置 Web 服务器类似：打开“Internet 信息服务（IIS）管理器”，在窗口的左窗格选中需要配置的 FTP 站点，如“默认 FTP 站点”，单击鼠标右键，在弹出的快捷菜单中选择“属性”，打开“FTP 站点属性”对话框，如图 9.27 所示。通过选择不同选项卡对 FTP 服务器的相关属性进行设置。

1．“FTP 站点”选项卡

打开如图 9.27 所示的“FTP 站点”选项卡，具体解释说明如下。

（1）描述：描述栏中可以配置 FTP 站点的标识。与 Web 服务器类似，该标识的作用是当服务器中安装有多个 FTP 服务器时，便于网络管理员区分。

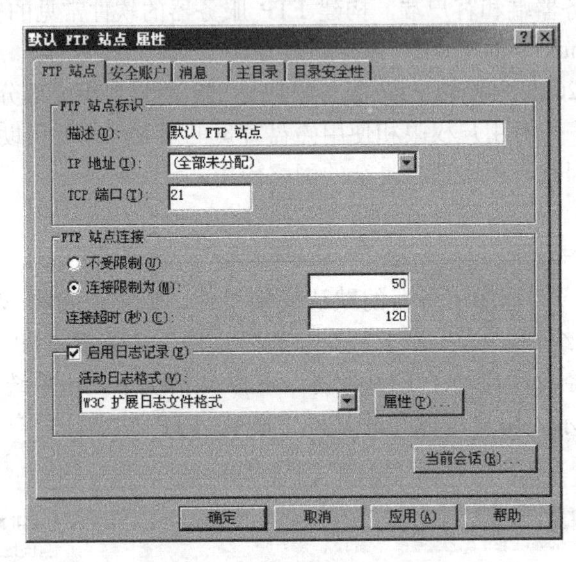

图 9.27 “FTP 站点”选项卡

（2）IP 地址：用于设置该 FTP 站点的 IP 地址，如 192.168.0.1。如果不为该 FTP 站点指定特定的 IP 地址，即采用默认的“全部未分配”，那么，该站点将响应所有指定到该计算机任何 IP 地址的访问请求，这适用于一台计算机一块网卡配置多个 IP 地址或有多块网卡的情形。例如，该服务器拥有多个 IP 地址：192.168.0.1、192.168.0.2 和 172.16.1.1，则在“全部未分配”的情况下，FTP 客户端利用任何一个 IP 地址都可以访问该 FTP 服务器。

（3）TCP 端口：FTP 的默认端口为 21。实际上，在主动模式（即 Port 模式，还有一种 Pasv 被动模式，模式的选择由 FTP 客户端决定）下，FTP 用 21 号端口作为连接控制端口。在 FTP 连接建立好后，使用 TCP 的 20 号端口传输数据。这里设置的是连接控制端口。虽然该端口可以更改为其他 TCP 端口，但是，客户端连接时必须事先知道端口号，否则将无法连接到 FTP 服务器。也就是说，当使用 21 号端口时，用户端只要使用类似 FTP://192.168.0.1 的方式就可以访问 FTP 服务器。如果使用了非标准端口，如 2121，则客户端访问时必须要指明端口号，访问时应改为 ftp://192.168.0.1:2121，这给客户端访问带来了一定的麻烦。但在某些特殊使用场景下，可以提高 FTP 服务器的安全性。

（4）FTP 站点连接：设置可同时连接的 FTP 客户端数量，默认为“不受限制”，为了保护 FTP 服务器及保证带宽的有效利用，常需设置最大连接数。这里设置为“连接限制为 50”，即最多允许 50 个人同时连接到 FTP 服务器。

2. “安全账户”选项卡

选择“安全账户”选项卡后，显示如图 9.28 所示的界面，在该界面中可对匿名账户和FTP 站点操作员等属性进行配置。

选中“允许匿名连接”复选框，这时，任何用户都可以采用匿名方式登录到 FTP 服务器。匿名方式连接后，对资源的所有请求系统都不会提示用户输入用户名或密码，FTP 服务器默认使用的是由 IIS 自动创建的名为“IUSR_computername”的 Windows 用户账户。FTP 客户端在访问时将使用匿名账户 Anonymous 访问。

如果清除该复选框，用户在登录到 FTP 服务器时，需要输入有效的 Windows 用户名和密码。如果 FTP 服务器不能验证用户的身份，服务器将返回并显示错误消息。

选中“只允许匿名连接”复选框之后，用户就只能使用不需要密码的匿名账户 Anonymous 访问。

3. “消息”选项卡

选择“消息”选项卡后，可以对该 FTP 站点的欢迎等消息进行编辑和修改，如图 9.29 所示。当用户访问该 FTP 站点时，会把这些相关消息显示给客户端。

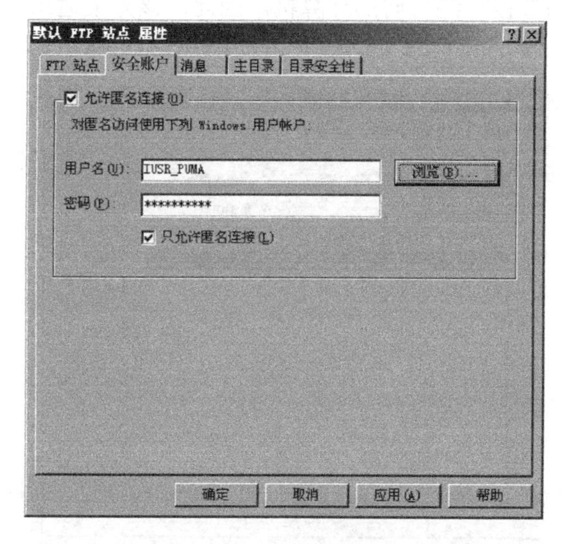

图 9.28 “安全账户”选项卡

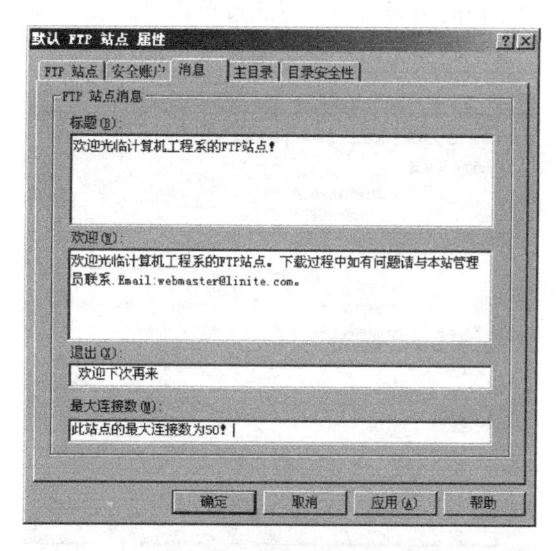

图 9.29 “消息”选项卡

4. “主目录”选项卡

所谓主目录是指映射到 FTP 服务器根目录的文件夹，FTP 站点中的所有文件全部保存在该文件夹中，而且当用户访问 FTP 站点时，也只有该目录中的内容可见，并且作为该 FTP 站点的根目录。选中“主目录”选项卡后，可以更改 FTP 站点的主目录或修改其属性，这里设置为“e:\ftp_root”，如图 9.30 所示。在“主目录”选项卡中还可以设置用户对 FTP 服务器的访问权限。

读取：读取权限允许用户查看或下载存储在主目录或虚拟目录中的文件。如果只允许用户下载文件，建议只选择该复选框即可。

写入：写入权限允许用户向 FTP 服务器上传文件。如果该站点允许所有登录用户上传文件，那么，可以选中该复选框。否则，应当取消该复选框，而只启用“读取”权限。

注意：当赋予用户写入权限时，许多用户可能会向 FTP 服务器上传大量的文件，从而导致磁盘空间迅速被占用。因此限制每个用户写入的数据量就成为必要。如果 FTP 的主目录处于 NTFS 分区，那么，NTFS 文件系统的磁盘限额功能可以非常好地解决此问题。同时，最好还要设置 FTP 根目录的 NTFS 文件夹权限，NTFS 文件夹权限要优先于 FTP 站点权限。利用多种权限设置组合在一起来保证 FTP 服务器的安全。

5.“目录安全性”选项卡

选择“目录安全性”选项卡后，如图 9.31 所示，可以设置特定 IP 地址的访问权限，来阻止某些个人或群组访问服务器。对于非常敏感的数据，或者想通过 FTP 传输实现对 Web 站点的更新，仅有用户名和密码的身份验证是不够的，利用 IP 地址进行访问限制也是一种非常重要的手段，这不仅有助于在局域网内部实现对 FTP 站点的访问控制，而且更有利于阻止来自 Internet 的恶意攻击。

通过指定允许或禁止访问的 IP 地址、子网掩码、一台或多台计算机的域名，就可以控制对 FTP 资源（如站点、虚拟目录或文件）的访问。

授权访问：选择该选项，在默认情况下，所有计算机将被授权访问。如果需要拒绝少量用户的访问权限，可通过单击“添加”按钮添加被拒绝访问的计算机。因此，该方案适用于仅拒绝少量用户的访问权限情况。

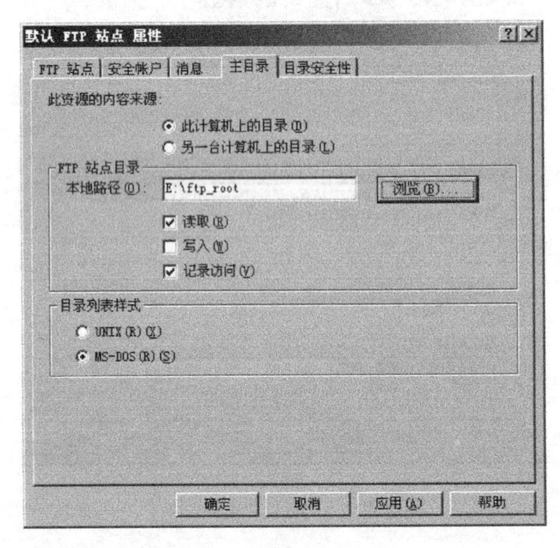

图 9.30 “主目录”选项卡

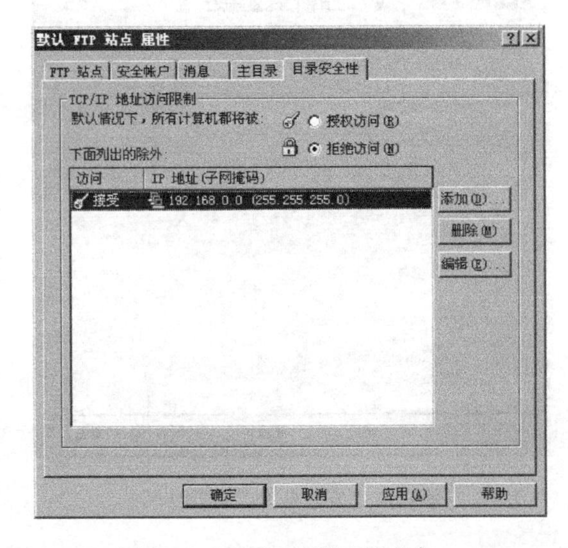

图 9.31 “目录安全性”选项卡

拒绝访问：该方案适用于仅授权少量用户的访问权限情况。选择该选项，再通过单击“添加”按钮添加允许访问的计算机。如图 9.31 所示的是仅接受来自 192.168.0.0/24 的 FTP 客户端的访问，而其他用户将无法访问 FTP 服务器。

6. FTP 虚拟站点与虚拟目录

（1）FTP 虚拟站点。与创建 Web 站点类似，使用 FTP 站点创建向导可创建一个新的 FTP 虚拟站点。创建新的 FTP 虚拟站点的操作也是在“Internet 信息服务（IIS）管理器”中完成的。下面是创建 FTP 虚拟站点的步骤。

① 在“Internet 信息服务（IIS）管理器”窗口中，用鼠标右键单击“默认 FTP 站点”按钮，在弹出的快捷菜单中选择“新建→FTP 站点”命令，如图 9.32 所示。

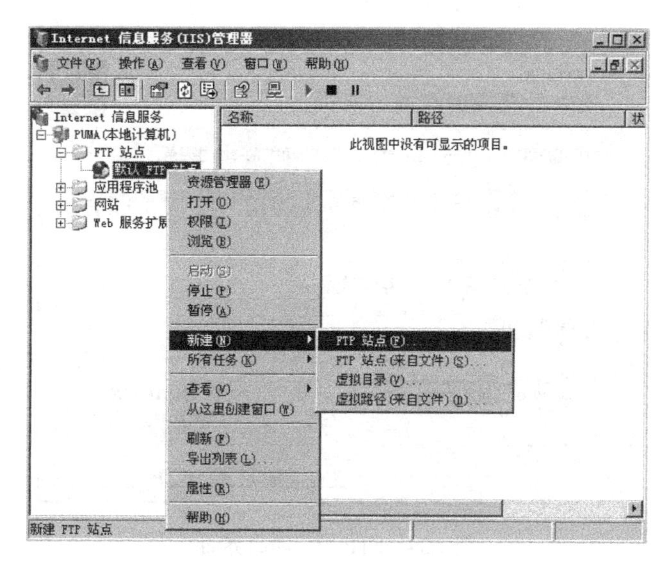

图 9.32　新建 FTP 站点

② 显示“FTP 站点创建向导”对话框，单击“下一步”按钮。打开 FTP 站点描述界面，填写“FTP 站点描述”，如“My FTP Site”，单击“下一步”按钮继续。

③ 在打开的 IP 地址和端口设置界面中，为 FTP 服务器指定一个静态 IP 地址，并设置默认 TCP 端口号 21，如图 9.33 所示，单击“下一步”按钮继续。

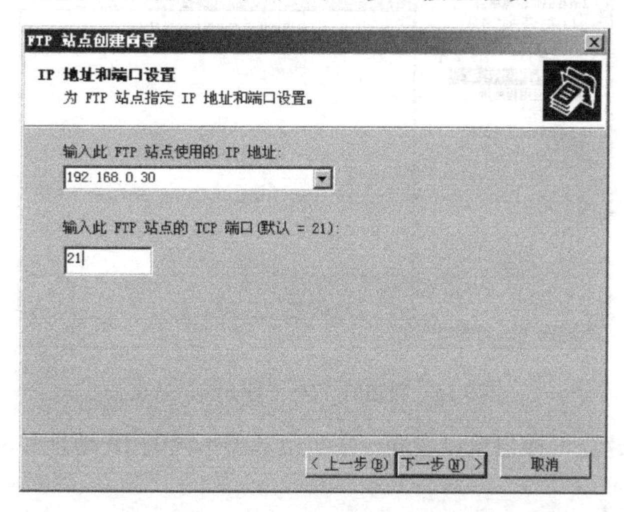

图 9.33　IP 地址和端口设置界面

④ 在如图 9.34 所示的界面中，指定 FTP 服务器隔离用户的方式。如果用户可以访问其他用户的 FTP 主目录，选择“不隔离用户”；如果不同用户只能访问不同的 FTP 主目录，则选择“隔离用户”；如果根据活动目录中的用户来隔离 FTP 主目录，则选择“用 Acitve Directory 隔离用户”。单击“下一步”按钮继续。

⑤ 在显示 FTP 站点主目录界面中，输入主目录的路径，单击“下一步”按钮。

⑥ 在 FTP 站点访问权限界面中，给主目录设定访问权限。如果只想提供文件下载，选择“读取”即可。如想上传文件，则应当同时选“读取”和“写入”。单击“下一步”按钮，出现成功完成 FTP 站点创建向导界面，在该界面中单击“完成”按钮，则 FTP 站点建立完成。

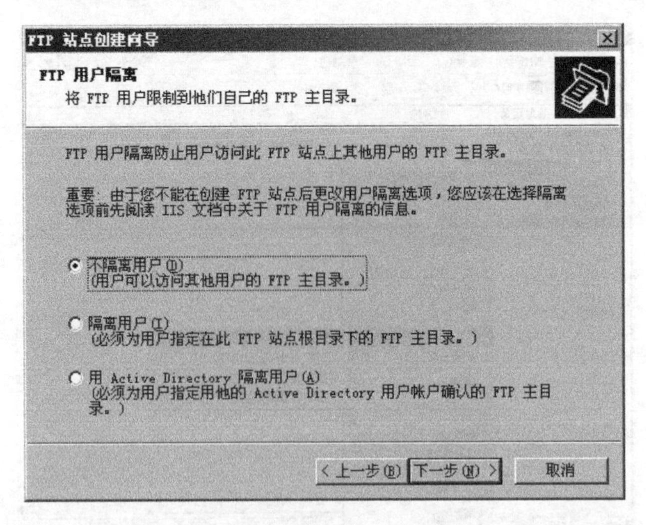

图 9.34　FTP 用户隔离界面

这时，在“Internet 信息服务（IIS）管理器”窗口中，将显示新建的 FTP 站点，如图 9.35 所示。还可打开 FTP 站点的“属性”对话框，对其进一步设置。

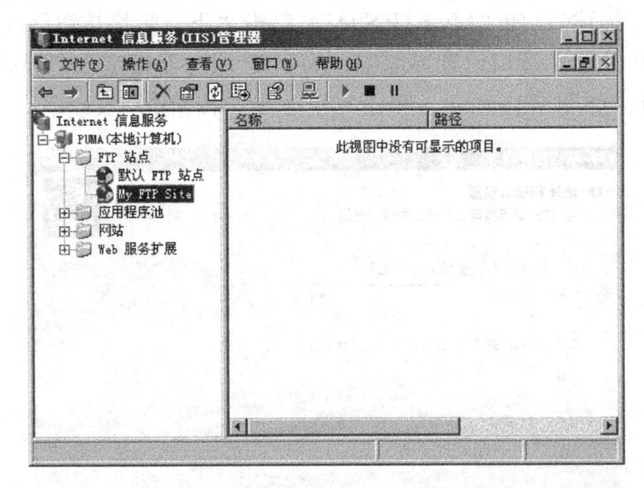

图 9.35　新建的“My FTP Site”站点

与 Web 站点的建立一样也可以在同一主机上基于不同的 IP 地址和不同的端口号建立多个 Web 站点。

（2）虚拟目录。与 Web 站点一样，也可以为 FTP 站点添加虚拟目录。FTP 站点的虚拟目录不但可以解决磁盘空间不足的问题，也可以为 FTP 站点设置拥有不同访问权限的虚拟目录，从而更好地管理 FTP 站点。虚拟目录创建的具体步骤与创建 Web 站点的虚拟目录的操作步骤类似，在此不再赘述。

9.5　任务 5　FTP 客户端的使用

9.5.1　任务知识准备

在建立 FTP 站点并提供 FTP 服务后，就可以为用户提供下载或上传服务了。可以用三种方式来访问 FTP 站点，分别是：FTP 命令、使用 Web 浏览器和 FTP 客户端软件。

9.5.2 任务实施

1. FTP 命令

可以在客户端的命令提示符下，使用 Windows 自带的 FTP 命令连接到 FTP 服务器上。连接方法是：选择“开始→运行”命令，输入“CMD”，进入命令提示符状态，输入“FTP 服务器的 IP 地址或域名”命令，按提示输入用户名和密码就可进入 FTP 服务器的主目录。若是匿名用户，则用户名输入“anonymous”，如图 9.36 所示。要上传文件使用 PUT“文件名”命令，要下载文件使用 GET“文件名”命令。FTP 程序的具体使用请查看 Windows 相关帮助信息。

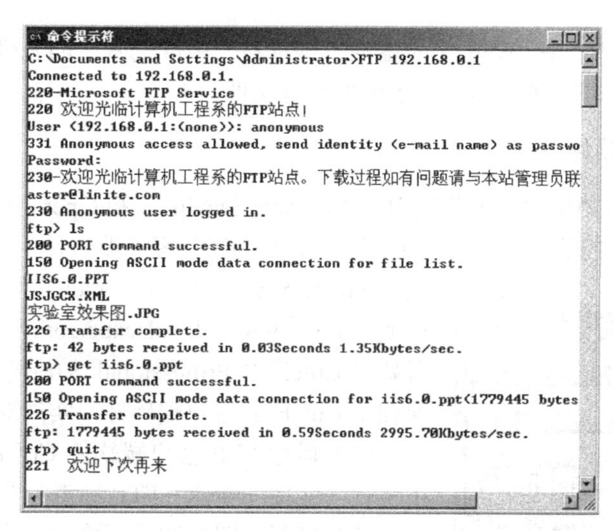

图 9.36 使用 FTP 命令访问 FTP 服务器

2. 使用 Web 浏览器

使用 Web 浏览器访问 FTP 站点时，在 Web 浏览器的“地址栏”中输入欲连接的 FTP 站点的 IP 地址或域名。格式为：FTP://IP 地址/主机名，如 ftp://192.168.0.1，如图 9.37 所示。

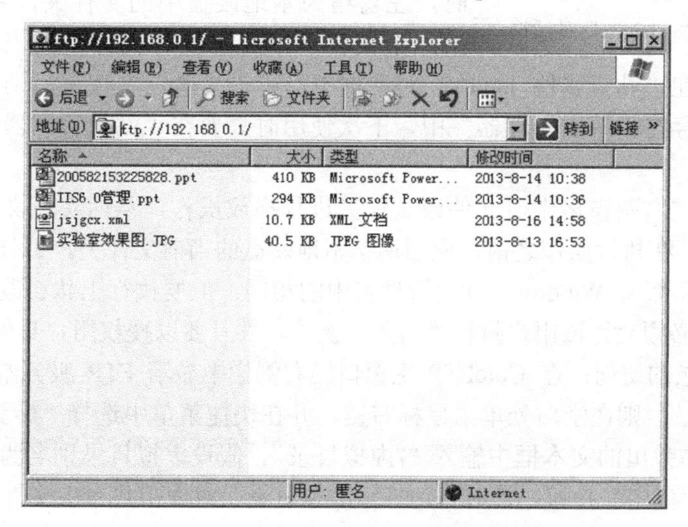

图 9.37 Web 方式访问 FTP 服务器

如果 FTP 站点采用集成 Windows 身份验证方式，则要求用户登录 FTP 时输入用户名和密码，这时需要在地址栏中包含这些信息，格式为：FTP://用户名:密码@IP 地址或主机名。

当该 FTP 站点被授予“读取”权限时，则只能浏览和下载该站点中的文件夹和文件。浏览的方式非常简单，只要双击即可打开相应的文件夹和文件。如果想下载文件，只要用鼠标右键单击想下载的文件，在弹出的菜单中选择“复制”即可。

对于重命名、删除、新建文件夹和上传文件等操作，只能在 FTP 站点被授予“读取”和“写入”权限时才能进行。这时，不但能够浏览和下载该站点中的文件夹和文件，而且还可以直接在 Web 浏览器中实现新文件夹的建立以及对该文件夹和文件的重命名、删除和文件的上传。

要访问虚拟目录时，在 Web 浏览器的“地址栏”中应输入“FTP://IP 地址/目录名”或“FTP://域名/目录名”即可浏览虚拟目录中的所有文件。

3. FTP 客户端软件

如同 Web 服务器的访问需要借助 IE、Netscape Nevigate 和 Opera 等 Web 客户端才能访问一样，FTP 服务器的访问也有专门的图形界面的 FTP 客户端软件。目前，使用最多的是美国 GlobalScape 公司的 CuteFTP 软件，软件的试用版可到“http://www.globalscape.com”网站下载。下面以最新的 CuteFTP Professional 8.0 中文版为例简单介绍如何使用 CuteFTP 客户端软件，实现对 FTP 站点的访问。

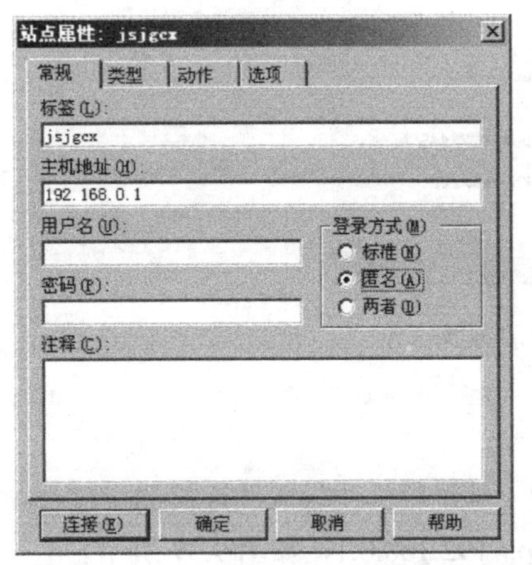

图 9.38 “站点属性：jsjgcx”对话框

（1）运行 FTP 客户端软件 CuteFTP，在打开的窗口中执行“文件→新建→FTP 站点”命令。

（2）打开如图 9.38 所示的对话框，在其中填入相关信息：标签、主机地址、用户名和密码，并选择“登录方式”。

（3）单击“连接”按钮，实现与 FTP 站点的连接。连接成功后，显示该 FTP 站点的欢迎画面和信息。这时，左窗格为本地硬盘中的文件夹，右窗格为该 FTP 站点中根目录下的文件和文件夹列表，如图 9.39 所示。此外，如果在“站点属性 jsjgcx”对话框中，单击“确定”按钮，则会将新建的站点以标签的形式保存在“站点管理器”中，下次使用时只要在“站点管理器”中双击该站点标签即可。

（4）可以在左右两窗格中对文件或文件夹进行拖放操作，从而实现文件或文件夹的上传和下载。当然，在执行操作之前，应当调整本地硬盘的当前文件夹。另外，新建文件夹、删除、改名等操作都与 Windows 资源管理器中的相同。但要执行上传、改名、删除等操作时，该 FTP 站点必须允许该用户执行“写入”操作，并且要以授权用户身份登录。

（5）虚拟目录的访问：在 CuteFTP 主窗口的右侧栏中显示 FTP 服务器的根目录。如果要连接到虚拟目录，则在空白处单击鼠标右键，并在快捷菜单中选择“转到→更改到”，如图 9.40 所示。在弹出的文本框中输入“/虚拟目录”。假设虚拟目录别名为“soft”，则输入“\soft”，并单击“确定”按钮，此时将切换至虚拟目录。对虚拟目录中文件的操作与 FTP 站点没有什么不同。

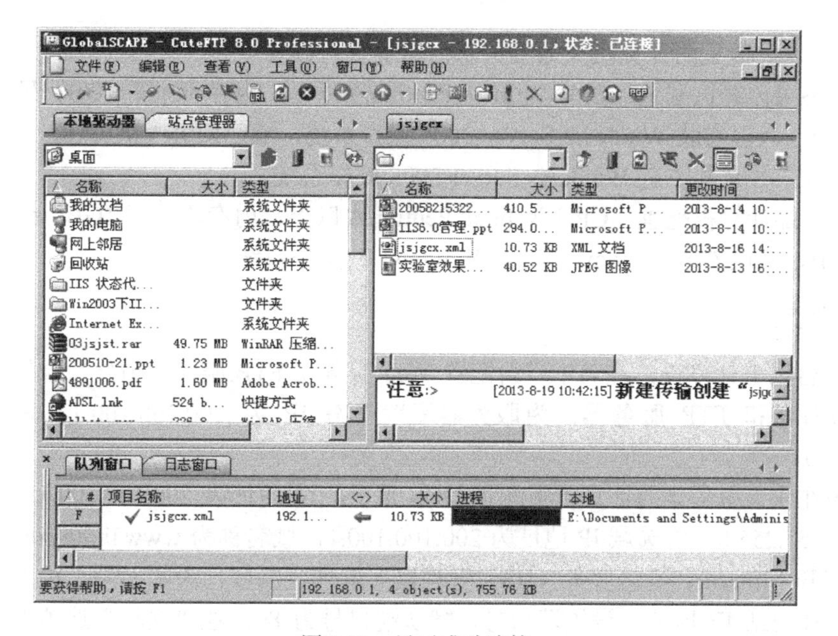

图 9.39　显示成功连接

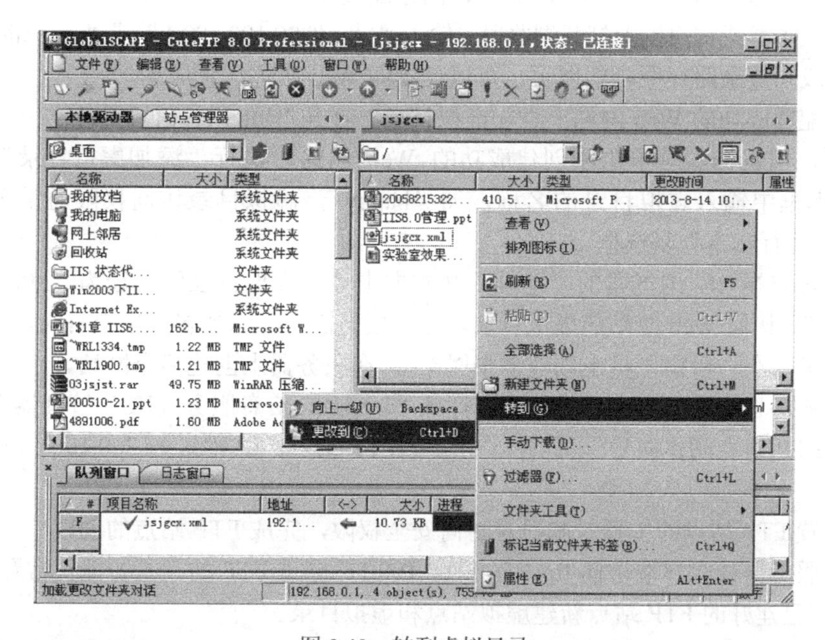

图 9.40　转到虚拟目录

实训 9　IIS 6.0 中 Web 服务和 FTP 服务的实现

1．实训目标

（1）掌握利用 Windows Server 2003 中 IIS 6.0 提供的 Web 服务配置 Web 服务器的方法。
（2）掌握利用 Windows Server 2003 中 IIS 6.0 提供的 FTP 服务配置 FTP 服务器的方法。

2．实训准备

（1）网络环境：已建好 100Mbit/s 的以太网，包含交换机、超五类（或五类）UTP 直通线若干、2台以上数量的计算机（数量可以根据学生人数安排）。

（2）服务端计算机配置：CPU为Intel Pentium4以上，内存不小于1GB，硬盘剩余空间不小于20GB，并已安装Windows Server 2008操作系统，或已安装VMWARE Workstation 9以上版本软件，并且其中有Windows Server 2008操作系统。

（3）客户端计算机配置：CPU为Intel Pentium4以上，内存不小于1GB，硬盘剩余空间不小于20GB，并已安装Windows XP或Windows 7 操作系统。

3．实训步骤

采用2台以上计算机，在其中一台配置Web服务和FTP服务，另外一台作为客户端访问 Web 服务器和 FTP 服务器。为服务器配置静态 IP 为 200.100.100.1，客户端 IP 为200.100.100.6。

（1）先在作为服务器的计算机上配置DNS服务，IP地址为200.100.100.1，子网掩码自动生成255.255.255.0，首选域IP地址为200.100.100.1，域名称为www.linite.com。

（2）打开“Internet 信息服务（IIS）管理器”管理控制台，添加网站，输入网页存放地址路径，选择网站IP地址，设置端口号，默认端口号为80，在“文档”选项卡，添加将要显示的网页文件的全名，上移到排序第一，网站配置完毕。

（3）在服务器或客户机上打开浏览器，输入“http://200.100.100.1”或“www.linite.com”，测试是否能成功登录路径所指的网页，可以登录即Web服务配置成功。

（4）在配置成功的Web网站上添加虚拟目录。打开“Internet信息服务（IIS）管理器”管理控制台，用鼠标右键单击刚创建成功的 Web 网站，执行“添加虚拟目录”命令，在“别名”文本框中输入虚拟目录的名称，如“happy”，虚拟目录访问权限通常选择默认的“读取”和“运行脚本”复选框。

（5）在客户端 IE 浏览器的“地址”文本框中输入虚拟目录的路径为“http:// 200.100.100.1/ happy”，访问Web网站的虚拟目录。可以根据需要，添加多个虚拟目录。

（6）参考“在一台宿主机上创建多个网站”，在服务器上创建多个网站。

（7）在服务器上配置 FTP 服务器。打开“Internet 信息服务（IIS）管理器”管理控制台，打开“FTP站点创建向导”，创建一个新的FTP站点，IP地址为200.100.100.1，端口号为21。

（8）设置FTP站点的主目录和目录访问安全权限，完成FTP站点的创建。

（9）在服务器或客户端访问ftp:// 200.100.100.1，测试FTP站点是否能正常登录。

（10）在已建好的FTP站点新建虚拟站点和虚拟目录。

（11）在客户端登录已建好的FTP虚拟站点和虚拟目录，测试其是否能正常登录。

习　题　9

1．填空题

（1）在命令行提示符界面输入__________和__________可以停止和启动Web服务。

（2）在命令行提示符界面输入__________和__________可以停止和启动FTP服务。

（3）IIS 6.0 的验证方法有五种，分别是__________、__________、__________、__________和__________。

2. 选择题

（1）通过 IIS 来验证或识别客户端用户的身份时，______身份验证可让用户随意访问 Web 服务器，而不需要提示输入用户名和密码。

A. 基本身份验证人　　B. 匿名身份验证

C. Form 身份验证　　D. Windows 身份验证

（2）FTP 服务器默认端口号是______。

A. 80　　B. 12　　C. 21　　D. 81

（3）关于搭建 WEB 站点，下列描述错误的是______。

A. 可以在单网卡中利用多个不同的 IP 地址搭建 Web 站点

B. 可以在 Windows Server 2003 中建立 Web 站点

C. 大多数 Internet 上的站点访问采用的是匿名

D. Web 服务的默认端口是 21

3. 简答题

（1）IIS 6.0 提供的服务有哪些？

（2）若要使 Windows Server 2003 的 Web 站点支持 ASP.NET，应该怎样设置 IIS 及 Web 站点的属性？

（3）简述 Web 服务的实现过程。

项目 10 架设 VPN 服务器

【项目情景】

岭南信息技术有限公司最近在长沙成立了一家分公司，分公司和总公司之间经常会有业务往来，每天都需要相互传送大量数据，公司管理层为了方便对分公司的管理，提高工作效率，希望分公司的局域网和总公司的局域网能连接起来，就好像总公司和分公司在同一个局域网中，能否实现管理层的这种需求呢？公司的员工经常需要出差，由于工作的需要，他们经常需要获得公司的一些资料。能不能有一种方式使他们能随时随地地访问公司的局域网并获取所需的资料呢？为了实现管理层的要求和出差员工的需求，必须建立远程访问服务器，那么如何保证这些服务器的安全呢？能否只在上班时间给特定的用户使用这些远程访问服务的权限呢？

【项目分析】

（1）在总公司建立 VPN 服务器，利用隧道技术可以实现外网用户安全的访问内网资源，满足管理层和出差员工的需求。

（2）为了保证 VPN 服务器的安全，可以通过设置远程访问策略的方式加强对 VPN 服务器的管理，使 VPN 服务器只为特定的用户在特定的时间开放连接。

【项目目标】

（1）理解远程访问连接的含义。

（2）学会 VPN 服务器和客户端进行配置。

（3）学会根据应用需求配置远程访问策略。

【项目任务】

任务 1 VPN 服务器配置

任务 2 VPN 客户端配置

任务 3 远程访问策略配置

10.1 任务 1 VPN 服务器配置

10.1.1 任务知识准备

1．远程访问连接简介

远程访问是指通过使用拨号远程访问或 VPN 技术，将远程用户的计算机连接到公司内部局域网中，使远程用户的计算机能访问公司内部局域网中的共享资源，这些资源包括了局域网中提供给用户的所有服务，如文件和打印共享等。利用这种远程访问连接的方式可以方便出差在外的员工便捷的获取公司内部所需资源。

利用 Windows Server 2003 的“路由和远程访问”服务可以为用户提供拨号远程访问和虚拟专用网（VPN）两种不同类型的远程访问连接。

（1）拨号远程访问。通过使用 ISP（如 PSTN 或 ISDN）提供的接入服务，远程客户端使用非永久的拨号连接到远程访问服务器的物理端口上，这时使用的网络就是拨号网络。例如，远程客户端使用公用电话网拨打远程访问服务器某个端口对应的电话号码以建立连接，如图 10.1 所示。

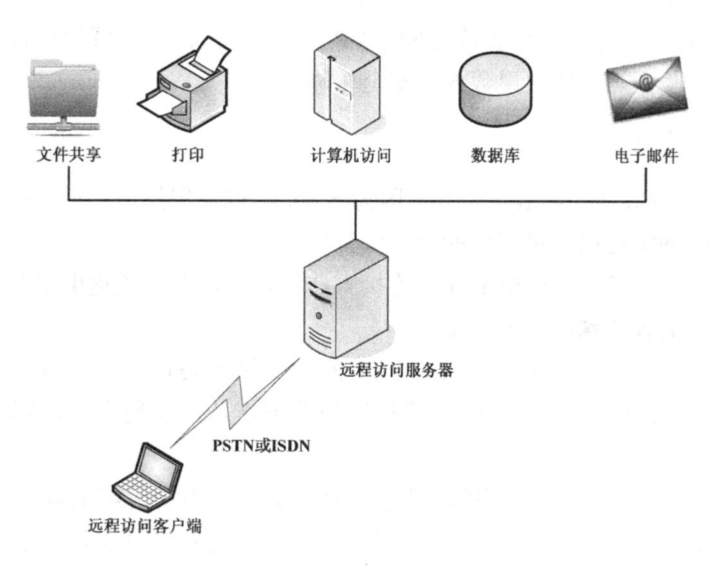

图 10.1　拨号远程访问

（2）虚拟专用网（VPN）。VPN 是通过专用网络或公用网络（如 Internet）建立的安全的、点对点的连接。VPN 客户端使用隧道协议，对 VPN 服务器的虚拟端口进行虚拟呼叫，以建立专用连接。远程的 VPN 服务器接受虚拟呼叫，验证呼叫方身份，并在虚拟专用网客户端和企业网络之间安全地传送数据，如图 10.2 所示。

与拨号网络不同的是，VPN 始终是在公用网络（如 Internet）之上的，在 VPN 客户端和虚拟专用网服务器之间的是一种逻辑的、非直接的连接。要保证数据安全，必须对通过连接传送的数据进行加密。

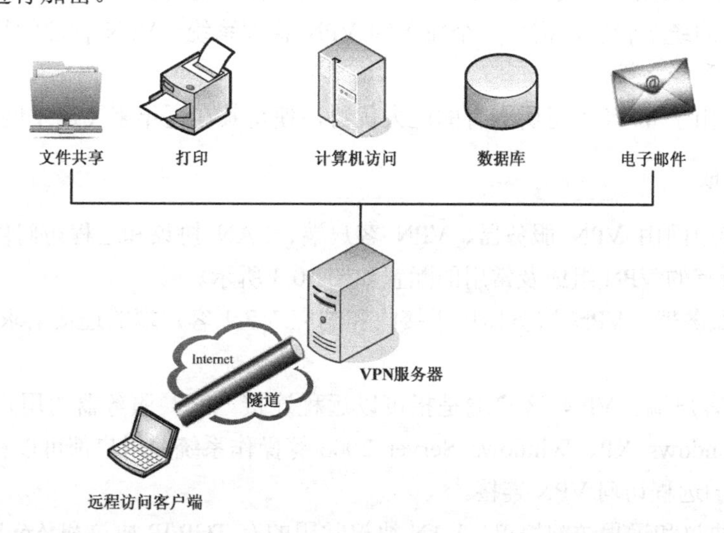

图 10.2　VPN 访问

根据 VPN 客户端类型的不同，VPN 有两种典型的应用，分别是：远程访问 VPN 和站点到站点 VPN。

远程访问 VPN：是指公司已经连接到 Internet，移动用户通过客户端的远程拨号连接到 ISP 并进入 Internet 后，通过隧道技术与公司的 VPN 服务器建立连接，利用隧道技术的加密、验证等手段实现数据的安全传输。

站点到站点 VPN：是指在两个局域网的 VPN 服务器之间利用隧道技术建立连接，利用隧道技术的加密、验证等手段实现数据的安全传输。

2. VPN 技术特点

VPN 技术之所以成功、高效，主要是因为 VPN 可以使用隧道、身份验证和加密等技术来建立一个安全的网络连接。最突出的特点就是以下几个方面。

（1）低成本运行。使用 Internet 作为连接方法不仅可以节省长途电话费用，而且需要的硬件也很简单，不需要特殊的设备支持。

（2）高安全性。身份验证可防止未经授权的用户接入公司内部网络。通过使用各种加密方法，使黑客难以破解通过 VPN 连接传送的数据，从而实现在公共网络上数据的安全传输。

（3）服务质量保证（QoS）。VPN 网可以为数据提供不同等级的服务质量保证。不同的用户和业务对服务质量保证的要求差别较大。对于拥有众多分支机构的 VPN 网络，交互式的内部企业网则要求网络能提供良好的稳定性；对于其他应用（如视频会议），则对网络的实时性提出了更高的要求。所有不同的应用要求网络能根据需要提供不同等级的服务质量。

（4）可扩充性和灵活性。VPN 必须能够支持通过局域网和公用网的各种类型的数据，并且方便增加新的结点，支持不同类型的传输媒介，可以满足同时传输语音、视频和数据等的需求。

（5）可管理性。在 VPN 网络中，用户和设备的数量多、种类繁杂。不仅仅是在公司内部的局域网要求将网络管理延伸到各个 VPN 结点，甚至延伸至合作伙伴的边缘接入设备中。要实现全网的统一管理，需要一个完善的 VPN 管理系统。VPN 管理的目标：实现高可靠性、高扩展性和经济性。

由此可见，由于 VPN 本身所固有的巨大优势，使得其在近年来飞速发展起来。

3. VPN 组成

一个虚拟专用网由 VPN 服务器、VPN 客户端、LAN 协议和远程访问协议、隧道协议等部分构成，所有的 VPN 组成及常用的配置如图 10.3 所示。

（1）VPN 服务器。VPN 服务器用于接收和响应 VPN 客户端的连接请求，并建立 VPN 连接。

（2）VPN 客户端。VPN 客户端是指可以远程连接 VPN 服务器的用户计算机。运行 Windows 7、Windows XP、Windows Server 2003 等操作系统的用户都可以在本地创建连接到 VPN 服务器的远程访问 VPN 连接。

（3）LAN 协议和远程访问协议。LAN 协议常用的有 TCP/IP 协议和 AppleTalk 协议，利用 LAN 协议可以方便应用程序传输信息。远程访问协议常用的有 PPP 协议，它的主要作用是协商和远程服务器的连接。

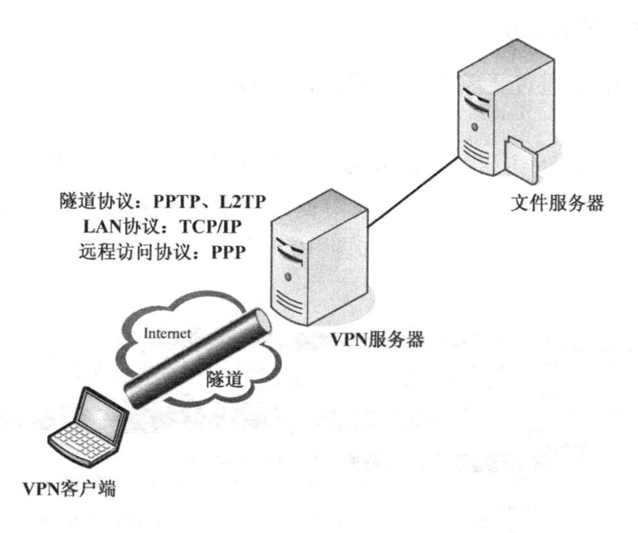

图 10.3 所有的 VPN 组成及常用的配置

（4）隧道协议。隧道协议是隧道技术的核心。隧道技术的基本过程是在发送端与公网的接口处将数据作为负载封装在一种可以在公网上传输的标准数据格式中，在接收端的公网接口处将数据解封装，取出负载。被封装的数据包在 Internet 上传送时所经过的整个逻辑通道被称为隧道。要使数据在隧道中顺利传送，数据的封装、传送及解封装是最为关键的步骤，通常这些工作都是由隧道协议来完成。目前，常用的隧道协议包括 PPTP、L2F、L2TP 和 IPSec 协议。

表 10.1 各种隧道协议在 OSI 模型中的层次

OSI 参考模型	安全协议
网络层	IPsec
数据链路层	L2F/PPTP/L2TP

这四种隧道协议在 OSI 七层模型中所处的位置如表 10.1 所示。

10.1.2 任务实施

1. 任务实施拓扑结构（见图 10.4）

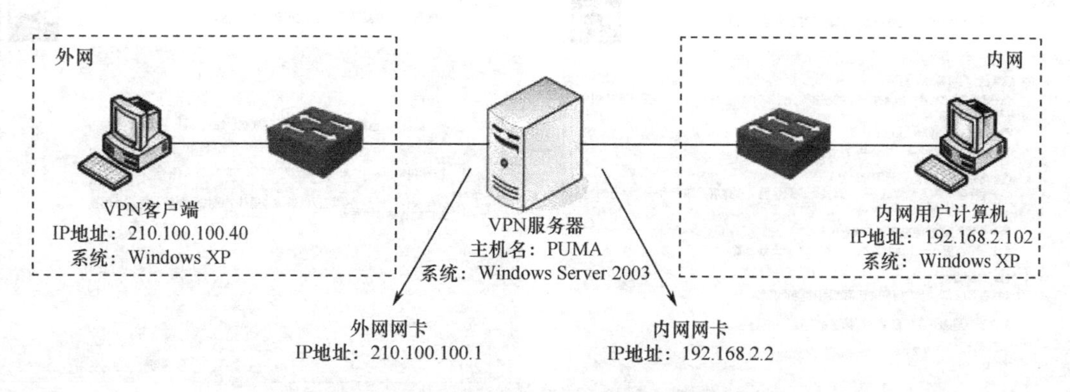

图 10.4 架设 VPN 服务器网络拓扑结构

注意：如果是使用虚拟机进行实验，VPN 服务器需要配置双网卡，一个网卡的模式为桥接模式，另一个网卡的模式为 NAT 模式。

2．配置并启用 VPN 服务

在服务器 PUMA 上通过“路由和远程访问”控制台配置并启用 VPN 服务的具体步骤如下。

（1）打开“路由和远程访问服务器安装向导”对话框。单击“开始→程序→管理工具→路由和远程访问”，打开“路由和远程访问”窗口。用鼠标右键单击服务器，在弹出的菜单中选择“配置并启用路由和远程访问”，如图 10.5 所示，打开“路由和远程访问服务器安装向导”对话框。

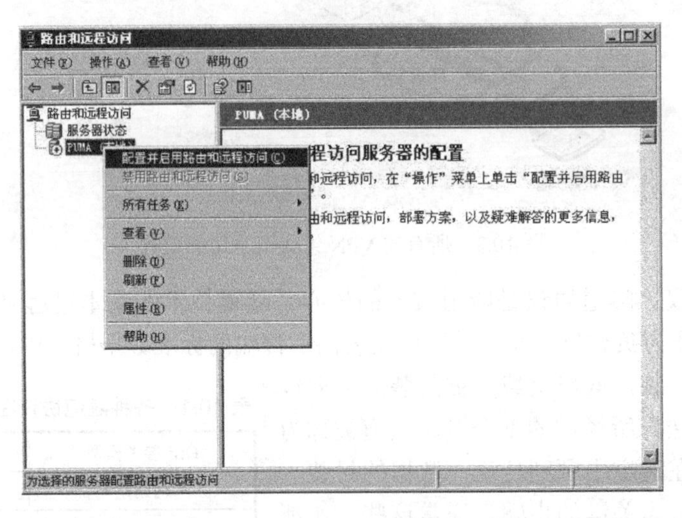

图 10.5　配置并启用路由和远程访问

（2）选择 VPN 连接。单击“下一步”按钮，出现配置界面，可以配置 VPN、NAT 及路由服务，在此选择“远程访问（拨号或 VPN）”选项，如图 10.6 所示。

单击“下一步”按钮，出现远程访问界面，可以选择创建拨号或 VPN 远程访问连接，在此选择“VPN”选项，如图 10.7 所示。

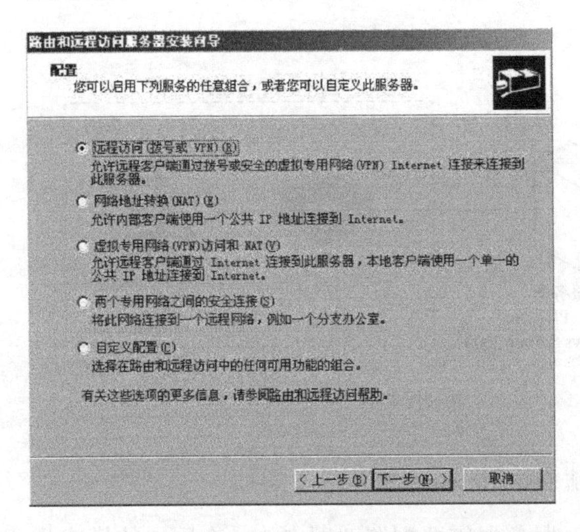

图 10.6　配置界面

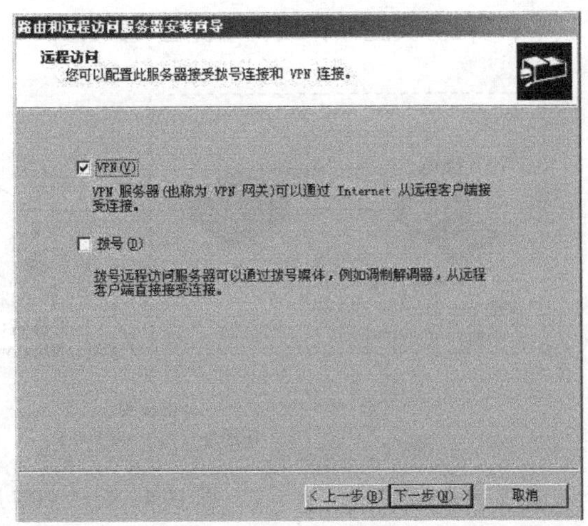

图 10.7　远程访问界面

（3）选择连接到 Internet 的网络接口。单击“下一步”按钮，出现 VPN 连接界面，选择连接到 Internet 的网络接口“本地连接 2”，如图 10.8 所示。

（4）为 VPN 客户端指派 IP 地址范围。单击“下一步”按钮，出现 IP 地址指定界面，可以设置指派给 VPN 客户端的 IP 地址从 DHCP 服务器获取或指定一个范围，在此选择“来自一个指定的地址范围”选项，如图 10.9 所示。

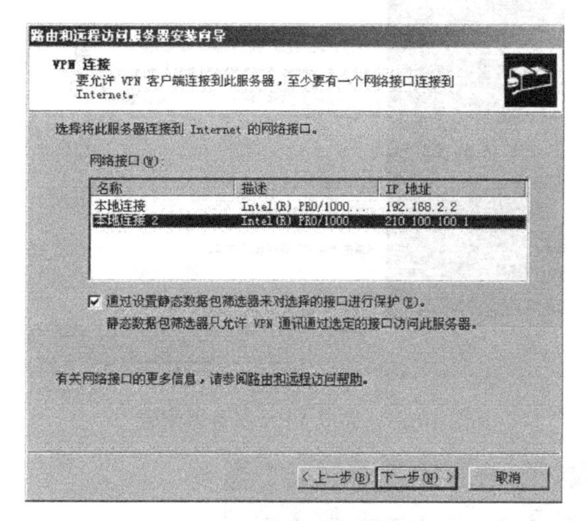

图 10.8　选择连接到 Internet 的网络接口

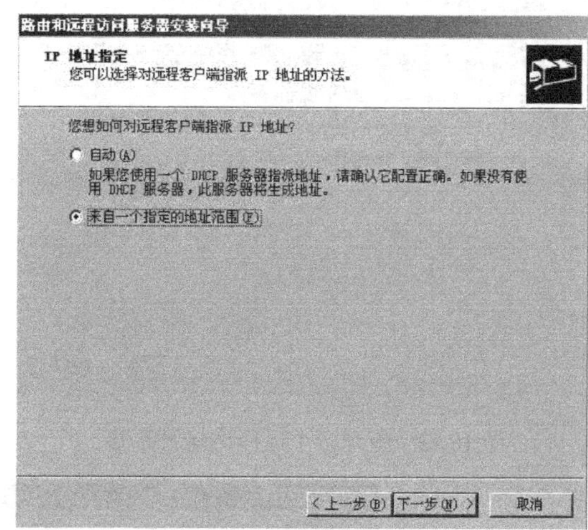

图 10.9　IP 地址指定界面

单击“下一步”按钮，出现地址范围指定界面，可以指定指派给 VPN 客户端的 IP 地址范围。单击“新建”按钮，出现“新建地址范围”对话框，在“起始 IP 地址”框中输入“210.100.100.10”，在“结束 IP 地址”框中输入“210.100.100.50”，如图 10.10 所示。

单击“确定”按钮，返回地址范围指定界面，如图 10.11 所示，可以看到已经指定了一段客户端 IP 地址范围。

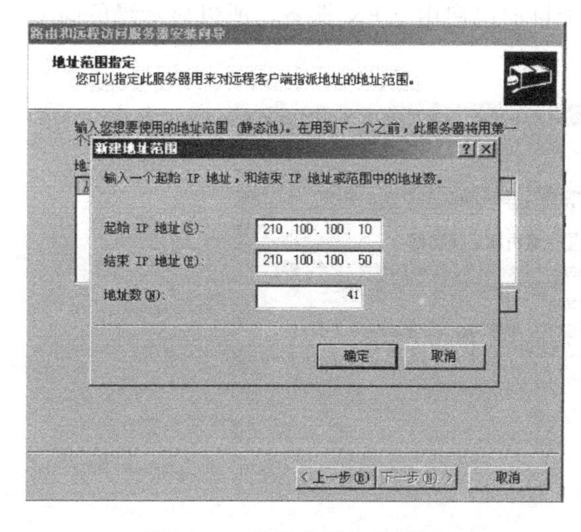

图 10.10　地址范围指定界面

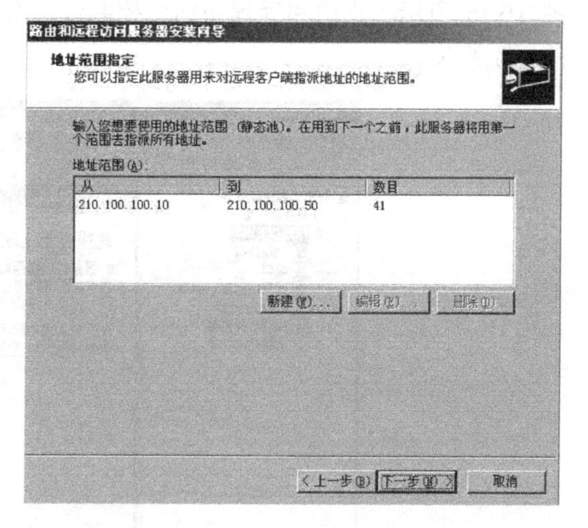

图 10.11　IP 地址范围指定后的效果

（5）结束 VPN 配置。单击“下一步”按钮，出现管理多个远程访问服务器界面，可以指定身份验证的方法是路由和远程访问服务器还是 RADIUS 服务器，在此选择“否，使用路由和远程访问来对连接请求进行身份验证”选项，如图 10.12 所示。

单击“下一步”按钮，出现如图 10.13 所示的对话框，显示了之前步骤所配置的信息。

单击“完成”按钮，出现如图 10.14 所示的对话框，表示需要配置 DHCP 中继代理程序。

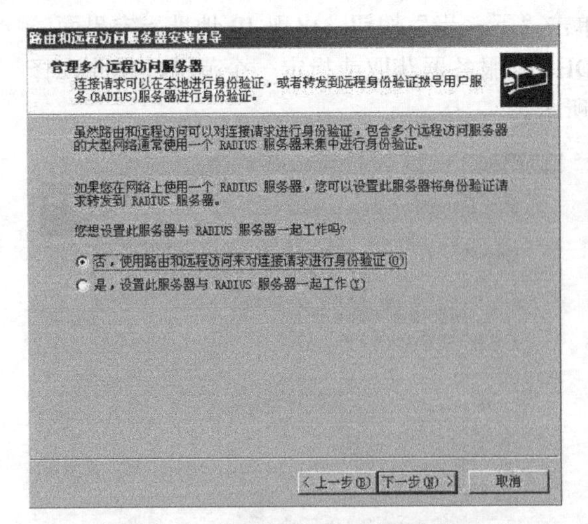

图 10.12　管理多个远程访问服务器

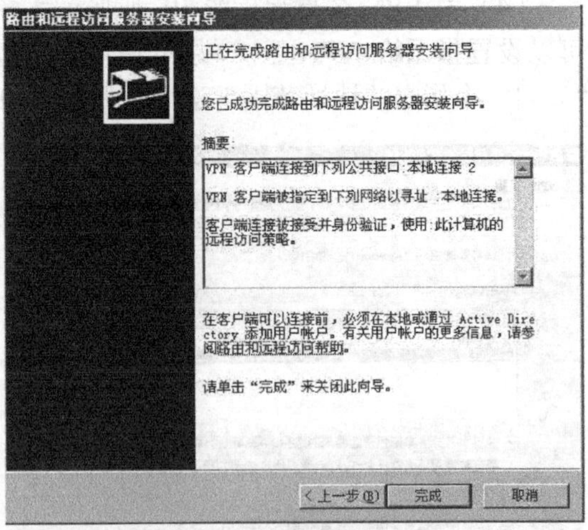

图 10.13　完成 VPN 服务器配置

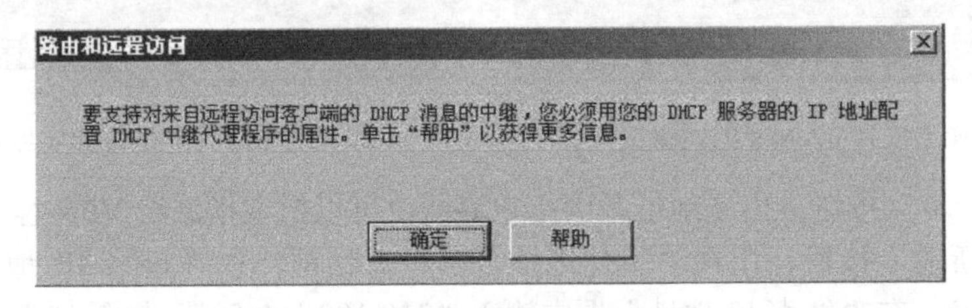

图 10.14　DHCP 中继代理信息

（6）查看 VPN 服务器状态。单击“确定”按钮，完成 VPN 服务器的创建，返回如图 10.15 所示“路由和远程访问”控制台。由于目前已启用 VPN 服务，所以显示绿色向上的标识箭头。

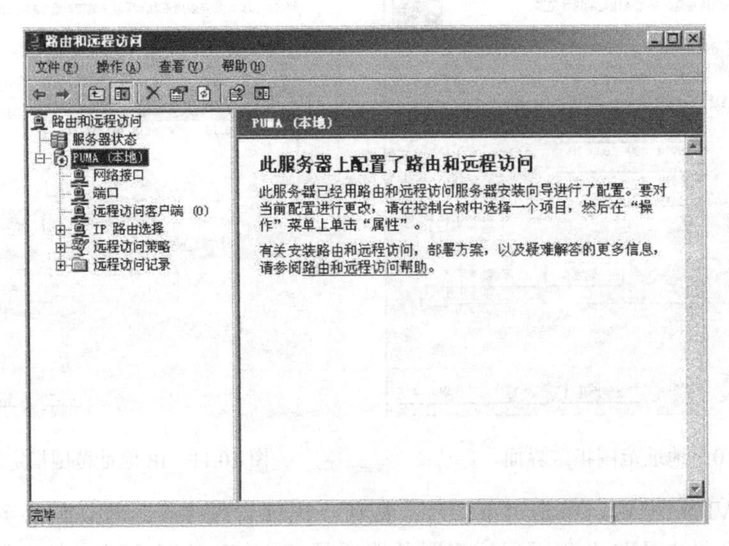

图 10.15　VPN 服务器配置完成后效果

单击“端口”，在“路由和远程访问”控制台右侧界面中显示的所有端口状态都为“不活动”，如图 10.16 所示。

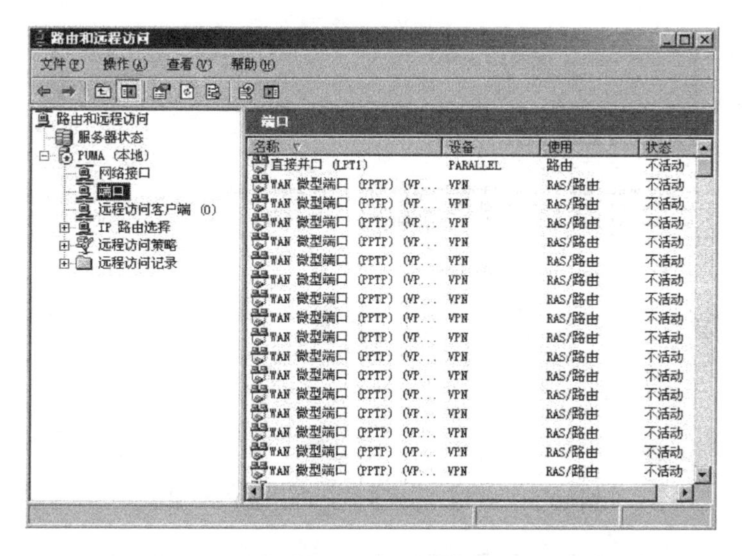

图 10.16　查看端口状态

单击“网络接口”，“路由和远程访问”控制台右侧界面中显示 VPN 服务器上的所有网络接口，如图 10.17 所示。

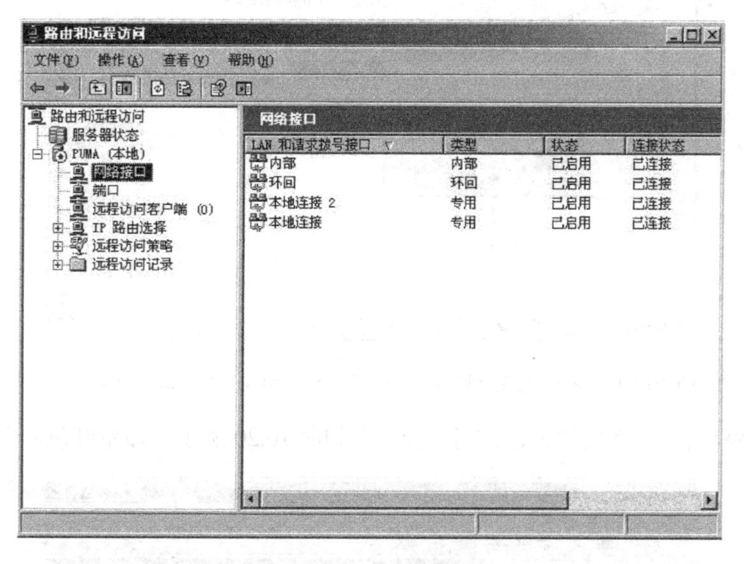

图 10.17　网络接口

3．VPN 服务的停止和启动

在实际需要中，有时候需要停止或启动 VPN 服务，完成该任务的方法有三种，分别是：使用 net 命令，使用“路由和远程访问”控制台以及使用“服务”控制台，具体步骤如下。

（1）使用 net 命令。以管理员身份登录到 VPN 服务器上，在命令提示符界面中，输入命令“net stop remoteaccess”可以停止 VPN 服务，输入命令“net start remoteaccess”可启动 VPN 服务，如图 10.18 所示。

（2）使用“路由和远程访问”控制台。在“路由和远程访问”控制台中，用鼠标右键单击服务器，在弹出的菜单中选择“所有任务→停止或启动”就可停止和启动 VPN 服务，如图 10.19 所示。

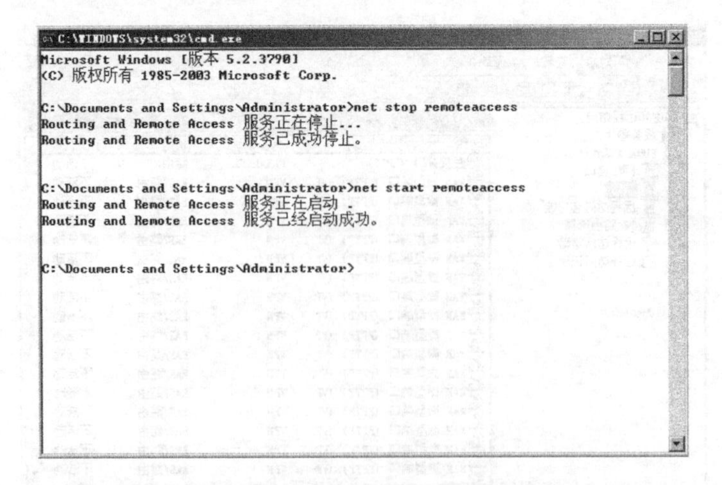

图 10.18　使用 net 命令停止和启动 VPN 服务

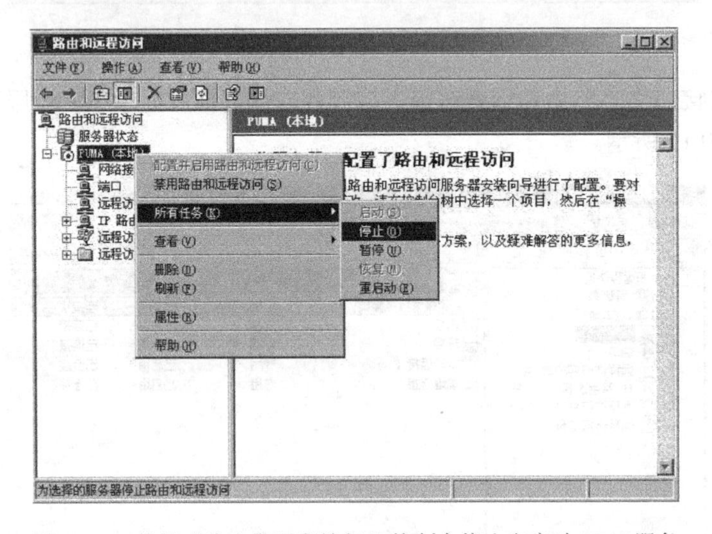

图 10.19　使用“路由和远程访问”控制台停止和启动 VPN 服务

VPN 服务停止后，“路由和远程访问”控制台如图 10.20 所示，显示红色向下的标识箭头。

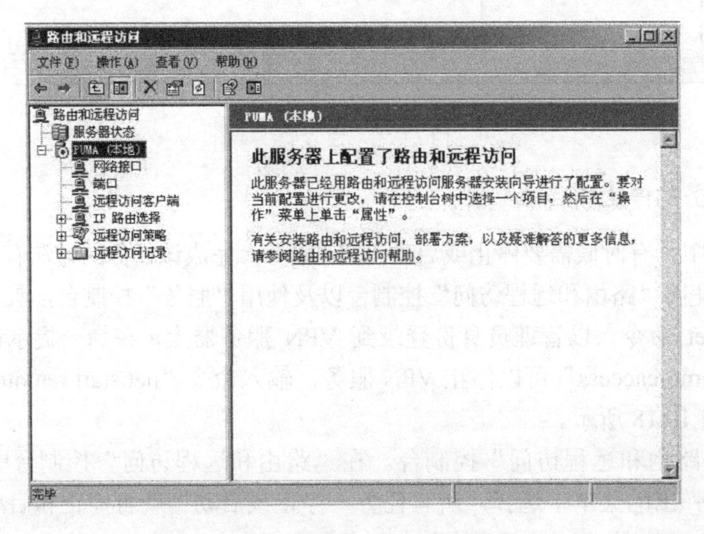

图 10.20　VPN 服务停止后的效果

（3）使用“服务”控制台。单击“开始→程序→管理工具→服务”，打开“服务”控制台，用鼠标右键单击服务“Routing and Remote Access”，在弹出的菜单中选择“停止”或“启动”，就可停止或启动 VPN 服务，如图 10.21 所示。

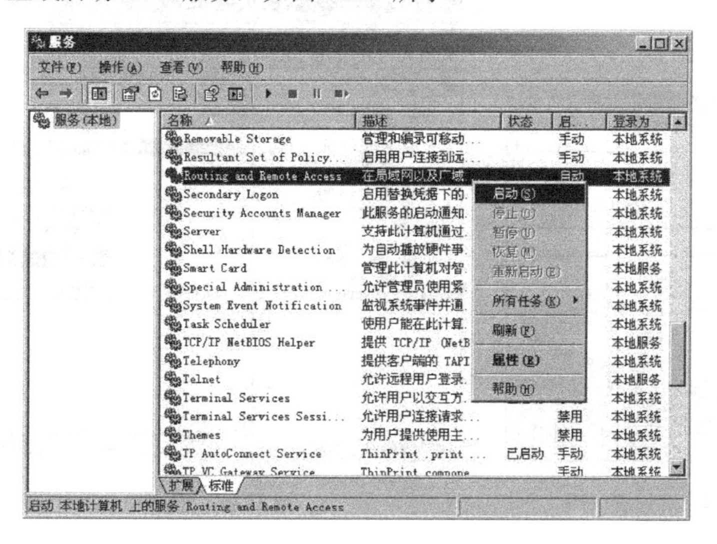

图 10.21　使用“服务”控制台停止和启动 VPN 服务

4．配置允许 VPN 连接的客户端账户

为了保证 VPN 服务器的安全性，需要对访问 VPN 服务器的客户端账户进行配置，只有进行了配置的客户端用户才可以正常的访问 VPN 服务器，下面以允许某一个用户连接 VPN 服务器为例进行说明，具体步骤如下（具体应用中，若需要允许多个用户连接 VPN 服务器，则可以在“组”中创建允许访问 VPN 服务器的组）。

以管理员身份打开“计算机管理”控制台，展开“本地用户和组”，在“用户”栏的右侧界面用鼠标右键单击，得到如图 10.22 所示界面，选择“新用户”，可以得到如图 10.23 所示界面，新建用户名为“vpnuser01”的用户，并设置密码，选择“用户不能更改密码”复选框。

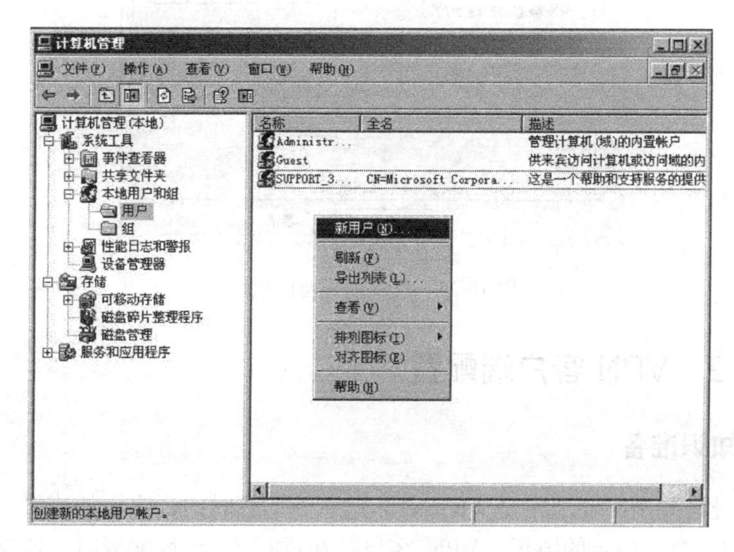

图 10.22　为客户端新建账户

为客户端新建 vpnuser01 账户后，右键单击该账户，在弹出的菜单中选择“属性”，如图 10.24 所示，打开用户属性界面。

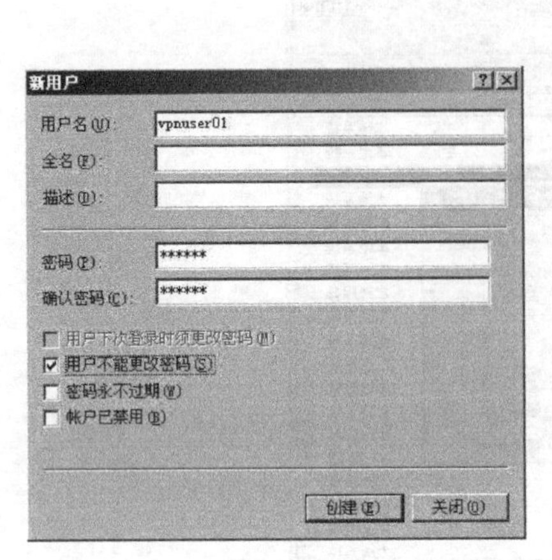

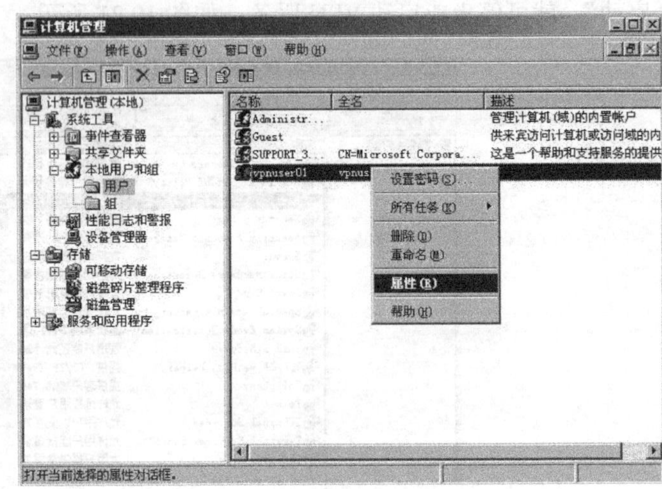

图 10.23　为客户端设置密码　　　　图 10.24　对客户端进行设置

在“vpnuser01 属性”对话框中选择“拨入”选项卡。在“远程访问权限（拨入或 VPN）”区域中选择“允许访问”，如图 10.25 所示，然后单击“确定”按钮。

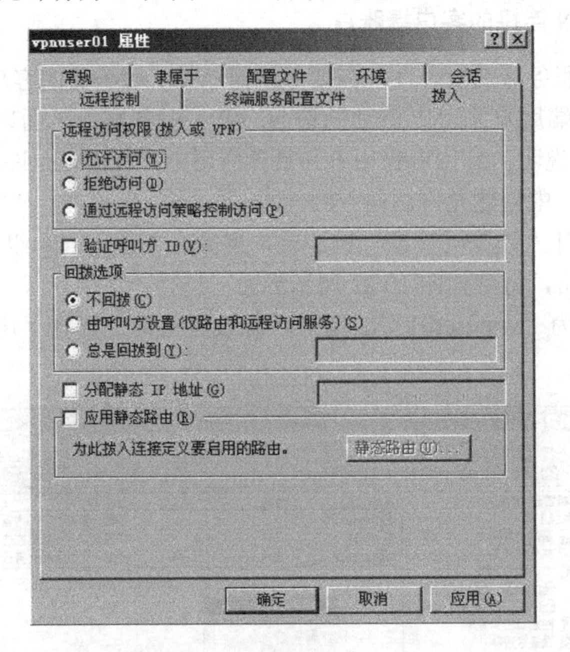

图 10.25　设置远程访问权限

10.2　任务 2　VPN 客户端配置

10.2.1　任务知识准备

VPN 是通过公共网络（通常是 Internet）建立一个临时的、安全的连接，是一条穿过混乱的公共网络的安全、稳定的隧道。VPN 客户端在进行 IP 地址配置时，通常有两种可能的情况，第一种是 VPN 服务器设置了 DHCP 功能，此时，客户端可以采用自动获取 IP 地址的方式，第二种是 VPN 服务器未设置 DHCP 功能，此时，客户端需要将 IP 地址配置在和 VPN 服务器公网 IP 相同的网段，否则，无法进行拨号连接。本任务采用第一种方式，即在客户端设置了 IP 地址，地址为 210.100.100.40，本任务采用和任务 1 相同的拓扑结构，客户端分别采用 Windows XP 和 Windows 7 进行实验。

10.2.2 任务实施

1. 在客户端建立并测试 VPN 连接

VPN 客户端需要连接到 VPN 服务器上，必须进行相应的配置，本部分分别以 Windows XP 和 Windows 7 为例，说明配置的具体步骤。

（1）Windows XP 客户端配置。

① 在客户端新建 VPN 连接。以本地管理员账户登录到 VPN 客户机上，用鼠标右键单击桌面的“网上邻居”，在弹出的菜单中选择“属性”，打开如图 10.26 所示网络连接界面。

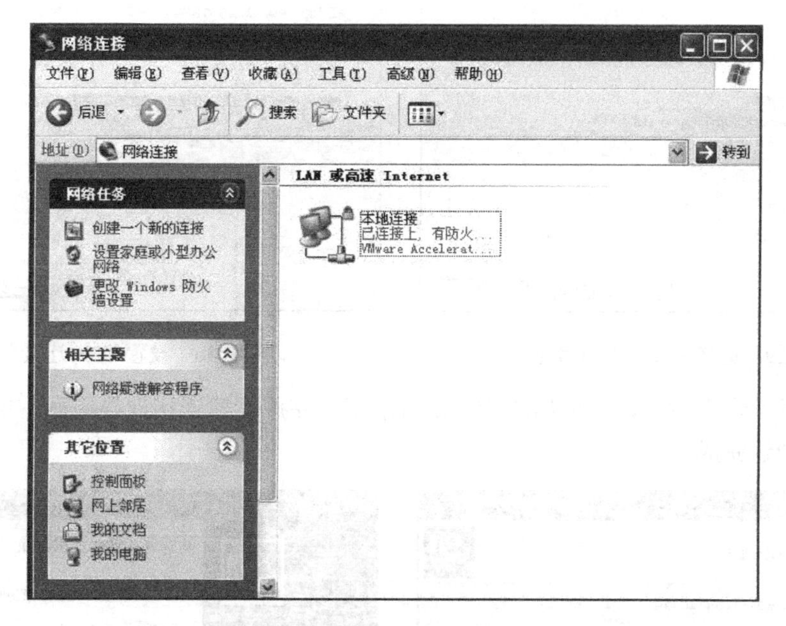

图 10.26　网络连接界面

单击左边网络任务框中的“创建一个新的连接”，将打开如图 10.27 所示欢迎使用新建连接向导界面，通过该界面可以建立连接，从而连接到 Internet 或专用网络。

单击“下一步”按钮，出现网络连接类型界面，可以指定建立的连接类型，在此选择“连接到我的工作场所的网络”选项，如图 10.28 所示。

单击“下一步”按钮，出现网络连接界面，可以建立拨号连接或 VPN 连接，在此选择“虚拟专用网络连接”选项，如图 10.29 所示。

单击“下一步”按钮，出现连接名界面，在“公司名”文本框输入需要连接的 VPN 名称，在此根据项目需要输入“岭南信息技术有限公司”，如图 10.30 所示。

单击“下一步”按钮，出现 VPN 服务器选择界面，在“主机名或 IP 地址”文本框中输入“210.100.100.1”，指定要连接的 VPN 服务器的 IP 地址，如图 10.31 所示。

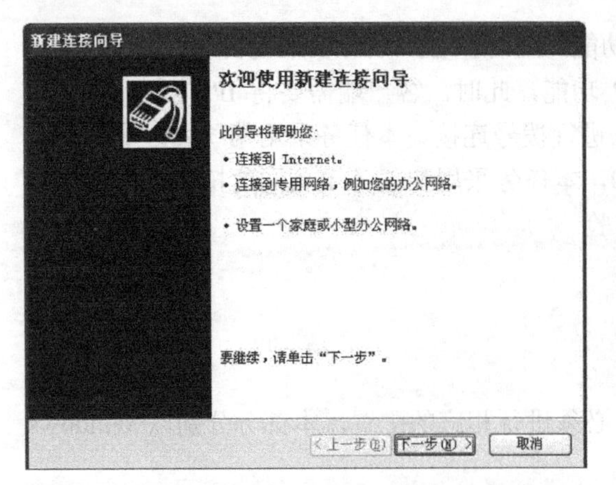

图 10.27　新建连接向导

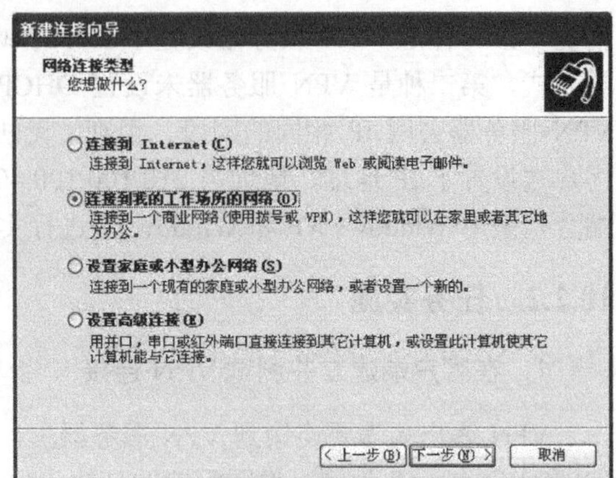

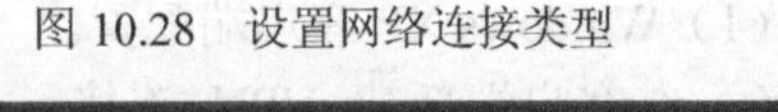

图 10.28　设置网络连接类型

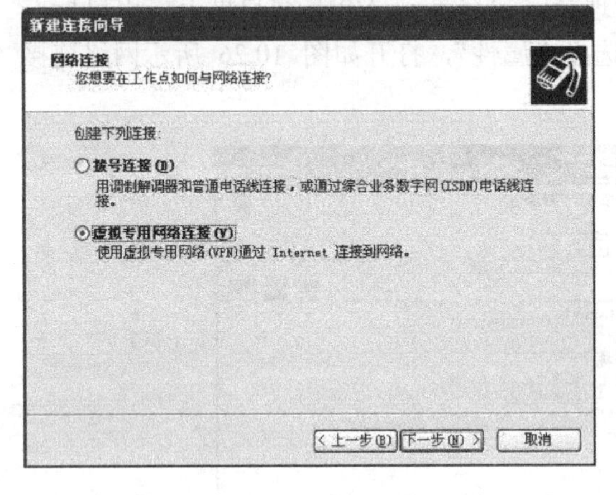

图 10.29　选择虚拟专用网络连接

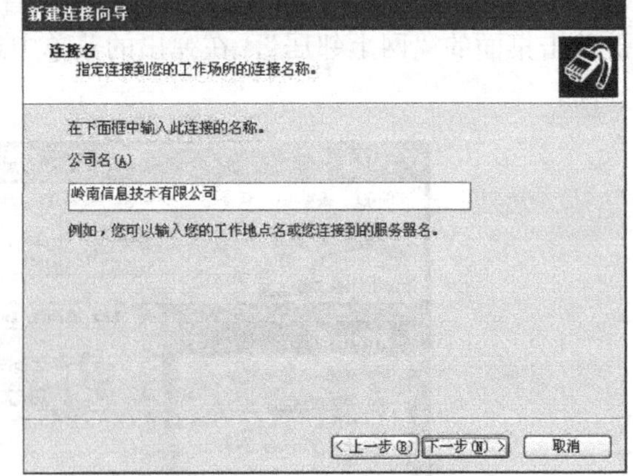

图 10.30　设置 VPN 连接名

单击“下一步”按钮，出现如图 10.32 所示正在完成新建连接向导界面，单击“完成”按钮，连接创建完成。

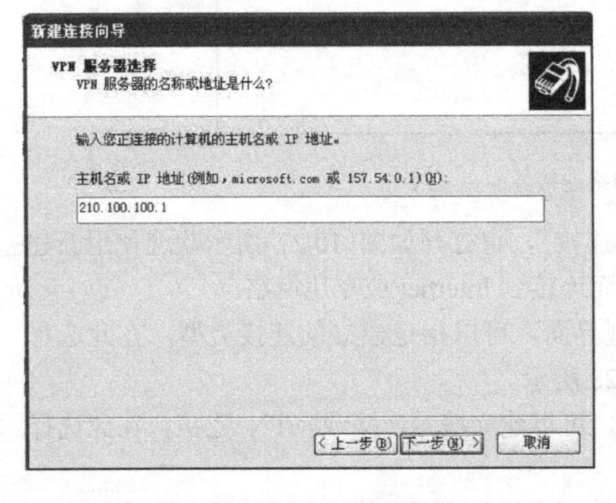

图 10.31　选择 VPN 服务器

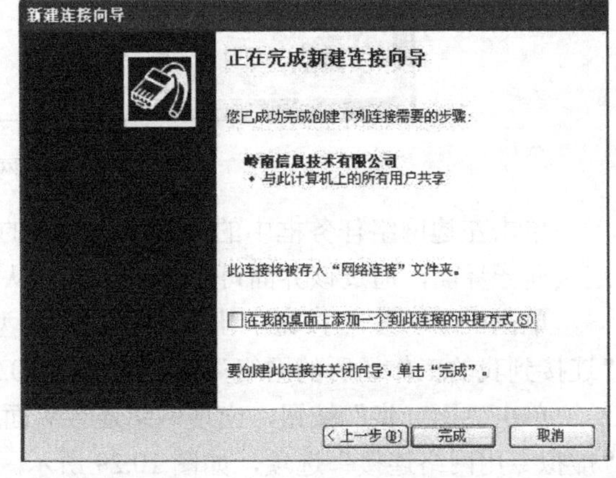

图 10.32　VPN 连接创建完毕

在如图 10.33 所示“网络连接”窗口中，可以看到刚才建立的客户端 VPN 连接，目前的状态为断开。

② 未连接到 VPN 服务器时的测试。打开命令提示符界面，先后输入“ping

192.168.2.2”和“ping 192.168.2.102”测试 VPN 客户端和 VPN 服务器以及网内计算机的连通性，显示为超时，不能连通。

③ 连接到 VPN 服务器。双击如图 10.33 所示的“岭南信息技术有限公司”连接，打开如图 10.34 所示对话框，输入服务器中所设置的允许 VPN 连接的账户和密码，在此使用“vpnuser01”建立连接。

图 10.33　VPN 连接创建完成的效果

图 10.34　连接 VPN

单击“连接”按钮，经过身份验证后就可以连接到 VPN 服务器。如图 10.35 所示界面中可以看到“岭南信息技术有限公司”的状态是连接的。

图 10.35　已经连接 VPN 服务器的效果

（2）Windows 7 客户端配置。实际上 Windows 7 客户端的配置和 Windows XP 客户端的配置类似，这里只对不同的地方进行说明，该 Windows 7 客户端计算机名为 TPLINK-PC。

依次单击“开始→控制面板→网络和 Internet→网络和共享中心”，出现如图 10.36 所示界面。

选择“更改网络设置”中的“设置新的连接或网络”，打开如图 10.37 所示“设置连接或网络”对话框，在选项中选择“连接到工作区”，打开如图 10.38 所示“连接到工作区”对话框。

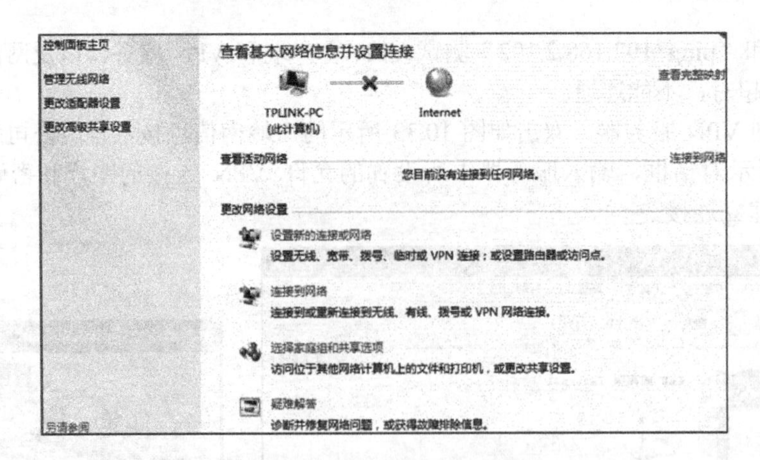

图 10.36　设置新的连接或网络

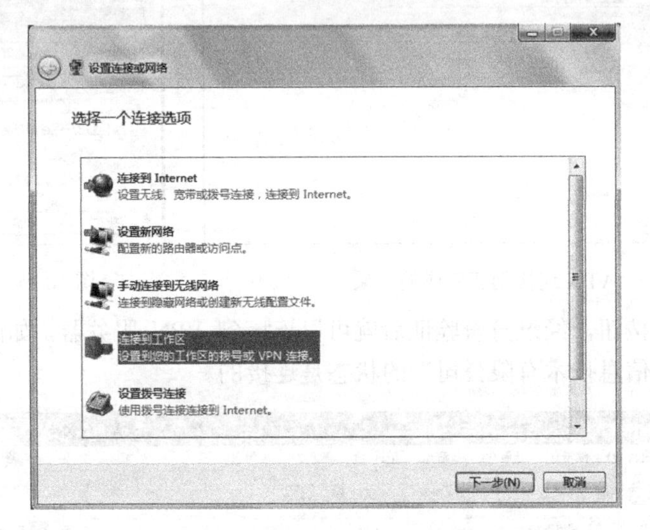

图 10.37　设置连接或网络

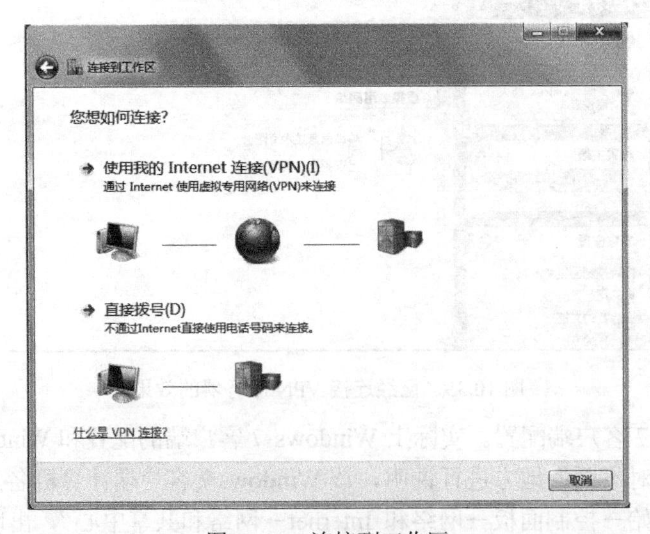

图 10.38　连接到工作区

在“您想如何连接”选项中选择“使用我的 Internet 连接（VPN）”，打开如图 10.39 所示对话框。

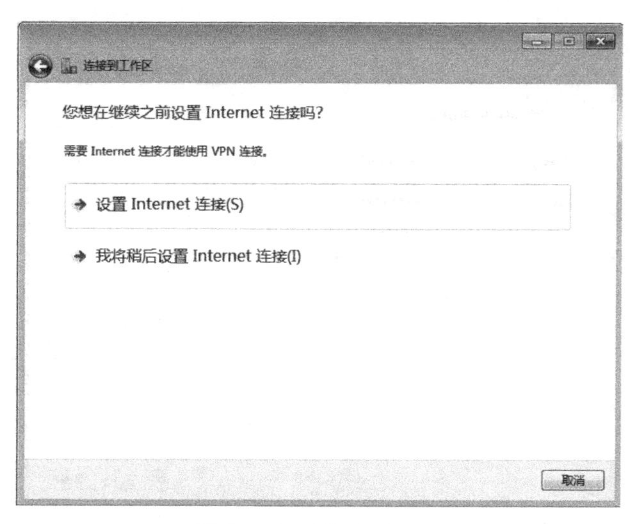

图 10.39　连接之前选项

在“您想在继续之前设置 Internet 连接吗？”选项中选择“我将稍后设置 Internet 连接”，打开如图 10.40 所示对话框。

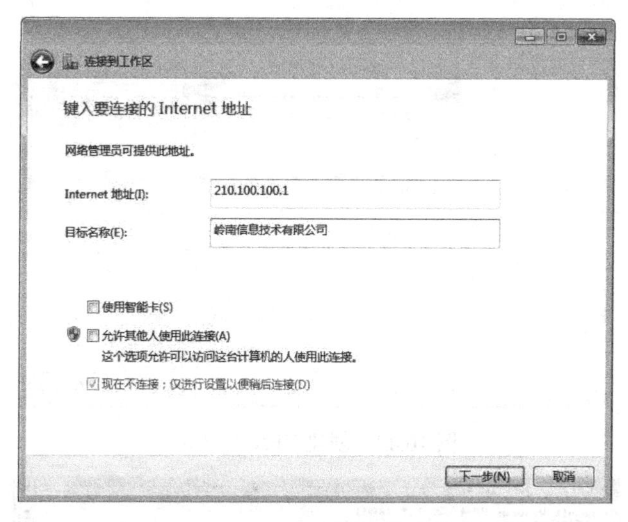

图 10.40　键入要连接的 Internet 地址

在“Internet 地址”栏中输入“210.100.100.1”，在“目标名称”栏中输入“岭南信息技术有限公司”，然后单击“下一步”按钮，打开如图 10.41 所示对话框，在用户名和密码栏中输入 VPN 服务器所允许的账户和密码，单击“创建”，可以看到如图 10.42 所示界面，此时，VPN 客户端建立成功，返回网络和共享中心，找到刚建立的 VPN 连接客户端，输入用户名和密码，点击“连接”按钮，就可以实现 VPN 拨号。

2. 验证 VPN 连接

VPN 客户机在成功连接到 VPN 服务器后，可以访问公司内部局域网的共享资源，可以采用以下三种方法进行验证，具体步骤如下。

（1）查看 VPN 客户机获取的 IP 地址。以本地管理员账户登录 VPN 客户机，打开命令提示符界面，输入命令“ipconfig/all”，可以查看 IP 地址信息，如图 10.43 所示，可以看到 VPN 连接获得的 IP 地址为 210.100.100.11。

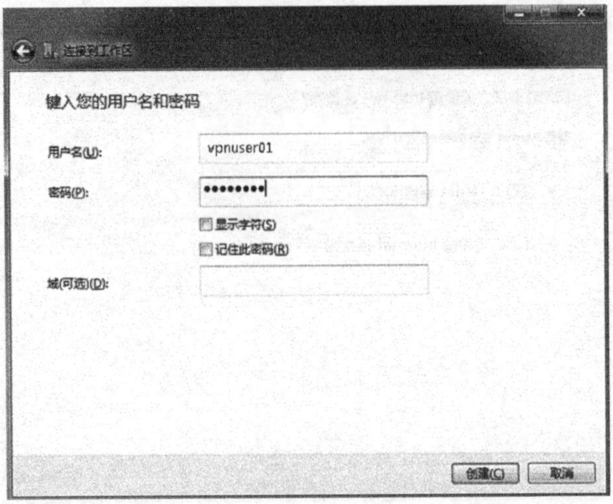
连接到工作区
键入您的用户名和密码
用户名(U):
vpnuser01
密码(P):
显示字符(S)
记住此密码(R)
域(可选)(D):
创建(C)
取消

图 10.41　键入用户名和密码

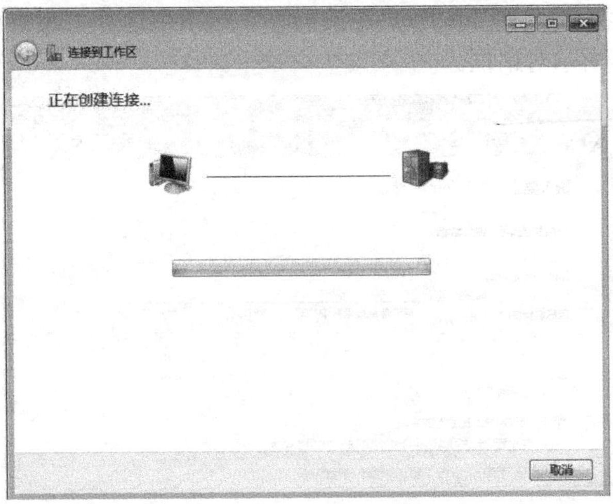
连接到工作区
正在创建连接...
取消

图 10.42　创建 VPN 客户端

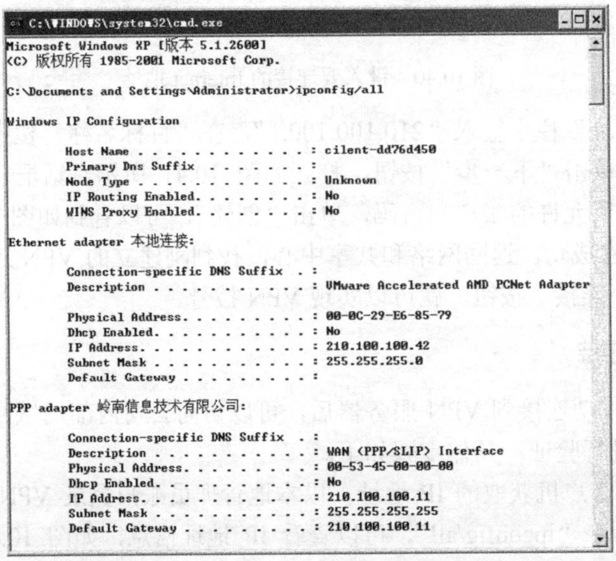
C:\WINDOWS\system32\cmd.exe
Microsoft Windows XP [版本 5.1.2600]
(C) 版权所有 1985-2001 Microsoft Corp.
C:\Documents and Settings\Administrator>ipconfig/all
Windows IP Configuration
Host Name . . . . : cilent-dd76d450
Primary Dns Suffix . . . . :
Node Type . . . . : Unknown
IP Routing Enabled. . . . . : No
WINS Proxy Enabled. . . . . : No
Ethernet adapter 本地连接:
Connection-specific DNS Suffix . :
Description . . . . : VMware Accelerated AMD PCNet Adapter
Physical Address. . . . . : 00-0C-29-E6-85-79
Dhcp Enabled. . . . . : No
IP Address. . . . . : 210.100.100.42
Subnet Mask . . . . : 255.255.255.0
Default Gateway . . . . :
PPP adapter 岭南信息技术有限公司:
Connection-specific DNS Suffix . :
Description . . . . : WAN (PPP/SLIP) Interface
Physical Address. . . . . : 00-53-45-00-00-00
Dhcp Enabled. . . . . : No
IP Address. . . . . : 210.100.100.11
Subnet Mask . . . . : 255.255.255.255
Default Gateway . . . . : 210.100.100.11

图 10.43　查看获取的 VPN 连接客户端地址

先后输入命令“ping 192.168.2.2”和“ping 192.168.2.102”测试VPN客户端和VPN服务器以及内网计算机的连通性，如图10.44所示，显示能连通。

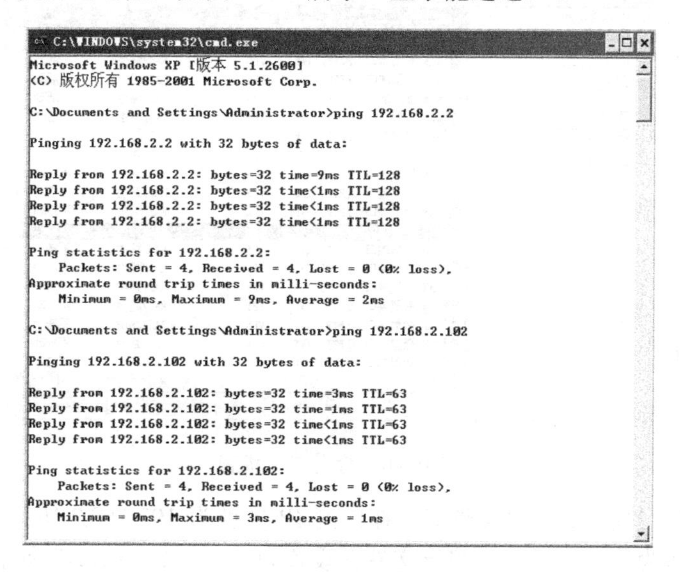

图10.44　测试VPN连接

（2）在VPN服务器上的验证。以本地管理员账户登录到VPN服务器上，在“路由和远程访问”控制台中，展开服务器，如图10.45所示，可以看到“远程访问客户端（1）”，这表明已经有一个客户端建立了VPN连接，控制台右侧界面中显示连接时间和连接的账户信息。

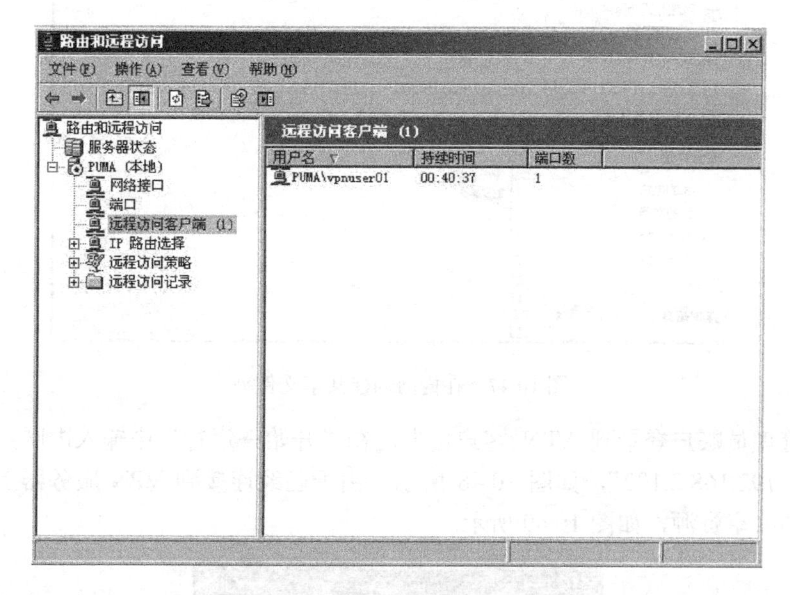

图10.45　查看“远程访问客户端”

单击“端口”，在控制台右侧界面中可以看到其中一个端口的状态是“活动”，表面有客户端连接到VPN服务器，如图10.46所示。用鼠标右键单击该活动端口，并在弹出的菜单中选择“状态”，可以打开“端口状态”对话框，查看连接时间、用户以及分配给VPN客户机的IP地址情况。

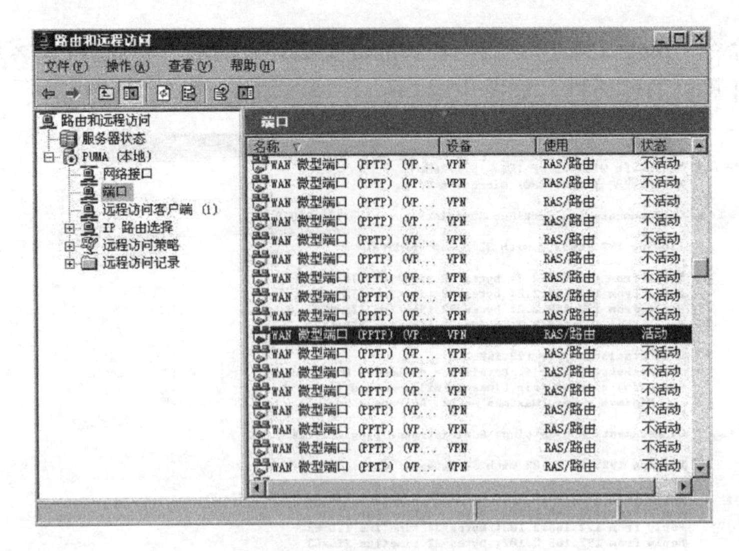

图 10.46 查看端口状态

（3）访问内部局域网的共享文件夹。在内网 IP 地址为 192.168.2.102 的计算机上，创建“C:\test”文件夹作为测试目录，并将该文件夹设置为共享，如图 10.47 所示。

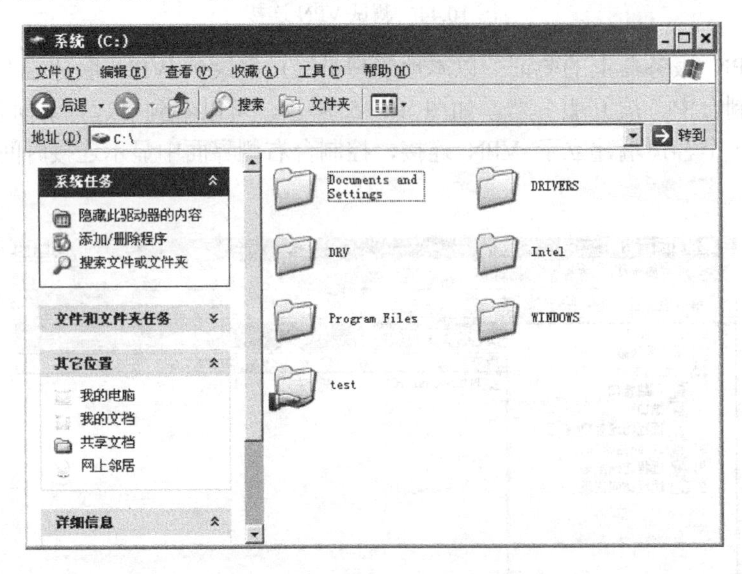

图 10.47 在内网创建共享文件夹

以本地管理员账户登录到 VPN 客户机上，在“开始→运行”中输入内网共享文件夹的 UNC 路径“\\192.168.2.102”，如图 10.48 所示。由于已经连接到 VPN 服务器上，因此，可以访问内网的共享资源，如图 10.49 所示。

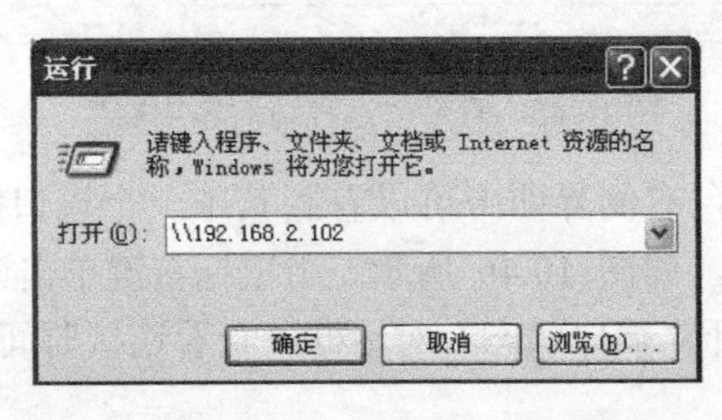

图 10.48 在客户端访问内网计算机

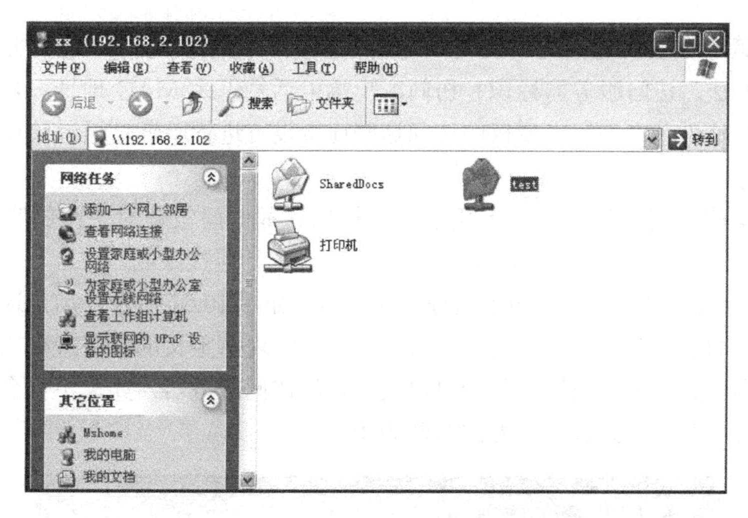

图 10.49 在客户端访问内网共享文件夹

（4）断开 VPN。以本地管理员账户登录到 VPN 服务器上，在“路由和远程访问”控制台中依次展开服务器和“远程访问客户端（1）”，在控制台右侧界面中用鼠标右键单击“远程访问客户端”，在弹出的菜单中选择“断开”即可以断开客户端的 VPN 连接，如图 10.50 所示。

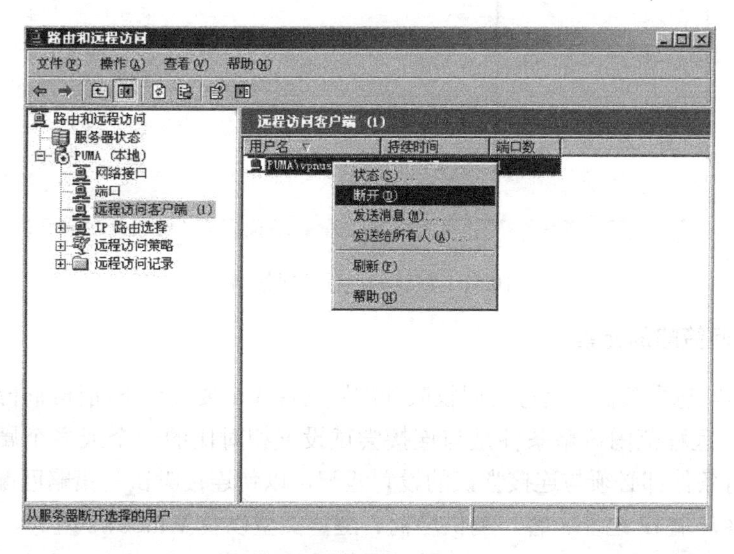

图 10.50 断开 VPN 连接

10.3 任务 3 远程访问策略配置

10.3.1 任务知识准备

1. 远程访问策略简介

远程访问策略是一组定义如何授权或拒绝连接的有序规则，每个规则包含一个或多个条件、一组配置文件设置和一个远程访问权限设置。管理员可以利用远程访问策略来决定用户是否有权利连接远程访问服务器。

远程访问策略在授权连接之前会对远程访问权限、组成员身份、连接类型、当天的时间、身份验证方法、访问服务器标识、访问客户端电话号码或 MAC 地址、是否忽略用户账户拨入属性以及是否允许进行未授权的访问这些连接设置进行验证，通过验证的连接才可以获得相应的服务。

远程访问策略在授权连接之后，仍然可以根据远程访问策略对空闲超时时间、最大会话时间、加密强度、IP 数据包筛选器以及静态路由等进行连接限制。

Windows Server 2003 默认有两个远程访问策略，如图 10.51 所示，用户连接时，远程访问服务器从最上面的策略开始，对用户是否符合该策略内所定义的条件进行比对，如果符合该策略，则根据该策略来决定用户是否可以连接远程访问服务器，如果不符合，则依次根据后面的策略进行比对，直到找到匹配的策略为止。

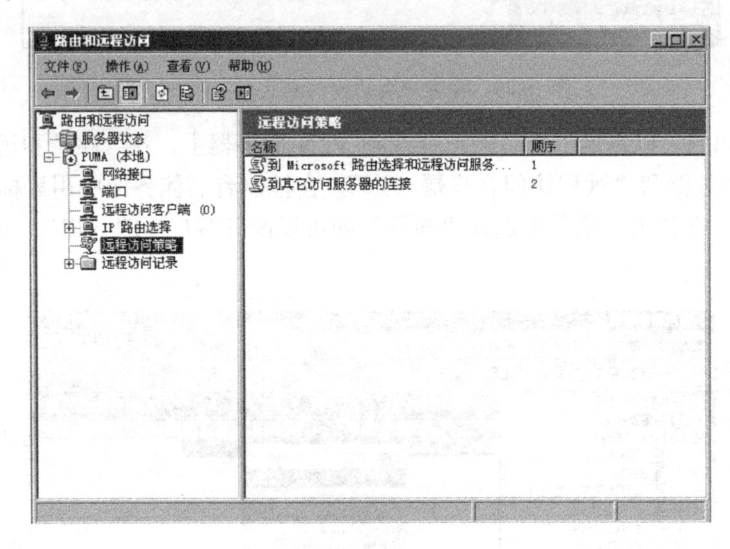

10.51 默认的远程访问策略

2. 远程访问策略的元素

远程访问策略包含条件、远程访问权限和配置文件 3 个要素。下面详细介绍这些元素。

（1）条件。远程范围策略条件是与连接尝试设置相对比的一个或多个属性。如果有多个条件，则所有条件都必须与连接尝试的设置匹配，以使连接尝试与策略匹配。例如，连接尝试的时间、客户端 IP 地址、客户端供应商、隧道类型以及 Windows 组等。

（2）远程访问权限。如果远程访问策略的所有条件都满足，则将授予或拒绝远程访问权限。可以使用“授予远程访问权限”或“拒绝远程访问权限”选项来设置策略的远程访问权限。

也可以针对每个用户账户授予或拒绝远程访问权限，此时，用户远程访问权限替代策略远程访问权限。当用户账户上的远程访问权限设置为“通过远程访问策略控制访问”时，策略远程访问权限便会决定是否授予用户访问权限。

通过用户账户权限设置或策略权限设置授予访问权限只是接受连接中的第一个步骤，连接尝试由用户账户拨入属性和策略配置文件属性的设置决定，如果连接尝试和用户账户属性或策略配置文件属性的设置不匹配，将拒绝连接尝试。

（3）配置文件。通过用户账户权限设置或策略权限设置授权连接，远程访问策略配置文件应用到连接上的一组属性。配置文件包含多种要素，分别是：拨入限制、IP 地址、多重链接、身份验证、加密和高级等。

3．远程访问策略的验证过程

当用户尝试连接时，将根据图 10.52 的流程进行逻辑接受或拒绝连接。其中的 Ignore-User-Dialin-Properties 属性是 Windows Server 2003 系统的新功能，它允许忽略用户账户所有的拨入属性。

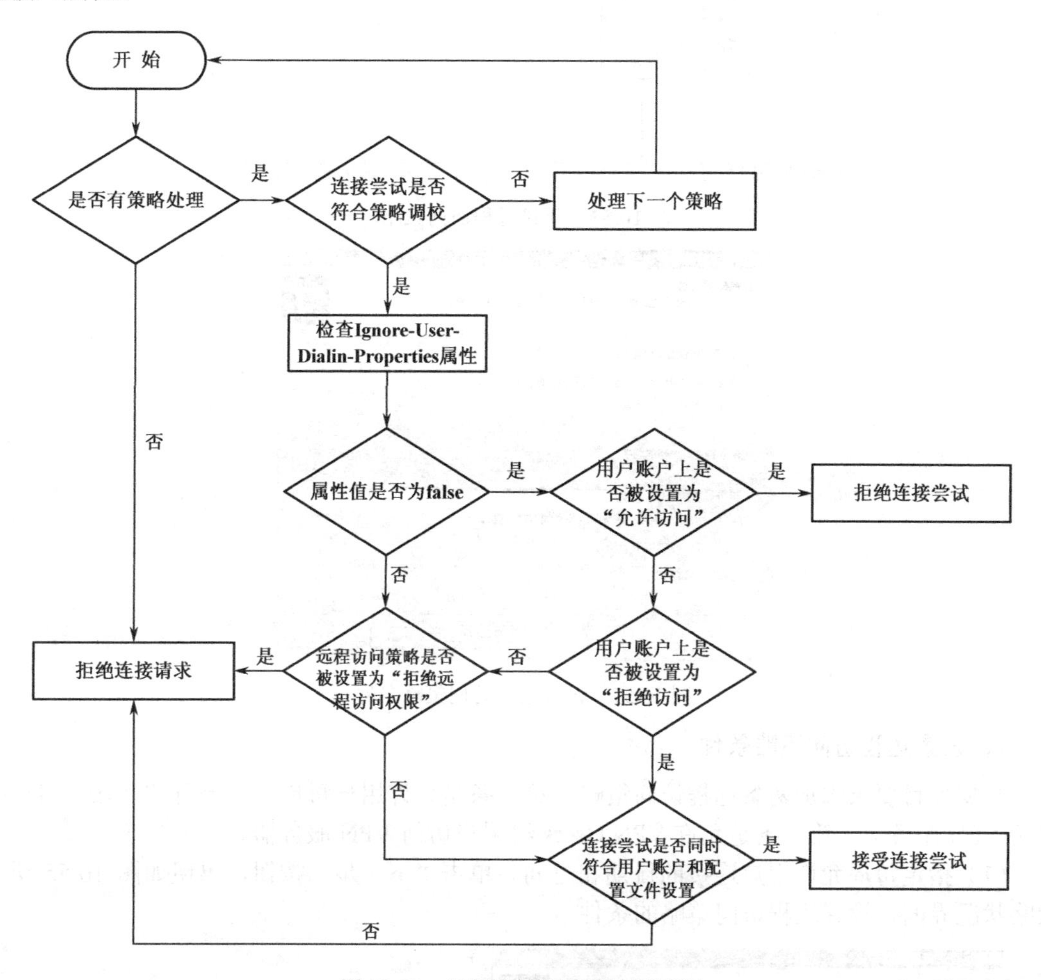

图 10.52　远程访问策略的验证过程

10.3.2　任务实施

1．建立远程访问策略

以本地管理员账户登录到 VPN 服务器上，打开“路由和远程访问”控制台，展开服务器，用鼠标右键单击“远程访问策略”，在弹出的菜单中选择“新建远程访问策略”，如图 10.53 所示，打开“新建远程访问策略向导”对话框。

单击“下一步”按钮，出现策略配置方法界面，指定按向导创建还是自定义创建，此处选择“设置自定义策略”选项，在“策略名”栏中输入策略名“vpn 策略”，如图 10.54 所示。

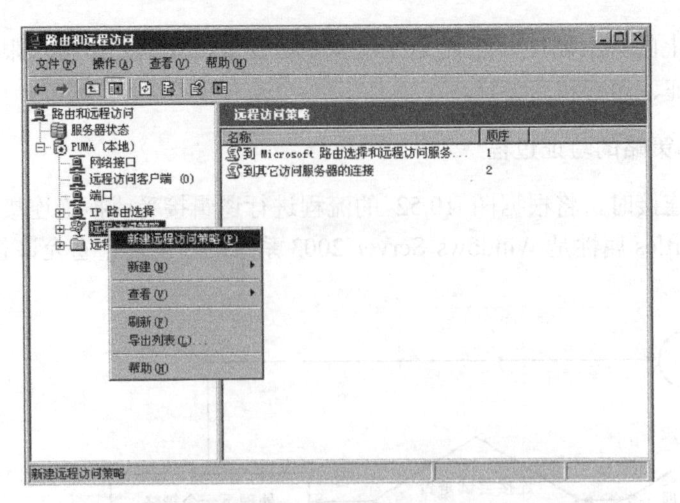

图 10.53 新建远程访问策略

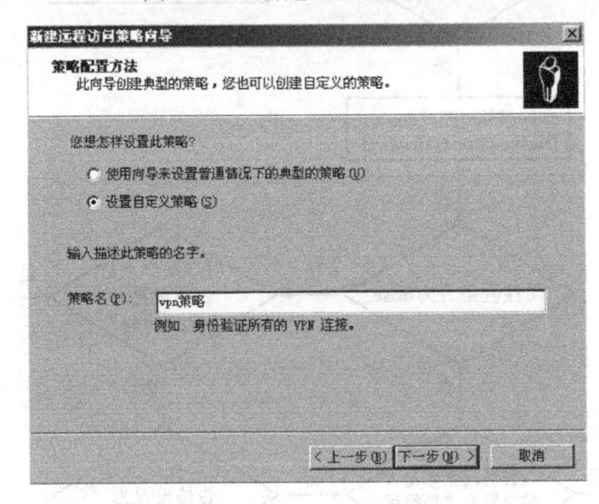

图 10.54 设置远程访问策略名称

2．设置远程访问策略条件

根据项目要求添加两条远程访问策略，第一条是允许用户每周一～周五的 8:00～18:00 连接 VPN 服务器，第二条是允许 VPN Users 组用户访问 VPN 服务器。

（1）指定每周允许用户连接的日期和时间。单击“下一步”按钮，出现如图 10.55 所示策略状况界面，设置远程访问策略的条件。

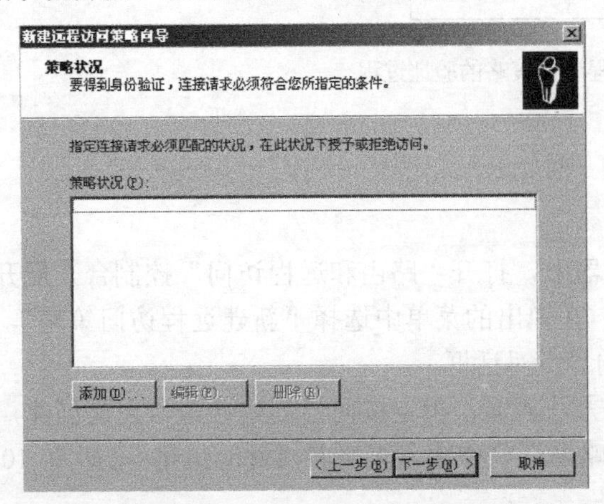

图 10.55 远程访问策略状况

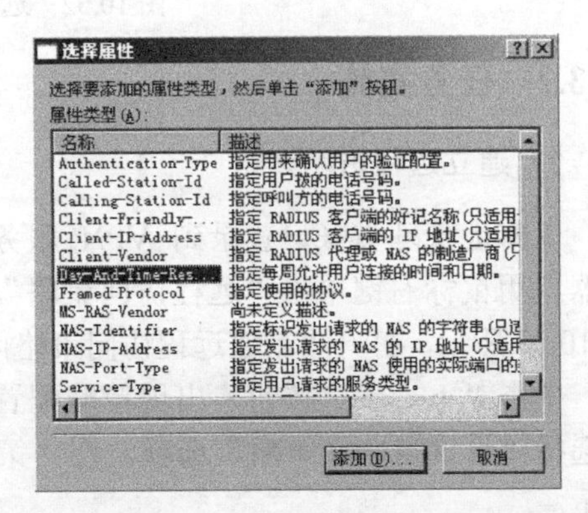

图 10.56 选择属性

单击“添加”按钮，出现选择属性界面，选择要配置的条件属性“Day-And-Time-Restrictions”，如图 10.56 所示，该选项表示每周允许用户连接的时间和日期。

单击“添加”按钮，出现时间限制界面，选择允许建立 VPN 连接的时间和日期，如图 10.57 所示时间为每周一～周五的 8:00～18:00。

（2）指定用户所属的 Windows 群组。单击“确定”按钮，返回“选择属性”对话框，再选择“Windows-Group”选项，如图 10.58 所示，该选项标识允许建立 VPN 连接的 Windows 群组。

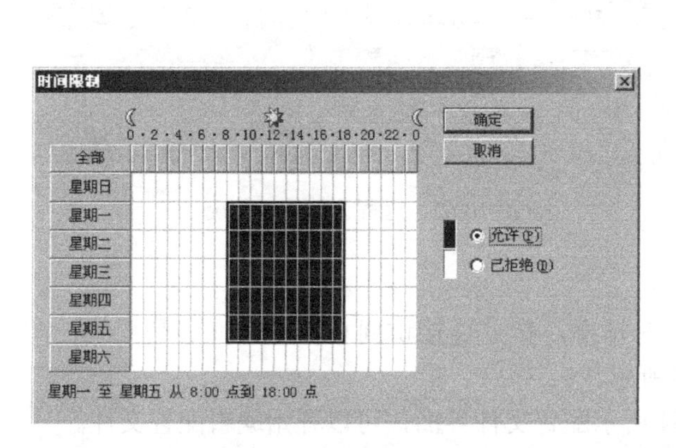

图 10.57 设置时间限制

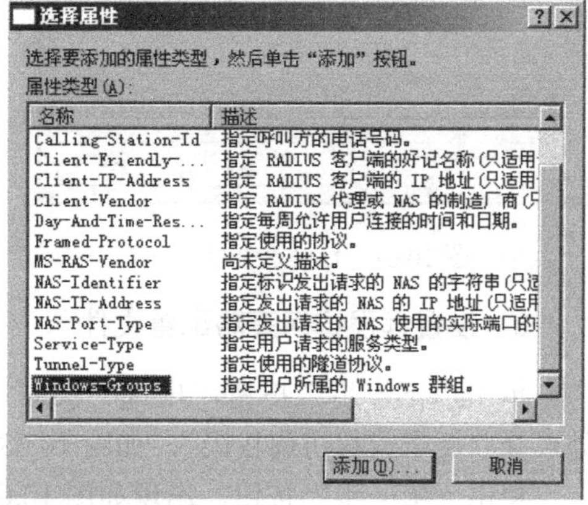

图 10.58 选择属性

单击“添加”按钮，出现“组”对话框，如图 10.59 所示，在该对话框中选择建立 VPN 连接的群组。

单击“添加”按钮，出现“选择组”对话框，在“输入对象名称来选择”栏中输入“VPN Users”，如图 10.60 所示。（注：使用“VPN Users”的前提是已经在服务器上创建该组，并已将 vpnuser01 用户加入该组中）

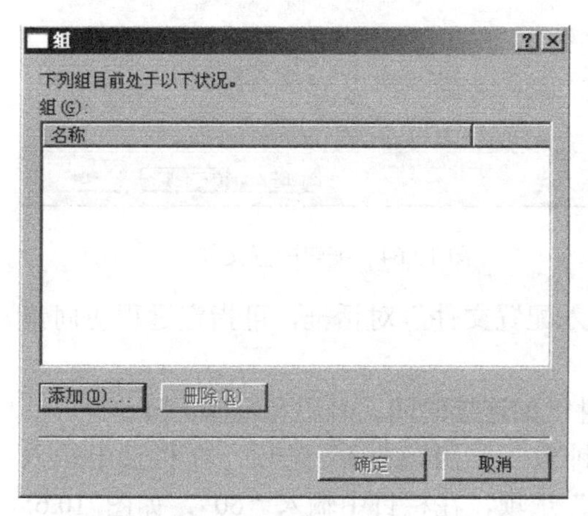

图 10.59 “组”对话框

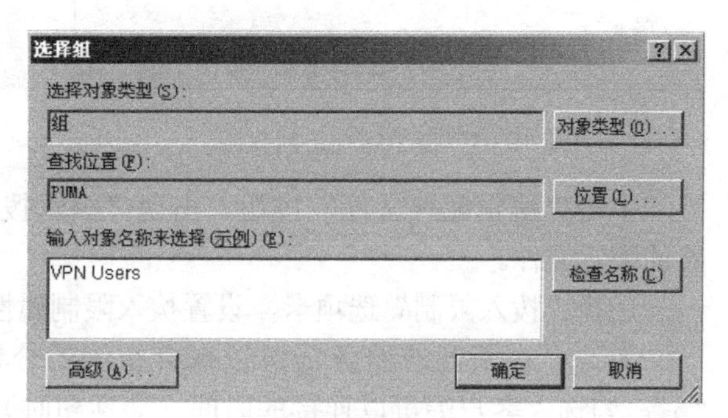

图 10.60 选择组

单击“确定”按钮，返回“组”对话框，如图 10.61 所示，可以看到该对话框中已经添加了群组，至此，只有该组用户才能使用远程访问策略连接到 VPN 服务器。

单击“确定”按钮，返回如图 10.62 所示策略状况界面，可以看到当前已经添加了两条策略条件。

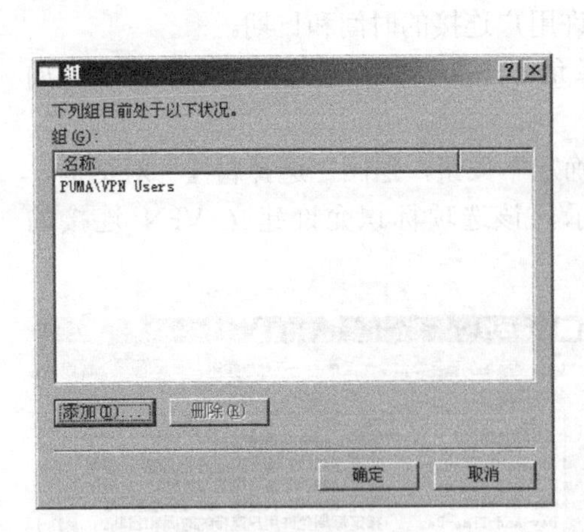

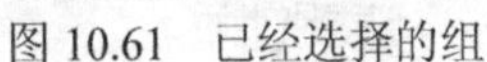
图 10.61　已经选择的组

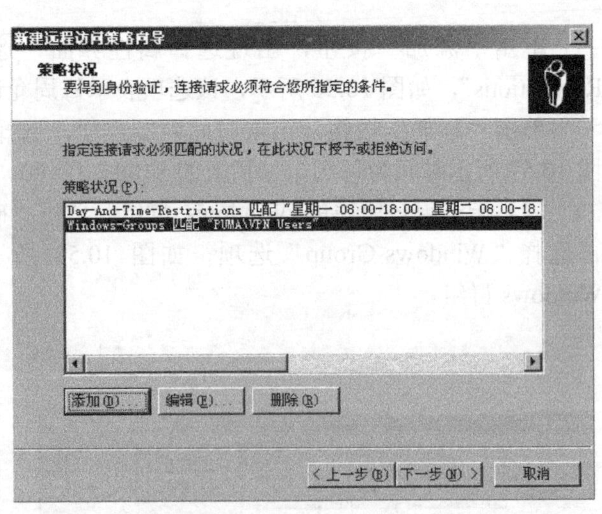

图 10.62　远程访问策略状况

3．设置远程访问策略配置文件

单击“下一步”按钮，出现“权限”对话框，指定连接访问权限是允许还是拒绝，此处选择“授予远程访问权限”，如图 10.63 所示。

单击“下一步”按钮，出现如图 10.64 所示配置文件界面，可以开始编辑配置文件。

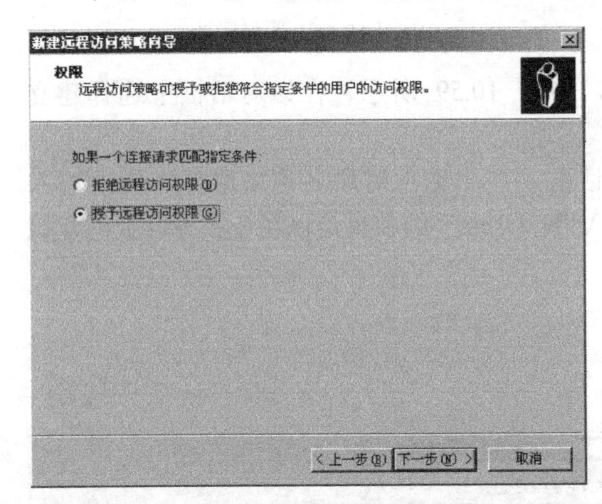

图 10.63　授予远程访问权限

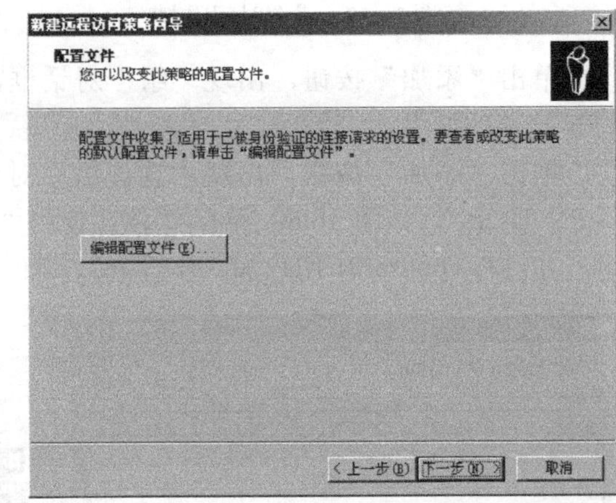

图 10.64　编辑配置文件

单击“编辑配置文件”按钮，出现“编辑拨入配置文件”对话框，可指定远程访问策略的配置文件。

选择“拨入限制”选项卡，设置拨入限制属性，如连接时间、号码和媒体访问。

勾选“在断开前服务器可以保持空闲的分钟数（空闲超时）”选项，在栏目中输入“5”，勾选“客户端可以连接的时间（会话超时）”选项，在栏目中输入“60”，如图 10.65 所示。

选择“IP”选项卡，可以设置 IP 属性，如指定 IP 地址分配和 IP 筛选，如图 10.66 所示。

选择“多重链接”选项卡，配置多重链接属性，如启用多重链接并设置最大端口以及设置 BAP 策略，如图 10.67 所示。

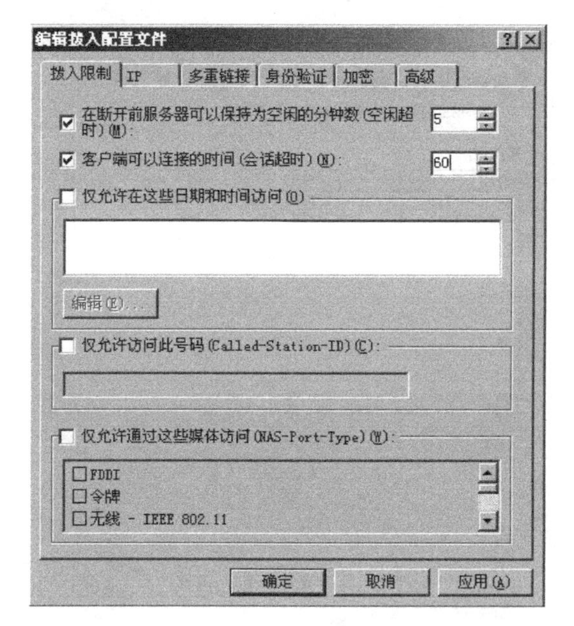

图 10.65　对“拨入限制”进行设置

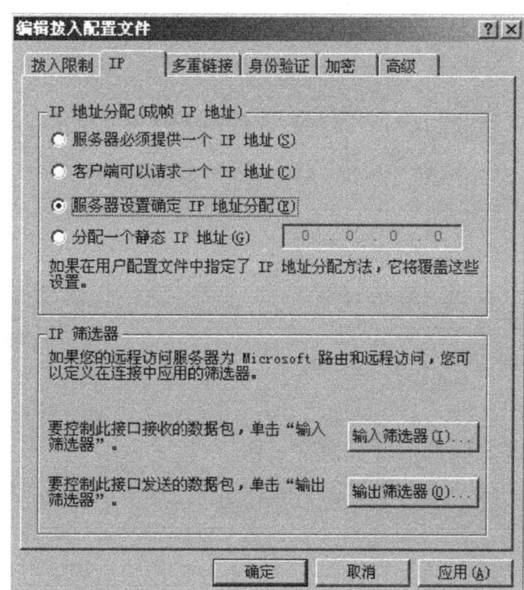

图 10.66　对“IP”进行设置

选择“身份验证”选项卡，设置身份验证属性，启用连接允许的身份验证方法并指定必须使用的 EAP 类型，如图 10.68 所示。

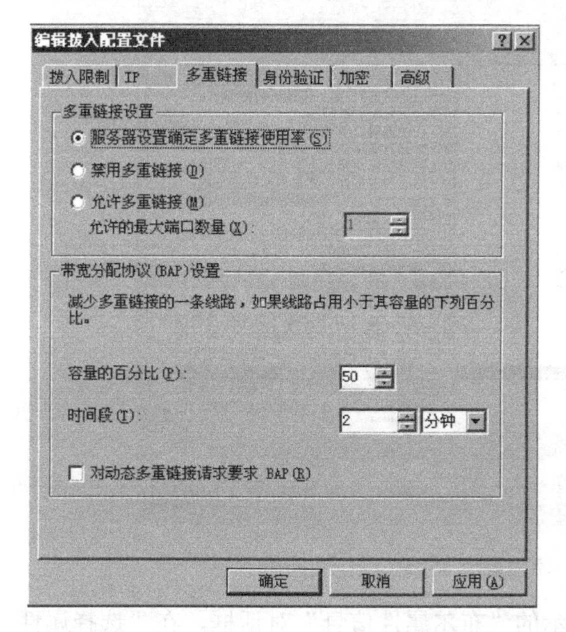

图 10.67　对“多重链接”进行设置

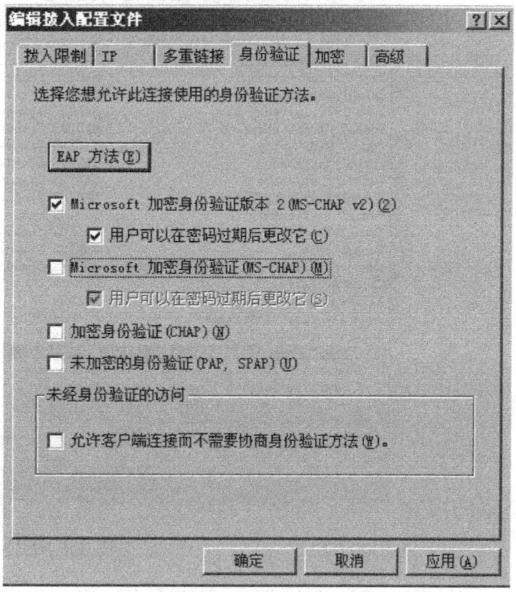

图 10.68　对“身份验证”进行设置

选择“加密”选项卡，设置加密级别，勾选“基本加密（MPPE40 位）”、“增强加密（MPPE56 位）”、“最强加密（MPPE128 位）”以及“无加密”选项，如图 10.69 所示。

选择“高级”选项卡，设置高级属性并指定由 RADIUS 发回已由 RADIUS 客户端评估的一系列 RADIUS 属性，如图 10.70 所示。

单击“添加”按钮，出现“添加属性”对话框，选择“Ignore-User-Dialin-Properties”，如图 10.71 所示。

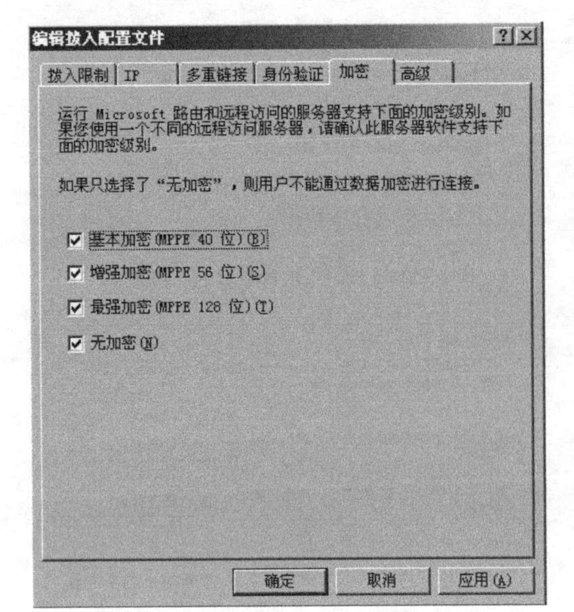

图 10.69 对“加密”进行设置

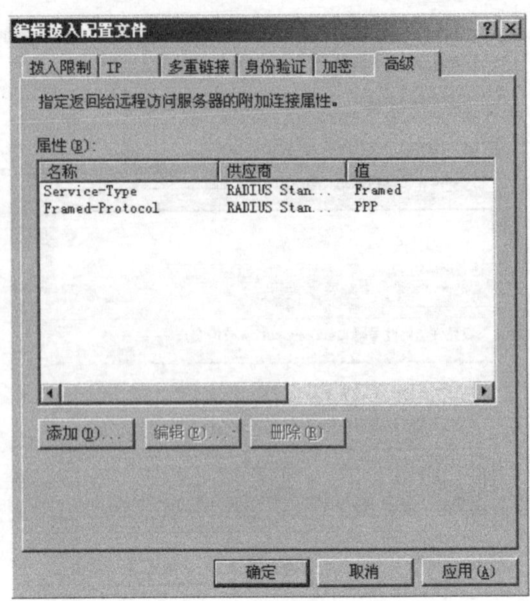

图 10.70 对“高级”进行设置

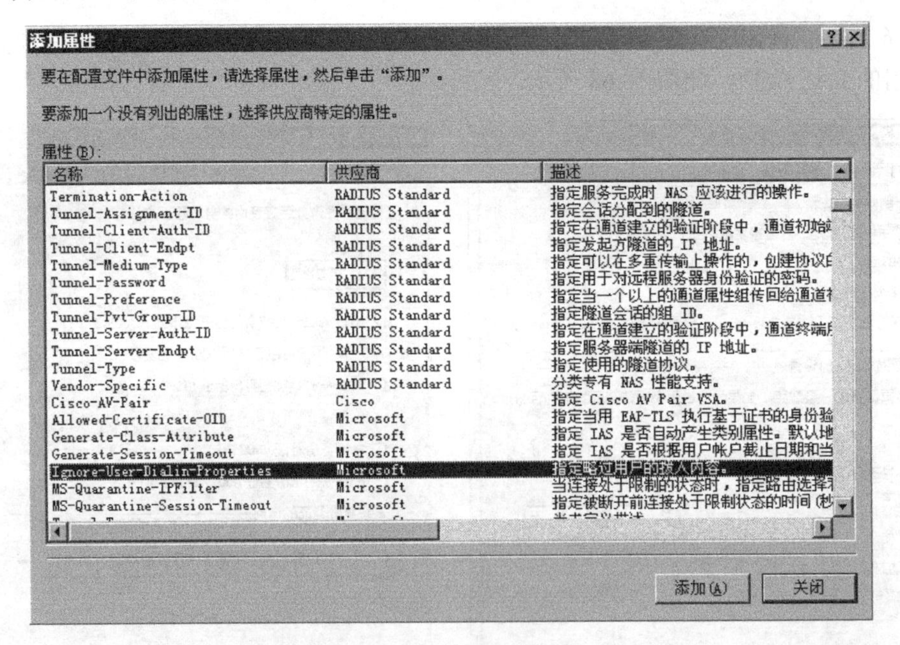

图 10.71 添加属性

单击“添加”按钮，出现如图 10.72 所示的“布尔属性信息”对话框，在“选择属性值”区域中选择“假”选项。

单击“确定”按钮，返回如图 10.73 所示“高级”选项卡，可以看到已经添加了一条高级属性值。

单击“确定”按钮，出现“正在完成新建远程访问策略向导”对话框，如图 10.74 所示，该对话框对已完成的设置进行了说明，然后，单击“确定”按钮，返回如图 10.75 所示“路由和远程访问”控制台，可以看到新建的策略在最上面。

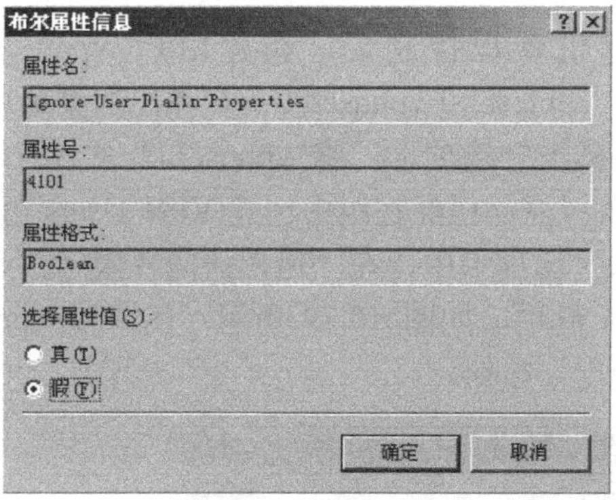

布尔属性信息

属性名:

Ignore-User-Dialin-Properties

属性号:

4101

属性格式:

Boolean

选择属性值(S):

真(T)

假(F)

确定 取消

图 10.72　布尔属性信息

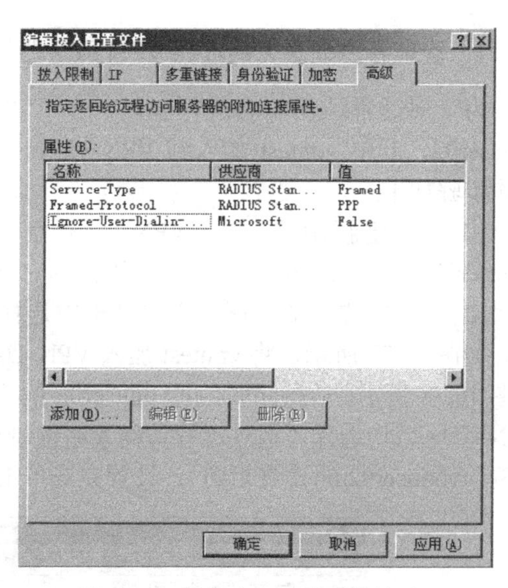

图 10.73　添加高级属性后的效果

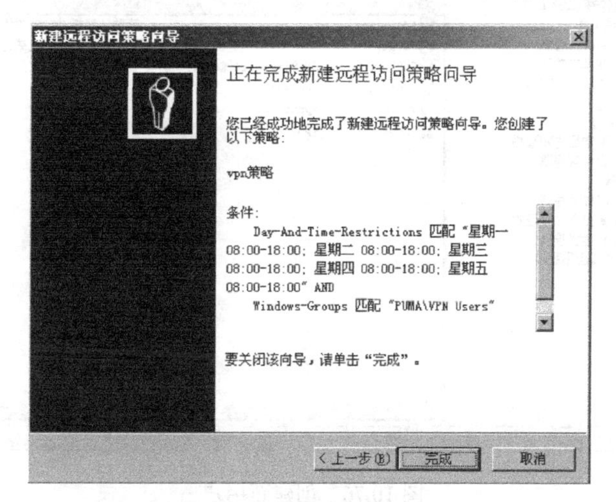

图 10.74　正在完成新建远程访问策略向导

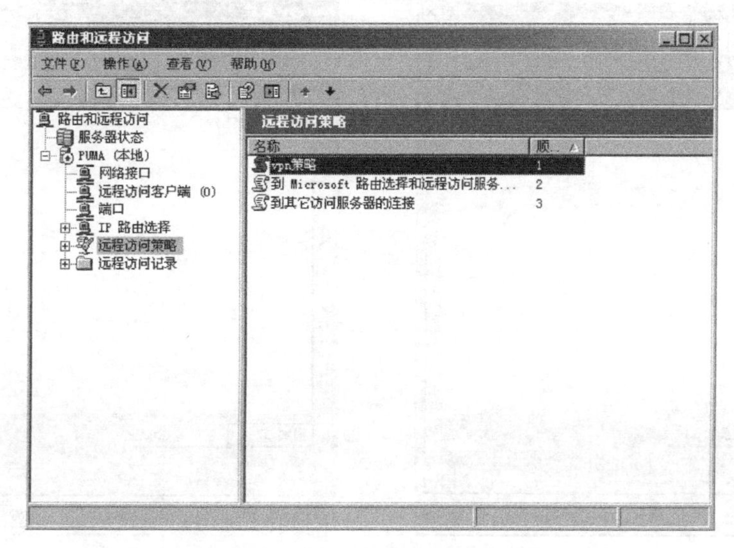

图 10.75　已经创建的远程访问策略

4．验证客户端是否能连接 VPN 服务器

为了对远程访问策略进行验证，在 VPN 服务器端新建两个用户，分别是 vpntest 和 vpnuser02，其中 vpntest 加入到 VPN Users 组中，而 vpnuser02 仅为 Users 组的用户。具体操作步骤如下。

（1）创建新用户。在 VPN 服务器的计算机管理控制台，新建用户 vpntest 和 vpnuser02，如图 10.76 所示。分别用鼠标右键单击 vpntest 和 vpnuser02，在弹出的菜单中选择“属性”，在弹出的“属性”对话框中选择“隶属于”选项卡，将 vpnuser02 加入 Users 组，如图 10.77 所示，将 vpntest 加入 VPN Users 组（注：已经在组中创建 VPN Users 组），如图 10.78 所示。在 vpntest 和 vpnuser02 的“拨入”选项卡中，在“远程访问权限（拨入或 VPN）”区域均选择“通过远程访问策略控制访问”选项，如图 10.79 所示（图中以 vpntest 为例，vpnuser02 的设置相同），设置完毕单击“确定”按钮。

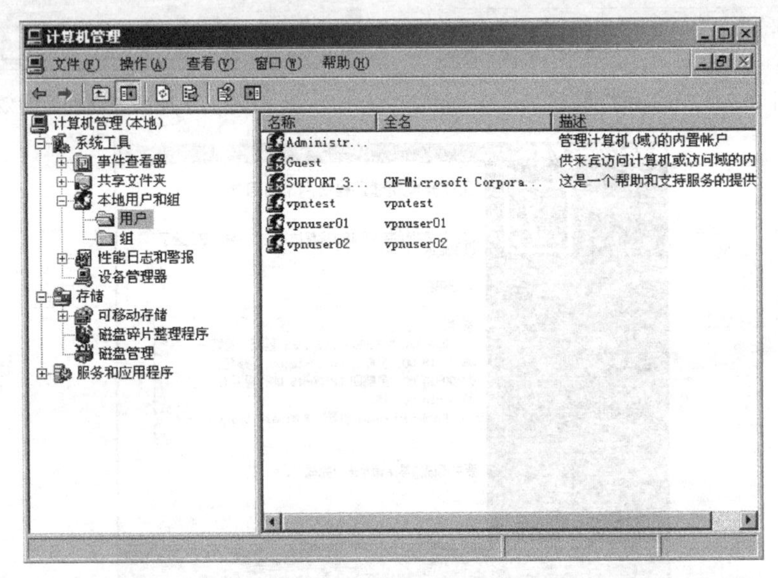

图 10.76　创建新用户

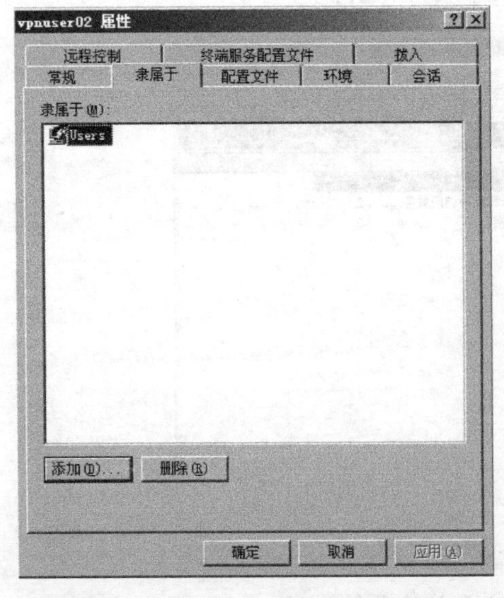

图 10.77　将 vpnuser02 加入 Users 组

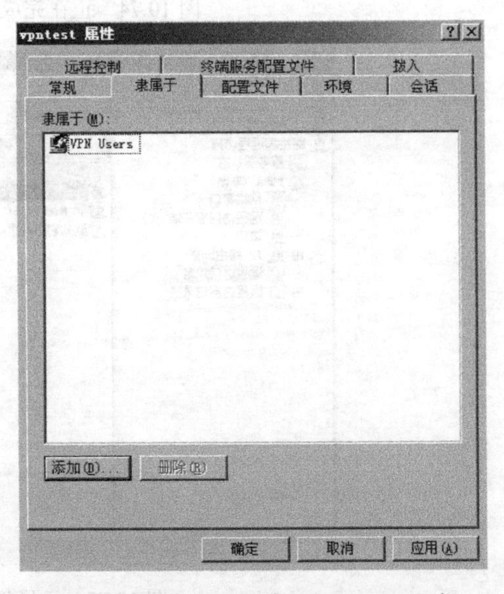

图 10.78　将 vpntest 加入 VPN Users 组

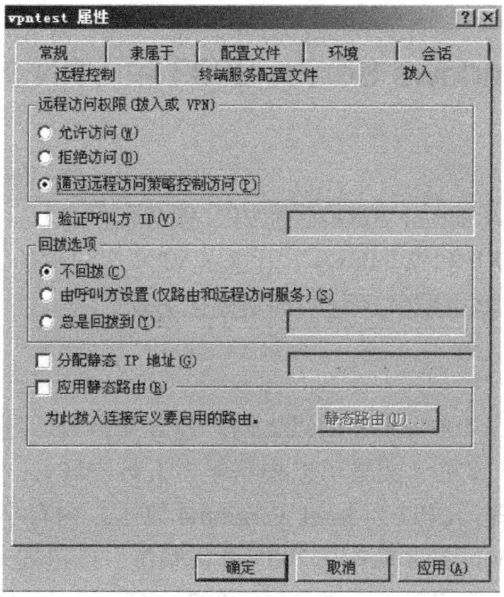

vpntest 属性

常规 | 隶属于 | 配置文件 | 环境 | 会话
远程控制 | 终端服务配置文件 | 拨入

远程访问权限（拨入或 VPN）
允许访问(W)
拒绝访问(D)
通过远程访问策略控制访问(P)
验证呼叫方 ID(V):
回拨选项
不回拨(C)
由呼叫方设置(仅路由和远程访问服务)(S)
总是回拨到(Y):
分配静态 IP 地址(G)
应用静态路由(R)
为此拨入连接定义要启用的路由。 静态路由(U)...
确定 取消 应用(A)

图 10.79　设置通过远程访问策略控制访问

（2）验证客户端能否连接 VPN 服务器。假设在星期三 9:00，以本地管理员账户登录到 VPN 客户机上，打开 VPN 连接，以用户 vpntest 账户发起 VPN 连接请求，可以正常的连接到 VPN 服务器，如图 10.80 所示。

假设在星期三 9:00，以本地管理员账户登录到 VPN 客户机上，打开 VPN 连接，以用户 vpnuser02 账户发起 VPN 连接请求，如图 10.81 所示的对话框，表明该用户没有拨入权限，因为该用户被远程访问策略所限制。

图 10.80　以用户 vpntest 访问 VPN 服务器

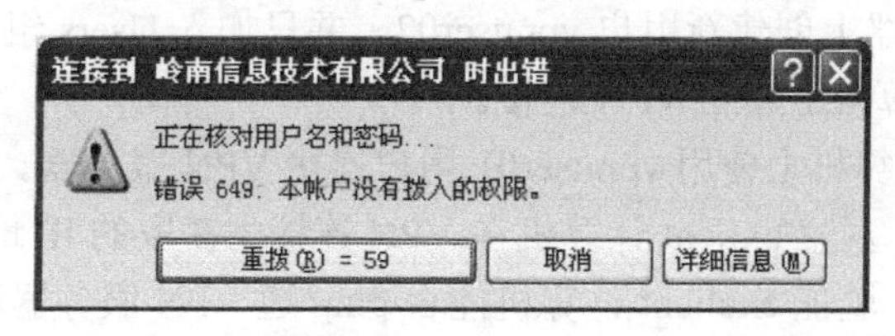

图 10.81　以用户 vpnuser02 访问 VPN 服务器

实训 10　Windows Server 2003 中 VPN 的配置和实现

1．实训目标

（1）掌握利用 Windows Server 2003 配置 VPN 服务器的方法。

（2）掌握在 Windows XP 和 Windows 7 上建立 VPN 客户端的方法。

（3）掌握在 VPN 服务器上配置远程访问策略的方法。

2．实训准备

（1）网络环境：已建好 100Mbit/s 的以太网，包含交换机、超五类（或五类）UTP 直通线若干、3 台以上数量的计算机（数量可以根据学生人数安排）。

（2）服务端计算机配置：CPU 为 Intel Pentium4 以上，内存不小于 1GB，硬盘剩余空间不小于 20GB，并已安装 Windows Server 2003 操作系统，或已安装 VMWARE Workstation 9 以上版本软件，并且硬盘中有 Windows Server 2003、Windows XP 和 Windows 7 安装程序，服务器为双网卡配置或在虚拟机中创建两个网络适配器，其中一个适配器为桥接模式，作为连接内网的网卡，另一个适配器为 NAT 模式，作为连接外网的网卡。

（3）客户端计算机配置：CPU 为 Intel Pentium4 以上，内存不小于 1GB，硬盘剩余空间不小于 20GB，并已安装 Windows XP 或 Windows 7 操作系统，或已安装 VMWARE Workstation 9 以上版本软件，并且硬盘中有 Windows XP 和 Windows 7 安装程序。

3．实训步骤

采用图 10.4 所示拓扑结构，包括 3 台以上计算机，一台作为 VPN 服务器，一台作为外网的客户机，另一台作为内网的计算机。

约定 VPN 服务器名称为 server，外网客户机名称 exclient，内网计算机名称为 inclient。

（1）为 server 服务器的双网卡进行 IP 地址配置，内网网卡 IP 地址为 192.168.1.1，外网网卡 IP 地址为 210.100.100.1。

（2）为 exclient 计算机配置 IP 地址为 210.100.100.10（只要是同一网段即可），为 inclient 计算机配置 IP 地址为 192.168.1.10。

（3）在 inclient 计算机上设置一个共享文件夹，名称为 vpndocument。

（4）在 server 服务器上再启用“路由和远程访问”，创建 VPN，并对远程客户端计算机的 IP 地址范围进行指派。

（5）在 server 服务器上查看 VPN 服务器状态是否正常。

（6）在 server 服务器上创建 VPN Users 组，作为可以访问 server 服务器的组。

（7）在 server 服务器上创建新用户 vpnuser01，并只加入 VPN Users 组，作为允许 VPN 连接的客户端账户。

（8）在 server 服务器上创建新用户 vpnuser02，并只加入 Users 组。

（9）在 exclient 计算机上建立 VPN 连接。

（10）在 exclient 计算机上使用 vpnuser01 用户连接 VPN 服务器。

（11）连接成功后，观察 exlient 计算机在 VPN 连接中获取的 IP 地址情况。

（12）连接成功后，验证 exclient 计算机能否 ping 通 VPN 服务器和 inclient 计算机。

（13）连接成功后，验证 exclient 计算机能否访问 inclient 计算机上的 vpndocument 文件夹。

（14）在 server 服务器上创建远程访问策略，只允许 VPN Users 组的用户在周一～周五 8:00～19:00 时间段内访问 server 服务器。

（15）在 exclient 计算机上分别以 vpnuser01 和 vpnuser02 的用户尝试登录 server 服务器，验证登录的结果。

习　题　10

1．填空题

（1）VPN 常用的隧道协议包括四种，其中位于 OSI 模型中数据链路层的是 ________、________和__________。

（2）VPN 的组成包括_________、_________、LAN 和远程访问协议以及_________等部分。

（3）远程访问策略的元素包括三个，分别是条件、__________和____________。

2．选择题

（1）使用______net 命令，可以启动 VPN 服务器。

A．net stop remoteaccess　　B．net start vpnaccess

C．net start remoteaccess　　D．net stop vpnaccess

（2）Windows Server 2003 默认______个远程访问策略。

A．1　　B．2　　C．3　　D．4

（3）下面______不是创建 VPN 所需要采用的技术。

A．PPTP　　B．PKI　　C．L2TP　　D．IPSec

3．简答题

（1）什么是 VPN？它的技术特点是什么？

（2）VPN 有几种应用场合，各有什么特点？

（3）远程访问策略的验证过程是什么？

（4）某单位的办公局域网使用私有地址，通过防火墙接入 Internet，现在为了方便公司员工能在外地出差时，能访问公司内部的数据库服务器提取和上报资料，最好的解决方案是什么？请给出建议方案。

附录 A　虚拟机软件 VMware Workstation 的使用

A.1　虚拟机概述

虚拟机（Virtual Machine）是一台虚拟出来的计算机，是通过在真实的计算机上仿真模拟各种计算机功能来实现的。一台虚拟机就是一台独立的计算机，拥有独立的操作系统。

所谓虚拟机软件就是可以在一台计算机（宿主机）上模拟出若干台虚拟的计算机（虚拟机），且每台虚拟计算机都可以运行单独的操作系统而互不干扰，在宿主机上模拟出来的每一台计算机就被称为虚拟机。虚拟机完全就像真正的计算机那样进行工作，如可以安装操作系统、安装应用程序、访问网络资源等。

通过虚拟机，用户可以在一台计算机上同时运行多个（种）操作系统，从而具有以下优点。

（1）轻松移植应用程序。如果某个应用程序和新版本的操作系统不兼容，必须运行在某个旧版本的操作系统中，那么可以在物理计算机上的宿主操作系统之上运行虚拟机软件，然后在虚拟机中安装旧版本的操作系统，从而运行这个应用程序。这样就避免了为了运行此应用程序而专门使用一台计算机。

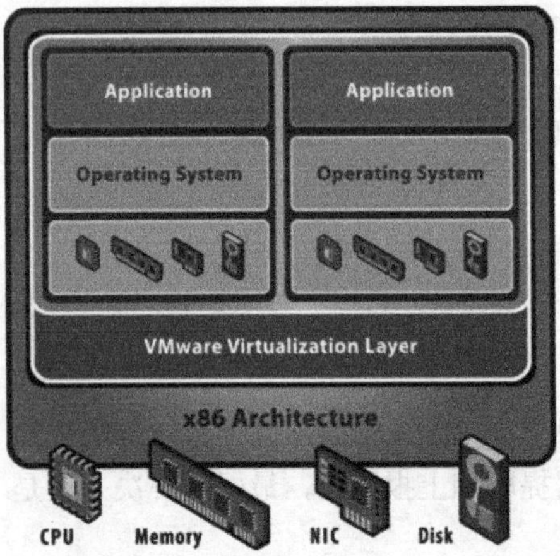
Application
Application
Operating System
Operating System
VMware Virtualization Layer
x86 Architecture
CPU
Memory
NIC
Disk

图 A.1　虚拟机的体系结构

（2）便于测试应用程序、操作系统、网络部署等。通过虚拟机，可以在一台物理计算机上轻松地完成多种环境下的应用程序、操作系统的测试；也可以模拟多台计算机组成的网络，从而完成各种网络部署的测试。

虚拟机的体系结构如图 A.1 所示，在虚拟机系统中所使用的术语主要如下。

（1）物理计算机（Physical Computer）：运行虚拟机软件（如 Vmware Workstation 或 Virtual PC）的物理计算机硬件系统，又称为宿主机。

（2）虚拟机（Virtual Machine）：指通过软件模拟的具有完整硬件系统功能的、运行在一个完全隔离环境中的完整计算机系统。这台虚拟的计算机符合 X86 PC 标准，拥有自己的 CPU、内存、硬盘、光驱、软驱、网卡和声卡等一系列设备。这些设备是由 Vmware Workstation 软件“虚拟”出来的。但是在操作系统看来，这些“虚拟”出来的设备也是标准的计算机硬件设备，也会将这些虚拟出来的硬件设备当成真正的硬件来使用。虚拟机在 VMware Workstation 的窗口中运行，可以在虚拟机中安装能在标准 PC 上运行的操作系统及软件，如 UNIX、Linux、Windows、Solaris 等。

（3）主机操作系统（Host OS）：在物理计算机（宿主机）上运行的操作系统，在它之上运行虚拟机软件（如 VMware Workstation 或 Virtual PC）。

（4）客户操作系统（Guest OS）：运行在虚拟机中的操作系统。注意它不等于桌面操作系统（Desktop Operating System）和客户端操作系统（Client Operating System），因为虚拟机中的客户操作系统可以是服务器操作系统，如在虚拟机中安装 Windows Server 2003。

（5）虚拟硬件（Virtual Hardware）：指虚拟机通过软件模拟出来的硬件系统，如 CPU、HDD、RAM 等。

目前，使用较多的虚拟机软件是 VMware 公司的 VMware Workstation 和 Oracle 公司的 VirtualBox 虚拟机软件，其中 VMware Workstation 功能更强大，应用广泛，VirtualBox 性能优越，界面简洁，易于使用。VMware Workstation 允许多个标准的操作系统和它们的应用程序可靠、高效、高性能、安全地运行在虚拟机中，每台虚拟机之间是平等的，它们拥有唯一的网络地址和完整的计算机硬件设备。VMware Workstation 可运行在 Windows 平台和 Linux 平台。本文将以 VMware Workstation 10.0 for Windows 为基础介绍 VMware Workstation 虚拟机软件的使用。读者可用从“http://www.vmware.com”网站下载 VMware Workstation 的最新试用版。

A.2 VMware Workstation 10.0 的系统需求

A.2.1 硬件需求

VMware Workstation 对主机（Host）的硬件需求如下。

（1）PC 硬件：标准的 X86 兼容的 PC、1.3GHz 或速度更快的 CPU（推荐 500MHz 以上），VMware Workstation 支持多处理器。

（2）内存：最小 1GB，推荐 2GB 以上。如果在主机上运行多台虚拟机，则根据运行的虚拟机操作系统与同时运行的虚拟机的个数来判断需要的内存大小。

（3）显示卡：推荐使用 16 位或 32 位显示卡。

（4）硬盘：最少 1GB 的剩余磁盘间，支持 IDE 或 SCSI 硬盘驱动器。在 VMware Workstation 中安装和使用虚拟机时，还需要额外的磁盘空间。

（5）光驱：IDE 或 SCSI 接口的 CD-ROM 或 DVD-ROM，支持 ISO 格式的镜像文件。

A.2.2 软件要求

VMware Workstation 10.0 可以运行在如下操作系统平台。

（1）Windows Server 2003/2008/2012。

（2）Windows XP/7/8。

（3）Redhat Linux、SuSE Linux、Mandrake Linux 等。

A.2.3 支持的客户机

VMware Workstation 10.0 广泛支持 Windows、Linux 及其他广泛使用的多种操作系统平台如下。

（1）Windows XP/Vista/7/8。

（2）Windows Server 2003/2008/2012 等。

（3）RedHat Linux/Ubuntu Linux/SuSE Linux/Debian 等。

（4）Novell NetWare 5/6。

（5）Vmware ESXi 4/5。

（6）SUN Solaris 10/11 等。

具体请参考相关帮助信息。

A.3 VMware Workstation 的安装和配置

VMware Workstation 10.0 是一个标准的 Windows 安装程序。如果系统符合 VMware Workstation 软件的运行要求，并且已经下载了安装包和注册码，那么就可以进行安装了。安装过程不再详述。运行 VMware Workstation 后，将看到如图 A.2 所示的界面。

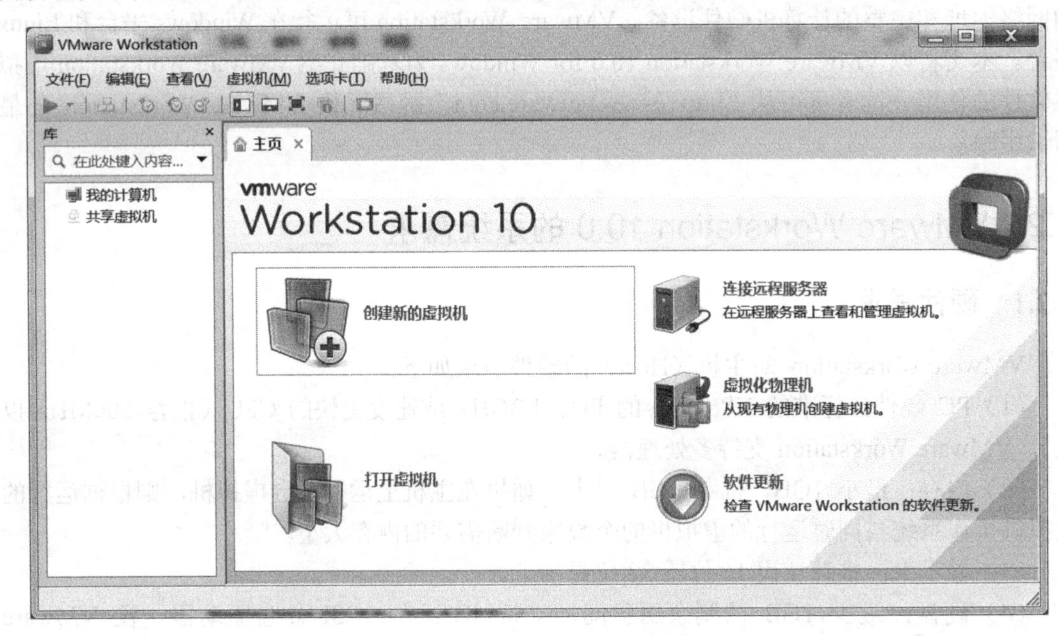

图 A.2 VMware Workstation 界面

下面介绍在 VMware Workstation 中安装 Windows Server 2003 作为客户机操作系统。主要步骤如下。

（1）单击主窗口中的“创建新的虚拟机”按钮，出现“新建虚拟机”向导，选择“典型”，单击“下一步”按钮。

（2）出现如图 A.3 所示的对话框，选择“安装程序光盘镜像文件（iso）”，单击“浏览”按钮，找到 Windows Server 2003 安装光盘镜像文件（ISO 文件）所在的路径。

（3）单击“下一步”按钮，输入 Windows Server 2003 产品密钥及其他信息。

（4）单击“下一步”按钮，选择虚拟机名称及安装所在路径。

（5）单击“下一步”按钮，指定磁盘空间大小。

（6）单击“下一步”按钮，出现已准备好创建虚拟机界面，如图 A.4 所示。

（7）如果要改变虚拟机系统的硬件，单击“自定义硬件”按钮。例如，要选择虚拟机与宿主机通过桥接方式连接，如图 A.5 所示，选择“网络适配器”，并在“网络连接”中选择“桥接模式（B）：直接连接物理网络”。选择完成后单击“关闭”按钮。

（8）单击图 A.4 中的“完成”按钮。系统将启动 Windows Server 2003 系统的安装。

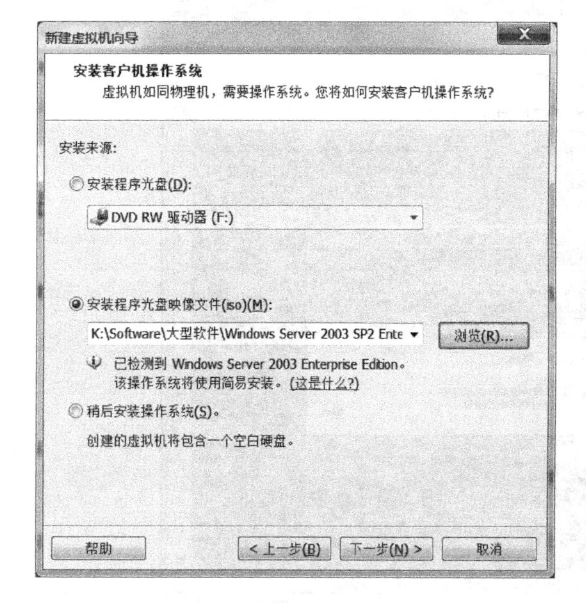

图 A.3　选择安装来源

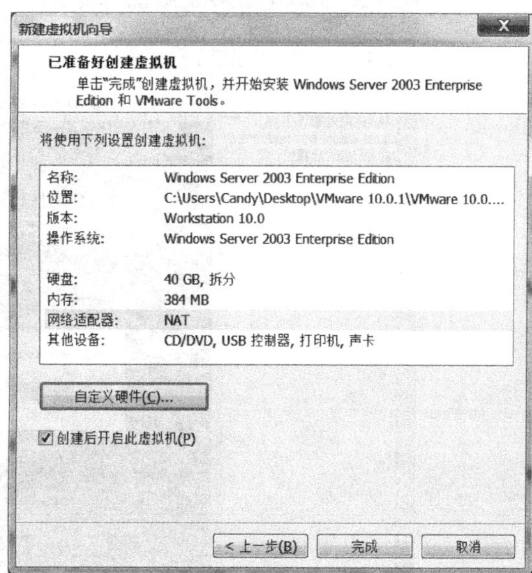

图 A.4　新建虚拟机摘要

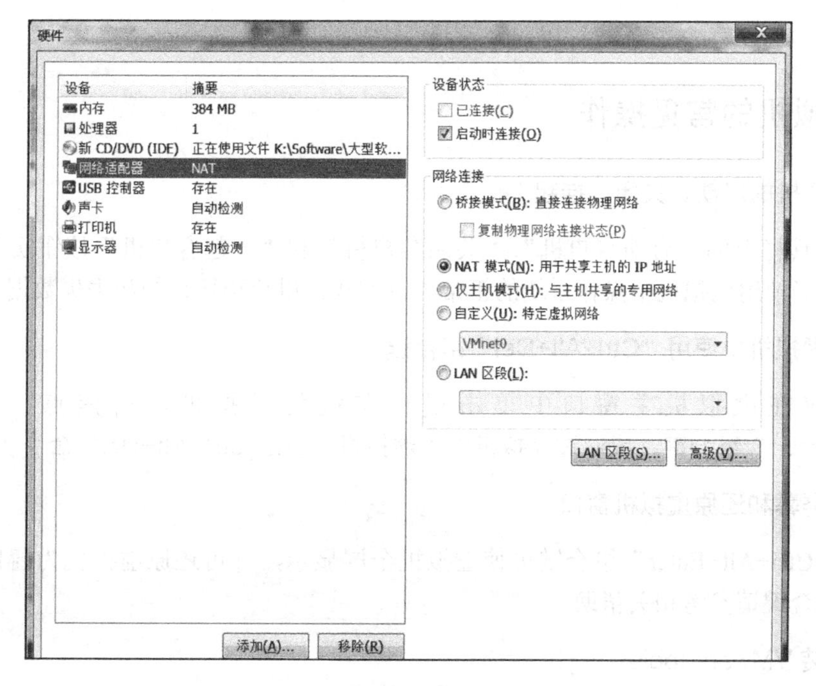

图 A.5　设置虚拟机的硬件

（9）安装完虚拟机中 Windows Server 2003 的安装后，可对它进行适当的配置，如桌面、网络等。要启动虚拟机，单击工具栏上的“启动此客户机的操作系统”按钮，虚拟机中 Windows Server 2003 启动后将看到如图 A.6 所示的界面。

（10）为了提高虚拟机的性能，在安装操作系统后，最好安装 VMware Tools。安装方法为：选择“虚拟机 | 更新 VMware Tools…”命令，在弹出的菜单中单击“下载并安装”按钮，根据提示安装即可。

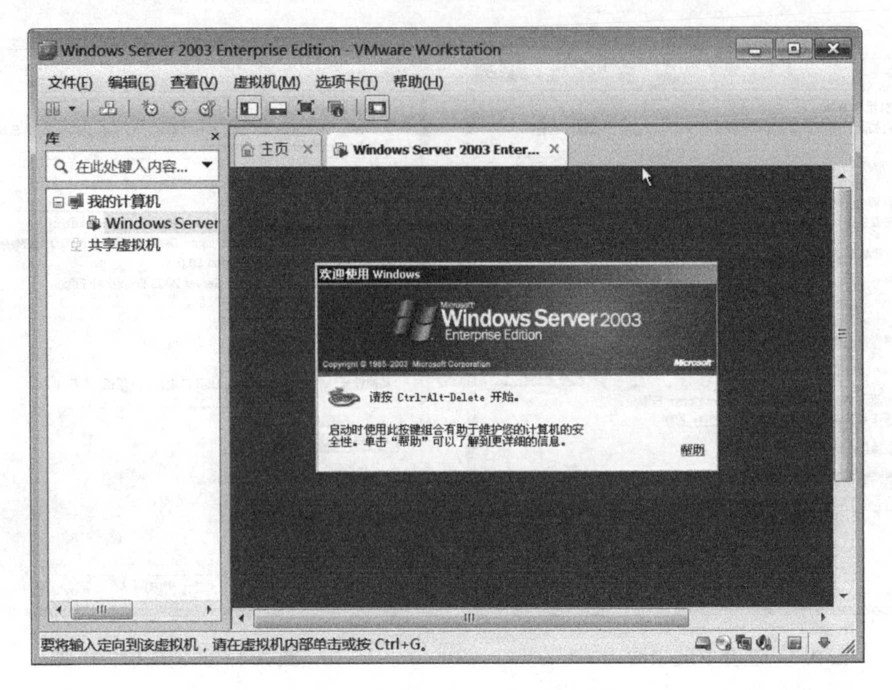

图 A.6 虚拟机启动后的画面

A.4 虚拟机的常见操作

1．虚拟机的启动、关闭、挂起

通过工具栏上的“启动客户机”、“关闭客户机”和“挂起客户机”按钮实现。要关闭虚拟机，最好使用虚拟机中操作系统的正常关机方式，以免损坏系统和丢失数据。

2．在虚拟机中使用“Ctrl+Alt+Del”组合键

首先应在虚拟机主窗口中单击鼠标左键使虚拟机获得焦点，然后使用“Ctrl+Alt+Insert”组合键，或通过虚拟机中“虚拟机 | 发送 Ctrl+Alt+Del”命令实现。

3．全屏幕和还原虚拟机窗口

通过“Ctrl+Alt+Enter”组合键可使虚拟机全屏显示，并可还原虚拟机为窗口显示。更多的功能组合键请参考相关帮助。

4．安装 VMware tools

插入客户机操作系统的安装光盘，运行“虚拟机 | 更新 VMware Tools…”命令即可按提示安装好 VMware tools。安装 VMware tools 后，可大大增强虚拟机的性能。例如，可直接用鼠标在虚拟机和主机之间切换；可直接拖曳主机的文件或文件夹到虚拟机桌面，从而达到复制文件的目的；可以提高虚拟机的显示性能等。

5．新建/打开虚拟机

在 VMware Workstation 中可建立多个虚拟机，要新建虚拟机，使用“文件 | 新建虚拟机”命令。要打开现存的虚拟机，可使用“文件 |打开”命令，指定虚拟机的位置及相应的

*.vmx 文件。

6. 调整虚拟机的硬件配置

在虚拟机关机的情况下，可调整虚拟机的硬件配置，如内存大小、硬盘个数等。调整方法为：使用“虚拟机 | 设置…”命令，单击“添加”按钮可添加各种硬件，如本书项目 5 需要添加多块磁盘，单击“移除”按钮可删除各种硬件。

7. 多重快照功能

有时为了测试软件，需要保存安装软件之前的状态。这时可以通过快照（snapshot）功能来保存系统当前的状态。VMware Workstation 可以保存多个快照，而且还提供了快照管理功能，如图 A.7 所示。快照功能在“虚拟机 |快照”下实现。

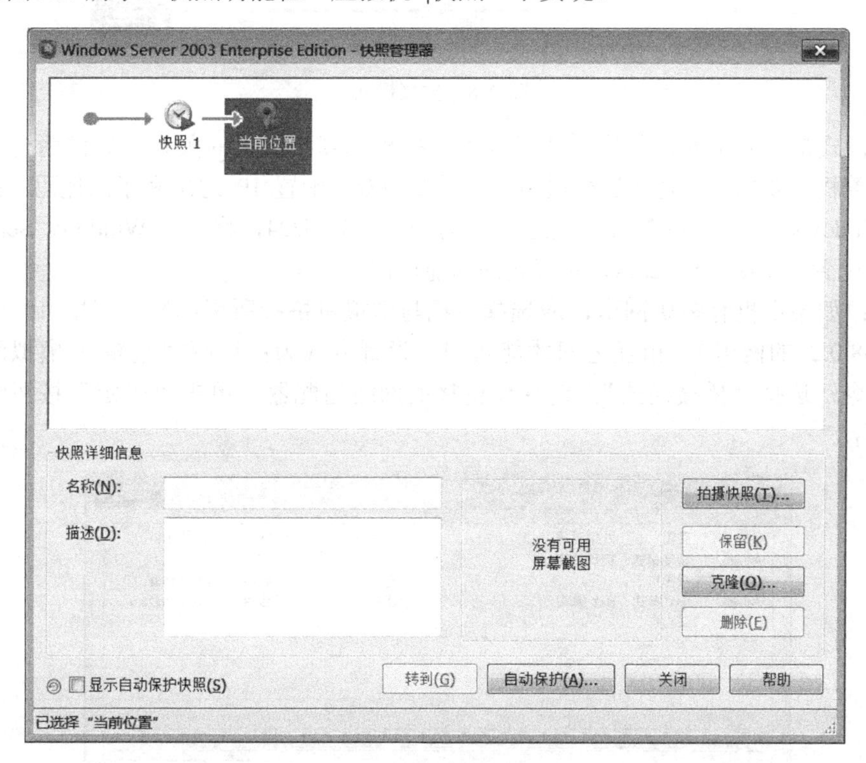

图 A.7　快照功能

有关更多虚拟机的操作，请参考 VMware Workstation 的相关帮助。

A.5　配置虚拟机的网络

仅仅有虚拟机是不够的，还需要使用虚拟机与真实主机以及其他的虚拟机进行通信，如本书的大部分网络实训，均可以通过在主机中安装虚拟机，然后使主机和虚拟机互相通信来实现。虚拟机与主机的通信主要有三种模式：桥接模式、NAT 模式和 Host-only 模式。

A.5.1　桥接模式（Bridge）

如果真实主机在一个以太网中，这种方法是将虚拟机接入网络最简单的方法。虚拟机就像一个新增加的、与真实主机有着同等地位的一台计算机。在桥接模式下，VMware 模拟一个虚拟的网卡给客户系统，主机系统对于客户系统而言相当于是一个桥接器。客户系统好像有自己的网卡一样，直接连上网络，也就是说客户系统对外部直接可见。桥接方式使用 VMnet0 作为网桥。桥接模式如图 A.8 所示。

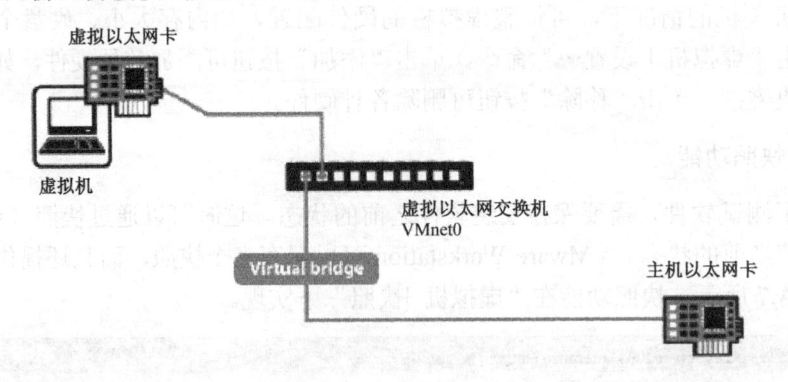

图 A.8　桥接模式

桥接模式是最简单的，使用桥接模式后虚拟机和真实主机的关系就好像两台接在一个 Hub 的计算机。要想它们之间进行通信，仅需要为双方配置 IP 地址和子网掩码。例如，将虚拟机 Windows Server 2003 的 IP 地址配置为 192.168.0.1/24，将主机 Windows Server 2003 的 IP 地址配置为 192.168.0.2/24，相互之间即能访问。

注意：如果主机有多块网卡，应选择主机与虚拟机桥接所用的网卡（即 IP 地址配置为 192.168.0.2 的网卡），相互之间才能访问。设置方式为：选择“编辑 | 虚拟网络编辑器…”命令，选择“桥接模式”。选择要桥接的网络适配器，单击“确定”按钮即可，如图 A.9 所示。

虚拟网络编辑器

名称	类型	外部连接	主机连接	DHCP	子网地址
VMnet0	桥接模式	自动桥接	-	-	-
VMnet1	仅主机...	-	已连接	已启用	10.10.10.0
VMnet8	NAT 模式	NAT 模式	已连接	已启用	192.168.128.0

添加网络(E)...　移除网络(O)

VMnet 信息

◉桥接模式(将虚拟机直接连接到外部网络)(B)

桥接到(T): 自动　自动设置(U)...

自动
Realtek PCIe GBE Family Controller
Intel(R) WiFi Link 1000 BGN

○NAT 模式(与　NAT 设置(S)...

○仅主机模式(在专用网络内连接虚拟机)(H)

☐将主机虚拟适配器连接到此网络(V)

主机虚拟适配器名称: VMware 网络适配器 VMnet0

☐使用本地 DHCP 服务将 IP 地址分配给虚拟机(D)　DHCP 设置(C)...

子网 IP (I):　子网掩码(M):

恢复默认设置(R)　确定　取消　应用(A)　帮助

图 A.9　选择桥接网卡

A.5.2　NAT 模式

NAT（Network Address Translation，网络地址转换）模式可以理解为方便地使虚拟机连接到公网。客户系统不能自己连接网络，而必须通过主机系统对所有进出网络的客户系统收发的数据包做地址转换。在这种方式下，客户系统对外部不可见。凡是选用 NAT 结构的虚拟机，均由 VMnet 8 提供 IP 地址、网关、DNS 服务器等网络信息。NAT 模式如图 A.10 所示。

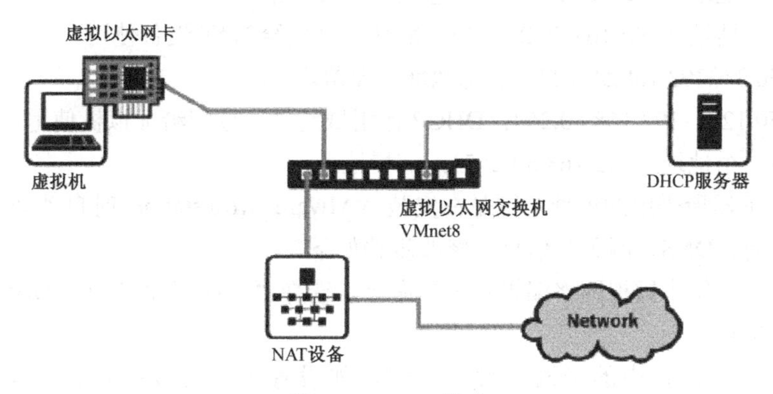

图 A.10　NAT 模式

要实现 NAT 模式，选择“编辑 | 虚拟网络编辑器…”命令，选择一个网络名称，如 VMnet1，单击“确定”按钮即可，如图 A.11 所示。

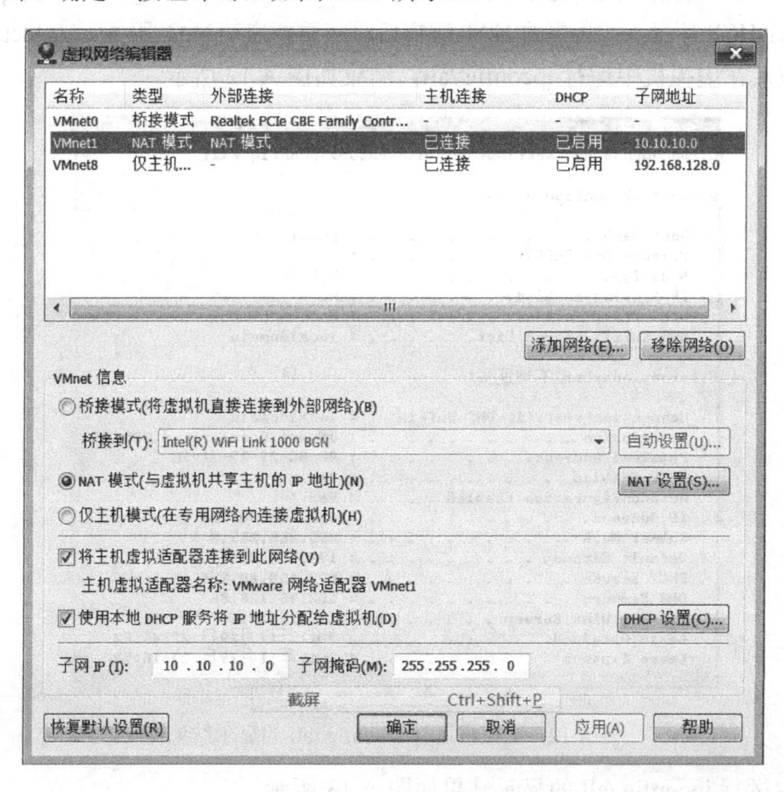

图 A.11　设置 NAT 模式

设置为 NAT 模式后，主机上的“VMware Network Adapter VMnet8”及虚拟机上的网卡

将分别从 VMware Workstation 内置的 DHCP 服务器上获得一个 IP 地址。

VMware Workstation 内置的 DHCP 服务器只为连接到 VMnet1 和 VMnet8 的虚拟机分配 IP 地址，对其他（如 VMnet0 或主机网卡）无效。也就是说，在虚拟机的网卡设置使用 NAT 方式或者 Host-only 方式时有效。而当虚拟机网卡设置为其他方式，如 VMnet0 桥接到一个网络时，VMware Workstation 内置的 DHCP 服务器不会为虚拟机分配 IP 地址。

对于 NAT 模式，DHCP 服务器分配 IP 地址的规则如下（假设网段是 192.168.50.0/24）。

（1）第一个地址（192.168.50.1）：静态地址，分配给主机。

（2）第二个地址（192.168.50.2）：静态地址，分配给 NAT 设备使用。

192.168.50.3～192.168.50.127：静态地址，保留。

192.168.50.128～192.168.50.254：DHCP 作用域地址，分配给虚拟机使用。

（3）最后一个地址（192.168.50.255）：广播地址。

DHCP 服务器所采用的地址范围是在安装 VMware Workstation 时自动产生的，用户可以修改地址访问、DNS、网关等信息。修改步骤如下。

（1）运行“编辑 | 虚拟网络编辑器…”命令，选择“NAT 设置”和“DHCP 设置”，可以设置相关的信息。

（2）选择图 A.11 中的子网，设置子网，如设置子网为 192.168.80.0，子网掩码为 255.255.255.0。单击“确定”按钮。

（3）选择图 A.11 中的“NAT 设置”和“DHCP 设置”。设置 DNS、网关等信息。

注意：如果客户端没有及时更新 DHCP 信息，那么请使用 ipconfig/release 及 ipconfig/renew 命令重新获取 DHCP 信息。如果更改 NAT 配置后，应重新启动 NAT 服务（VMnet8）。

配置完成后在虚拟机中运行 ipconfig /all，结果如图 A.12 所示。

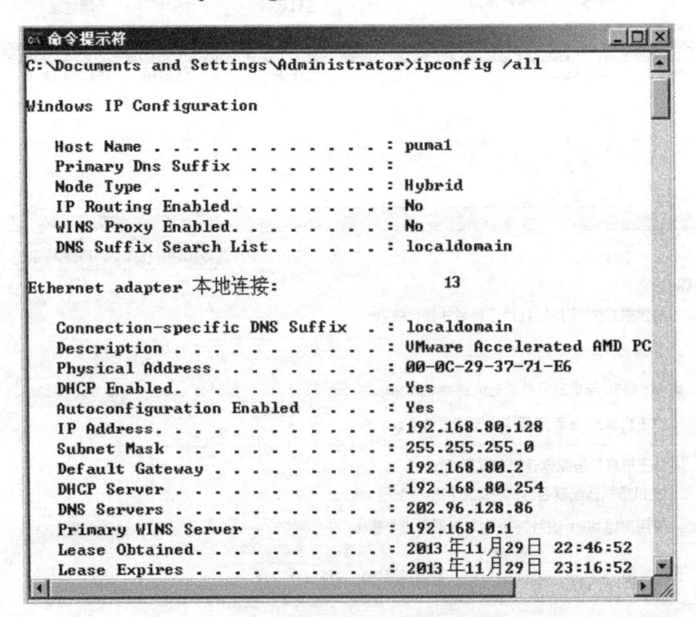

图 A.12　虚拟机运行 ipconfig /all 的显示结果

在主机中运行 ipconfig /all 的显示结果如图 A.13 所示。

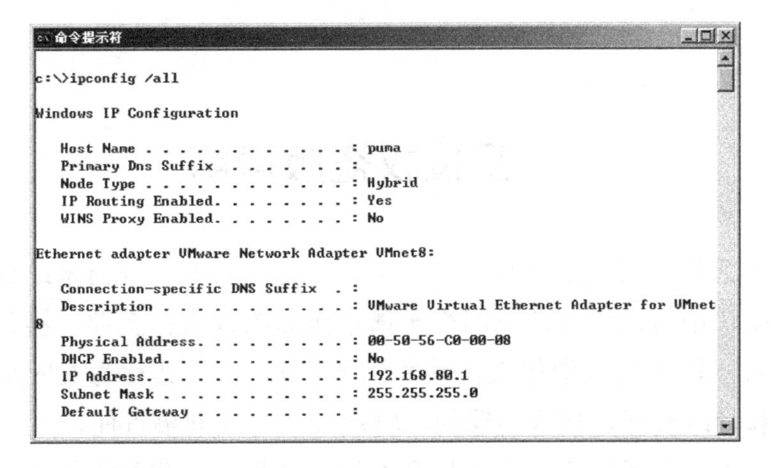

图 A.13　在主机中运行 Ipconfig /all 的显示结果

A.5.3　Host-only 模式

Host-only 模式用来建立隔离的虚拟机环境。在这种方式下，主机系统模拟一个虚拟的交换机，所有的客户系统通过这个交换机进出网络。在这种方式下，如果主机使用公网 IP 连接 Internet，那么，客户系统只能使用私有 IP。只有同为 Host-only 模式下且在一个虚拟交换机的连接下客户系统才可以互相访问，外界无法访问。Host-only 模式只能使用私有 IP，IP 地址等网络信息都由 VMnet1 来分配。Host-only 模式如图 A.14 所示。

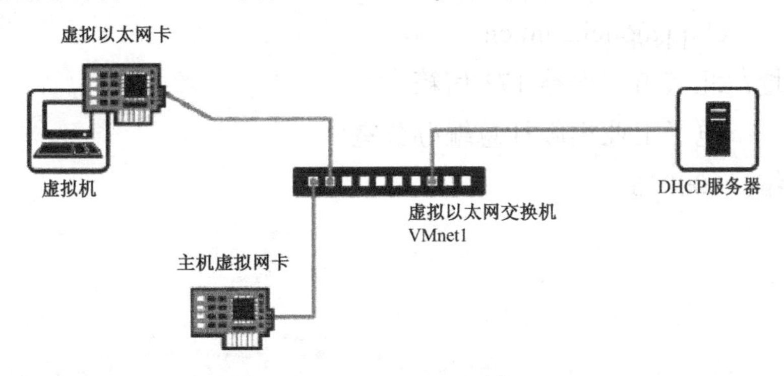

图 A.14　Host-only 模式

Host-only 的网络设置与 NAT 模式类似，只不过 Host-only 模式设置的是 VMnet1 而不是 VMnet8。

VMware Workstation 还可以设置更复杂的网络，从而满足在一台计算机上搭建复杂网络的需求。有关配置方法，请读者参考 VMware Workstation 的相关帮助信息。

反侵权盗版声明

举报电话：（010）88254396；（010）88258888

传　　真：（010）88254397

E-mail：　dbqq@phei.com.cn

通信地址：北京市万寿路 173 信箱

　　　　　电子工业出版社总编办公室

邮　　编：100036